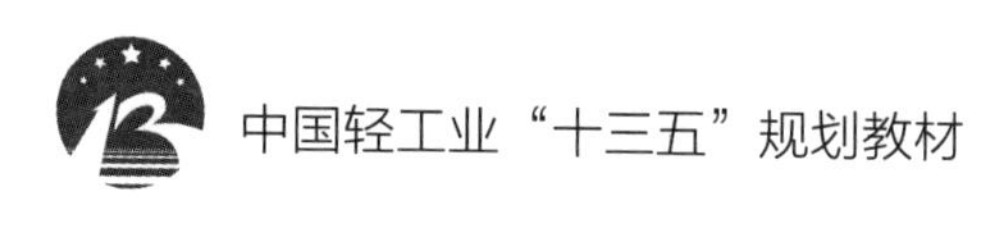

基础化学

（第二版）

主 编
刘丹赤

中国轻工业出版社

图书在版编目（CIP）数据

基础化学/刘丹赤主编. —2 版 .—北京：中国轻工业出版社，2021. 8
ISBN 978-7-5184-2495-5

Ⅰ.①基… Ⅱ.①刘… Ⅲ.①化学—高等学校—教材 Ⅳ.①06

中国版本图书馆 CIP 数据核字（2019）第 137650 号

责任编辑：张　靓　　责任终审：张乃柬　　封面设计：锋尚设计
版式设计：砚祥志远　　责任校对：晋　洁　　责任监印：张　可

出版发行：中国轻工业出版社（北京东长安街 6 号，邮编：100740）
印　　刷：北京君升印刷有限公司
经　　销：各地新华书店
版　　次：2021 年 8 月第 2 版第 3 次印刷
开　　本：720×1000　1/16　　印张：18. 25
字　　数：330 千字
书　　号：ISBN 978-7-5184-2495-5　　定价：38. 00 元
邮购电话：010-65241695
发行电话：010-85119835　　传真：85113293
网　　址：http://www.chlip.com.cn
Email：club@ chlip.com.cn
如发现图书残缺请与我社邮购联系调换
210847J2C203ZBW

本书编写人员

主　编　刘丹赤（日照职业技术学院）

副主编　于　园（锡林郭勒职业学院）
　　　　　周鸿燕（济源职业技术学院）

参　编　靳桂双（日照职业技术学院）
　　　　　程学勋（广东科贸职业学院）
　　　　　汪海燕（日照职业技术学院）
　　　　　豆海港（周口职业技术学院）
　　　　　刘国娟（聊城职业技术学院）
　　　　　郑　伟（日照职业技术学院）
　　　　　吴春昊（濮阳职业技术学院）

前言（第二版）

本教材是根据高职高专教育的培养目标，从高职学生的特点和认知规律出发，并结合编者多年来的教学与实践经验编写的。本教材的编写坚持“必需、够用”的原则，充分考虑高职高专教学的特点，精心遴选无机化学、分析化学、有机化学的知识点有机整合而成的。本书可作为高职高专食品类、生物技术类等相关专业的教材，也可供轻纺、环保等专业选用。

在本教材的建设过程中，着重突出以下特色：

1. 满足专业需要，突出实用性。本教材结合食品、生物技术类专业对化学知识的需求，将原来的无机化学、分析化学、有机化学的内容进行融通和整合，对实用性不强的内容进行删减，加大了分析化学在本课程中的比例，突出了滴定分析法在分析化学中的地位。

2. 知识结构合理，符合学生的认知规律。教材内容深广度适中，降低起点和难度，避开了烦琐的公式推导，删减了过深的反应机理，力求重点突出、概念准确、语言简练、深入浅出，方便学生自主学习。

3. 本教材包括学习要求、本章小结、习题等内容，便于学生复习、巩固和提高，也便于学生知识面的拓宽，是一本具有鲜明特色的高职高专类基础课程教材。教材中穿插了有助于提高学生学习兴趣的思考题和练习题，这些插入问题具有启发性，有助于对整体教学目标的理解与把握。

本教材共九章，内容包括：绪论，酸碱平衡与酸碱滴定法，沉淀滴定法与重量分析法，氧化还原平衡与氧化还原滴定法，配位平衡与配位滴定法，s 区、d 区、ds 区元素及其重要化合物，p 区元素及其化合物，烃类化合物，烃的衍生物等。本书配套网络课程平台，网址 http：//course. rzpt. cn/front/kcjs. php？ course_ id=159。

本书由刘丹赤（日照职业技术学院）主持编写与统稿，并编写第一、二章，靳桂双（日照职业技术学院）编写第三章，程学勋（广东科贸职业学院）编写第四章，汪海燕（日照职业技术学院）编写第五章，于园（锡林郭勒职业学院）编写第六章，周鸿燕（济源职业技术学院）编写第七章，豆海港（周口职业技术学院）、刘国娟（聊城职业技术学院）编写第八章，郑伟（日照职业技术学院）、吴春昊（濮阳职业技术学院）编写第九章。本书在编写过程中曾参考了兄弟院校出版的教材，在此向有关作者和出版社致谢！

鉴于编者的学识及水平有限，书中难免有不妥或错误之处，恳请使用本教材的广大读者惠予指正，以便及时修订。

编　者

目 录 CONTENTS

第一章 绪论

学习目标

知识目标

1. 掌握溶液浓度的表示方法；

2. 了解元素周期表的结构以及周期、族、区等概念，理解同周期、同主族元素性质递变规律；

3. 了解化学平衡的特征，掌握平衡常数的表示方法，掌握有关化学平衡及平衡移动的计算，了解浓度、压力、温度等因素对平衡移动的影响；

4. 了解滴定分析法的原理，理解基准物质应具备的条件，掌握标准溶液的配制和标定技术。

技能目标

1. 能熟练地进行有关浓度的换算和溶液的配制；

2. 能描述元素周期表的结构，并指出金属、非金属在元素周期表中的位置；

3. 能用标准平衡常数表达式进行相关计算；

4. 能选择正确方法配制标准溶液。

第一节 元素周期律

元素的性质随着原子序数的递增而呈周期性的变化，这个规律称为元素周期律。

根据元素周期律，把现在已知元素中电子层数相同的各种元素，按原子序数递增的顺序从左至右排成横行，再把不同横行中最外层电子数相同的元素按电子层数递增的顺序由上而下排成纵行，这样得到的表称为元素周期表。元素周期表是元素周期律的具体表现形式，它反映了元素间相互联系和变化的规律。

一、周期

元素周期表有 7 个横行，也就是 7 个周期。具有相同的电子层数而又按照原子序数递增顺序排列的一系列元素，称为一个周期。周期的序数就是该周期元素原子具有的电子层数。每一周期都是从碱金属开始，以稀有气体元素结束，呈现周期性变化。

各周期元素的数目不一定相同。第一周期里只有 2 种元素，第二、三周期里各有 8 种元素。第一、二、三周期都属于短周期。第四、五周期里各有 18 种元素，第六周期里有 32 种元素。第四、五、六周期属于长周期。第七周期目前也已全部填满。

从第六周期中的 57 号元素镧到 71 号元素镥，共 15 种元素，它们的电子层结构和性质非常相似，总称镧系元素。第七周期中也有一组类似的锕系元素。为了使周期表的结构紧凑，将它们按原子序数递增顺序分列两行排在周期表的下方。

二、族

周期表有 18 个纵行，除第八、九、十 3 个纵行统称为Ⅷ族元素外，其余 15 个纵行，每个纵行标作一族，共 16 个族。族有主族和副族之分。由短周期元素和长周期元素共同构成的族，称为主族，用ⅠA、ⅡA……ⅦA 表示；完全由长周期元素构成的族，称为副族，用ⅠB、ⅡB……ⅦB 表示。稀有气体元素的化学性质很不活泼，在通常状况下难以与其他物质发生化学反应，把它们的化合价看作为 0，因而第 18 纵行称为 0 族。

元素周期表的中部从ⅢB 族到ⅡB 族 10 个纵行，包括了全部副族元素，共 60 多种元素，统称为过渡元素。这些元素都是金属，所以又把它们称为过渡金属。

三、区

根据原子的电子层结构的特征，可以把周期表中的元素所在的位置分为五个区。

(1) s 区元素　包括ⅠA、ⅡA 族元素。

(2) p 区元素　从第ⅢA 族到第 0 族元素。

(3) d 区元素　从第ⅢB 族到第Ⅷ族元素。

(4) ds 区元素　包括第ⅠB、ⅡB 族。

(5) f 区元素　包括镧系和锕系元素。

第二节 溶液浓度的表示方法

一定量溶剂或溶液中所含溶质的量称为溶液的浓度。溶液的浓度可以用不同的方法表示，下面介绍一些常用的溶液浓度的表示方法。

一、物质的量浓度

物质的量是表示物质数量的基本物理量，物质 B 的物质的量用符号 n_B 表示。物质的量的单位是摩尔，符号为 mol。

摩尔是含有相同数目的原子、分子、离子等微粒的集体。科学上把 0.012kg ^{12}C作标准来衡量原子集体，0.012kg ^{12}C 含有的原子数就是阿伏伽德罗常数，用符号 N_A 表示，取其近似值为 6.02×10^{23}。

摩尔是物质的量的单位，某物质如果含有阿伏伽德罗常数个微粒，这种物质就是 1mol。

在使用摩尔时，应指明基本单元。同一系统中的同一物质，所选的基本单元不同，则其物质的量也不同。例如，若分别用 NaOH，$\frac{1}{2}$NaOH 和 2NaOH 作基本单元，则相同质量的氢氧化钠的物质的量之间有如下关系：

$$n_{NaOH} = \frac{1}{2}n_{\frac{1}{2}NaOH} = 2n_{2NaOH}$$

可见，基本单元的选择是任意的，既可以是实际存在的，也可以根据需要人为设定。

B 的物质的量 n_B 可以通过 B 的质量和摩尔质量求算。B 的摩尔质量 M_B 定义为 B 的质量 m_B 除以 B 的物质的量 n_B，单位为 kg/mol。

$$M_B = \frac{m_B}{n_B} \tag{1-1}$$

单位体积的溶液中所含溶质 B 的物质的量称为 B 的物质的量浓度，用 c_B 表示，单位为 mol/L。

$$c_B = \frac{n_B}{V} \tag{1-2}$$

【例 1-1】 用电子天平称取 1.2346g $K_2Cr_2O_7$ 基准物质，溶解后转移至 100.0mL 容量瓶中定容，试计算 $c_{K_2Cr_2O_7}$。

解：已知 $m_{K_2Cr_2O_7} = 1.2346g$ $M_{K_2Cr_2O_7} = 294.18g/mol$

$$c_{K_2Cr_2O_7} = \frac{m_{K_2Cr_2O_7}}{M_{K_2Cr_2O_7} \cdot V} = \frac{1.2346g}{294.18g/mol \times 100.0mL \times 10^{-3}} = 0.04197mol/L$$

二、 质量摩尔浓度

溶液中溶质 B 的物质的量除以溶剂的质量，称为溶质 B 的质量摩尔浓度，用符号 b_B 表示，单位为 mol/kg。

$$b_B = \frac{n_B}{m_A} \tag{1-3}$$

【例 1-2】 50g 水中溶解 0.585g NaCl，求此溶液的质量摩尔浓度。

解：NaCl 的摩尔质量 $M_{NaCl} = 58.5g/mol$

$$b_{NaCl} = \frac{n_{NaCl}}{m_{H_2O}} = \frac{m_{NaCl}}{M_{NaCl} \cdot m_{H_2O}}$$

$$= \frac{0.585g}{58.5g/mol \times 50g \times 10^{-3}} = 0.2mol/kg$$

三、 溶质的质量分数

溶液中溶质的质量除以溶液的质量，称为物质的质量分数，符号 w_B，通常用百分比表示。

$$w_B = \frac{m_B}{m} \tag{1-4}$$

四、 滴定度

在实际工作中，例如工厂实验室经常需要对大量试样测定其中同一组分的含量。在这种情况下，常用滴定度来表示标准溶液的浓度，这样计算待测组分的含量比较方便，只要把滴定时所用标准溶液的毫升数乘以滴定度，就可得到被测物质的含量。

滴定度是指每毫升标准溶液相当于被测物质的质量，以符号 $T_{B/A}$ 表示，单位g/mL。

例如，用 $K_2Cr_2O_7$ 法测定铁时，若每毫升 $K_2Cr_2O_7$ 标准溶液可滴定 0.005585g 铁，则此 $K_2Cr_2O_7$ 溶液的滴定度是 0.005585g/mL。若某次滴定用去此标准溶液 20.00mL，则此试样中铁的质量为 20.00×0.005585 = 0.1117g。

五、 溶液的配制

在实际工作中，我们常常需要配制一定浓度的溶液。溶液的配制一般有两种情况：一是将固体物质配制成溶液；另一种是用浓溶液配制稀溶液。无论哪种情况，都应遵守“溶液配制前后溶质的量保持不变”的原则。

1. 质量分数和物质的量浓度的换算

质量分数与物质的量浓度换算的桥梁是密度，以质量不变列等式。若某溶液中溶质的质量分数为 w_B，物质的量浓度为 c_B，B 的摩尔质量为 M，密度为 ρ，则

$$c_B M = \rho \times 1000 \times w_B$$

即

$$c_B = \frac{\rho \times 1000 \times w_B}{M} \tag{1-5}$$

练一练

下列溶液为实验室和工业常用的试剂，计算出它们的物质的量浓度。

① 盐酸，含 HCl 37%，密度为 1.19g/mL；

② 硫酸，含 H_2SO_4 98%，密度为 1.84g/mL；

③ 硝酸，含 HNO_3 71%，密度为 1.42g/mL。

2. 浓溶液稀释

溶液稀释前后溶质的量不变，只是溶剂的量改变了，因此根据溶质的量不变原则列等式。若稀释前溶液的浓度为 c_1，体积为 V_1，稀释后溶液的浓度为 c_2，体积为 V_2，就存在下面的稀释公式

$$c_1 V_1 = c_2 V_2 \tag{1-6}$$

【例 1-3】 欲配制 0.1mol/L 的盐酸溶液 400mL，需浓度为 37%、密度 1.19g/mL 的浓盐酸多少毫升？

解：

$$c_{HCl} = \frac{1.19 \times 1000 \times 37\%}{36.5} \approx 12\ (mol/L)$$

$$c_1 V_1 = c_2 V_2$$

则

$$V_1 = \frac{c_2 V_2}{c_1} = \frac{0.1 \times 400}{12} = 3.33\ (mL)$$

练一练

1. 配制 400mL 0.2mol/L 的 NaOH 溶液 500mL，需称取固体氢氧化钠多少克？如何配制？

2. 配制 4mol/L 的 H_2SO_4 溶液 500mL，需要浓度为 98%、密度为 1.84g/mL 的浓硫酸多少毫升？如何配制？

第三节 化学平衡

一、化学平衡的概念

在一定条件下，一个反应既可按反应方程式从左向右进行，又可从右向左进行，称为反应的可逆性。几乎所有的反应都是可逆的，反应的可逆性是化学反应的普遍特性。

对于可逆反应，随着正、逆反应的进行，一定时间后，必然会出现正、逆反应速率相等，反应物和产物的浓度不再随时间而改变的状态，称为化学平衡。

化学平衡有两个特征：

（1）化学平衡是一种动态平衡。表面上看来反应似乎已停止，实际上正逆反应仍在进行，只是正逆反应速率相等，各物质的浓度不再改变。

（2）化学平衡是相对的、有条件的平衡。当外界条件改变时，原有的平衡即被破坏，直到在新的条件下建立新的平衡。

二、标准平衡常数

实验表明，对于可逆反应，在一定温度下达到平衡时，各生成物浓度（或压力）的幂的乘积与反应物浓度（或压力）的幂的乘积之比是一个常数。

例如，对于反应 $m\text{A}+n\text{B} \rightleftharpoons p\text{C}+q\text{D}$

在一定温度下达到平衡时，若为气体反应

$$K^{\ominus} = \frac{(p_C/p^{\ominus})^p\ (p_D/p^{\ominus})^q}{(p_A/p^{\ominus})^m\ (p_B/p^{\ominus})^n}$$

若为溶液中进行的反应

$$K^{\ominus} = \frac{(c_C/c^{\ominus})^p\ (c_D/c^{\ominus})^q}{(c_A/c^{\ominus})^m\ (c_B/c^{\ominus})^n}$$

$K^{\ominus}$ 称为标准平衡常数。书写标准平衡常数时，每种溶质的平衡浓度项均应除以标准浓度，每种气体物质的平衡分压项均应除以标准压力。也就是对于溶液用相对浓度表示，对于气体物质用相对分压表示。其中标准压力 $p^{\ominus}=100\text{kPa}$，标准浓度 $c^{\ominus}=1.0\text{mol/L}$。

平衡常数是可逆反应的特征常数，其数值的大小表明了在一定条件下反应进行的程度。对同类反应来说，$K^{\ominus}$越大，反应进行得越完全。

书写标准平衡常数表达式时，应注意以下几点：

① 写入平衡常数表达式中各物质的浓度或分压，必须是在系统达到平衡状态

时相应的值。气体只可用分压表示，这与气体规定的标准状态有关。

② 有纯固体、纯液体及稀溶液中的溶剂参与反应时，它们的浓度视为 1，不必写入标准平衡常数表达式中。例如

$$Zn(s) + 2H^+(aq) \rightleftharpoons Zn^{2+}(aq) + H_2(g)$$

$$K^{\ominus} = \frac{(c_{Zn^{2+}}/c^{\ominus})(p_{H_2}/p^{\ominus})}{(c_{H^+}/c^{\ominus})^2}$$

③ 标准平衡常数表达式必须与化学方程式相对应，同一化学反应，方程式的书写不同时，其标准平衡常数的数值也不同。例如

$$N_2(g) + 3H_2(g) \rightleftharpoons 2NH_3(g) \qquad K_1^{\ominus} = \frac{(p_{NH_3}/p^{\ominus})^2}{(p_{N_2}/p^{\ominus})(p_{H_2}/p^{\ominus})^3}$$

$$\frac{1}{2}N_2(g) + \frac{3}{2}H_2(g) \rightleftharpoons NH_3(g) \qquad K_2^{\ominus} = \frac{(p_{NH_3}/p^{\ominus})}{(p_{N_2}/p^{\ominus})^{\frac{1}{2}}(p_{H_2}/p^{\ominus})^{\frac{3}{2}}}$$

$$2NH_3(g) \rightleftharpoons N_2(g) + 3H_2(g) \qquad K_3^{\ominus} = \frac{(p_{N_2}/p^{\ominus})(p_{H_2}/p^{\ominus})^3}{(p_{NH_3}/p^{\ominus})^2}$$

三者的表达式不同，但存在如下关系：$K_1^{\ominus} = (K_2^{\ominus})^2 = 1/K_3^{\ominus}$

注：化学式中，(s)、(l)、(g) 和 (aq) 分别表示固体、液体、气体和溶液。

三、 多重平衡规则

如果一个化学反应式是若干相关化学反应式的代数和，在相同的温度下，这个反应的平衡常数就等于它们相应的平衡常数的积（或商），这个规则称为多重平衡规则。

多重平衡规则在平衡的运算中很重要，当某化学反应的平衡常数难以测得，或不易从文献中查得时，可利用多重平衡规则通过相关的其他化学反应方程式的平衡常数进行间接计算获得。

【例 1-4】 已知下列反应在 1123K 时的平衡常数

① $C(s) + CO_2(g) \rightleftharpoons 2CO(g)$ $\qquad K_1^{\ominus} = 1.3 \times 10^{14}$

② $CO(g) + Cl_2(g) \rightleftharpoons COCl_2(g)$ $\qquad K_2^{\ominus} = 6.0 \times 10^{-3}$

计算反应③ $2COCl_2(g) \rightleftharpoons C(s) + CO_2(g) + 2Cl_2(g)$ 在 1123K 的平衡常数 $K^{\ominus}$。

解：式③=−式①−式②×2

由多重平衡规则 $K_3^{\ominus} = 1/K_1^{\ominus} \times 1/(K_2^{\ominus})^2 = 2.1 \times 10^{-10}$

四、 化学平衡的有关计算

1. 由平衡浓度（或分压）计算平衡常数

【例 1-5】 1000K 时，将 1.00mol SO_2 与 1.00mol O_2 充入容积为 5.00L 的密闭容器中，平衡时有 0.85mol $SO_3(g)$ 生成，求 1000K 时的 $K^{\ominus}$。

解：　　　　$2SO_2(g)+O_2(g) \rightleftharpoons 2SO_3(g)$

	$2SO_2(g)$	$O_2(g)$	$2SO_3(g)$
起始量（mol）	1.00	1.00	0.00
平衡量（mol）	0.15	0.575	0.85

各物质分压
$$p_{SO_3}=\frac{n_{SO_3}RT}{V}=\frac{0.85\times8.314\times1000}{5.00\times10^{-3}}=1.41\ (\text{MPa})$$

$$p_{SO_2}=\frac{n_{SO_2}RT}{V}=\frac{0.15\times8.314\times1000}{5.00\times10^{-3}}=0.249\ (\text{MPa})$$

$$p_{O_2}=\frac{n_{O_2}RT}{V}=\frac{0.575\times8.314\times1000}{5.00\times10^{-3}}=0.956\ (\text{MPa})$$

$$K^{\ominus}_{1000K}=\frac{(p_{SO_3}/p^{\ominus})^2}{(p_{SO_2}/p^{\ominus})^2\ (p_{O_2}/p^{\ominus})}=\frac{(1.41/0.1)^2}{(0.249/0.1)^2\times(0.956/0.1)}=3.35$$

2. 计算平衡浓度、平衡转化率

平衡转化率是指反应达到平衡时，某反应物转化为生成物的百分率，常用 α 表示。

$$\alpha=\frac{\text{平衡时某反应物已转化的量}}{\text{该反应物的初始量}}\times100\%$$

【例 1-6】　硝酸银和硝酸亚铁两种溶液发生下列反应

$$Fe^{2+}+Ag^{+} \rightleftharpoons Fe^{3+}+Ag$$

在 25℃时，将硝酸银和硝酸亚铁溶液混合，开始时溶液中 Ag^{+}和 Fe^{2+}浓度都为 0.100mol/L，达到平衡时 Ag^{+}的转化率为 19.4%。求：① 平衡时 Fe^{2+}、Ag^{+}、Fe^{3+}的浓度；② 该温度下的平衡常数。

解：①

	Fe^{2+} +	Ag^{+} ⇌	Fe^{3+} + Ag
起始浓度（mol/L）	0.100	0.100	0
变化浓度（mol/L）	−0.1×19.4%	−0.1×19.4%	0.1×19.4%
平衡浓度（mol/L）	0.100−0.0194 =0.0806	0.100−0.0194 =0.0806	0.0194

②
$$K^{\ominus}=\frac{(c_{Fe^{3+}}/c^{\ominus})}{(c_{Fe^{2+}}/c^{\ominus})\ (c_{Ag^{+}}/c^{\ominus})}=\frac{0.0194}{0.0806^2}=2.99$$

【例 1-7】　250℃时，PCl_5 的分解反应：$PCl_5(g) \rightleftharpoons PCl_3(g)+Cl_2(g)$，其平衡常数 $K^{\ominus}=1.78$，如果将一定量的 PCl_5 放入一密闭容器中，在 250℃、200kPa 压力下，反应达到平衡，求 PCl_5 的分解百分率是多少？

解：

	$PCl_5(g)$ ⇌	$PCl_3(g)$ +	$Cl_2(g)$
起始量（mol）	n	0.0	0.0
平衡量（mol）	$n-x$	x	x
平衡摩尔分数	$(n-x)/(n+x)$	$x/(n+x)$	$x/(n+x)$

$$K^{\ominus}=\frac{\left(\frac{x}{n+x}\cdot\frac{p}{p^{\ominus}}\right)\left(\frac{x}{n+x}\cdot\frac{p}{p^{\ominus}}\right)}{\left(\frac{n-x}{n+x}\cdot\frac{p}{p^{\ominus}}\right)}=1.78$$

$$\frac{\left(\frac{2x}{n+x}\right)^2}{\frac{2(n-x)}{n+x}}=\frac{2x^2}{(n+x)(n-x)}=1.78$$

解得 $$\frac{x}{n}=0.687$$

则分解百分率 α 为 68.7%。

五、 化学平衡的移动

因外界条件改变使可逆反应从一种平衡状态向另一种平衡状态转变的过程，称为化学平衡的移动。引起化学平衡移动的外界条件主要是指浓度、压力和温度等。

1. 浓度对化学平衡的影响

在其他条件不变的情况下，增加反应物的浓度或减少生成物的浓度，化学平衡向着正反应方向移动；增加生成物的浓度或减少反应物的浓度，化学平衡向着逆反应的方向移动。

【例 1-8】 在【例 1-6】讨论的平衡体系中，在恒温下将 Fe^{2+} 浓度增至 0.181mol/L 时，问：① 平衡向哪个方向移动？② 求达新平衡后各物质浓度；③ Ag^+ 的转化率。

解：① 因为在原有的平衡体系中仅增加了反应物浓度，所以平衡向正向移动。

② 设达到新平衡时将有 x mol/L 的 Fe^{2+} 被 Ag^+ 氧化，则

	Fe^{2+}	+ Ag^+ $\rightleftharpoons$	Fe^{3+}	+ Ag
起始浓度（mol/L）	0.181	0.0806	0.0194	
平衡浓度（mol/L）	$0.181-x$	$0.0806-x$	$0.0194+x$	

$$K^{\ominus}=\frac{(c_{Fe^{3+}}/c^{\ominus})}{(c_{Fe^{2+}}/c^{\ominus})(c_{Ag^+}/c^{\ominus})}=\frac{0.0194+x}{(0.181-x)(0.0806-x)}=2.99$$

解得 $$x=0.0139\text{mol/L}$$

则
$$c_{Fe^{2+}}=0.181-0.0139=0.167\ (\text{mol/L})$$
$$c_{Ag^+}=0.0806-0.0139=0.0667\ (\text{mol/L})$$
$$c_{Fe^{3+}}=0.0194+0.0139=0.0333\ (\text{mol/L})$$

③ $$\alpha_{Ag^+}=\frac{0.100-0.0667}{0.100}\times100\%=33.3\%$$

对于任何可逆反应，提高某一反应物的浓度或降低某一产物的浓度，都能使平衡向着增加生成物的方向移动。实际生产中，为了尽可能利用某一反应物，经常用过量的另一种物质和它作用，不断将生成物从反应体系中分离出来，使平衡不断向生成产物的方向移动。

2. 压力对化学平衡的影响

压力的变化对固态或液态物质的体积影响很小，因此在没有气态物质参加反应时，可忽略压力对化学平衡的影响。但是对于有气体参加的反应，压力的影响必须考虑。

在其他条件不变的情况下，增大压强，会使化学平衡向着气体体积减小的方向移动；减小压强，会使化学平衡向着气体体积增大的方向移动。

应特别注意，在有些可逆反应里，反应前后气态物质的总体积没有变化，这种情况下，增大或减小压强都不能使化学平衡移动。

3. 温度对化学平衡的影响

物质发生化学反应时，往往伴随着放热或吸热的现象。对于一个可逆反应来说，如果正反应是放热反应，那么逆反应就是吸热反应，且放出或吸收的热量相等。

当可逆反应达到平衡后，若升高温度，平衡向吸热反应的方向移动；反之，降低温度，平衡向放热反应的方向移动。

综合上述影响化学平衡移动的各种因素，1884 年法国科学家吕·查德里（Le Chatelier）概括出一条规律：如果改变平衡的条件之一，如温度、压力和浓度，平衡必向着减弱这种改变的方向移动。这个规律称为吕·查德里原理，也称平衡移动原理。这条规律适用于所有达到动态平衡的体系，对于非平衡体系是不适用的。

第四节

滴定分析概述

滴定分析法是最常用的以化学反应为基础的化学分析法，广泛应用于物质组成的测定。根据化学反应类型的不同，滴定分析法分为酸碱滴定法、配位滴定法、氧化还原滴定法和沉淀滴定法。

一、 滴定分析的基本概念

滴定分析法是将一种已知准确浓度的试剂溶液滴加到被测物质的溶液中，直到所加的试剂与被测物质按化学计量关系恰好完全反应为止，根据试剂溶液的浓度和消耗的体积，计算被测物质的含量的分析方法。

这种已知准确浓度的试剂溶液称为滴定剂。将滴定剂从滴定管中加到被测物质溶液中的过程称为滴定。加入的标准溶液与被测物质按化学计量关系恰好反应完全的这一点，称为化学计量点。一般根据指示剂的变色来确定化学计量点，在滴定中指示剂发生颜色变化的那一点称为滴定终点。滴定终点与化学计量点不一定恰好吻合，由此所造成的误差称为滴定误差。

二、 滴定方式

适合于滴定分析的化学反应必须具备以下条件：① 反应能定量地按一定的反应方程式进行，无副反应发生，反应完全程度大于99.9%。这是滴定分析法进行定量计算的依据。② 反应能迅速完成。对于不能瞬间完成的反应，需采取加热或添加催化剂等措施来加速反应的进行。③ 有简便可靠的确定终点的方法。

常用的滴定方式：

1. 直接滴定法

凡能满足以上要求的反应就可以直接应用于滴定分析，即用标准溶液直接滴定被测物质，这种滴定方式就称为直接滴定法。

直接滴定法是滴定分析中最常用和最基本的滴定方法。当标准溶液与被测物质的反应不能完全符合上述要求时，无法直接滴定，此时可采用下述几种方式进行滴定。

2. 返滴定法

当反应速率较慢或反应物为固体时，可于被测物中先加入一定量的过量的滴定剂，待反应完全后，再用另一种标准溶液滴定剩余的滴定剂，这种方法称为返滴定法。

例如 Al^{3+} 与 EDTA 之间的反应非常缓慢，不能用直接法滴定，可在 Al^{3+} 溶液中先加入一定量的过量的 EDTA 标准溶液并加热，待 Al^{3+} 与 EDTA 反应完全后，再用 Zn^{2+} 或 Cu^{2+} 标准溶液去滴定过量的 EDTA。

3. 置换滴定法

当被测物质和滴定剂之间的反应不按一定化学计量关系进行或伴有副反应时，则可用置换滴定法来进行测定。先用适当的试剂与被测物质反应，使其定量地置换出另一种物质，再用标准溶液滴定这种物质，继而求出被测物质的含量，这种方法称为置换滴定法。

例如，$Na_2S_2O_3$ 不能直接滴定 $K_2Cr_2O_7$ 及其他氧化剂，因为这些氧化剂将 $S_2O_3^{2-}$ 氧化同时有 $S_4O_6^{2-}$ 和 SO_4^{2-} 产生，没有确定的化学计量关系。但是，如在酸性 $K_2Cr_2O_7$ 溶液中加入过量 KI，产生一定量的 I_2，就可以用 $Na_2S_2O_3$ 标准溶液进行滴定。

4. 间接滴定法

某些被测物不能直接与滴定剂反应，但可以通过另外的化学反应将其转变成可被滴定的物质，再用滴定剂滴定所生成的物质，这种方法称为间接滴定法。

例如，$KMnO_4$ 不能直接与 Ca^{2+} 反应，可先用 $(NH_4)_2C_2O_4$ 将 Ca^{2+} 沉淀为 CaC_2O_4，将得到的沉淀过滤洗涤后用 H_2SO_4 溶解，再用 $KMnO_4$ 标准溶液滴定溶解出的 $C_2O_4^{2-}$，从而间接地求出 Ca^{2+} 的量。

三、 标准溶液

配制标准溶液一般有下列两种方法。

1. 直接法

准确称取一定量的物质，用蒸馏水溶解后，定量转移到容量瓶内，稀释到一定体积，然后计算出该溶液的准确浓度。

可以用直接法配制标准溶液或标定标准溶液的纯物质称为基准物质。基准物质必须具备下列条件：① 纯度高。一般要求其纯度在 99.9% 以上。② 物质的组成与其化学式应完全符合。如 $H_2C_2O_4 \cdot 2H_2O$、$Na_2B_4O_7 \cdot 10H_2O$ 等，其结晶水的含量应符合化学式；③ 性质稳定。干燥时不分解，称量时不吸收水分和二氧化碳，不失去结晶水，不被空气中的氧气所氧化等。④ 最好具有较大的摩尔质量，以减小称量的相对误差。

2. 间接法

不符合基准物质的试剂，如 HCl、H_2SO_4、NaOH、$KMnO_4$、$Na_2S_2O_3$ 等，不能直接配制成标准溶液，需用间接法配制。

一般先粗略地称取一定量物质或量取一定体积溶液，配制成接近于所需浓度的溶液，然后用基准物质或另一种已知准确浓度的标准溶液来确定该标准溶液的准确浓度。这种确定浓度的操作过程，称为标定。一般将标准溶液的用量控制在 20~30mL 范围内，先估算出用于标定的基准物质的量，然后在电子天平上准确称取基准物质的质量，溶解后用待标定的标准溶液滴定，记下消耗的体积，最后算出该标准溶液的浓度。

【例 1-9】 准确称取 0.5877g 基准试剂 Na_2CO_3，在 100mL 容量瓶中配制成溶液，其浓度为多少？量取该标准溶液 20.00mL 标定某 HCl 溶液，滴定中用去 HCl 溶液 21.96mL，计算该 HCl 溶液的浓度。

解：
$$c_{Na_2CO_3}=\frac{\frac{m}{M}}{V}=\frac{\frac{0.5877}{106.0}}{0.1}=0.05544\ (mol/L)$$

由反应
$$Na_2CO_3+2HCl = 2NaCl+CO_2+H_2O$$
$$c_{HCl}\times V_{HCl}=2n_{Na_2CO_3}$$
$$c_{HCl}=\frac{2n_{Na_2CO_3}}{V_{HCl}}=\frac{2\times 0.05544\times 20.00}{21.96}=0.1010(mol/L)$$

知识拓展

原子核外电子的运动状态

1. 描述微观粒子运动的基本方程——薛定谔方程

由于微观粒子的运动具有波粒二象性，其运动规律需要用量子力学来描述。1926 年薛定谔（Schrödinger E）提出了描述微观粒子运动状态变化规律的基本方程，这个方程是一个二阶偏微分方程，它的形式如下：

$$\frac{\partial^2\psi}{\partial x^2}+\frac{\partial^2\psi}{\partial y^2}+\frac{\partial^2\psi}{\partial z^2}=-\frac{8\pi^2 m}{h^2}(E-V)\psi$$

式中 ψ——粒子空间坐标的函数，称作波函数；

E——总能量；

V——势能；

m——微观粒子的质量；

h——普朗克常数；

x、y、z——空间坐标。

解薛定谔方程可以得到波函数 ψ 和相应的能量 E，每一个 ψ 表示核外电子的一种运动状态。在求解薛定谔方程时，首先要进行坐标变换，把直角坐标系中的 x、y、z 转换成球坐标中的 r、θ、φ，如图 1-1 所示，并把 ψ（r，θ，φ）分解为径向部分 R（r）和角度 Y（θ，φ）函数的积；即 ψ（r，θ，φ）$=R$（r）$\cdot Y$（θ，φ）。从而求得这个函数的解——波函数 ψ（r，θ，φ）。

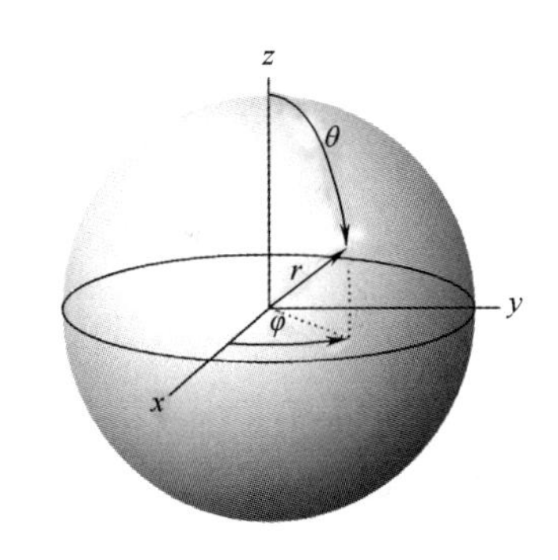

图 1-1　求解薛定谔方程时的坐标图

由薛定谔方程解出来的描述电子运动状态的波函数，在量子力学上称为原子轨道。它与经典的轨道意义不同，是一种轨道函数，有时称轨函。

2. 四个量子数

在解薛定谔方程时，为了使结果有意义，即保证解的合理性，常需要引入三个量子数 n、l、m。此时，薛定谔方程改写为 $\psi_{n,l,m}$（r，θ，φ）$=R_{n,l}$（r）$\cdot Y_{l,m}$（θ，φ）。

（1）主量子数 n　主量子数 n 表示核外电子出现最大概率区域离核的远近，由近到远，可以用 $n=1$，2，3，4，5，6，7 的正整数来表示。分别代表不同的电子层；n 值小，表示该层电子能量低，电子层离核近；反之，n 值大，电子层离核远，电子能量较高。n 相同的电子称为同层电子。在光谱学上另用一套拉丁字母来

表示 n 不同的电子层：

主量子数（n）	1	2	3	4	5	6	7……
光谱符号	K	L	M	N	O	P	Q

（2）角量子数 l　角量子数 l 表示电子运动的角动量的大小，它决定电子在空间的角度分布情况，决定原子轨道的形状。在高分辨率的分光镜下，可以看到原子的光谱线是由几条非常靠近的细谱线构成的，这表明在某一电子层内，电子的运动状态和能量稍有不同，也就是说在同一电子层中还存在若干电子亚层，此时 n 相同，l 不同，能量也不相同。

l 的取值受主量子数 n 值的限制，它可以取 0 到（$n-1$）的正整数，一个数值表示一个电子亚层。l 数值与光谱学上规定的电子亚层符号之间的对应关系为：

角量子数（l）	0	1	2	3	4	5	……
电子亚层符号	s	p	d	f	g	h	

$l=0$ 表示圆球形的 s 原子轨道；$l=1$ 表示哑铃形的 p 原子轨道；$l=2$ 表示花瓣形的 d 原子轨道（图 1-2）。显然，角量子数 l 不同，原子轨道的形状也不同。当 n 和 l 都相同时，电子具有相同的能量，他们处在同一能级、同一电子亚层。在同一电子层中，能量依 s、p、d、f 依次升高。

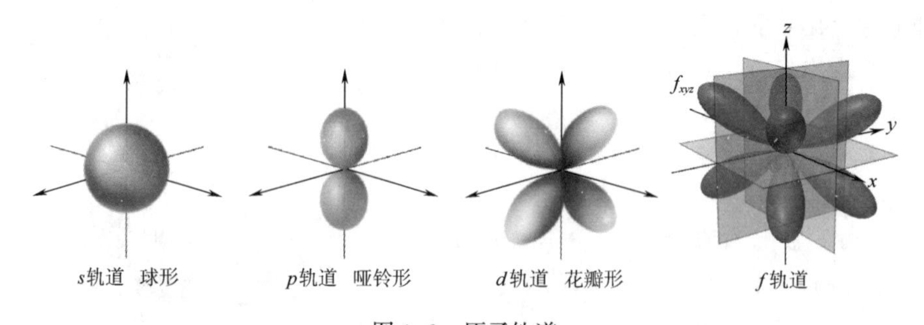

图 1-2　原子轨道

例如，$n=1$ 的第一电子层中，$l=0$，所以只有一个亚层，即 1s 亚层，相应电子为 1s 电子。$n=2$ 的第二电子层中，$l=0$，1，可有两个亚层，即 2s，2p 亚层，相应电子为 2s，2p 电子。$n=3$ 的第三电子层中，$l=0$，1，2，可有三个亚层，即 3s，3p，3d 亚层，相应电子为 3s，3p，3d 电子。$n=4$ 的第四电子层中，$l=0$，1，2，3，可有四个亚层，即 4s，4p，4d，4f 亚层，相应电子为 4s，4p，4d，4f 电子。

（3）磁量子数 m　磁量子数 m 是通过实验发现的，激发态原子在外磁场作用下，原来的一条谱线会分裂成若干条，这说明在同一亚层中往往还包含着若干个空间伸展方向不同的原子轨道。磁量子数 m 决定在外磁场作用下，电子绕核运动的角动量在磁场方向上的分量大小。它是用来描述原子轨道在空间的不同伸展方向的。

m 的允许取值由 l 决定，可取 $-l$，……-1，0，$+1$，……，$+l$ 共 $2l+1$ 个整数。这意味着亚层中的电子有 $2l+1$ 个取向，每一个取向相当于一个轨道。

n，l，m 三个量子数规定了一个原子轨道，在没有外加磁场的情况下，n，l 相同，m 不同的同一亚层的原子轨道属于同一能级，能量是完全相等的，叫等价轨道，或称简并轨道。

亚层	s	p	d	f
等价轨道	一个 s 轨道	三个 p 轨道	五个 d 轨道	七个 f 轨道

主量子数越高，不仅轨道能量升高，轨道的数目也增多，而且类型（形状和方向）也更多样（图 1-3）。

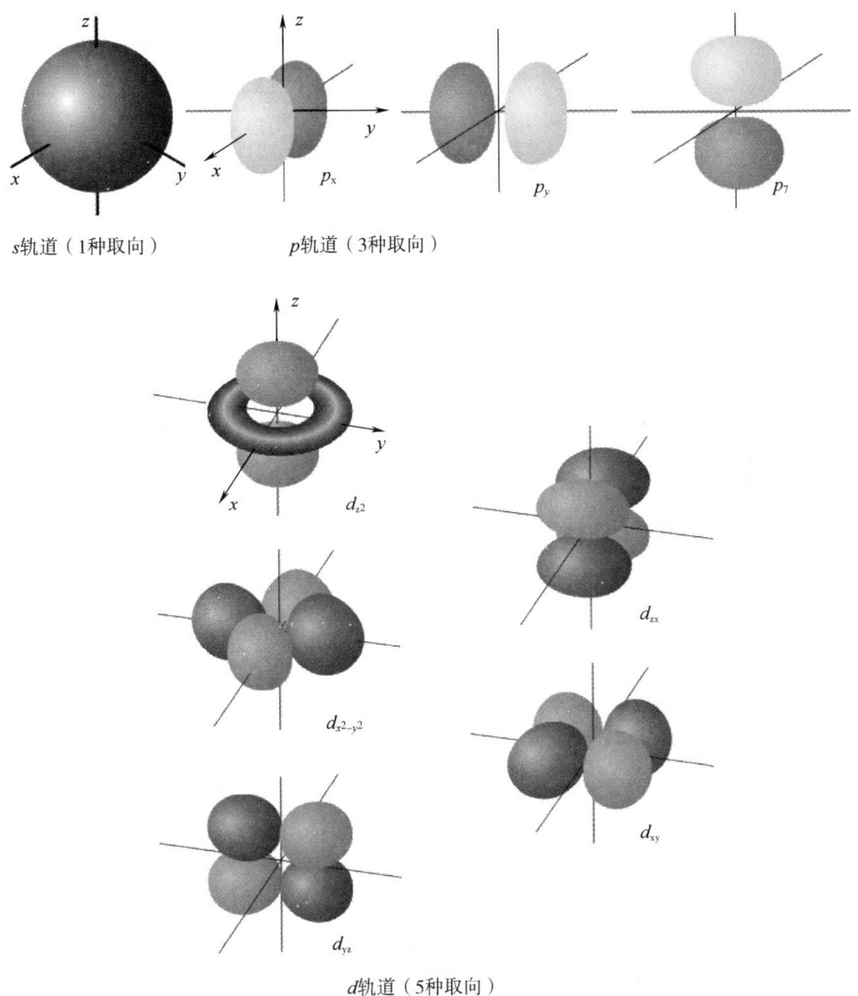

图 1-3　原子轨道的空间取向

（4）自旋量子数 m_s　自旋量子数 m_s 是表示电子的两种不同的自旋方式，其值可取$+\frac{1}{2}$或$-\frac{1}{2}$，其中每一个数值表示电子的一种所谓自旋状态。两个电子处于不同的所谓自旋状态称作自旋反平行，可用正反箭头“↑↓”来表示；处于相同的所谓自旋状态称作自旋平行，可用同向箭头“↑↑”来表示。

3. 多电子原子核外电子排布

氢原子和类氢原子的核外只有一个电子，该电子仅受核的作用。它的波动方程可以精确求解，原子轨道的能量（电子能量）E只由n决定。但对于多电子原子体系，原子轨道的能量（电子能量）E由n和l决定。

（1）鲍林的原子轨道能级图　近似轨道能级图是按原子轨道能量高低的顺序排列的，在图中每个小圆圈代表一个原子轨道。每个小圆圈所在位置的高低，表示轨道能量的相对高低。能量相近的能级划为一组，称为能级组。不同能级组之间的能量差别大。同一能级组内各能级之间的能量差别较小。一共有7个能级组。

从图1-4中可以看出，鲍林近似能级顺序为：1s<2s<2p<3s<3p<4s<3d<4p<5s<4d<5p<6s<4f<5d<6p<7s<5f<…

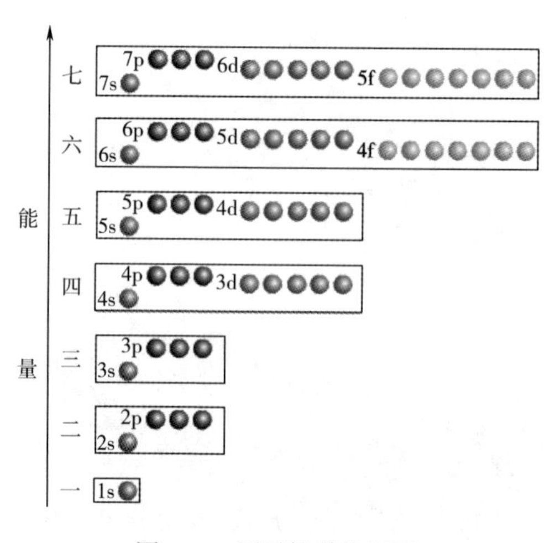

图1-4　原子轨道能级图

（2）核外电子排布　根据原子光谱实验和量子力学理论，原子核外电子排布服从以下原则：

①保里不相容原理：在同一原子中，不可能有四个量子数完全相同的电子存在。每一个轨道内最多只能容纳两个自旋方向相反的电子。它解决了每一个原子轨道（两个自旋相反的电子）和每一电子层可以容纳的电子数为（$2n^2$个电子）。

②能量最低原理：在不违背保里不相容原理的前提下，核外电子在各原子轨道上的排布方式应使整个原子能量处于最低的状态。因此，电子总是尽先分布在能量较低的轨道上，以使原子处于能量最低的状态。只有当能量最低的轨道已占满后，电子才能依次进入能量较高的轨道。它解决了在n、l不同的轨道中，电子

的分布规律。

③洪特规则：洪特从大量光谱实验中发现“电子在能量相同的轨道上分布时，总是尽可能以自旋相同的方向分占不同的轨道。”这样的排布方式，原子的能量较低，体系较稳定，这称为洪特规则。它解决了在 n、l 相同的轨道中，电子的分布规律。

作为洪特规则的特例，当等价轨道被电子半充满或全充满时（如 p^3，d^5，f^7 或 p^6，d^{10}，f^{14}）或等价轨道全空（p^0，d^0，f^0）时也是比较稳定的。

对多电子原子来说，其核外电子的填充顺序是遵从核外电子排布三原则，按鲍林近似能级顺序，由低到高进行排布。据此可以准确地写出 92 种元素原子的基态（最低能量状态）的核外电子排布式，即电子排布构型。

下面讨论周期系中各元素原子的电子层结构。

第一周期由第 1 号元素氢和第 2 号元素氦构成，核外电子在正常情况填在 1s 轨道上，电子排布式分别为 $1s^1$ 和 $1s^2$。

从第 3 号元素锂到第 10 号元素氖，构成第二周期，新增电子将依次排入 2s 和 2p 轨道，如第七号元素氮，其排布为 $1s^22s^22p^3$。

从第 11 号元素钠到第 18 号元素氩，电子依次填充在 3s 和 3p 轨道上。构成第三周期。但是第三电子层尚未达到该层的最大容量。第一、二、三周期都是短周期。

第 19 号元素钾，其最后一个电子按照能级顺序是填在 4s 轨道，而不是 3d 轨道上，这样出现了新的电子层，从而开始了第四周期。从第四周期开始，各周期都是长周期，核外电子排布情况要比短周期复杂。从 21 号元素钪开始到 29 号元素铜，电子填在 3d 轨道上即原子的次外电子层上，这些元素称为过渡元素，这便是过渡元素性质递变不明显的原因。24 号铬和 29 号铜，其电子层结构分别是 $1s^22s^22p^63s^23p^63d^54s^1$ 和 $1s^22s^22p^63s^23p^63d^{10}4s^1$；而不是 $1s^22s^22p^63s^23p^63d^44s^2$ 和 $1s^22s^22p^63s^23p^63d^94s^2$，这是因为 3$d$ 轨道的半充满和全充满状态能量较低的缘故。从 31 号镓到 36 号氪，依次填充 4p 轨道，第四能级组填满，完成了第四周期。第四周期共有 18 个元素。

第五周期的情况基本和第四周期相似，它们填充第五能级组的原子轨道 5s，4d，5p，第五周期共有 18 个元素。

第六周期的元素填充第六能级组的原子轨道 6s、4f、5d、6p。第 57 号元素镧以后的 14 个元素（铈到镥），它们的最后一个电子依次填充在外数第三层的 4f 轨道上，致使化学性质与镧非常相似，称镧系元素。第六周期共有 32 个元素。

第七周期和第六周期情况相似，它们填充第七能级组的原子轨道，出现了从 89 号锕到 103 号铹填充 5f 轨道的 15 个锕系元素。锕系元素和镧系元素又总称为内过渡元素，此外，铀（$_{92}U$）以后的元素称为超铀元素。超铀元素都是用人工合成的方法发现的，现已合成到 112 号元素。从 103 号元素铹到 111 号元素，新增电子又依次填入 6d 轨道上。

各元素原子的电子排布见表 1-1。

表 1-1　　各元素原子的电子排布

周期	原子序数	元素符号	电子结构
1	1	H	$1s^1$
	2	He	$1s^2$
2	3	Li	$[He]\ 2s^1$
	4	Be	$[He]\ 2s^2$
	5	B	$[He]\ 2s^2 2p^1$
	6	C	$[He]\ 2s^2 2p^2$
	7	N	$[He]\ 2s^2 2p^3$
	8	O	$[He]\ 2s^2 2p^4$
	9	F	$[He]\ 2s^2 2p^5$
	10	Ne	$[He]\ 2s^2 2p^6$
3	11	Na	$[Ne]\ 3s^1$
	12	Me	$[Ne]\ 3s^2$
	13	Al	$[Ne]\ 3s^2 3p^1$
	14	Si	$[Ne]\ 3s^2 3p^2$
	15	P	$[Ne]\ 3s^2 3p^3$
	16	S	$[Ne]\ 3s^2 3p^4$
	17	Cl	$[Ne]\ 3s^2 3p^5$
	18	Ar	$[Ne]\ 3s^2 3p^6$
4	19	K	$[Ar]\ 4s^1$
	20	Ca	$[Ar]\ 4s^2$
	21	*Sc*	$[Ar]\ 3d^1 4s^2$
	22	*Ti*	$[Ar]\ 3d^2 4s^2$
	23	*Sc*	$[Ar]\ 3d^3 4s^2$
	24	*Cr*	$[Ar]\ 3d^5 4s^1$
	25	*Mn*	$[Ar]\ 3d^5 4s^2$
	26	*Fe*	$[Ar]\ 3d^6 4s^2$
	27	*Co*	$[Ar]\ 3d^7 4s^2$
	28	*Ni*	$[Ar]\ 3d^8 4s^2$
	29	*Cu*	$[Ar]\ 3d^{10} 4s^1$
	30	*Zn*	$[Ar]\ 3d^{10} 4s^2$
	31	Ga	$[Ar]\ 3d^{10} 4s^2 4p^1$
	32	Ge	$[Ar]\ 3d^{10} 4s^2 4p^2$
	33	As	$[Ar]\ 3d^{10} 4s^2 4p^3$
	34	Se	$[Ar]\ 3d^{10} 4s^2 4p^4$
	35	Br	$[Ar]\ 3d^{10} 4s^2 4p^5$
	35	Kr	$[Ar]\ 3d^{10} 4s^2 4p^6$
5	37	Rb	$[Kr]\ 5s^1$
	38	Sr	$[Kr]\ 5s^2$
	39	*Y*	$[Kr]\ 4d^1 5s^2$
	40	*Zr*	$[Kr]\ 4d^2 5s^2$
	41	*Nb*	$[Kr]\ 4d^4 5s^1$
	42	*Mo*	$[Kr]\ 4d^5 5s^1$
	43	*Tc*	$[Kr]\ 4d^5 5s^2$
	44	*Ru*	$[Kr]\ 4d^7 5s^1$
	45	*Rh*	$[Kr]\ 4d^8 5s^1$
	46	*Pd*	$[Kr]\ 4d^{10}$
	47	*Ag*	$[Kr]\ 4d^{10} 5s^1$
	48	*Cd*	$[Kr]\ 4d^{10} 5s^2$
	49	In	$[Kr]\ 4d^{10} 5s^2 5p^1$
	50	Sn	$[Kr]\ 4d^{10} 5s^2 5p^2$
	51	Sb	$[Kr]\ 4d^{10} 5s^2 5p^3$
	52	Te	$[Kr]\ 4d^{10} 5s^2 5p^4$
	53	I	$[Kr]\ 4d^{10} 5s^2 5p^5$
	54	Xe	$[Kr]\ 4d^{10} 5s^2 5p^6$
6	55	Cs	$[Xe]\ 6s^1$
	56	Ba	$[Xe]\ 6s^2$
	57	*La*	$[Xe]\ 5d^1 6s^2$
	58	*Ce*	$[Xe]\ 4f^1 5d^1 6s^2$
	59	*Pr*	$[Xe]\ 4f^3 6s^2$
	60	*Nd*	$[Xe]\ 4f^4 6s^2$
	61	*Pm*	$[Xe]\ 4f^5 6s^2$
	62	*Sm*	$[Xe]\ 4f^6 6s^2$
	63	*Eu*	$[Xe]\ 4f^7 6s^2$
	64	*Gd*	$[Xe]\ 4f^7 5d^1 6s^2$
	65	*Tb*	$[Xe]\ 4f^9 6s^2$
	66	*Dy*	$[Xe]\ 4f^{10} 6s^2$
	67	*Ho*	$[Xe]\ 4f^{11} 6s^2$
	68	*Er*	$[Xe]\ 4f^{12} 6s^2$
	69	*Tm*	$[Xe]\ 4f^{13} 6s^2$
	70	*Yb*	$[Xe]\ 4f^{14} 6s^2$
	71	*Lu*	$[Xe]\ 4f^{14} 5d^1 6s^2$
	72	*Hf*	$[Xe]\ 4f^{14} 5d^2 6s^2$
	73	*Ta*	$[Xe]\ 4f^{14} 5d^3 6s^2$
	74	*W*	$[Xe]\ 4f^{14} 5d^4 6s^2$
	75	*Re*	$[Xe]\ 4f^{14} 5d^5 6s^2$
	76	*Os*	$[Xe]\ 4f^{14} 5d^6 6s^2$
	77	*Ir*	$[Xe]\ 4f^{14} 5d^7 6s^2$
	78	*Pt*	$[Xe]\ 4f^{14} 5d^9 6s^1$
	79	*Au*	$[Xe]\ 4f^{14} 5d^{10} 6s^1$
	80	*Hg*	$[Xe]\ 4f^{14} 5d^{10} 6s^2$
	81	T1	$[Xe]\ 4f^{14} 5d^{10} 6s^2 6p^1$
	82	Pb	$[Xe]\ 4f^{14} 5d^{10} 6s^2 6p^2$
	83	Bi	$[Xe]\ 4f^{14} 5d^{10} 6s^2 6p^3$
	84	Po	$[Xe]\ 4f^{14} 5d^{10} 6s^2 6p^4$
	85	At	$[Xe]\ 4f^{14} 5d^{10} 6s^2 6p^5$
	86	Rn	$[Xe]\ 4f^{14} 5d^{10} 6s^2 6p^6$
7	87	Fr	$[Rn]\ 7s^1$
	88	Ra	$[Rn]\ 7s^2$
	89	*Ac*	$[Rn]\ 6d^1 7s^2$
	90	*Th*	$[Rn]\ 6d^2 7s^2$
	91	*Pa*	$[Rn]\ 5f^2 6d^1 7s^2$
	92	*U*	$[Rn]\ 5f^3 6d^1 7s^2$
	93	*Np*	$[Rn]\ 5f^4 6d^1 7s^2$
	94	*Pu*	$[Rn]\ 5f^6 7s^2$
	95	*Am*	$[Rn]\ 5f^7 7s^2$
	96	*Cm*	$[Rn]\ 5f^7 6d^1 7s^2$
	97	*Bk*	$[Rn]\ 5f^9 7s^2$
	98	*Cf*	$[Rn]\ 5f^{10} 7s^2$
	99	*Es*	$[Rn]\ 5f^{11} 7s^2$
	100	*Fm*	$[Rn]\ 5f^{12} 7s^2$
	101	*Md*	$[Rn]\ 5f^{13} 7s^2$
	102	*No*	$[Rn]\ 5f^{14} 7s^2$
	103	*Lr*	$[Rn]\ 5f^{14} 6d^1 7s^2$
	104	*Rf*	$[Rn]\ 5f^{14} 6d^2 7s^2$
	105	*Db*	$[Rn]\ 5f^{14} 6d^3 7s^2$
	106	*Sg*	$[Rn]\ 5f^{14} 6d^4 7s^2$
	107	*Bh*	$[Rn]\ 5f^{14} 6d^5 7s^2$
	108	*Hs*	$[Rn]\ 5f^{14} 6d^6 7s^2$
	109	*Mt*	$[Rn]\ 5f^{14} 6d^7 7s^2$

注：表中斜体为过渡元素，加下划线为镧系和锕系元素。

在112种元素中，$_{24}Cr$，$_{29}Cu$，$_{41}Nb$，$_{42}Mo$，$_{44}Ru$，$_{45}Rh$，$_{46}Pd$，$_{47}Ag$，$_{57}La$，$_{58}Ce$，$_{64}Gd$，$_{78}Pt$，$_{79}Au$，$_{89}Ac$，$_{90}Th$，$_{91}Pa$，$_{92}U$，$_{93}Np$，$_{96}Cm$等元素原子核外电子排布的情况稍有例外。所谓例外，是指按鲍林近似能级图排布时有例外。实际上这一排布情况是光谱实验事实而得。

在书写原子核外电子排布时，也可用该元素前一周期的稀有气体的元素符号作为原子实（原子实是指原子中除去最高能级组以外的原子实体），代替相应的电子排布部分。如：铜的电子排布式 $1s^2 2s^2 2p^6 3s^2 3p^6 3d^{10} 4s^1$，也可以写成 [Ar] $3d^{10}4s^1$。

为方便起见，需要表明某元素原子的电子层结构时，往往只写出它的价电子层结构（或称价电子构型）。所谓价电子层结构，对主族元素而言，即最外电子层结构，对副族元素（镧系、锕系元素除外）而言，是最外电子层加上次外层 d 轨道电子结构，如锰的价层电子构型为 $3d^5 4s^2$。镧系、锕系元素还要考虑 $(n-2)$ f 亚层的构型。元素在发生化学反应时，仅价电子层发生变化，其内部电子层是不变的，因此元素化学性质主要决定于价电子层结构。

本章小结

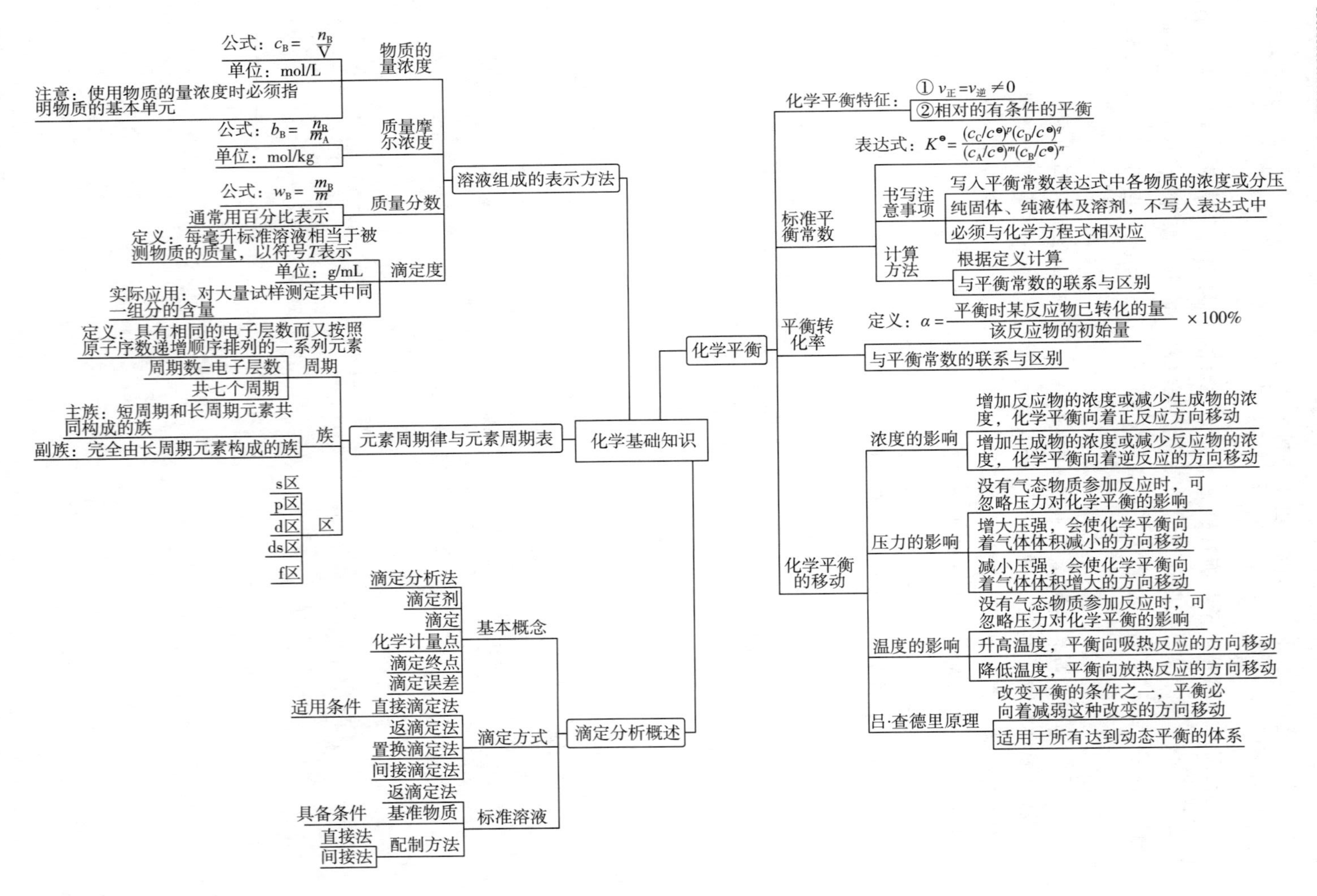

化学基础知识
溶液组成的表示方法
物质的量浓度
公式：$c_B = \frac{n_B}{V}$
单位：mol/L
注意：使用物质的量浓度时必须指明物质的基本单元
质量摩尔浓度
公式：$b_B = \frac{n_B}{m_A}$
单位：mol/kg
质量分数
公式：$w_B = \frac{m_B}{m}$
通常用百分比表示
滴定度
定义：每毫升标准溶液相当于被测物质的质量，以符号T表示
单位：g/mL
实际应用：对大量试样测定其中同一组分的含量
元素周期律与元素周期表
周期
定义：具有相同的电子层数而又按照原子序数递增顺序排列的一系列元素
周期数=电子层数
共七个周期
族
主族：短周期和长周期元素共同构成的族
副族：完全由长周期元素构成的族
区
s区
p区
d区
ds区
f区
滴定分析概述
基本概念
滴定分析法
滴定剂
滴定
化学计量点
滴定终点
滴定误差
滴定方式
适用条件
直接滴定法
返滴定法
置换滴定法
间接滴定法
标准溶液
返滴定法
具备条件
基准物质
配制方法
直接法
间接法
化学平衡
化学平衡特征：
① $v_正 = v_逆 \neq 0$
②相对的有条件的平衡
标准平衡常数
表达式：$K^\ominus = \frac{(c_C/c^\ominus)^p (c_D/c^\ominus)^q}{(c_A/c^\ominus)^m (c_B/c^\ominus)^n}$
书写注意事项
写入平衡常数表达式中各物质的浓度或分压
纯固体、纯液体及溶剂，不写入表达式中
必须与化学方程式相对应
计算方法
根据定义计算
与平衡常数的联系与区别
平衡转化率
定义：$\alpha = \frac{平衡时某反应物已转化的量}{该反应物的初始量} \times 100\%$
与平衡常数的联系与区别
化学平衡的移动
浓度的影响
增加反应物的浓度或减少生成物的浓度，化学平衡向着正反应方向移动
增加生成物的浓度或减少反应物的浓度，化学平衡向着逆反应的方向移动
压力的影响
没有气态物质参加反应时，可忽略压力对化学平衡的影响
增大压强，会使化学平衡向着气体体积减小的方向移动
减小压强，会使化学平衡向着气体体积增大的方向移动
没有气态物质参加反应时，可忽略压力对化学平衡的影响
温度的影响
升高温度，平衡向吸热反应的方向移动
降低温度，平衡向放热反应的方向移动
吕·查德里原理
改变平衡的条件之一，平衡必向着减弱这种改变的方向移动
适用于所有达到动态平衡的体系

习　题

一、填空题

1. 物质的量是反映物质系统________多少的物理量。

2. 2.50g 水中溶解 0.585g NaOH，此溶液的质量摩尔浓度为________。

3. 滴定度是指每毫升标准溶液相当于________，用符号________表示。

4. 某反应，当升高反应温度时，反应物的转化率减小，若只增加体系总压时，反应物的转化率提高，则此反应为________热反应，且反应物分子数________（大于、小于）产物分子数。

5. 正反应和逆反应的平衡常数之间的关系是________。

6. 已知下列反应的平衡常数：$H_2(g) + S(s) \rightleftharpoons H_2S(g)$　　$K_1^{\ominus}$

$S(s) + O_2(g) \rightleftharpoons SO_2(g)$　　$K_2^{\ominus}$

则反应 $H_2(g) + SO_2(g) \rightleftharpoons O_2(g) + H_2S(g)$ 的 $K^{\ominus}$ 为________。

7. 一定温度下，反应 $PCl_5(g) \rightleftharpoons PCl_3(g) + Cl_2(g)$ 达到平衡后，维持温度和体积不变，向容器中加入一定量的惰性气体，反应将________移动。

8. 滴定分析按反应类型可分为________，________，配位滴定法和沉淀滴定法。

9. 滴定分析按滴定方式可分为________，________，________和间接滴定法。

10. 配制标准溶液的方法一般分为________和________。

二、判断题

1. 在 60.0mL 质量浓度为 1.065g/mL、质量分数为 58.0% 的醋酸溶液中，含有 37.1g 的醋酸。（　　）

2. 当可逆反应达到平衡时，反应即停止，且反应物和生成物的浓度相等。（　　）

3. 任何可逆反应在一定温度下，不论参加反应的物质的起始浓度如何，反应达到平衡时，各物质的平衡浓度相同。（　　）

4. 反应 $CaCO_3(s) \rightleftharpoons CaO(s) + CO_2(g)$，在一定条件下达到平衡后，若压缩容器体积平衡向正反应方向移动。（　　）

5. 基准物质可用来直接配制标准溶液。（　　）

6. 只要是优级纯试剂都可作基准物质。（　　）

7. 配制硫酸、盐酸和硝酸溶液时都应将酸注入水中。（　　）

8. 在滴定分析中，已知准确浓度的溶液称为标准溶液，也称为滴定剂。（　　）

9. 所谓化学计量点和滴定终点是一回事。（　　）

10. 溶解基准物质时用移液管移取 20~30 mL 水加入。（　　）

三、选择题

1. 0.002000mol/L $K_2Cr_2O_7$ 溶液对 Fe_2O_3 的滴定度（mg/mL）为（　　）。

A. 9.600　　B. 0.9600　　C. 0.3200　　D. 1.600

2. 市售浓盐酸的浓度为（　　）mol/L。

A. 6　　B. 12　　C. 18　　D. 36

3. 欲配制 1000mL 0.1mol/L 的 HCl 溶液，应取浓盐酸（12mol/L）（　　）mL。

A. 0.84mL　　B. 8.4mL　　C. 1.2mL　　D. 12mL

4. 对于任意可逆反应，下列条件能改变平衡常数的是（　　）。

A. 增加反应物浓度　　B. 增加生成物浓度

C. 加入催化剂　　D. 改变反应温度

5. 已知在一定温度下

$$SnO_2(s) + 2CO(g) \rightleftharpoons Sn(s) + 2CO_2(g) \quad K_1^{\ominus}=0.024$$

$$CO(g) + H_2O(g) \rightleftharpoons CO_2(g) + H_2(g) \quad K_2^{\ominus}=0.034$$

则在相同条件下，反应 $SnO_2(s) + 2H_2(g) \rightleftharpoons Sn(s) + 2H_2O(g)$ 的 $K^{\ominus}$ 为（　　）。

A. 0.058　　B. 21　　C. 8.2×10^{-4}　　D. 0.71

6. 气体反应 $2A \rightarrow B$，采取何种措施有利于 B 的生成（　　）。

A. 增大压力，减小 A 的浓度　　B. 减小压力，增大 B 的浓度

C. 增大压力，减小 B 的浓度　　D. 减小压力，增大 A 的浓度

7. PCl_5 的分解反应是 $PCl_5 \rightarrow PCl_3 + Cl_2$，在 473.15K 达到平衡时，$PCl_5$ 有 48.5%分解；在 573.15K 达到平衡时，有 97%分解，则此反应为（　　）。

A. 放热反应　　B. 吸热反应

C. 既不放热也不吸热　　D. 这两个温度的平衡常数相等

8. 滴定分析中，一般利用指示剂颜色的突变来判断化学计量点的到达，在指示剂变色时停止滴定。这一点称为（　　）。

A. 化学计量点　　B. 滴定分析　　C. 滴定　　D. 滴定终点

9. 下列物质中可用于直接配制标准溶液的是（　　）。

A. 固体 NaOH（G. R.）　　B. 固体 $K_2Cr_2O_7$（G. R.）

C. 浓 HCl（G. R.）　　D. 固体 $Na_2S_2O_3 \cdot 5H_2O$（C. P.）

10. 用 0.1mol/L 的 HCl 溶液滴定 0.16g 纯 Na_2CO_3 至甲基橙变色为终点，约需 HCl 溶液（　　）。

A. 10mL　　B. 20mL　　C. 30mL　　D. 40mL

四、简答题

1. 基准物质需具备哪些条件？

2. 简要说明应用于滴定分析的化学反应应符合哪些要求？

3. 基准物质的条件之一是摩尔质量要大，为什么？

五、计算题

1. 配制浓度为 2.0mol/L 下列物质浓度各 500mL，应各取其浓溶液多少毫升？

（1）氨水（密度 0.89g/mL，含 NH_3 29%）；

（2）冰乙酸（密度 1.05g/mL，含 HAc 100%）；

（3）浓 H_2SO_4（密度 1.84g/mL，含 H_2SO_4 96%）。

2. 实验测得反应：$2SO_2(g)+O_2(g) \rightleftharpoons 2SO_3(g)$ 在 1000K 温度下达到平衡时，各物质的平衡分压为：$p_{SO_2}=27.7kPa$，$p_{O_2}=40.7kPa$，$p_{SO_3}=32.9kPa$。计算该温度下的反应的标准平衡常数 $K^{\ominus}$。

3. 反应：$Sn + Pb^{2+} \rightleftharpoons Sn^{2+} + Pb$ 在 298K 达到平衡，该温度下的 $K^{\ominus}=2.18$。若反应开始时 $c_{Pb^{2+}}=0.1mol/L$，$c_{Sn^{2+}}=0.1mol/L$。计算平衡时 Pb^{2+} 和 Sn^{2+} 的浓度。

4. 在一密闭容器中存在下列反应：$NO(g)+\frac{1}{2}O_2(g) \rightleftharpoons NO_2(g)$。已知反应开始时 NO 和 O_2 的分压分别为 101.3kPa 和 607.8kPa，973K 达到平衡时有 12% 的 NO 转化为 NO_2。计算：

（1）平衡时各组分气体的分压；

（2）该温度下的标准平衡常数 $K^{\ominus}$。

5. 称取分析纯试剂 $K_2Cr_2O_7$ 固体 14.709g，配成 500.0mL 溶液，试计算：

（1）$K_2Cr_2O_7$ 溶液的物质的量浓度；

（2）$K_2Cr_2O_7$ 溶液对 Fe 和 Fe_2O_3 的滴定度。

6. 欲使滴定时消耗 0.10mol/L 的 HCl 溶液 20～25mL，问应称取基准试剂 Na_2CO_3 多少克？

第二章

酸碱平衡与酸碱滴定法

学习目标

知识目标

1. 理解酸碱质子理论对酸碱的定义、酸碱反应的实质及共轭酸碱对之间的关系；
2. 掌握溶液的 pH 计算；
3. 掌握缓冲溶液作用的基本原理，理解缓冲能力及缓冲溶液的选择及其配制；
4. 掌握酸碱指示剂作用原理，理解指示剂变色范围及其影响因素；
5. 了解酸碱滴定曲线及滴定突跃；
6. 掌握化学计量点的计算、影响 pH 突跃的主要因素，掌握指示剂的选择原则、实现准确滴定的条件。

技能目标

1. 能进行一元弱酸（碱）、多元弱酸（碱）、两性物质及缓冲溶液 pH 的计算；
2. 能做出一元酸碱滴定过程的滴定曲线，并能正确选择酸碱指示剂。

第一节 酸碱质子理论

一、酸碱的概念

1923 年，丹麦化学家布朗斯特（J. N. Bronsted）和英国化学家劳莱（T. M. Lowry）同时独立地提出了酸碱质子理论。质子理论认为：凡是能给出质子（H^+）的物质就是酸；凡是能接受质子（H^+）的物质就是碱。即酸是质子的给予体，碱是质子的接受体。

按照酸碱质子理论，酸和碱不是彼此孤立的，而是统一在对质子的关系上，这种关系如下：

$$酸 \rightleftharpoons H^+ + 碱$$

例如

$$HAc \rightleftharpoons H^+ + Ac^-$$
$$NH_4^+ \rightleftharpoons H^+ + NH_3$$
$$H_2PO_4^- \rightleftharpoons H^+ + HPO_4^{2-}$$
$$HPO_4^{2-} \rightleftharpoons H^+ + PO_4^{3-}$$

酸碱的这种相互依存、相互转化的关系称为共轭关系，这种因一个质子的得失而相互转换的每一对酸碱，称为共轭酸碱对。

从以上例子可以看出，酸和碱可以是分子，也可以是阳离子和阴离子。有些物质如 HPO_4^{2-} 等既可以给出质子又可以接受质子，这类分子或离子称为两性物质。

练一练

写出下列物质的共轭对象：

① Ac^- ______ ② H_2CO_3 ______

③ H_3PO_4 ______ ④ H_2S ______

⑤ NH_4^+ ______ ⑥ CO_3^{2-} ______

⑦ PO_4^{3-} ______ ⑧ $C_2O_4^{2-}$ ______

二、酸碱反应的实质

根据酸碱质子理论，酸碱反应实际上是酸失去质子，碱得到质子，酸把质子传递给碱的过程。

共轭酸碱对质子得失的反应，只是酸碱半反应，不能单独进行，酸碱反应必须是两个酸碱半反应相互作用才能实现，可用下式表示：

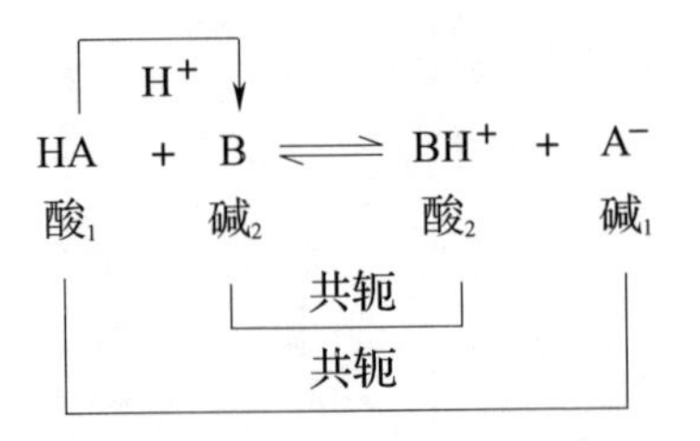

小 结

酸碱反应的实质是两个共轭酸碱对之间质子传递的反应。

三、 酸碱解离常数

1. 水的质子自递反应

水分子具有两性，即一个水分子可以从另一水分子中夺取质子而形成 H_3O^+ 和 OH^-。反应方程式如下：

$$H_2O + H_2O \rightleftharpoons H_3O^+ + OH^-$$

上述反应称为水的质子自递反应。该反应的平衡常数称为水的质子自递常数，又称为水的离子积，一般以 $K_w^\ominus$ 表示。

则
$$K_w^\ominus = [H_3O^+][OH^-]$$

水合质子 H_3O^+ 也常常简写作 H^+，因此水的质子自递常数常简写为

$$K_w^\ominus = [H^+][OH^-] \quad (2-1)$$

$K_w^\ominus$ 是温度的函数，25 ℃时，$K_w^\ominus = 1.0 \times 10^{-14}$，即 $pK_w^\ominus = 14.00$。

注：为表示方便，用 [ ] 表示平衡时的相对浓度，后续章节中相同。

2. 酸碱解离常数

酸碱反应进行的程度可以用反应的平衡常数来衡量。对于一元弱酸 HA 而言，其在水溶液中的解离反应与平衡常数是

$$HA \rightleftharpoons H^+ + A^-$$

$$K_a^\ominus = \frac{[H^+][A^-]}{[HA]} \quad (2-2)$$

平衡常数 $K_a^\ominus$ 称为酸的解离常数，它是衡量酸强弱的参数。$K_a^\ominus$ 越大，则表明该酸的酸性越强。在一定温度下，$K_a^\ominus$ 是一个常数，它仅随温度的变化而变化。

与此类似，对于碱 A^- 而言，它在水溶液中的解离反应与平衡常数是

$$A^- + H_2O \rightleftharpoons HA + OH^-$$

$$K_b^\ominus = \frac{[HA][OH^-]}{[A^-]} \quad (2-3)$$

根据式（2-2）和式（2-3），共轭酸碱对的 $K_a^\ominus$、$K_b^\ominus$ 之间满足

$$K_a^{\ominus} \cdot K_b^{\ominus} = \frac{[H^+][A^-]}{[HA]} \times \frac{[HA][OH^-]}{[A^-]} = [H^+][OH^-] = K_w^{\ominus} = 1.0 \times 10^{-14}(25℃)$$

或

$$pK_a^{\ominus} + pK_b^{\ominus} = 14 \qquad (2-4)$$

上式表明，共轭酸碱对的 $K_a^{\ominus}$ 与 $K_b^{\ominus}$ 成反比，已知酸的解离常数 $K_a^{\ominus}$ 就可简单地计算出它共轭碱的 $K_b^{\ominus}$，反之亦然。另外也说明，酸越弱，其共轭碱越强；碱越弱，其共轭酸越强。

3. 解离度

对于弱酸、弱碱等物质在水溶液中的解离程度可以用解离度 α 的大小来衡量：

$$\alpha = \frac{\text{解离部分的弱电解质浓度}}{\text{未解离前弱电解质浓度}} \times 100\%$$

相同浓度的不同弱电解质，其解离度不同。电解质越弱，解离度越小。

现以弱酸 HA 为例，若其起始浓度为 c，解离度为 α ，则

	HA $\rightleftharpoons$	H^+ +	A^-
起始浓度	c	0	0
平衡浓度	$c-c\alpha$	$c\alpha$	$c\alpha$

代入平衡常数表达式

$$K_a^{\ominus} = \frac{[H^+] \cdot [A^-]}{[HA]} = \frac{c\alpha \cdot c\alpha}{c - c\alpha} = \frac{c\alpha^2}{1-\alpha}$$

当 $c/K_a^{\ominus} \geqslant 500$ 时，$1-\alpha \approx 1$，则上式可改写为：

$$K_a^{\ominus} = c\alpha^2$$

$$\alpha = \sqrt{\frac{K_a^{\ominus}}{c}} \qquad (2-5)$$

式（2-5）表明对某一给定的弱电解质，在一定温度下，解离度随溶液的稀释而增大。这个关系式被称为稀释定律。

想一想

$K_a^{\ominus}$、α 均能表示弱电解质的强弱，二者之间有何不同？

第二节 酸碱溶液 pH 的计算

一、一元弱酸（碱）溶液 pH 的计算

设有一元弱酸 HA 溶液，总浓度为 c（mol/L），则

$$HA \rightleftharpoons H^+ + A^-$$

起始浓度/(mol/L)　　c　　0　　0

平衡浓度/(mol/L)　　$c-[H^+]$　　$[H^+]$　　$[A^-]$

$$K_a^\ominus = \frac{[H^+][A^-]}{[HA]} = \frac{[H^+][A^-]}{c-[H^+]}$$

因为 $$[H^+]=[A^-]$$

所以 $$K_a^\ominus = \frac{[H^+]^2}{c-[H^+]}$$

经整理得 $$[H^+] = \frac{-K_a^\ominus + \sqrt{K_a^{\ominus 2} + 4c \cdot K_a^\ominus}}{2}$$

当 $c/K_a^\ominus \geqslant 500$ 时，溶液中 $[H^+] \ll c$，则 $c-[H^+] \approx c$，则

$$K_a^\ominus = \frac{[H^+]^2}{c-[H^+]} = \frac{[H^+]^2}{c}$$

$$[H^+] = \sqrt{cK_a^\ominus} \qquad (2-6)$$

式（2-6）是计算一元弱酸溶液中 H^+浓度的最常用的最简式。

同理可得，对一元弱碱，当 $c/K_b^\ominus \geqslant 500$ 时，最简式为

$$[OH^-] = \sqrt{cK_b^\ominus} \qquad (2-7)$$

【例 2-1】　求 0.010mol/L HAc 溶液的 pH。

解：已知　$K_a^\ominus = 1.76 \times 1.0^{-5}$　　$c/K_a^\ominus > 500$

则 $$[H^+] = \sqrt{cK_a^\ominus} = \sqrt{0.10 \times 1.76 \times 10^{-5}} = 1.3 \times 10^{-3}\ (mol/L)$$

$$pH = 2.89$$

【例 2-2】　计算 0.10mol/L 的 NH_3溶液的 pH。

解：已知　$K_b^\ominus = 1.77 \times 1.0^{-5}$　　$c/K_b^\ominus > 500$

则 $$[OH^-] = \sqrt{cK_b^\ominus} = \sqrt{0.10 \times 1.76 \times 10^{-5}} = 1.3 \times 10^{-3}\ (mol/L)$$

$$pOH = 2.89$$

$$pH = 14 - pOH = 14.00 - 2.89 = 11.11$$

练一练

1. 计算 0.10mol/L 的 NH_4Cl 溶液的 pH。
2. 计算 0.10mol/L 的 NaAc 溶液的 pH。

二、多元弱酸（碱）溶液 pH 的计算

在水溶液中，一个分子能解离出多于一个 H^+的弱酸称为多元弱酸。例如 H_2S、H_2CO_3 等。

多元酸在溶液中的解离是逐级进行的，通常，第一级解离是主要的，即$K_{a1}^{\ominus} \gg K_{a2}^{\ominus}$，故一般把多元弱酸近似作为一元弱酸来处理。

当$K_{a1}^{\ominus} \gg K_{a2}^{\ominus}$，且$c/K_{a1}^{\ominus} \geqslant 500$时，

$$[H^+] = \sqrt{cK_{a1}^{\ominus}} \tag{2-8}$$

【例 2-3】 室温下，H_2S饱和溶液的浓度约为0.10mol/L，试计算H_2S饱和溶液中$[H^+]$、$[HS^-]$和$[S^{2-}]$。

解：
$$H_2S \rightleftharpoons H^+ + HS^- \qquad K_{a1}^{\ominus} = 9.1\times10^{-8}$$
$$HS^- \rightleftharpoons H^+ + S^{2-} \qquad K_{a2}^{\ominus} = 1.1\times10^{-12}$$

$K_{a1}^{\ominus} \gg K_{a2}^{\ominus}$，可忽略第二级解离，当作一元酸处理。

因此，$[HS^-] \approx [H^+]$

$$HS^- \rightleftharpoons H^+ + S^{2-}$$

平衡浓度/（mol/L）　$0.10-[H^+]$　$[H^+]$　$[H^+]$

因为$c/K_{a1}^{\ominus} > 500$，即$0.10-[H^+] \approx 0.10$

所以
$$[H^+] = \sqrt{cK_{a1}^{\ominus}} = \sqrt{0.10\times9.1\times10^{-8}} = 9.5\times10^{-5}(\text{mol/L})$$

则
$$[HS^-] \approx [H^+] = 9.5\times10^{-5}\text{mol/L}$$

S^{2-}是二级解离产物，计算时要用第二级解离平衡常数表达式

$$K_{a2}^{\ominus} = \frac{[H^+][S^{2-}]}{[HS^-]} = 1.1\times10^{-12}$$

第二步解离非常少，$[H^+] \approx [HS^-]$

则
$$[S^{2-}] \approx K_{a2}^{\ominus} = 1.1\times10^{-12}$$

小　结

对二元酸，其酸根阴离子的浓度在数值上近似地等于$K_{a2}^{\ominus}$。

同理，在计算多元弱碱溶液中$[OH^-]$时，一般只考虑第一级解离即可。当$c/K_b^{\ominus} \geqslant 500$时，最简式为

$$[OH^-] = \sqrt{cK_{b1}^{\ominus}} \tag{2-9}$$

练一练

计算0.10mol/L Na_2CO_3溶液的pH。已知H_2CO_3的$K_{a1}^{\ominus} = 4.30\times10^{-7}$，$K_{a2}^{\ominus} = 5.61\times10^{-11}$。

三、 两性物质溶液pH的计算

常见的两性物质有：多元酸的酸式盐，如$NaHCO_3$，NaH_2PO_4；弱酸弱碱盐，

如 NH_4Ac，NH_4CN 等。一般使用最简式

$$[H^+] = \sqrt{K_{a1}^{\ominus} \cdot K_{a2}^{\ominus}} \quad (2-10)$$

当 $K_{a1}^{\ominus} \gg K_{a2}^{\ominus}$，$cK_{a2}^{\ominus} > 20K_w^{\ominus}$，$c/K_{a1}^{\ominus} > 20$ 时，可用式（2-10）计算两性物质溶液的 pH。

【例 2-4】 计算 0.10mol/L $NaHCO_3$ 溶液的 pH。已知 H_2CO_3 的 $K_{a1}^{\ominus} = 4.30\times10^{-7}$，$K_{a2}^{\ominus} = 5.61\times10^{-11}$。

解：因为 $K_{a1}^{\ominus} \gg K_{a2}^{\ominus}$，$cK_{a2}^{\ominus} > 20K_w^{\ominus}$，$c/K_{a1}^{\ominus} > 20$

所以 $[H^+] = \sqrt{K_{a1}^{\ominus} \cdot K_{a2}^{\ominus}} = \sqrt{4.30\times10^{-7}\times5.61\times10^{-11}} = 4.9\times10^{-9}(mol/L)$

则 $pH = 8.31$

想一想

$H_2PO_4^-$ 是两性物质，计算其氢离子浓度的最简公式是什么？

四、 同离子效应和盐效应

实验：今有试管 1 和 2，在其中各加 10mL HAc，再各加甲基橙 2 滴。试管中的溶液呈红色，这证明 HAc 溶液呈酸性。若在试管 1 中加入少量固体 NaAc，边振荡边和试管 2 进行比较，发现试管 1 中的红色渐褪，最后变成黄色。甲基橙在酸性溶液中为红色，在微酸和碱中为黄色。

实验表明，试管 1 中的溶液因加入 NaAc 后，酸度逐渐降低了。这是因为 HAc-NaAc 溶液中存在着下列解离平衡

$$HAc \rightleftharpoons H^+ + Ac^-$$

$$NaAc \longrightarrow Na^+ + Ac^-$$

由于 NaAc 完全解离为 Na^+ 和 Ac^-，使试管 1 中的 Ac^- 的总浓度增加，HAc 的解离平衡向左移动，结果 HAc 的浓度增大，H^+ 的浓度减小，即 HAc 的解离度 α 降低了。

这种由于在弱电解质中加入一种含有相同离子的易溶强电解质后，使解离平衡发生移动，降低弱电解质解离度的作用，称为同离子效应。

若在 HAc 溶液中加入不含相同离子的强电解质（如 NaCl）时，由于溶液中离子间相互牵制作用增强，Ac^- 和 H^+ 结合成分子的机会减小，分子化的速率减小，故表现为 HAc 解离度略有增高，这种效应称为盐效应。

在发生同离子效应的同时，必伴随着盐效应的发生，但同离子效应影响大得多，故在一般情况下，通常忽略盐效应的影响，而主要考虑同离子效应。

第三节
缓冲溶液

酸碱缓冲溶液是指具有稳定溶液酸度作用的溶液。即将体系适当稀释或加入少量强酸或少量强碱时，溶液的 pH 能基本保持不变。在反应体系中加入这种溶液，就能达到控制酸度的目的。

一、缓冲溶液的组成及作用原理

缓冲溶液一般是由弱酸及其共轭碱或弱碱及其共轭酸，以及由不同酸度的两性物质组成的。

现以 $HA-A^-$缓冲体系为例说明缓冲溶液的作用原理。溶液中存在下列平衡

$$HA \rightleftharpoons H^+ + A^-$$

当向溶液中加入少量强酸时，加入的 H^+可与溶液中大量 A^-离子结合成 HA 分子，使平衡向左移动，溶液中 pH 基本保持不变；当加入少量强碱时，OH^-与溶液中的 H^+结合成 H_2O 分子，促使 HA 分子继续解离，平衡向右移动，溶液中 pH 也基本保持不变；如果将溶液稍加稀释，HA 和 A^-浓度都相应降低，使 HA 的解离度增大，那么溶液中 $[H^+]$ 仍然基本保持不变，从而使溶液酸度稳定。

二、缓冲溶液 pH 的计算

对于上述 $HA-A^-$缓冲体系，设缓冲组分的浓度分别为 c_{HA}、c_{A^-}，溶液中存在下列平衡

$$HAc \rightleftharpoons H^+ + Ac^-$$

平衡时有 $$K_a^{\ominus} = \frac{[H^+]\cdot[A^-]}{[HA]} \quad 或 \quad [H^+] = K_a^{\ominus}\cdot\frac{[HA]}{[A^-]}$$

由于溶液中 HA 及 A^-浓度相对较高，同时由于同离子效应的存在，使得 HA 的解离度很小，可认为 $[HA] \approx c_{酸}$，$[A^-] \approx c_{盐}$，则上式可近似处理成

$$[H^+] = K_a^{\ominus}\cdot\frac{c_{酸}}{c_{盐}} \tag{2-11}$$

式（2-11）说明缓冲溶液的酸度与缓冲组分的性质（$K_a^{\ominus}$）有关，同时与缓冲组分比有关。可以适当改变浓度比值，就可在一定范围内配制不同 pH 的缓冲溶液。

同理可推出，对于弱碱及其盐组成的缓冲溶液

$$[OH^-] = K_b^{\ominus}\cdot\frac{c_{碱}}{c_{盐}} \tag{2-12}$$

三、缓冲溶液的选择

酸碱缓冲溶液根据用途的不同可以分成两大类，即普通酸碱缓冲溶液和标准

酸碱缓冲溶液。标准酸碱缓冲溶液简称标准缓冲溶液，主要用于校正酸度计。普通酸碱缓冲溶液主要用于化学反应或生产过程中酸度的控制，在实际工作中应用很广。

选择酸碱缓冲溶液时主要考虑以下三点：

（1）对正常的化学反应或生产过程没有干扰，也就是说除维持酸度外，不能发生副反应。

（2）所需控制的 pH 应在缓冲溶液的缓冲范围内。如果酸碱缓冲溶液是由弱酸（弱碱）及其共轭碱（酸）组成的，则 $pK_a^{\ominus}$（$pK_b^{\ominus}$）应尽量与所需控制的 pH（pOH）一致。

（3）应具有较强的缓冲能力。为了达到这一要求，所选择体系中两组分的浓度比应尽量接近 1，且浓度适当大些为好。

表 2-1 列举了一些常见酸碱缓冲体系，可供选择时参考。

表 2-1　常用酸碱缓冲溶液及有效缓冲范围

缓冲体系	$pK_a^{\ominus}$（或 $pK_b^{\ominus}$）	缓冲范围（pH）
HAc-NaAc	4.75	3.6~5.6
NH_3-NH_4Cl	4.75（$pK_b^{\ominus}$）	8.3~10.3
$NaHCO_3$-Na_2CO_3	10.25	9.2~11.0
KH_2PO_4-K_2HPO_4	7.21	5.9~8.0
H_3BO_3-$Na_2B_4O_7$	9.2	7.2~9.2

例如，欲配制一定体积 pH = 4.8 的缓冲溶液，根据欲选的缓冲对的 $pK_a^{\ominus}$ 应尽量与所需控制的 pH 一致的原则，应选择 HAc-NaAc 体系为好。

第四节　酸碱滴定法

一、酸碱指示剂

酸碱滴定分析中，确定滴定终点的方法有仪器法与指示剂法两类。指示剂法是借助加入的酸碱指示剂在化学计量点附近颜色的变化来确定滴定终点的。这种方法简单、方便，是确定滴定终点的基本方法。本节仅介绍酸碱指示剂法。

1. 作用原理

酸碱指示剂一般是有机弱酸、弱碱或两性物质，在不同的酸度条件下具有不同的结构和颜色。例如，酚酞指示剂是有机弱酸，在水溶液中有以下解离平衡存在：

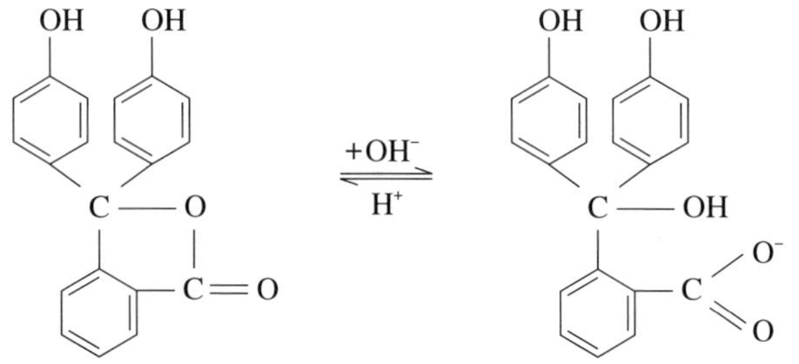

无色（酸式色，内酯式）　　　　红色（碱式色，醌式）

在酸性溶液中，平衡向左移动，酚酞主要以内酯式结构存在，溶液呈无色；在碱性溶液中，平衡向右移动，酚酞则主要以醌式结构存在，溶液呈红色。

再如另一种常用的酸碱指示剂甲基橙是一种有机弱碱，在溶液中有如下解离平衡存在：

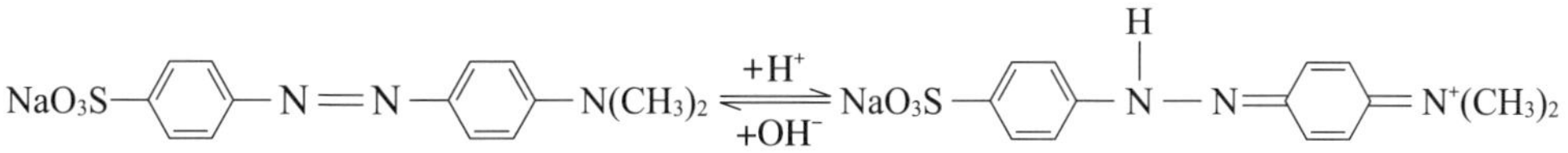

黄色（碱式色，偶氮式）　　　　红色（酸式色，醌式）

显然，甲基橙与酚酞相似，在不同的酸度条件下具有不同的结构及颜色。增大溶液酸度，甲基橙主要以醌式结构存在，溶液呈红色。反之，甲基橙主要以偶氮式结构存在，溶液由红色变为黄色。

由此可见，当溶液的 pH 发生变化时，由于指示剂结构的变化，颜色也随之发生变化，因而可通过酸碱指示剂颜色的变化来确定酸碱滴定的终点。

2. 酸碱指示剂的变色范围及其影响因素

若以 HIn 表示一种弱酸型指示剂，In^-为其共轭碱，在水溶液中存在以下平衡

$$HIn \rightleftharpoons H^+ + In^-$$

相应的平衡常数为

$$K_{HIn}^{\ominus} = \frac{[H^+] \cdot [In^-]}{[HIn]}$$

或

$$\frac{[In^-]}{[HIn]} = \frac{K_{HIn}^{\ominus}}{[H^+]} \tag{2-13}$$

$K_{HIn}^{\ominus}$称为指示剂常数。可见溶液的颜色取决于 HIn 与 In^-的浓度比，即 $[In^-]/[HIn]$，而 $[In^-]/[HIn]$ 又随溶液中 $[H^+]$ 的改变而改变。

一般来说，若 $[In^-]/[HIn] \geqslant 10$，人眼所看到的为碱式色；若 $[In^-]/[HIn] \leqslant 1/10$，则人眼所看到的是酸式色；当 $1/10 \leqslant [In^-]/[HIn] \leqslant 10$ 时，指示剂呈混合色，在此范围溶液对应的 pH 为 $pK_{HIn}^{\ominus}-1$ 至 $pK_{HIn}^{\ominus}+1$。$pH = pK_{HIn}^{\ominus} \pm 1$ 就

是指示剂理论变色的 pH 范围，简称指示剂理论变色范围，将 $pH = pK_{HIn}^{\ominus}$ 称为指示剂的理论变色点。

由此可见，不同的酸碱指示剂，$pK_{HIn}^{\ominus}$ 不同，它们的变色范围就不同。理论上说，指示剂的变色范围都是 2 个 pH 单位，但实验测得的指示剂变色范围并不都是 2 个 pH 单位，而是略有上下。这是由于实验测得的指示剂变色范围是人目视确定的，由于人的眼睛对不同颜色的敏感度不同，观察到的变化范围也不同。表 2-2 所示为一些常用的酸碱指示剂的变色范围。

表 2-2　　几种常用的酸碱指示剂

指示剂	变色范围	颜色		$pK_{HIn}^{\ominus}$	浓度	用量
	pH	酸色	碱色			滴/10mL
百里酚蓝	1.2~2.8	红	黄	1.7	0.1%的 20%乙醇溶液	1~2
甲基黄	2.9~4.0	红	黄	3.3	0.1%的 90%乙醇溶液	1
甲基橙	3.1~4.4	红	黄	3.4	0.05%的水溶液	1
溴酚蓝	3.0~4.6	黄	紫	4.1	0.1%的 20%乙醇或其钠盐水溶液	1
溴甲酚绿	3.8~5.4	黄	蓝	4.9	0.1%的 20%乙醇或其钠盐水溶液	1
甲基红	4.4~6.2	红	黄	5.1	0.1%的 60%乙醇或其钠盐水溶液	1
溴百里酚蓝	6.2~7.6	黄	蓝	7.3	0.1%的 20%乙醇或其钠盐水溶液	1
中性红	6.8~8.0	红	黄橙	7.4	0.1%的 60%乙醇溶液	1
酚红	6.7~8.4	黄	红	8.0	0.1%的 60%乙醇或其钠盐水溶液	1
酚酞	8.0~10.0	无	红	9.1	0.1%的 90%乙醇溶液	1~2
百里酚酞	9.4~10.6	无	蓝	10.0	0.1%的 90%乙醇溶液	1~2

二、 酸碱滴定与指示剂选择

在酸碱滴定中，一个重要问题就是选择合适的指示剂来确定滴定终点，而酸碱指示剂只能在一定的 pH 范围内发生颜色变化，因此必须了解滴定过程中溶液 pH 的变化规律。在滴定过程中溶液的 pH 随滴定剂体积或滴定分数变化的关系曲线称为酸碱滴定曲线。滴定曲线在滴定分析中不但可从理论上解释滴定过程的变化规律，对指示剂的选择更具有重要的实际意义。由于各种不同类型的酸碱滴定过程中 H^+ 浓度的变化规律是各不相同的，因此下面分别予以讨论。

1. 强酸（碱）的滴定

现以 0.1000mol/L NaOH 滴定 20.00mL 0.1000mol/L HCl 为例来讨论强碱滴定强酸过程中 pH 的变化情况、滴定曲线的形状及指示剂的选择。该滴定过程可分为四个阶段：

（1）滴定前　溶液的 pH 取决于被滴定 HCl 溶液的初始浓度。

即
$$[H^+] = 0.1000\text{mol/L}$$
$$pH = 1.00$$

（2）滴定开始至化学计量点前　溶液的 pH 由剩余 HCl 溶液的酸度决定。

例如，当滴入 NaOH 溶液 19.80mL 时，溶液中剩余 HCl 溶液 0.20mL，则

$$[H^+] = \frac{0.1000 \times 0.20}{20.00 + 19.80} = 5.03 \times 10^{-4}(\text{mol/L})$$
$$pH = 3.30$$

当滴入 NaOH 溶液 19.98mL 时，溶液中剩余 HCl 0.02mL，则

$$[H^+] = \frac{0.1000 \times 0.02}{20.00 + 19.98} = 5.00 \times 10^{-5}(\text{mol/L})$$
$$pH = 4.30$$

（3）化学计量点时　此时溶液中的 HCl 与 NaOH 恰好反应完全，溶液呈中性，即

$$[H^+] = [OH^-] = 1.00 \times 10^{-7}\text{mol/L}$$
$$pH = 7.00$$

（4）化学计量点后　溶液的 pH 由过量的 NaOH 浓度决定。

例如加入 NaOH 20.02mL 时，NaOH 过量 0.02mL，此时溶液中 $[OH^-]$ 为

$$[OH^-] = \frac{0.1000 \times 0.02}{20.00 + 20.02} = 5.0 \times 10^{-5}(\text{mol/L})$$
$$pOH = 4.30 \qquad pH = 9.70$$

用类似的方法可以计算出整个滴定过程中加入任意体积 NaOH 时溶液的 pH，其结果如表 2-3 所示。

表 2-3　0.1000mol/L NaOH 溶液滴定 20.00mL 0.1000mol/L HCl 溶液的 pH

加入 NaOH 溶液		剩余 HCl 溶液的体积	过量 NaOH 溶液的体积	pH	
滴定度/%	V/mL	V/mL	V/mL		
0	0.00	20.00		1.00	
90.0	18.00	2.00		2.28	
99.0	19.80	0.20		3.30	
99.9	19.98	0.02		4.30 A	滴定突跃
100.0	20.00	0.00		7.00	
100.1	20.02		0.02	9.70 B	

续表

加入 NaOH 溶液		剩余 HCl 溶液的体积	过量 NaOH 溶液的体积	pH
滴定度/%	V/mL	V/mL	V/mL	
101.0	20.20		0.20	10.70
110.0	22.00		2.00	11.70
200.0	40.00		20.00	12.50

以 NaOH 加入量为横坐标，对应的溶液 pH 为纵坐标作图，就能得到图 2-1 所示的滴定曲线。

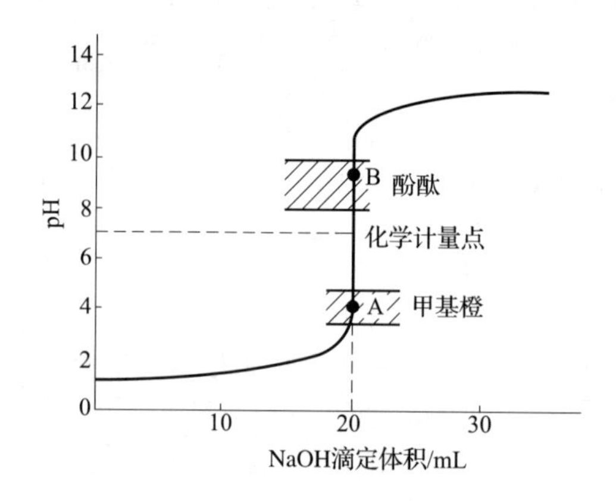

图 2-1　0.1000mol/L NaOH 滴定 20.00mL 0.1000mol/L HCl 的滴定曲线

由表 2-3 与图 2-1 可以看出，从滴定开始到加入 19.98mLNaOH 滴定溶液，溶液的 pH 仅改变了 3.30 个 pH 单位，曲线变化比较平坦。而在化学计量点附近，NaOH 溶液从 19.98mL 到 20.02mL，只增加了 0.04mL（约 1 滴），就使溶液的 pH 由 4.30 突变至 9.70，改变了 5.40 个 pH 单位，此时曲线呈现近似垂直的一段，溶液也从酸性变成了碱性。这种在化学计量点±0.1%范围内，pH 的急剧变化就称为滴定突跃，而突跃所在的 pH 范围称之为滴定突跃范围。此后，再继续滴加 NaOH 溶液，溶液的 pH 变化越来越小，曲线又趋平坦。

滴定突跃范围是选择指示剂的重要依据，凡在滴定突跃范围内能发生颜色变化的指示剂，都可用来指示滴定的终点。因此，选择指示剂的原则是指示剂的变色范围全部或部分地落入滴定突跃范围内。在本例中，滴定突跃范围是 4.30~9.70，甲基红、酚酞、甲基橙均可选用。实际分析时，为了更好地判断终点，通常选用酚酞作指示剂，因其终点颜色由无色变成浅红色，非常容易辨别。

强酸强碱的滴定中，滴定突跃范围的大小和溶液的浓度有关。酸碱的浓度越小，突跃范围就越窄；反之，酸碱的浓度越大，突跃范围就越宽。若分别用 1.0mol/L、0.1mol/L、0.01mol/L 的 NaOH 溶液分别滴定 20.00mL 1.0mol/L、0.1mol/L、0.01mol/L 的 HCl 溶液，突跃范围分别是 3.30~10.70、4.30~9.70、

5.30~8.70，如图 2-2 所示。

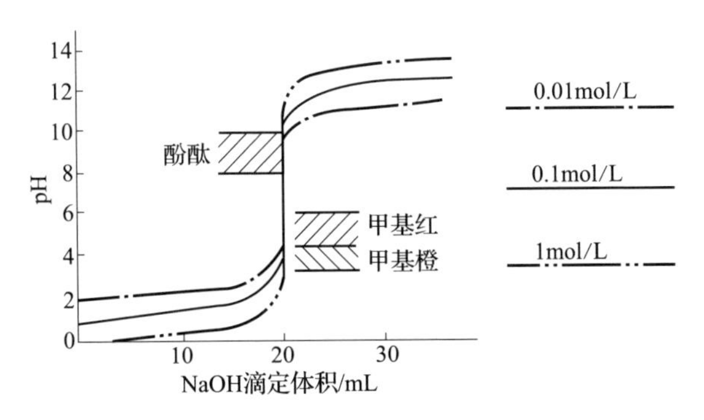

图 2-2　不同浓度 NaOH 溶液滴定不同浓度 HCl 溶液的滴定曲线

从图 2-2 可知，滴定剂溶液的浓度越大，则化学计量点附近的滴定突跃就越大，可供选择的指示剂就越多。

小　结

酸碱浓度对突跃范围有直接影响。若酸碱浓度降低至原来的 1/10，则其滴定的突跃范围减小 2 个 pH 单位；若酸碱浓度增大至原来的 10 倍，则其滴定的突跃范围增大 2 个 pH 单位。

对于强酸滴定强碱，可以参照以上处理办法，首先了解滴定曲线的情况，特别是化学计量点、滴定突跃，然后根据滴定突跃选择一种合适的指示剂。

想一想

三种浓度的 NaOH 溶液滴定同浓度的 HCl 溶液时，采用的指示剂有何不同？

2. 弱酸（碱）的滴定

以 0.1000mol/L NaOH 滴定 20.00mL 0.1000mol/L HAc 为例，讨论滴定过程中溶液 pH 的变化情况。

与讨论强酸滴定曲线方法相似，讨论这一类滴定曲线也分为四个阶段：

（1）滴定前　此时溶液的 pH 由 0.1000mol/L 的 HAc 溶液的酸度决定。$[H^+]$ 按一元弱酸的最简式计算。

$$[H^+] = \sqrt{cK_a^{\ominus}} = \sqrt{0.1000 \times 1.76 \times 10^{-5}} = 1.33 \times 10^{-3}(\text{mol/L})$$

$$\text{pH} = 2.88$$

（2）滴定开始至化学计量点前　这一阶段的溶液是由未反应的 HAc 与反应产

物 NaAc 组成的缓冲体系。

$$[H^+] = K_a^{\ominus}\frac{[HAc]}{[Ac^-]}$$

当滴入 NaOH 19.98mL（剩余 0.02mL HAc）时，

$$[HAc] = \frac{0.1000 \times 0.02}{20.00 + 19.98} = 5.0 \times 10^{-5}(mol/L)$$

$$[Ac^-] = \frac{0.1000 \times 19.98}{20.00 + 19.98} = 5.0 \times 10^{-2}(mol/L)$$

$$[H^+] = 1.76 \times 10^{-5} \times \frac{5.0 \times 10^{-5}}{5.0 \times 10^{-2}} = 1.8 \times 10^{-8}(mol/L)$$

$$pH = 7.74$$

（3）化学计量点时　此时溶液的 pH 由 NaAc 决定，$[OH^-]$ 按一元弱碱的最简式计算。

$$[OH^-] = \sqrt{cK_b^{\ominus}} = \sqrt{c \cdot \frac{K_W^{\ominus}}{K_a^{\ominus}}} = \sqrt{0.05000 \times \frac{1.0 \times 10^{-14}}{1.76 \times 10^{-5}}} = 5.3 \times 10^{-6}(mol/L)$$

$$pOH = 5.28 \qquad pH = 8.72$$

（4）化学计量点后　此时溶液由过量的 NaOH 和产物 NaAc 所组成，溶液的 pH 主要取决于过量的 NaOH。当滴入 20.02mL NaOH 溶液，NaOH 过量 0.02mL，则

$$[OH^-] = \frac{0.02 \times 0.1000}{20.00 + 20.02} = 5.0 \times 10^{-5}$$

$$pOH = 4.30 \qquad pH = 9.70$$

按上述方法，依次计算出滴定过程中溶液的 pH，其计算结果如表 2-4 所示。

表 2-4　0.1000mol/L NaOH 溶液滴定 20.00mL 0.1000mol/L HAc 溶液的 pH

加入 NaOH 溶液		剩余 HAc 溶液的体积	过量 NaOH 溶液的体积	pH	
滴定度/%	V/mL	V/mL	V/mL		
0	0.00	20.00		2.87	
50.0	10.00	10.00		4.74	
90.0	18.00	2.00		5.70	
99.0	19.80	0.20		6.74	
99.9	19.98	0.02		7.70 A	滴定突跃
100.0	20.00	0.00		8.72	
100.1	20.02		0.02	9.70 B	
101.0	20.20		0.20	10.70	
110.0	22.00		2.00	11.70	
200.0	40.00		20.00	12.50	

以加入的 NaOH 标准溶液的体积为横坐标、以被滴定溶液的 pH 为纵坐标作图，可得如图 2-3 所示的滴定曲线，该图中的虚线为强碱滴定强酸曲线的前半部分。

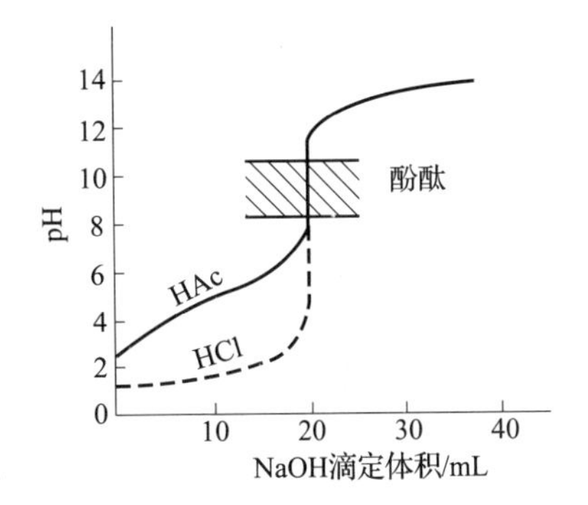

图 2-3 0.1000mol/L NaOH 滴定 20.00mL 0.1000mol/L HAc 的滴定曲线

与 NaOH 滴定 HCl 溶液的滴定曲线相比较，NaOH 滴定 HAc 的滴定曲线有以下特点：

① 滴定曲线的起点高。由于 HAc 是弱酸，其解离度较小，溶液中的 H^+浓度小于强酸的起始浓度。

② 滴定曲线的形状不同。滴定刚开始和接近化学计量点时，溶液的 pH 升高较快，而在中间区域曲线变得较为平坦。这是由于开始和接近化学计量点时所形成的 $HAc-Ac^-$缓冲体系的缓冲能力较弱，而在中间区域缓冲能力较强之故。化学计量点后，滴定曲线的变化情况与 NaOH 滴定 HCl 时相同。

③ 化学计量点为碱性。滴定至化学计量点时，HAc 与 NaOH 反应完全，生成 NaAc，是弱碱。

④ 滴定突跃范围较小。0.1000mol/L NaOH 溶液滴定 0.1000mol/L HAc 的突跃范围为 7.74~9.70，比相同浓度的 NaOH 溶液滴定 HCl 溶液小得多，而且滴定突跃处在碱性范围内。根据指示剂的选择原则，必须选择那些在碱性区域内变色的指示剂，如酚酞或百里酚酞等，而在酸性范围内变色的甲基橙和甲基红则不适用。

强碱滴定一元弱酸的滴定突跃范围，既与酸碱的浓度有关，还取决于一元弱酸的解离常数 $K_a^{\ominus}$。图 2-4 所示为用 0.1000mol/L NaOH 溶液滴定 20.00mL 0.1000mol/L 各种不同强度弱酸的滴定曲线。当弱酸的浓度一定时，$K_a^{\ominus}$ 越大，滴

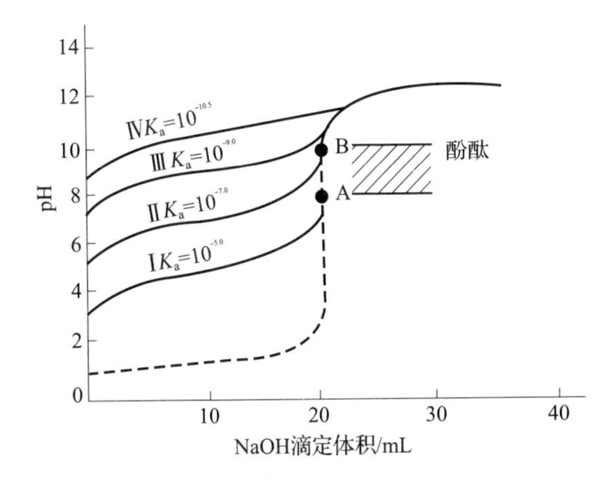

图 2-4 NaOH 溶液滴定不同弱酸溶液的滴定曲线

定的突跃范围越大；$K_a^\ominus$ 越小，滴定的突跃范围就越小。当 $c_{HAc}=0.1000mol/L$ 时，$K_a^\ominus \leqslant 10^{-9}$，已无明显的滴定突跃，也无法用一般的指示剂确定滴定终点。只有当 $cK_a^\ominus \geqslant 10^{-8}$ 时方可用指示剂判别滴定突跃（约 0.4 个 pH 单位），所以常将 $cK_a^\ominus \geqslant 10^{-8}$ 作为用指示剂确定终点时，强碱直接准确滴定一元弱酸的可行性判据。

与强碱滴定弱酸相似，强酸滴定弱碱的突跃范围的大小，与弱碱的 $K_b^\ominus$ 及其浓度有关，只有当 $cK_b^\ominus \geqslant 10^{-8}$ 时，弱碱才能用强酸直接滴定。

三、 酸碱滴定法的应用

1. 酸碱标准溶液的配制和标定

酸碱滴定中最常用的标准溶液是 HCl 溶液和 NaOH 溶液，浓度在 0.01~1mol/L 均可，最常用浓度为 0.1mol/L。

（1）HCl 标准溶液的配制和标定　由于浓盐酸具有挥发性，不能用直接法配制标准溶液，只能采用间接法配制。配制时所取 HCl 的量可稍多些。

用于标定 HCl 标准溶液的基准物有无水碳酸钠和硼砂等。

① 无水碳酸钠：Na_2CO_3 容易制得纯品，价格便宜，但易吸收空气中的水分，使用前必须在 270~300℃下加热干燥 1h，然后密封于称量瓶内，保存在干燥器中备用。称量时要求动作迅速，以免吸收空气中水分而带入测定误差。

用 Na_2CO_3 标定 HCl 溶液的标定反应为：

$$Na_2CO_3+2HCl \longrightarrow 2NaCl+H_2CO_3$$

$$H_2CO_3 \longrightarrow H_2O+CO_2$$

滴定时可用甲基橙作指示剂，终点时溶液颜色由黄色变为橙色。

②硼砂（$Na_2B_4O_7 \cdot 10H_2O$）：硼砂容易提纯，且不易吸水，由于其摩尔质量大（381.4g/mol），因此称量引入的相对误差较小。但硼砂在空气中相对湿度小于 39%时易风化失去部分结晶水，因此应把它保存在相对湿度为 60%的恒湿器中。

用硼砂标定 HCl 溶液的标定反应为：

$$Na_2B_4O_7 + 2HCl + 5H_2O = 4H_3BO_3 + 2NaCl$$

滴定时可选用甲基红作指示剂，终点时溶液颜色由黄变红，变色较为明显。

（2）NaOH 标准溶液的配制和标定　NaOH 固体易吸潮，也易吸收空气中的 CO_2，以致常含有 Na_2CO_3，因此 NaOH 标准溶液也不能用直接法配制，同样须先配制成接近所需浓度的溶液，然后再用基准物质标定其准确浓度。

含有 Na_2CO_3 的标准碱溶液滴定弱酸时，如果用酚酞作指示剂，滴定至酚酞出现浅红色时，Na_2CO_3 仅交换一个质子，作用到生成 $NaHCO_3$，于是就会引起一定的误差。因此应配制和使用不含 CO_3^{2-} 的标准碱溶液。配制不含 CO_3^{2-} 的标准碱溶液，最常用的方法是：取一份纯净的 NaOH，加入一份水，搅拌，使之溶解，配成

50%的浓溶液。在这种浓溶液中 Na_2CO_3 的溶解度很小，待 Na_2CO_3 沉降后，吸取上层澄清液，稀释至所需浓度。稀释用的水应预先除去其中的 CO_2，一般将蒸馏水煮沸数分钟，冷却后使用。

标定 NaOH 溶液的基准物质可选取 $H_2C_2O_4 \cdot 2H_2O$、苯甲酸等，但最常用的是邻苯二甲酸氢钾（$KHC_8H_4O_4$，缩写 KHP）。这种基准物质容易用重结晶法制得纯品，不含结晶水，不吸潮，容易保存，摩尔质量较大（204.2g/mol），由于称量而造成的误差也较小，所以它是标定碱标准溶液较好的基准物质。标定前，邻苯二甲酸氢钾应于100~125℃下干燥后备用。

标定反应为

$$C_6H_4(COOH)(COOK) + NaOH = C_6H_4(COONa)(COOK) + H_2O$$

用酚酞作指示剂时，终点变色相当敏锐。

2. 酸碱滴定法的应用

在水溶液体系中，可以利用酸碱滴定法直接或间接地测定许多酸碱物质以及通过一定的化学反应能释放出酸或碱的物质。

（1）果蔬中总酸度的测定　在果蔬中含有各种各样的有机酸，如苹果酸、柠檬酸、酒石酸、醋酸、草酸等。酸的种类和含量随果蔬的品种、成熟程度和贮藏时间的长短有很大变化。测定果蔬中这些酸的含量，不仅可以研究果蔬在不同成熟期的物质代谢，而且也可以作为鉴定品质的一项重要指标。

水果中的有机酸，$K_a^{\ominus}$ 一般都大于 10^{-7}，它们都可以用碱的标准溶液直接滴定。生成物是它们的共轭碱，终点时溶液呈碱性，应选酚酞为指示剂。

$$RCOOH + NaOH = RCOONa + H_2O$$

$$w_{总酸量} = \frac{c_{NaOH}V_{NaOH}K}{m_{试样}} \times 100\%$$

式中 K 为酸的换算系数（g/mol），苹果酸的 K = 67g/mol，柠檬酸 K = 64g/mol，酒石酸 K = 75g/mol，醋酸 K = 60g/mol，乳酸 K = 90g/mol。一般蔬菜以苹果酸计，柑橘、柠檬、柚子等以柠檬酸计，葡萄以酒石酸计，苹果、桃、李子等以苹果酸计。

（2）铵盐中氮的测定　肥料、土壤及某些有机化合物常常需要测定其氮的含量，通常是将试样加以适当的处理，使各种含氮化合物都转化为氨态氮，然后进行测定。常用的有以下两种方法：

① 蒸馏法：试样用浓 H_2SO_4 消化分解（有时还需加入催化剂），使各种含氮化合物都转化为 NH_4^+，加浓 NaOH，将 NH_4^+ 以 NH_3 的形式蒸馏出来，用 H_3BO_3 溶液将 NH_3 吸收，以甲基红和溴甲酚绿为混合指示剂，用标准硫酸滴定 $H_2BO_3^-$，近无色透明时为终点。H_3BO_3 的酸性极弱，它可以吸收 NH_3，但不影响滴定，不必定

量加入。

也可以用标准 HCl 或 H_2SO_4 吸收，过量的酸以 NaOH 标准溶液返滴，以甲基红或甲基橙为指示剂。

蒸馏法测定 NH_4^+ 比较准确，但较费时。

② 甲醛法：甲醛与铵盐作用，生成等物质的量的酸（质子化的六次甲基四胺和 H^+）：

$$4NH_4^+ + 6HCHO = (CH_2)_6N_4H^+ + 3H^+ + 6H_2O$$

通常采用酚酞作指示剂，用 NaOH 标准溶液滴定。如果试样中含有游离酸，则需要事先以甲基红作指示剂，用 NaOH 进行中和。甲醛法较蒸馏法简便、快速。

（3）有机化合物中氮含量的测定——凯氏定氮法　凯氏定氮法是测定有机化合物中氮含量的重要方法。该法是于有机试样中加入硫酸钾溶液进行煮解，通常还加入硒或铜盐作催化剂，以提高煮解效率。在煮解过程中，有机物质中的氮定量转化为 NH_4HSO_4 或 $(NH_4)_2SO_4$，然后于上述煮解液中加入浓氢氧化钠至溶液呈强碱性，析出的 NH_3 随水蒸气蒸馏出来，导入定量且过量的标准盐酸溶液中，最后以标准氢氧化钠溶液返滴定余下的盐酸，根据消耗盐酸的量计算氮的质量。在上述操作中，若将蒸馏出来的氨导入饱和硼酸吸收液中，则可用盐酸标准溶液直接滴定所产生的硼酸盐，后者更为简便、快速。

许多不同蛋白质中氮的含量基本相同，因此，将氮的质量换算为蛋白质的换算因数为 6.25（即蛋白质中含 16% 的氮），若蛋白质的大部分为白蛋白，则换算因数为 6.27。

3. 计算示例

【例 2-5】　用硼砂（$Na_2B_4O_7 \cdot 10H_2O$）标定 HCl 溶液（大约浓度为 0.1mol/L），希望用去的 HCl 溶液为 25mL 左右，应称取硼砂多少克？

解：滴定反应为

$$Na_2B_4O_7 \cdot 10H_2O + 2HCl = 4H_3BO_3 + 2NaCl + 5H_2O$$

$$m_{硼砂} = \frac{1}{2}V_{HCl}c_{HCl}M_{硼砂} = \frac{1}{2} \times 25 \times 10^3 \times 0.1 \times 381.4 = 0.4768(g) \approx 0.5g$$

【例 2-6】　将 2.000g 的黄豆用浓 H_2SO_4 进行消化处理，得到被测试液，然后加入过量的 NaOH 溶液，将释放出来的 NH_3 用 50.00mL 浓度为 0.6700mol/L 的 HCl 溶液吸收，多余的 HCl 溶液采用甲基橙指示剂，以 0.6520mol/L 的 NaOH 溶液滴定至终点，消耗 NaOH 溶液 37.80mL。计算黄豆中氮的质量分数及蛋白质的质量分数。

解：$$w_N = \frac{(c_{HCl}V_{HCl} - c_{NaOH}V_{NaOH}) \cdot M_N}{m_s} \times 100\%$$

$$= \frac{(0.6700 \times 50.00 - 0.6520 \times 37.80) \times 14.01 \times 10^{-3}}{2.000} \times 100\% = 6.20\%$$

黄豆中蛋白质的质量分数为　6.20% × 6.25 = 38.75%

【例 2-7】 称取 0.2500g 食品试样，采用凯氏定氮法测定氮的含量。以 0.1000mol/L HCl 溶液滴定至终点，消耗 21.20mL，计算食品中蛋白质的含量。

解：已知将氮的质量换算为蛋白质的换算因数为 6.250，所以

$$w_{蛋白质} = \frac{c_{HCl} \cdot V_{HCl} \cdot M_N \times 6.25}{m_s} \times 100\%$$
$$= \frac{0.1000 \times 21.20 \times 10^{-3} \times 14.01 \times 6.25}{0.2500} \times 100\% = 74.25\%$$

知识拓展

酸碱理论

酸碱对于无机化学来说是一个非常重要的部分，日常生活中，人们接触过很多酸碱盐之类的物质，例如食醋，它就是一种酸；日常用的熟石灰是一种碱。人们最初是根据物质的物理性质来分辨酸碱的。有酸味的物质就归为酸一类；而接触有滑腻感的物质、有苦涩味的物质就归为碱一类；类似于食盐一类的物质就归为盐一类。直到 17 世纪末期，英国化学家波义耳才根据实验的理论提出了朴素的酸碱理论。后来人们又试图从酸碱的元素组成上来加以区分，法国化学家拉瓦锡认为，氧元素是酸不可缺少的元素。然而英国的戴维以盐酸并不含氧的实验事实证明拉瓦锡的理论是错误的。戴维认为氢才是酸的不可或缺的元素，要判断一个物质是不是酸，要看他是否含有氢原子。然而很多盐跟有机物都含有氢原子，显然这个理论过于片面了。德国化学家李比西接着戴维的棒又给出了更科学的解释：所有的算都是含氢化合物，其中的氢原子必须很容易的被金属置换出来，能跟酸反应生成盐的物质则是碱。但是他又无法解释酸的强弱的问题。随着科学的发展，人们又提出了更加科学的解释，使得酸碱理论愈发成熟。

1. 酸碱电离理论

1887 年瑞典科学家阿伦尼乌斯（Arrhenius）率先提出了酸碱电离理论。他认为，凡是在水溶液中电离出来的阳离子都是氢离子的物质就是酸，凡是在水溶液中电离出来的阴离子都是氢氧根离子的物质就是碱。酸碱反应的实质其实就是氢离子跟氢氧根离子的反应。

这个理论能解释很多事实，例如强弱酸的问题，强酸能够电离出更多的氢离子从而与金属的反应更为剧烈。他还解释了酸碱反应的实质，就是氢离子与氢氧根离子的反应。可以说阿伦尼乌斯的酸碱电离理论是酸碱理论发展的一个里程碑，至今仍被人们广泛应用。

这个理论把酸碱限定在水溶液之中，然而很多物质在非水溶液中不能电离出来氢离子跟氢氧根离子，却也能表现出跟酸碱接近的性质。于是1905年，英国的化学家富兰克林提出来酸碱溶剂理论，他认为凡是能生成与溶剂相同的正离子的物质是酸，凡是能生成与溶剂相同负离子的物质就是碱。这个理论把阿伦尼乌斯的电离理论进一步的扩大了范围，不仅仅限定在水溶液中了。

2. 酸碱质子理论

酸碱电离理论无法解释非电离的溶剂中的酸碱性质。针对这一点，1923年丹麦化学家J. N. 布朗斯特（Brönsted）和英国化学家T. M. 劳莱（Lowry）分别独立的提出了酸碱质子理论。他们认为，酸是能够给出质子（H^+）的物质，碱是能够接收质子（H^+）的物质。可见，酸给出质子后生成相应的碱，而碱结合质子后又生成相应的酸。酸碱之间的这种依赖关系称为共轭关系，相应的一对酸碱被称为共酸碱对。酸碱反应的实质是两个共酸碱对的结合，质子从一种酸转移到另一种碱的过程。

与酸碱的电离理论和溶剂理论相比，酸碱质子理论已有了很大的进步，扩大了酸碱的范畴，使人们加深了对酸碱的认识。但是，质子理论也有局限性，它只限于质子的给予和接受，对于无质子参与的酸碱反应就无能为力了。

3. 酸碱电子理论

任何理论都有它的局限性，不管是电离理论还是质子理论，都把酸的分类局限于含H的物质上。有些物质如：SO_3、BCl_3，根据上述理论都不是酸，因为既无法在水溶液中电离出H^+，也不具备给出质子的能力，但它们确实能发生酸碱反应。

1923年美国的G. N. 路易斯指出没有理论认为酸必须限定在含H的化合物上，他的这种认识来源自氧化反应不一定非要有氧气参加。他是共价键理论的创建者，所以他更愿意用结构上的性质来区别酸碱。他认为：碱是具有孤对电子的物质，这对电子可以用来使别的原子形成稳定的电子层结构。酸则是能接受电子对的物质，它利用碱所具有的孤对电子使其本身的原子达到稳定的电子层结构。酸碱反应的实质是碱的未共用电子对通过配位键跃迁到酸的空轨道中，生成酸碱配合物的反应。

这一理论很好的解释了一些不能释放H的物质本质上也是算，一些不能接受质子的物质本质上也是碱。同时也使酸碱理论脱离了氢元素的束缚，将酸碱理论的范围更加的扩大。这就像以前人们一直把氧化反应只局限在必须有氧原子参加一样，没有意识到一些并没有氧参加的反应本质上也是氧化反应。这使得化学的知识结构更加的具有系统性。

4. 软硬酸碱理论

软硬酸碱理论是由1963年美国化学家Pearson根据Lewis酸碱电子理论基础上提出的，作为路易斯的酸碱理论的一种推广存在，他根据对电子对控制能力的强弱把酸碱分为了三大类，硬酸（碱）、软酸（碱）、交界酸（碱）。其中酸定义如下：对电子对抓的紧的酸称为硬酸，硬酸中接受电子对的原子体积小，正电荷高，电负性大，难极化（如：H^+，Li^+，Na^+，K^+，Rb^+，Be^{2+}）。与之相反，对电子对抓得松得酸称为软酸（如：Cu^+，Ag^+，$Hg_2{}^{2+}$，Au^+），特点也与硬酸相反。而交界酸定义为介于软酸和硬酸之间的酸。

这种理论对解释酸碱反应所生成的配合物的稳定性上有着极高的理论价值，该理论提出了一般规则：硬亲硬，软亲软，软硬交接不稳定。就是说软-软、硬-硬化合物较为稳定，软-硬化合物不够稳定，原因是硬酸和硬碱发生的是形成了离子键或极性键的无机反应，而软酸和软碱发生的是形成了共价键的有机反应，但软硬交替便发生了形成弱键或不稳定络合物的反应。软硬酸碱理论对路易斯酸碱反应的方向问题作出了突出贡献。并给出了硬溶剂优先溶解硬溶质，软溶剂优先溶解软溶质的原理及原因，在路易斯酸碱理论及软硬酸碱理论的定义下，水是一种硬碱，就此就又以此更好的解释了大部分有机物不溶于水的原因。

本章小结

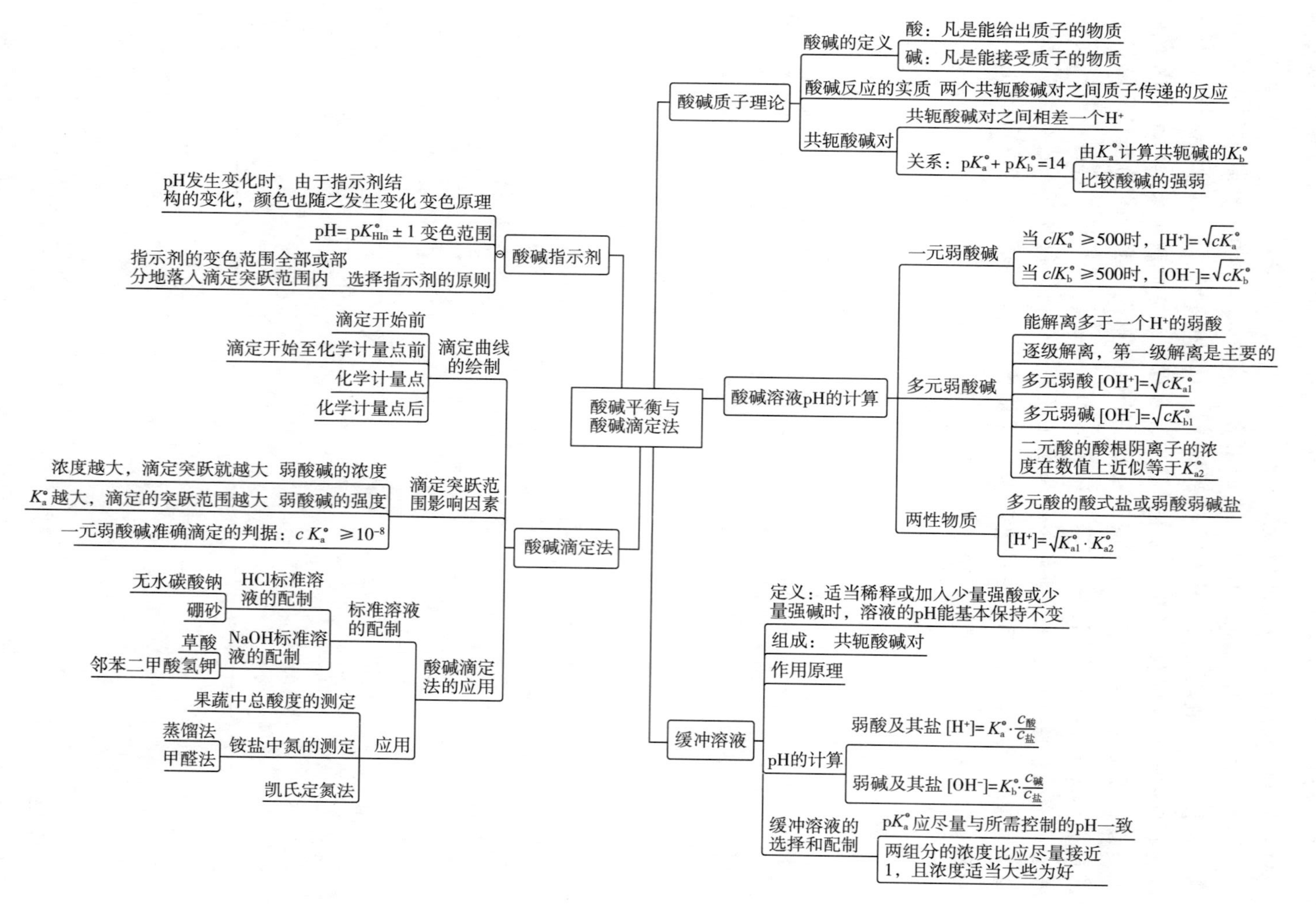
酸碱平衡与酸碱滴定法
酸碱质子理论
酸碱的定义
酸：凡是能给出质子的物质
碱：凡是能接受质子的物质
酸碱反应的实质 两个共轭酸碱对之间质子传递的反应
共轭酸碱对
共轭酸碱对之间相差一个H^+
关系：$pK_a^\circ + pK_b^\circ = 14$
由K_a°计算共轭碱的K_b°
比较酸碱的强弱
酸碱溶液pH的计算
一元弱酸碱
当$c/K_a^\circ \geq 500$时，$[H^+]=\sqrt{cK_a^\circ}$
当$c/K_b^\circ \geq 500$时，$[OH^-]=\sqrt{cK_b^\circ}$
多元弱酸碱
能解离多于一个H^+的弱酸
逐级解离，第一级解离是主要的
多元弱酸 $[OH^+]=\sqrt{cK_{a1}^\circ}$
多元弱碱 $[OH^-]=\sqrt{cK_{b1}^\circ}$
二元酸的酸根阴离子的浓度在数值上近似等于K_{a2}°
两性物质
多元酸的酸式盐或弱酸弱碱盐
$[H^+]=\sqrt{K_{a1}^\circ \cdot K_{a2}^\circ}$
缓冲溶液
定义：适当稀释或加入少量强酸或少量强碱时，溶液的pH能基本保持不变
组成： 共轭酸碱对
作用原理
pH的计算
弱酸及其盐 $[H^+]=K_a^\circ \cdot \frac{c_{酸}}{c_{盐}}$
弱碱及其盐 $[OH^-]=K_b^\circ \cdot \frac{c_{碱}}{c_{盐}}$
缓冲溶液的选择和配制
pK_a°应尽量与所需控制的pH一致
两组分的浓度比应尽量接近1，且浓度适当大些为好
酸碱指示剂
pH发生变化时，由于指示剂结构的变化，颜色也随之发生变化 变色原理
$pH=pK_{HIn}^\circ \pm 1$ 变色范围
指示剂的变色范围全部或部分地落入滴定突跃范围内 选择指示剂的原则
酸碱滴定法
滴定曲线的绘制
滴定开始前
滴定开始至化学计量点前
化学计量点
化学计量点后
滴定突跃范围影响因素
浓度越大，滴定突跃就越大 弱酸碱的浓度
K_a°越大，滴定的突跃范围越大 弱酸碱的强度
一元弱酸碱准确滴定的判据：$cK_a^\circ \geq 10^{-8}$
酸碱滴定法的应用
标准溶液的配制
HCl标准溶液的配制
无水碳酸钠
硼砂
NaOH标准溶液的配制
草酸
邻苯二甲酸氢钾
应用
果蔬中总酸度的测定
铵盐中氮的测定
蒸馏法
甲醛法
凯氏定氮法

习　题

一、填空题

1. 酸和碱不是孤立存在的，当酸给出质子后成为________；碱接受质子后成为酸。这种关系称为________。

2. 各类酸碱反应共同的实质是________。

3. 根据酸碱质子理论，物质给出质子的能力越强，酸性就越________，其共轭碱的碱性就越________。

4. 已知吡啶的 $K_b^{\ominus}=1.7\times10^{-9}$，则其共轭酸的 $K_a^{\ominus}=$________；已知氨水的$K_b^{\ominus}=1.77\times10^{-5}$，则其共轭酸的 $K_a^{\ominus}=$________。

5. 如果在室温下，测得某溶液的 H^+ 浓度为 3.2×10^{-3} mol/L；则该溶液为________溶液，溶液中 OH^-浓度为________，溶液 pH 为________。

6. 能抵抗外加的少量________、________或________，而保持溶液________基本不变的溶液称为缓冲溶液。

7. $H_2PO_4^-$ 是两性物质，计算其氢离子浓度的最简公式是________。

8. 1L 水溶液中含有 0.20mol 某一元弱酸（$K_a^{\ominus}=10^{-4.8}$）和 0.20mol 该酸的钠盐，则该溶液的 pH 为________。

9. 在酸碱滴定中，指示剂的选择是以________为依据的。

10. 用 0.100mol/L HCl 溶液滴定同浓度 NaOH 溶液的 pH 突跃范围为 9.7～4.3。若 HCl 和 NaOH 的浓度均减小至 1/10，则 pH 突跃范围是________。

11. 在理论上，$c_{HIn}=c_{In^-}$ 时，溶液的 $pH=pK_{HIn}^{\ominus}$，此 pH 称为指示剂的________。

12. 甲基橙的 $pK_{HIn}^{\ominus}=3.4$，其理论变色范围的 pH 应为________。

13. 指示剂的变色范围越________越好。

14. 0.1mol/L 的 H_3BO_3（$pK_a^{\ominus}=9.22$）________（是/否）可用 NaOH 直接滴定分析。

15. 标定 0.1mol/L NaOH 溶液时，将滴定的体积控制在 25mL 左右，若以邻苯二甲酸氢钾（$M=204.2$g/mol）为基准试剂应称取________左右；若改用草酸（$H_2C_2O_4\cdot2H_2O$，$M=126.1$g/mol）为基准试剂，则应称取________左右。

二、判断题

1. 将 1×10^{-5}mol/L 的 HCl 溶液稀释 1000 倍，溶液的 pH 等于 8。（　　）

2. 强酸的共轭碱一定很弱。（　　）

3. 在纯水中加入酸后，水的离子积会大于 10^{-14}。（　　）

4. 将醋酸溶液加水稀释一倍，则溶液中的氢离子浓度就减少到原来的 1/2。（　　）

5. 多元弱酸弱碱，由于各级解离能力几乎差不多，因此常以第一级解离来讨论。（　　）

6. H_2S 溶液中 $[H^+]=2[S^{2-}]$。（　　）

7. 缓冲溶液在任何 pH 条件下都能起缓冲作用。（　　）

8. 酸碱指示剂的选择原则是变色敏锐、用量少。（　　）

9. 酚酞在酸性溶液中为无色，而在碱性溶液中为红色。（　　）

10. 强酸滴定强碱的滴定曲线，其突跃范围大小只与浓度有关。（　　）

三、选择题

1. 下列各组酸碱对中，不属于共轭酸碱对的是（　　）。

A. $H_2^+Ac-HAc$　　B. $NH_3-NH_2^-$　　C. $HNO_3-NO_3^-$　　D. $H_2SO_4-SO_4^{2-}$

2. 已知 0.10mol/L 一元弱酸溶液的 pH = 3.0，则 0.10mol/L 其共轭碱溶液的 pH 是（　　）。

A. 11.0　　B. 9.0　　C. 8.5　　D. 9.5

3. 下列阴离子的水溶液，若物质的量浓度相同，则何者碱性最强（　　）？

A. CN^-（$K_a^\ominus=4.93\times10^{-10}$）　　B. S^{2-}（$K_{a1}^\ominus=9.1\times10^{-8}$，$K_{a2}^\ominus=1.1\times10^{-12}$）

C. F^-（$K_a^\ominus=3.53\times10^{-4}$）　　D. CH_3COO^-（$K_a^\ominus=1.76\times10^{-5}$）

4. 计算二元弱酸的 pH 时，若 $K_{a1}^\ominus>>K_{a2}^\ominus$，经常（　　）。

A. 只计算第一级解离而忽略第二级解离

B. 一、二级解离必须同时考虑

C. 只计算第二级解离

D. 与第二级解离完全无关

5. 以下各组物质具有缓冲作用的是（　　）。

A. HCOOH−HCOONa　　B. HCl−NaCl

C. $HAc-H_2SO_4$　　D. $NaOH-NH_3\cdot H_2O$

6. 配制 pH = 10.0 的缓冲液，可考虑选用的缓冲对是（　　）。

A. HAc−NaAc　　B. HCOOH−HCOONa

C. $H_2CO_3-NaHCO_3$　　D. NH_3-NH_4Cl

7. 以下四种滴定反应，突跃范围最大的是（　　）。

A. 0.1mol/L 子 NaOH 滴定 0.1mol/L HCl

B. 1.0mol/L NaOH 滴定 1.0mol/L HCl

C. 0.1mol/L NaOH 滴定 0.1mol/L HAc

D. 0.1mol/L NaOH 滴定 0.1mol/L HCOOH

8. 关于酸碱指示剂，下列说法错误的是（　　）。

A. 指示剂本身是有机弱酸或弱碱

B. 指示剂的变色范围越窄越好

C. HIn 与 In^- 的颜色差异越大越好

D. 指示剂的变色范围必须全部落在滴定突跃范围之内

9. 相同浓度的CO_3^{2-}、S^{2-}、$C_2O_4^{2-}$三种碱性物质水溶液，其碱性强弱的顺序为（　　）。

A. $CO_3^{2-}>S^{2-}>C_2O_4^{2-}$　　B. $S^{2-}>C_2O_4^{2-}>CO_3^{2-}$

C. $S^{2-}>CO_3^{2-}>C_2O_4^{2-}$　　D. $C_2O_4^{2-}>S^{2-}>CO_3^{2-}$

10. 用强碱滴定一元弱酸时，应符合$cK_a^{\ominus}\geqslant10^{-8}$的条件，这是因为（　　）。

A. $cK_a^{\ominus}<10^{-8}$时滴定突跃范围窄

B. $cK_a^{\ominus}<10^{-8}$时无法确定化学计量关系

C. $cK_a^{\ominus}<10^{-8}$时指示剂不发生颜色变化

D. $cK_a^{\ominus}<10^{-8}$时反应不能进行

11. 欲使0.1mol/L HAc溶液解离度减小，pH增大，可加入（　　）。

A. 0.1mol/L HCl　　B. 固体NaAc

C. 固体NaCl　　D. H_2O

12. 蒸馏法测定NH_4^+，蒸出的NH_3用H_3BO_3溶液吸收，然后用HCl标准溶液滴定，H_3BO_3溶液加入量（　　）。

A. 已知准确浓度　　B. 已知准确体积

C. 不需准确量取　　D. 浓度、体积均需准确

13. 标定HCl和NaOH溶液常用的基准物质是（　　）。

A. 硼砂和EDTA　　B. 草酸和$K_2Cr_2O_7$

C. $CaCO_3$和草酸　　D. 硼砂和邻苯二甲酸氢钾

14. 强酸滴定弱碱，以下指示剂中不适用的是（　　）。

A. 甲基橙　　B. 甲基红　　C. 酚酞　　D. 溴酚蓝（$pK_{HIn}^{\ominus}=4.0$）

15. 碳酸钠标定盐酸应选用下列哪种指示剂（　　）。

A. 酚酞　　B. 甲基橙　　C. 甲基红　　D. 百里酚酞

四、简答题

1. 以下哪些物种是酸碱质子理论的酸，哪些是碱，哪些具有两性？请分别写出它们的共轭碱或酸。

SO_4^{2-}，S^{2-}，$H_2PO_4^-$，NH_3，HSO_4^-，CO_3^{2-}，NH_4^+，H_2S，H_2O，H_3O^+，OH^-，HS^-，HPO_4^{2-}，$[Al(H_2O)_5OH]^{2+}$。

2. 欲配制pH为3左右的缓冲溶液，应选下列何种酸及其共轭碱（括号内为$pK_a^{\ominus}$）。

HAc（4.74），甲酸（3.74），一氯乙酸（2.86），二氯乙酸（1.30），苯酚（9.95）

五、计算题

1. 在室温下，H_2CO_3饱和溶液浓度为0.040mol/L，求室温下，H_2CO_3饱和溶

液中的 pH 近似值。已知该温度下 $K_{a1}^{\ominus}=4.30\times10^{-7}$，$K_{a2}^{\ominus}=5.61\times10^{-11}$。

2. 计算 0.10mol/L 的 NH_4Cl 和 0.20mol/L 的氨水组成的缓冲溶液的 pH。

3. 配制 1000mL pH=10、$NH_3\cdot H_2O$ 的浓度为 0.2mol/L 的缓冲溶液，需 NH_4Cl 晶体多少克？需 6mol/L$NH_3\cdot H_2O$ 溶液多少毫升？如何配制？

4. 若用 0.02mol/L HCl 溶液滴定 20.00mL 的 0.02mol/L 的 KOH 溶液，试计算化学计量点前 0.1%、化学计量点及化学计量点后 0.1% 时溶液的 pH。可以采用何种指示剂？

5. 称取无水 $Na_2CO_3$1.3078g，溶解后稀释至 250mL。移取 25.00mL 上述 Na_2CO_3 溶液，用以标定 HCl 溶液。已知化学计量点时消耗 HCl 溶液 24.75mL，求此 HCl 溶液的浓度？

6. 称取纯 $CaCO_3$0.5000g 溶于 50.00mL 过量的 HCl 中，多余酸用 NaOH 回滴，用去 6.20mL。1.000mL NaOH 相当于 1.010mL HCl 溶液，求这两种溶液的浓度。

7. 吸取密度为 1.004g/mL 的醋样 10.0mL 置于锥形瓶中，加入 2 滴酚酞指示剂，用 0.1014mol/L NaOH 滴定醋中的 HAc，如需要 44.86mL，则醋样中 HAc 的含量为多少？

8. 称取 2.449g 面粉，经消化处理后加入过量的 NaOH 溶液，加热，蒸出的氨吸收在 100.0mL 0.01086mol/L HCl 标准溶液中，过量的 HCl 用 0.01228mol/L NaOH 溶液回滴，用去 15.30mL，计算面粉中粗蛋白质的质量分数（对面粉，粗蛋白质含量为氮含量乘以 5.7）。

第三章 沉淀滴定法与重量分析法

学习目标

知识目标

1. 理解难溶电解质的沉淀溶解平衡、溶度积概念及溶解度和溶度积之间的相互换算；
2. 掌握并会运用溶度积规则来分析沉淀的溶解、生成和分步沉淀；
3. 掌握莫尔法和佛尔哈德法的基本原理、滴定条件和应用范围；
4. 了解重量分析法的分类和特点。

技能目标

1. 能运用溶度积规则判断沉淀溶解平衡的移动及进行有关的计算；
2. 能用莫尔法和佛尔哈德法滴定有关离子。

第一节 沉淀溶解平衡

在进行分析检验时，常常要利用沉淀的生成或溶解进行物质的提纯、制备、分离以及组成的测定等。掌握影响沉淀生成与溶解平衡的有关因素，才能有效地控制沉淀反应的进行，只有搞清沉淀形成的机理，才有可能控制一定的沉淀条件，获得良好而且纯净的沉淀，实现有效的分离，得到准确的测定结果。

一、溶度积常数

电解质依据溶解度的大小可分为易溶电解质和难溶电解质，通常把在100g水中溶解度小于0.01g的电解质称为难溶电解质。难溶电解质也有强弱之分，有些是难溶的强电解质，如$BaSO_4$、AgCl等，虽然它们的溶解度很小，但在水中溶解的部分是全部解离的。在含有难溶强电解质的饱和溶液中，存在着未溶固体与由其溶解生成的离子之间的平衡，称为沉淀溶解平衡。

例如，在一定温度下将$BaCO_3$晶体投入水中时，晶体表面的Ba^{2+}和CO_3^{2-}在水分子的作用下，离开晶体表面以水合离子的形式进入水中，这个过程称为溶解过程。同时，已溶解的Ba^{2+}和CO_3^{2-}在溶液中相互碰撞，重新结合成$BaCO_3$晶体，这个过程称为沉淀过程。在一定温度下，当沉淀和溶解速率相等时，就达到了沉淀溶解平衡。此过程可表示为：

$$BaCO_3(s) \underset{沉淀}{\overset{溶解}{\rightleftharpoons}} Ba^{2+}(aq) + CO_3^{2-}(aq)$$

沉淀溶解平衡是一种化学平衡，遵循化学平衡的一般规律。根据平衡原理，得

$$K_{sp}^{\ominus} = [Ba^{2+}][CO_3^{2-}]$$

$K_{sp}^{\ominus}$称为溶度积常数，简称溶度积。与其他平衡常数相同，溶度积常数是温度的函数，它反映了物质的溶解能力。

溶度积的一般表示式为：

$$A_mB_n(s) \underset{沉淀}{\overset{溶解}{\rightleftharpoons}} mA^{n+}(aq) + nB^{m-}(aq)$$

$$K_{sp}^{\ominus} = [A^{n+}]^m[B^{m-}]^n$$

练一练

请写出PbI_2、$Cu(OH)_2$、$BaSO_4$、$CaCO_3$、$Al(OH)_3$、CuS的沉淀溶解平衡与溶度积$K_{sp}^{\ominus}$的表达式。

二、溶度积与溶解度的关系

溶度积和溶解度都可用来衡量难溶电解质的溶解能力，两者可以相互换算。换算时所用溶解度的单位是mol/L。

【例3-1】 25℃ $BaSO_4$的溶解度为2.43×10^{-3}g/L，求$K_{sp}^{\ominus}$（$BaSO_4$）。

解：先将$BaSO_4$的溶解度2.43×10^{-3}g/L换算为以mol/L为单位的溶解度

$$s = 2.43 \times 10^{-3}/233.4 = 1.04 \times 10^{-5}(\text{mol/L})$$

难溶电解质 $BaSO_4$ 的沉淀溶解平衡式为：

$$BaSO_4(s) \rightleftharpoons Ba^{2+}(aq) + SO_4^{2-}(aq)$$

平衡时的浓度 $\qquad s \qquad s$

则有 $\quad K_{sp}^{\ominus} = [Ba^{2+}][SO_4^{2-}] = s^2 = (1.04 \times 10^{-5})^2 = 1.08 \times 10^{-10}$

【例 3-2】 已知室温下，Ag_2CrO_4 的溶度积是 1.12×10^{-12}，问 Ag_2CrO_4 的溶解度 s 为多少？

解：设 Ag_2CrO_4 的溶解度为 s，Ag_2CrO_4 的沉淀溶解平衡式为：

$$Ag_2CrO_4(s) \rightleftharpoons 2Ag^+(aq) + CrO_4^{2-}(aq)$$

平衡时的浓度 $\qquad 2s \qquad s$

则有 $\quad K_{sp}^{\ominus} = [Ag^+]^2[CrO_4^{2-}] = (2s)^2 \cdot s = 1.12 \times 10^{-12}$

$$s = 6.54 \times 10^{-5}\text{mol/L}$$

即 Ag_2CrO_4 的溶解度为 6.54×10^{-5}mol/L。

小 结

1. AB 型难溶强电解质（如 $BaSO_4$、AgCl、$CaCO_3$ 等），$K_{sp}^{\ominus}=s^2$。
2. AB_2 或 A_2B 型难溶强电解质（如 PbI_2、Ag_2S、Ag_2CrO_4 等），$K_{sp}^{\ominus}=4s^3$。

对于相同类型的难溶电解质，溶度积越大，溶解度也越大；但对于不同类型的电解质，不能通过溶度积的数据直接比较溶解度的大小。

第二节 溶度积规则及其应用

一、溶度积规则

对于某难溶电解质的溶液，任意状态下各离子相对浓度幂的乘积称为离子积，用符号 Q 表示。

必须指出离子积 Q 具有与溶度积 $K_{sp}^{\ominus}$ 相同的表达式，但概念上有所区别。即在一定温度下，$K_{sp}^{\ominus}$ 为一常数值而 Q 的数值不定，可以说 $K_{sp}^{\ominus}$ 是 Q 中的一个特例。

在任何给定的溶液中，Q 与 $K_{sp}^{\ominus}$ 的大小可能有三种情况：

（1）$Q<K_{sp}^{\ominus}$ 时，为不饱和溶液，无沉淀析出，若体系中有固体存在，固体将溶解直至饱和为止；

（2）$Q=K_{sp}^{\ominus}$ 时，是饱和溶液，无沉淀析出，沉淀与溶解处于动态平衡；

（3）$Q>K_{sp}^{\ominus}$时，为过饱和溶液，有沉淀析出，直至饱和。

上述三种情况，概括了 Q 与 $K_{sp}^{\ominus}$的关系，称为溶度积规则，用以判断沉淀的生成和溶解。

二、 沉淀的生成

1. 沉淀生成的条件

根据溶度积规则，沉淀生成的条件是 $Q>K_{sp}^{\ominus}$。通常采用加入沉淀剂、控制溶液酸度、应用同离子效应等方法。

【例 3-3】 如果在 10mL 0.010mol/L $BaCl_2$ 溶液中加入 30mL 0.0050mol/L Na_2SO_4 溶液，问有无沉淀产生？

解：两种溶液混合后，总体积为 40mL，则

$$c_{Ba^{2+}}=\frac{0.010\times10}{40}=2.5\times10^{-3}\ (mol/L),\quad c_{SO_4^{2-}}=\frac{0.0050\times30}{40}=3.75\times10^{-3}\ (mol/L)$$

离子积 $Q=c_{Ba^{2+}}\cdot c_{SO_4^{2-}}=2.5\times10^{-3}\times3.75\times10^{-3}=9.4\times10^{-6}$

因为 $Q>K_{sp}^{\ominus}$（$BaSO_4$），所以有 $BaSO_4$ 沉淀生成。

2. 沉淀的完全程度

沉淀完全与否主要根据不同应用领域的允许要求。一般来说，只要沉淀后溶液中被沉淀离子的浓度小于或等于 10^{-5}mol/L，就可以认为该离子被沉淀完全。

【例 3-4】 在 0.01mol/L 的 $FeCl_3$ 溶液中，欲产生 $Fe(OH)_3$ 沉淀，溶液的 pH 最小为多少？若使 $Fe(OH)_3$ 沉淀完全，溶液的 pH 至少为多少？已知：$K_{sp}^{\ominus}\{Fe(OH)_3\}=4.0\times10^{-38}$。

解：$Fe(OH)_3$ 沉淀在溶液中存在下列平衡：

$$Fe(OH)_3\ (s) \rightleftharpoons Fe^{3+}\ (aq)\ +3OH^-\ (aq)$$

根据溶度积规则，欲产生 $Fe(OH)_3$ 沉淀，至少应满足：$Q\geqslant K_{sp}^{\ominus}$

即
$$c_{OH^-}\geqslant\sqrt[3]{\frac{K_{sp}^{\ominus}}{c_{Fe^{3+}}}}=\sqrt[3]{\frac{4.0\times10^{-38}}{0.01}}=1.59\times10^{-12}(mol/L)$$

$$pOH=-\lg[OH^-]=11.80$$

则
$$pH=14-11.80=2.20$$

即 pH 不得低于 2.20，否则不会出现 $Fe(OH)_3$ 沉淀。

欲使 $Fe(OH)_3$ 沉淀完全，则沉淀后溶液中 $[Fe^{3+}]\leqslant1\times10^{-5}$mol/L，此时

$$c_{OH^-}=\sqrt[3]{\frac{K_{sp}^{\ominus}}{c_{Fe^{3+}}}}=\sqrt[3]{\frac{4.0\times10^{-38}}{1.00\times10^{-5}}}=1.59\times10^{-11}(mol/L)$$

$$pOH=-\lg[OH^-]=10.80$$

则
$$pH=14-10.80=3.20$$

即 $Fe(OH)_3$ 沉淀完全时，pH 不能小于 3.20，说明 pH=2.20 时开始沉淀，pH 达到 3.20 时沉淀完全。

练一练

0.10mol/L Ni^{2+}溶液中通 H_2S 至饱和，使其生成沉淀。计算 NiS 沉淀开始析出和沉淀完全时溶液的 pH。已知 NiS 的 $K_{sp}^{\ominus}=3.2\times10^{-19}$。

三、 分步沉淀

当溶液中存在两种以上的离子可与同一试剂反应产生沉淀，首先析出的是离子积最先达到溶度积的难溶电解质。这种由于难溶电解质溶度积不同，加入同一种沉淀剂后使混合离子按顺序先后沉淀下来的现象称为分步沉淀。

【例 3-5】 向 Cl^-和 I^-浓度均为 0.010mol/L 的溶液中，逐滴加入 $AgNO_3$ 溶液，问哪一种离子先沉淀？第二种离子开始沉淀时，溶液中第一种离子的浓度是多少？两者有无分离的可能？

解：假设计算过程都不考虑加入试剂后溶液体积的变化，根据溶度积规则，首先计算 AgCl 和 AgI 开始沉淀所需的 Ag^+浓度分别为：

$$[Ag^+]=\frac{K_{sp}^{\ominus}(AgCl)}{[Cl^-]}=\frac{1.8\times10^{-10}}{0.010}=1.8\times10^{-8}(mol/L)$$

$$[Ag^+]=\frac{K_{sp}^{\ominus}(AgI)}{[I^-]}=\frac{8.3\times10^{-17}}{0.010}=8.3\times10^{-15}(mol/L)$$

AgI 开始沉淀时，需要的 Ag^+浓度低，故 I^-首先沉淀出来。当 Cl^-开始沉淀时，溶液对 AgCl 来说也已达到饱和，这时 Ag^+浓度必须同时满足这两个沉淀溶解平衡，所以：

$$[Ag^+]=\frac{K_{sp}^{\ominus}(AgCl)}{[Cl^-]}=\frac{K_{sp}^{\ominus}(AgI)}{[I^-]}$$

$$\frac{[I^-]}{[Cl^-]}=\frac{K_{sp}^{\ominus}(AgI)}{K_{sp}^{\ominus}(AgCl)}=\frac{8.3\times10^{-17}}{1.8\times10^{-10}}=4.6\times10^{-7}$$

当 AgCl 开始沉淀时，Cl^-的浓度为 0.010mol/L，此时溶液中剩余的 I^-浓度为：

$$[I^-]=\frac{K_{sp}^{\ominus}(AgI)\cdot[Cl^-]}{K_{sp}^{\ominus}(AgCl)}=4.6\times10^{-7}\times0.010=4.6\times10^{-9}(mol/L)$$

可见，当 Cl^-开始沉淀时，I^-的浓度已小于 10^{-5}mol/L，故两者可以定性分离。

小 结

若沉淀类型相同，被沉淀离子浓度相同，$K_{sp}^{\ominus}$之差大于 10^5 时，两种沉淀可以分离开。若沉淀类型不同，要通过计算确定。

【例 3-6】 某溶液中含有 Pb^{2+}和 Ba^{2+}，① 若它们的浓度均为 0.10mol/L，问加入 Na_2SO_4 试剂，哪一种离子先沉淀？两者有无分离的可能？② 若 Pb^{2+}的浓度为 0.0010mol/L，Ba^{2+}的浓度仍为 0.10mol/L，两者有无分离的可能？

解：① 沉淀 Pb^{2+}所需的

$$[SO_4^{2-}] = \frac{K_{sp}^{\ominus}(PbSO_4)}{[Pb^{2+}]} = \frac{1.6 \times 10^{-8}}{0.10} = 1.6 \times 10^{-7}(mol/L)$$

沉淀 Ba^{2+}所需的

$$[SO_4^{2-}] = \frac{K_{sp}^{\ominus}(BaSO_4)}{[Ba^{2+}]} = \frac{1.1 \times 10^{-10}}{0.10} = 1.1 \times 10^{-9}(mol/L)$$

由于沉淀 Ba^{2+}所需的 SO_4^{2-} 浓度低，所以 Ba^{2+}先沉淀。当 $PbSO_4$ 开始沉淀时：

$$SO_4^{2-} = \frac{K_{sp}^{\ominus}(PbSO_4)}{[Pb^{2+}]} = \frac{K_{sp}^{\ominus}(BaSO_4)}{[Ba^{2+}]}$$

$$\frac{[Ba^{2+}]}{[Pb^{2+}]} = \frac{K_{sp}^{\ominus}(BaSO_4)}{K_{sp}^{\ominus}(PbSO_4)} = \frac{1.1 \times 10^{-10}}{1.6 \times 10^{-8}} = 6.9 \times 10^{-3}$$

这时溶液中 $[Ba^{2+}] = 6.9\times10^{-3}\times0.10 = 6.9\times10^{-4}$ (mol/L)。

很显然，$PbSO_4$ 开始沉淀时，溶液中 Ba^{2+}的浓度大于 10^{-5}mol/L，故两者不能实现定性分离。

② 当 $PbSO_4$ 开始沉淀时，

$$\frac{[Ba^{2+}]}{[Pb^{2+}]} = 6.9 \times 10^{-3}$$

这时溶液中 $[Ba^{2+}] = 6.9\times10^{-3}\times0.0010 = 6.9\times10^{-6}$ (mol/L)。

可见，在这种条件下，$BaSO_4$ 已沉淀完全，两种离子能够实现分离。

四、 沉淀的溶解

根据溶度积规则，沉淀溶解的条件为：$Q<K_{sp}^{\ominus}$。可通过生成弱电解质、氧化还原反应、生成配合物等方法实现。

1. 生成弱电解质使沉淀溶解

（1）生成弱酸使沉淀溶解　由弱酸所形成的难溶性弱酸盐，如 $CaCO_3$、$BaCO_3$ 和 FeS 等一般都溶于强酸，这是因为这些弱酸盐的酸根阴离子与强酸提供的 H^+结合生成微弱解离的弱酸，甚至生成有关气体。溶液中酸根离子浓度减小，使 $Q<K_{sp}^{\ominus}$，于是平衡向沉淀溶解方向移动。只要有足够酸量，固体就会全部溶解。

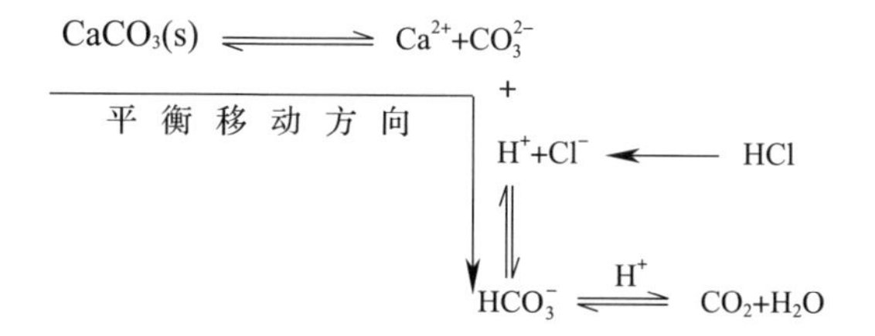

（2）生成弱碱使沉淀溶解　Mg（OH）$_2$ 可溶解在 NH_4Cl 溶液中，因为 NH_4^+ 也是酸，可导致 OH^- 浓度降低，使 $Q<K_{sp}^{\ominus}$，引起沉淀溶解。

$$Mg(OH)_2(s) + 2NH_4^+ \rlap{=}{=}\!= Mg^{2+} + 2NH_3 + 2H_2O$$

（3）生成弱酸盐使沉淀溶解　在 $PbSO_4$ 沉淀中加入 NH_4Ac，能形成可溶性难解离的 Pb（Ac）$_2$，使溶液中 $c_{Pb^{2+}}$ 降低，导致 $Q<K_{sp}^{\ominus}$，沉淀溶解。

$$PbSO_4(s) + 2Ac^- = Pb(Ac)_2 + SO_4^{2-}$$

（4）生成水　在 $Fe(OH)_2$ 中加入 HCl 后，生成 H_2O，c_{OH^-} 降低，使 $Q<K_{sp}^{\ominus}$，沉淀溶解。

$$Fe(OH)_2(s) + 2H^+ = Fe^{2+} + 2H_2O$$

2. 生成配合物使沉淀溶解

许多难溶化合物在配位剂的作用下，能够生成配离子而溶解。

$$AgCl(s) + Cl^- = AgCl_2^-(aq)$$

一般情况下，当难溶化合物的溶度积不是很小，并且配合物的生成常数比较大时，就有利于配位溶解反应的发生。此外，配位剂的浓度也是影响难溶化合物能否发生配位溶解的重要因素之一。

3. 发生氧化还原反应使沉淀溶解

由于金属硫化物的 $K_{sp}^{\ominus}$ 值相差很大，故其溶解情况大不相同。例如 ZnS、PbS、FeS 等 $K_{sp}^{\ominus}$ 值较大的金属硫化物都能溶于盐酸。而 HgS、CuS 等 $K_{sp}^{\ominus}$ 值很小的金属硫化物就不能溶于盐酸。在这种情况下，只能通过加入氧化剂，使某一离子发生氧化还原反应而降低其浓度，达到溶解的目的。例如 CuS（$K_{sp}^{\ominus}=1.27\times10^{-36}$）可溶于 HNO_3，反应如下

$$3CuS + 8HNO_3(稀) = 3Cu(NO_3)_2 + 3S\downarrow + 2NO\uparrow + 4H_2O$$

知识拓展

龋齿和沉淀溶解平衡的关系

因口腔不清洁，食物渣滓发酵产生酸性物质，侵蚀牙齿的釉质而形成空洞，这样的牙齿称作龋齿，俗称“虫牙”、“蛀牙”。龋齿其实与沉淀溶解平衡关系密切。牙齿表面有一层牙釉质保护着（图 3-1），釉质的主要成分是羟基磷灰石［$Ca_5(PO_4)_3OH$］。它是一种很坚硬的难溶化合物（$K_{sp}^{\ominus}=6.8\times10^{-37}$）。由于溶度

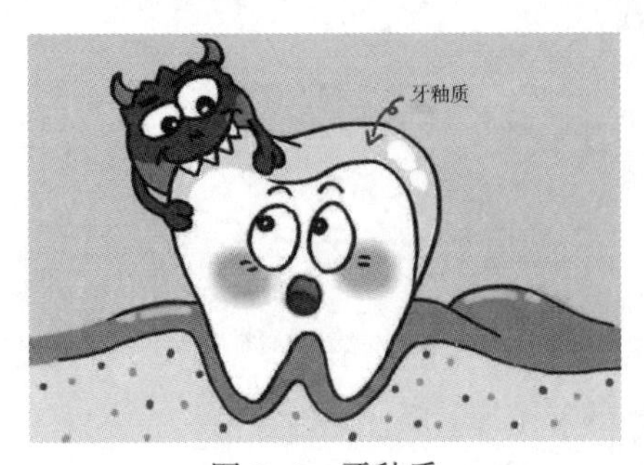

图 3-1　牙釉质

积小，在一般情况下，它是难以溶解的，故能起着保护牙齿的作用。但从其沉淀溶解平衡式可见：

$$Ca_5(PO_4)_3OH(s) \rightleftharpoons 5Ca^{2+} + 3PO_4^{3-} + OH^-$$

溶解下来的 OH^- 和 PO_4^{3-} 分别是强碱和较强的碱，在酸性条件下，上述平衡可向右移动。当进餐后，口腔中的细菌分解食物产生了有机酸，特别是含糖量较高的食物，产生的有机酸更多。在酸的常年累月作用下，可使其缓慢地溶解：

$$Ca_5(PO_4)_3OH(s) + 7H^+ \longrightarrow 5Ca^{2+} + 3H_2PO_4^- + H_2O$$

一旦部分釉质遭到破坏，龋齿便开始了。

防止龋齿最好的方法是吃低糖的食物和坚持饭后立即刷牙。涂氟防龋（用 NaF 溶液或 NaF 甘油膏涂在牙齿的表面），作为口腔保健的一种措施，也可获得良好效果。用含氟牙膏刷牙也有相同的作用。这些氟化物的作用是 F^- 取代了羟基磷灰石中的 OH^-，生成氟磷灰石［$Ca_5(PO_4)_3F$］。因后者的溶度积（$K_{sp}^{\ominus} = 1\times10^{-60}$）比羟基磷灰石的小，所以易发生如下沉淀的转化反应：

$$Ca_5(PO_4)_3OH(s) + F^- \longrightarrow Ca_5(PO_4)_3F(s) + OH^-$$

一旦牙齿釉质的成分变成氟磷灰石，因其溶度积小，且溶解下来的 F^- 比羟基磷灰石溶解下来的 OH^- 碱性弱，所以牙齿的抗酸能力增强了。但是，浓度高的氟对人体的危害很大，轻则出现氟斑牙，氟化骨症等慢性中毒，重则引起恶心、呕吐、心律不齐等急性中毒，如果人体每千克含氟量达 32~64 mg 就会导致死亡。

第三节

沉淀滴定法

沉淀滴定法是以沉淀反应为基础的滴定分析方法。用于沉淀滴定法的沉淀反应必须符合下列条件：

（1）生成沉淀的溶解度要小（一般要求小于 10^{-6}g/mL）；

（2）沉淀反应必须迅速，而且反应定量进行，没有副反应发生；

（3）有适当的方法确定滴定终点。

目前应用较广的是银量法，即以生成难溶银盐的反应为基础的沉淀滴定法。银量法可以测定 Cl^-、Br^-、I^-、Ag^+ 和 SCN^- 等，主要用于化学工业和冶金工业，如食盐水的测定，电解液中 Cl^- 的测定以及农业、三废等方面经常遇到的 Cl^- 的测定等。目前实验室应用比较广泛的银量法主要有莫尔法和佛尔哈德法。

一、莫尔法

莫尔法是以铬酸钾（K_2CrO_4）作指示剂，在中性或弱碱性溶液中，用$AgNO_3$标准溶液直接滴定 Cl^-（或 Br^-）。

根据分步沉淀原理，由于 AgCl（或 AgBr）的溶解度比 Ag_2CrO_4 的小，因此 AgCl（或 AgBr）首先沉淀，待 AgCl（或 AgBr）定量沉淀后，过量一滴 $AgNO_3$ 溶液便与 K_2CrO_4 反应，形成砖红色的 Ag_2CrO_4 沉淀而指示终点。

反应

$$Ag^+ + Cl^- \longrightarrow AgCl\downarrow \text{（白色）} \quad K_{sp}^{\ominus} = 1.8\times10^{-10}$$

$$Ag^+ + Br^- \longrightarrow AgBr\downarrow \text{（浅黄色）} \quad K_{sp}^{\ominus} = 5.0\times10^{-13}$$

$$2Ag^+ + CrO_4^{2-} \longrightarrow Ag_2CrO_4\downarrow \text{（砖红色）} \quad K_{sp}^{\ominus} = 8.3\times10^{-17}$$

应用 K_2CrO_4 作指示剂应注意以下几点：

（1）溶液应控制在中性或弱碱性（pH=6.5~10.5）条件下进行滴定。若溶液为酸性，CrO_4^{2-} 将和 H^+结合生成 $HCrO_4^-$，致使 Ag_2CrO_4 沉淀出现过迟，甚至不会沉淀。若碱性过高，又将出现 Ag_2O 沉淀。

$$2H^+ + 2CrO_4^{2-} \rightleftharpoons 2HCrO_4^- \rightleftharpoons Cr_2O_7^{2-} + H_2O$$

$$2Ag^+ + 2OH^- \rightleftharpoons 2AgOH\downarrow \rightarrow Ag_2O + H_2O$$

如果试液为酸性或强碱性，可用酚酞作指示剂，以稀 NaOH 溶液或稀 H_2SO_4 溶液调节至酚酞的红色刚好褪去，也可用 $NaHCO_3$、$CaCO_3$ 或 $Na_2B_4O_7$ 等预先中和，然后再滴定。

（2）为准确测定，必须控制 K_2CrO_4 的浓度，若 K_2CrO_4 浓度过高，终点将出现过早，且溶液颜色过深，影响终点的观察。而若 K_2CrO_4 浓度过低，终点出现过迟，也影响滴定的准确度。实验证明 K_2CrO_4 的浓度以 0.005mol/L 为宜。

（3）不能在有氨或其他能与 Ag^+生成配合物的物质存在下进行滴定，因为配合物的形成会使 AgCl 和 Ag_2CrO_4 溶解。如果溶液中有氨或其他能与 Ag^+生成配合物的物质，必须用酸中和或加入其他试剂消除。

（4）莫尔法可以直接测定 Cl^-或 Br^-，当两者共存时，则滴定的是二者的总量。另外，在滴定过程中，应剧烈振荡溶液，以减少 AgCl 或 AgBr 对 Cl^-或 Br^-的吸附作用，以便获得准确滴定终点。而 AgI 和 AgSCN 沉淀吸附 I^-和 SCN^-作用更为强烈，因此莫尔法不适宜于测定 I^-和 SCN^-。

（5）此法不适于以 NaCl 标准溶液滴定 Ag^+。如果要用此法测定试样中的 Ag^+，则应在试液中加入一定量的过量的 NaCl 标准溶液，然后再用 $AgNO_3$ 标准溶液回滴定过量的 Cl^-。

（6）莫尔法的选择性较差。凡能与 CrO_4^{2-} 生成沉淀的阳离子如 Ba^{2+}、Pb^{2+}、Hg^{2+}等，以及与 Ag^+生成沉淀的阴离子如 PO_4^{3-}、AsO_4^{3-}、S^{2-}、$C_2O_4^{2-}$ 等，均干扰滴定。

练一练

银量法测定溶液中 Cl^- 含量时，以 K_2CrO_4 为指示剂。在某被测溶液中 Cl^- 浓度为 0.010mol/L，CrO_4^{2-} 浓度为 5.0×10^{-3} mol/L。当用 0.0100mol/L $AgNO_3$ 标准溶液进行滴定时，哪种沉淀首先析出？当第二种沉淀析出时，第一种离子是否已被沉淀完全？

二、 佛尔哈德法

用铁铵矾［$NH_4Fe(SO_4)_2\cdot12H_2O$］作指示剂的银量法称为佛尔哈德法。本法又可分为直接滴定法和返滴定法。

1. 直接滴定法测定 Ag^+

在含有 Ag^+ 的酸性溶液中，以铁铵矾作指示剂，用 NH_4SCN（或 KSCN、NaSCN）的标准溶液滴定。溶液中首先生成白色沉淀 AgSCN。滴定到化学计量点附近时，Ag^+浓度迅速降低，SCN^-浓度迅速增加，当过量的 SCN^-与铁铵矾中 Fe^{3+}反应生成红色配合物［$FeSCN$］$^{2+}$时即为终点。其反应式为

$$Ag^+ + SCN^- \rightleftharpoons AgSCN\downarrow \text{（白色）}$$
$$Fe^{3+} + SCN^- \rightleftharpoons [FeSCN]^{2+} \text{（红色）}$$

在滴定过程中不断有 AgSCN 沉淀形成，由于 AgSCN 沉淀具有强烈的吸附作用，使溶液中部分 Ag^+被吸附在表面，导致 Ag^+浓度降低，SCN^-浓度增加，致使红色的出现会略早于化学计量点。因此，滴定过程中也需剧烈摇动，使被吸附的 Ag^+及时地释放出来。

2. 返滴定法测定卤素离子

在含有卤素离子的 HNO_3 溶液中，加入一定量过量的 $AgNO_3$ 标准溶液，再以铁铵矾作指示剂，用 NH_4SCN 标准溶液回滴过量的 Ag^+。例如测定 Cl^-的反应为：

$$Cl^- + Ag^+ \rightleftharpoons AgCl\downarrow \qquad K_{sp}^{\ominus}=1.8\times10^{-10}$$
$$Ag^+ + SCN^- \rightleftharpoons AgSCN\downarrow \text{（白色）} \qquad K_{sp}^{\ominus}=1.0\times10^{-12}$$
$$Fe^{3+} + SCN^- \rightleftharpoons FeSCN^{2+} \text{（红色）}$$

由于滴定在 HNO_3 溶液介质中进行，许多弱酸盐如 PO_4^{3-}、AsO_4^{3-}、S^{2-}等都不干扰卤素离子的测定，因此，此法选择性比较高。

但是应注意：

（1）采用本法测定 Cl^-时，由于 AgSCN 的溶解度小于 AgCl 的溶解度，所以用 NH_4SCN 标准溶液回滴剩余的 Ag^+达到化学计量点后，稍微过量的 SCN^-可能与 AgCl 作用，使 AgCl 转化为 AgSCN。

$$AgCl+SCN^- \longrightarrow AgSCN\downarrow +Cl^-$$

如果剧烈摇动溶液，反应将不断向右进行，直至达到平衡。显然，到达终点时，已多消耗了一部分 NH_4SCN 标准溶液，造成较大误差。为了避免上述误差，通常采用以下两种措施：① 在接近化学计量点时，要防止用力振荡，当加入一定量过量的 $AgNO_3$ 标准溶液之后，立即将溶液煮沸使 AgCl 凝聚，以减少 AgCl 沉淀对 Ag^+ 的吸附。滤去沉淀，并用稀 HNO_3 充分洗涤沉淀，然后用 NH_4SCN 标准溶液回滴滤液中的过量 Ag^+。② 在滴入 NH_4SCN 标准溶液前，加 1～2mL 硝基苯并且不断摇动，使 AgCl 沉淀进入硝基苯层中而不再与滴定溶液接触，从而避免发生上述 AgCl 沉淀转化为 AgSCN 沉淀的反应。

（2）本法测定 Br^- 和 I^- 时不会发生上述沉淀转化反应。但在测定 I^- 时，应先加 $AgNO_3$ 溶液再加指示剂，以避免发生如下反应

$$2Fe^{3+}+2I^- \longrightarrow 2Fe^{2+}+I_2$$

（3）佛尔哈德法应该在酸度大于 0.3mol/L 的溶液中进行。因为指示剂中的 Fe^{3+} 在中性或碱性溶液中将发生水解反应，甚至产生沉淀而影响测定结果。Fe^{3+} 的浓度一般控制在 0.015mol/L 左右，Fe^{3+} 的浓度过大也会因其黄色而干扰终点的观察。

（4）氧化剂和氮的氧化物以及铜盐、汞盐可与 SCN^- 作用而干扰测定，必须预先分离除去。

三、 沉淀滴定法的应用

1. 标准溶液的配制和标定

银量法中常用的标准溶液是 $AgNO_3$ 和 NH_4SCN 溶液。

$AgNO_3$ 标准溶液可以直接用干燥的 $AgNO_3$ 来配制。一般采用标定法。配制 $AgNO_3$ 溶液的蒸馏水应不含 Cl^-。$AgNO_3$ 溶液见光易分解，应保存于棕色瓶中。常用基准物 NaCl 标定 $AgNO_3$ 溶液。NaCl 易吸潮，使用前将它置于瓷坩埚中，加热至 500～600℃ 干燥，然后放入干燥器中备用。标定 $AgNO_3$ 溶液一般采用莫尔法。

市售 NH_4SCN 不符合基准物要求，不能直接称量配制。常用已标定好的 $AgNO_3$ 溶液按佛尔哈德法的直接滴定法进行标定。

2. 应用示例——酱油中氯化钠的测定

在含有一定量 NaCl 的酱油中，加入过量的 $AgNO_3$ 标准溶液，过量的 $AgNO_3$ 溶液用铁铵矾作指示剂，以 NH_4SCN 标准溶液滴定到刚有血红色出现，即为滴定终点。为使测定准确，加入硝基苯将 AgCl 沉淀包住，阻止 SCN^- 与 AgCl 发生沉淀转化。

测定步骤为：准确移取酱油样品 5.00mL 于 100mL 容量瓶中，加水至刻度，摇匀。准确移取上述试液 10.00mL 置于 250mL 锥形瓶中，加水 50mL，混匀。加入

6mol/L HNO_3 15mL 及 0.02mol/L $AgNO_3$ 标准溶液 25.00mL，再加硝基苯 5mL，用力振荡摇匀。待 AgCl 沉淀凝聚后，加入铁铵矾指示液 5mL，用 0.02mol/L NH_4SCN 标准溶液滴定至溶液呈血红色为终点。记录消耗的 NH_4SCN 标准溶液体积，由此计算酱油中氯化钠含量。

第四节 重量分析法

重量分析法是通过称量操作测定试样中待测组分的质量以确定其含量的一种分析方法。重量分析法大多用在无机物的分析中，准确度高，相对误差约 0.2%，直接用分析天平称量就可获得结果，不需要标准试样或基准物质进行比较，常用作对比方法和校正方法，但因操作烦琐、耗时较长，不适于微量和痕量组分的测定。

一、 重量分析法概述

根据分离方法的不同，重量分析法一般分为三类：

1. 挥发法（气化法）

利用物质的挥发性质，通过加热或其他方法使试样中的被测组分挥发逸出，然后根据试样质量的减轻计算该组分的含量；或者当该组分逸出时，选择适当吸附剂将其吸收，根据增加的质量计算该组分的含量，如试样中湿存水或结晶水的测定。

2. 电重量法

利用电解的原理，使待测金属离子在电极上还原析出，然后根据电极增加的质量，计算被测组分含量的方法称为电重量法。本方法仅应用于铜、银、金等少数金属的分析。

3. 沉淀法

利用沉淀反应使待测组分以难溶化合物的形式沉淀出来，再将其转化为称量形式称量。本方法是重量分析法中应用最广泛的一种方法，通常所说的重量法即指沉淀法。如何获得纯净的沉淀形式和理想的称量形式是重量分析法成功的关键。

想一想

重量分析法的基本原理是什么？

二、 重量分析法对沉淀的要求

在重量分析法中，向试液中加入沉淀剂使被测组分沉淀下来，所得的沉淀就是沉淀形式；对沉淀形式经过过滤、洗涤、烘干或灼烧后所得的用于称量的物质，称为称量形式。沉淀形式和称量形式可能相同，也可能不同。同一待测元素，使用不同的沉淀剂，可得到不同的沉淀形式。同一沉淀形式，在不同的条件下烘干或灼烧，可能得到不同的称量形式。

如在 Mg^{2+} 的测定中，沉淀形式是 $MgNH_4PO_4 \cdot 6H_2O$，称量形式是 $Mg_2P_2O_7$。而在有些情况下沉淀形式和称量形式是同一种化合物，如测定试液中 SO_4^{2-} 的含量时，其沉淀形式和称量形式都是 $BaSO_4$。

1. 重量分析法对沉淀形式的要求

（1）沉淀要完全，沉淀的溶解度必须很小，以保证被测组分沉淀完全。即沉淀的溶解损失不超过分析天平的称量误差，亦即沉淀的溶解损失≤0.0001g。

（2）沉淀力求纯净，尽量避免其他杂质的玷污。即确保分析结果具有较高的准确度。

（3）沉淀要便于洗涤和过滤，最好是粗大的晶形沉淀，因为颗粒小，易于穿过滤纸。即确保沉淀纯度高且便于操作。

（4）沉淀形式应易于转化为称量形式。

2. 重量分析法对称量形式的要求

（1）组成必须与化学式完全符合，否则无法计算分析结果。

（2）称量形式要稳定，不易吸收空气中的水分和二氧化碳，干燥、灼烧时不易分解等。

（3）称量形式的摩尔质量要尽量大，以少量的待测组分得到较大量的称量物质，可以提高分析灵敏度，减小称量误差，提高分析的准确度。

三、 重量分析法结果计算

1. 换算因数

重量分析是根据称量形式的质量来计算待测组分的含量。但是，在多数情况下沉淀法所得称量形式与被测组分的表示形式不同，这就需要将称量形式的质量换算成被测组分的质量。被测组分的摩尔质量与称量形式的摩尔质量之比是常数，称为换算因数，常以 F 表示。

应注意的是，换算因数表达式中，分子分母中主要元素的原子数目应相等。

例：待测组分	称量型	换算因数
S	$BaSO_4$	$M_S/M_{BaSO_4}=0.1374$
MgO	$Mg_2P_2O_7$	$M_{2MgO}/M_{Mg_2P_2O_7}=0.3622$

2. 分析结果的计算示例

待测组分的质量分数可按下式计算：

$$w_B = \frac{mF}{m_s} \times 100\%$$

式中，m 为待测组分称量形式的质量；m_s 为待测试样的质量；F 为换算因数。

【例 3-7】 测定岩石中 SiO_2 的含量。称样 0.2000g，通过反应得到硅胶沉淀后，经一系列过程，最后灼烧成 SiO_2，得到 0.1364g，求试样中 SiO_2 的含量。

解：

$$w(SiO_2) = \frac{m_{(SiO_2)}}{m_S} \times 100\%$$

$$= \frac{0.1364}{0.2000} \times 100\% = 68.20\%$$

【例 3-8】 用重量分析法测定某种铬矿中的 Cr_2O_3 的质量分数。先将试样溶解、氧化，把 Cr 转变为 $BaCrO_4$ 沉淀。设称取 0.5000g 试样，最后得 $BaCrO_4$ 质量为 0.2530g，求此矿中 Cr_2O_3 的质量分数。

解：由称量形式 $BaCrO_4$ 的质量换算为 Cr_2O_3 的质量，其换算因数为：

$$F = \frac{M_{Cr_2O_3}}{2M_{BaCrO_4}} = \frac{152.0}{2 \times 253.3} = 0.3000$$

$$w(Cr_2O_3) = \frac{mF}{m_s} \times 100\%$$

$$= \frac{0.2530 \times 0.3000}{0.5000} \times 100\% = 15.18\%$$

知识拓展

沉淀条件的选择

为了满足重量分析法对沉淀形式的要求，应当根据沉淀的类型，采用适宜的沉淀条件以及相应的后处理。

1. 晶形沉淀

为了获得易于过滤洗涤的大颗粒结晶沉淀，以及减少杂质的包藏，在沉淀过程中必须控制比较小的过饱和程度，沉淀后还需陈化。晶形沉淀条件如图 3-2 所示。以 $BaSO_4$沉淀为例：

（1）沉淀应在比较稀的热溶液中进行，并在不断搅拌下，缓缓地滴加稀沉淀剂，这样做是为了减小溶质的浓度，以降低过饱和程度，并防止沉淀剂的局部过浓。稀释溶液还可以使杂质的浓度减小，因而共沉淀的量也可以减少。加热不仅可以增大溶解度，还可以增加离子扩散的速率，有助于沉淀颗粒的成长，同时也减少了杂质的吸附。

（2）为了增大 $BaSO_4$的溶解度以减小相对饱和度，应在沉淀之前往溶液中加入

HCl 溶液。因为 H^+能使 SO_4^{2-} 部分质子化，较大地增加 $BaSO_4$的溶解度，并能防止 Ba^{2+}的弱酸盐的沉淀。至于增加溶解度所造成的损失，可以在沉淀后期加入过量沉淀剂来补偿。

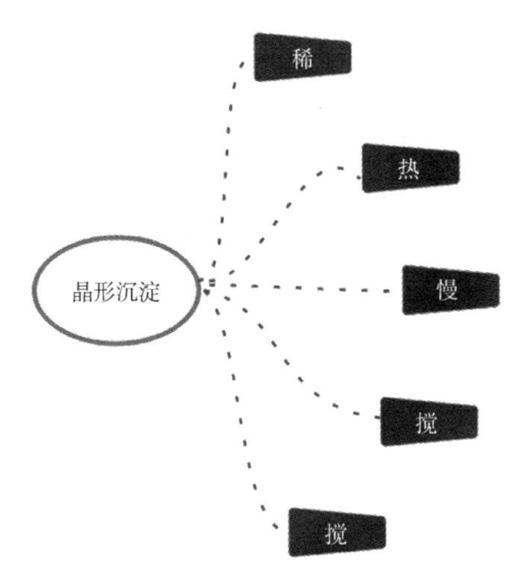

图 3-2　晶形沉淀条件

（3）沉淀完成以后，常将沉淀与母液一起放置陈化一段时间，其作用是为获得完整、粗大而纯净的晶形沉淀。在陈化时，特别是在加热的情况下，晶体中不完整部分的离子容易重新进入溶液，而在溶液中的离子又不断回到晶体表面，这样使结晶趋于完整。同时释放出包藏在晶体中的杂质，使沉淀更为纯净。此外，由于小晶粒的溶解度比大晶粒大，同一溶液对小晶粒是未饱和的而对大晶粒则是过饱和的，因此陈化过程中还会发生小结晶溶解、大结晶长大的现象。一般说来，在陈化过程中，晶体的完整化是主要的。

（4）洗涤 $BaSO_4$沉淀时，若测定的是 Ba^{2+}，可用稀 H_2SO_4为洗涤液，这样利用同离子效应减少了洗涤过程中沉淀的损失，而 H_2SO_4在灼烧时能除去。若是测定 SO_4^{2-}，则只能选水为洗涤液（用 $BaCl_2$，不能灼烧除去）。

2. 无定形沉淀

无定形沉淀大都因为溶解度非常小，无法控制其过饱和度，以致生成大量微小胶粒而不能形成大粒沉淀。对于这种类型的沉淀，重要的是使其聚集紧密，便于过滤，同时尽量减少杂质的吸附，使沉淀纯净。无定形沉淀条件如图 3-3 所示。以 $Fe_2O_3 \cdot xH_2O$ 沉淀为例：

（1）沉淀一般在较浓的近沸溶液中进行，沉淀剂加入的速度不必太慢。在浓、热溶液中离子的水化程度较小，得到的沉淀结构紧密、含水量少，容易聚沉。热溶液还有利于防止胶体溶液的生成，减少杂质的吸附。但是在浓溶液中也提高了杂质的浓度。为此，在沉淀完毕后迅速加入大量热水稀释并搅拌，

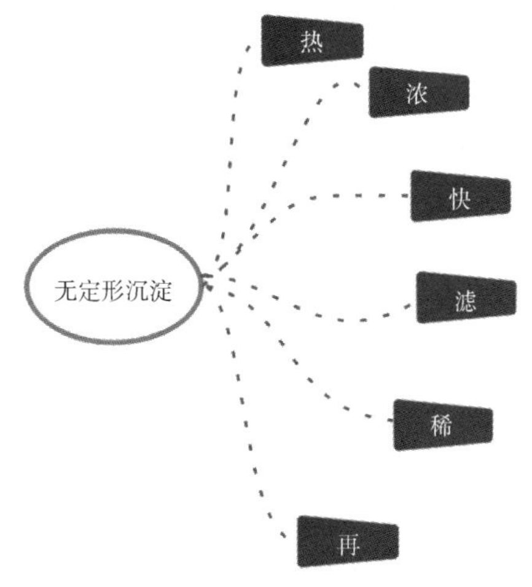

图 3-3　无定形沉淀条件

使吸附于沉淀上的过多的杂质解吸，达到稀溶液中的平衡，从而减少杂质的吸附。

（2）沉淀要在大量电解质存在下进行，以使带电荷的胶体粒子相互凝聚、沉降。电解质通常是灼烧时容易挥发的铵盐，如 NH_4Cl、NH_4NO_3 等，这还有助于减少沉淀对其他杂质的吸附。已经凝聚好的 $Fe_2O_3 \cdot xH_2O$ 沉淀在过滤洗涤时，由于电解质浓度降低，胶体粒子又重获电荷而相互排斥，使无定形沉淀变成了胶体而穿透滤纸，这种现象称作胶溶。为了防止沉淀的胶溶，不能用纯水洗涤沉淀，应当用稀的、易挥发的电解质热溶液（如 NH_4NO_3）作洗涤液。

（3）无定形沉淀聚沉后应立即趁热过滤，不必陈化。因为陈化不仅不能改善沉淀的形状，反而使沉淀更趋粘结，杂质难以洗净。趁热过滤还能大大缩短过滤洗涤的时间。

无定形沉淀吸附杂质严重，一次沉淀很难保证纯净。要使铁与其他组分分离而共存阳离子又较多时，最好将过滤后的沉淀溶解于酸中进行第二次沉淀。

3. 均匀沉淀法

在进行沉淀反应时，尽管沉淀剂是在搅拌下缓慢加入的，但仍难避免沉淀剂在溶液中局部过浓现象，为此提出了均匀沉淀法。这个方法的特点是通过缓慢的化学反应过程，逐步地、均匀地在溶液中产生沉淀剂，使沉淀在整个溶液中均匀地缓慢地形成，因而生成的沉淀颗粒较大。例如：

沉淀 $BaSO_4$ 加入硫酸二甲酯于含 Ba^{2+} 的试液中，利用酯水解产生的 SO_4^{2-}，均匀缓慢地生成 $BaSO_4$ 沉淀，反应为

$$(CH_3)_2SO_4 + 2H_2O = 2CH_3OH + SO_4^{2-} + 2H^+$$

均匀沉淀法是重量分析的一种改进方法，本身也有着繁琐费时的缺点。均匀沉淀法得到沉淀纯度并不都是好的，它对生成混晶及后沉淀没有多大改善，有时反而加重。另外，长时间的煮沸溶液容易在容器壁上沉积一层致密的沉淀，不易取下，往往需要用溶剂溶解后再沉淀，这也是均匀沉淀法的缺点之一。

本章小结

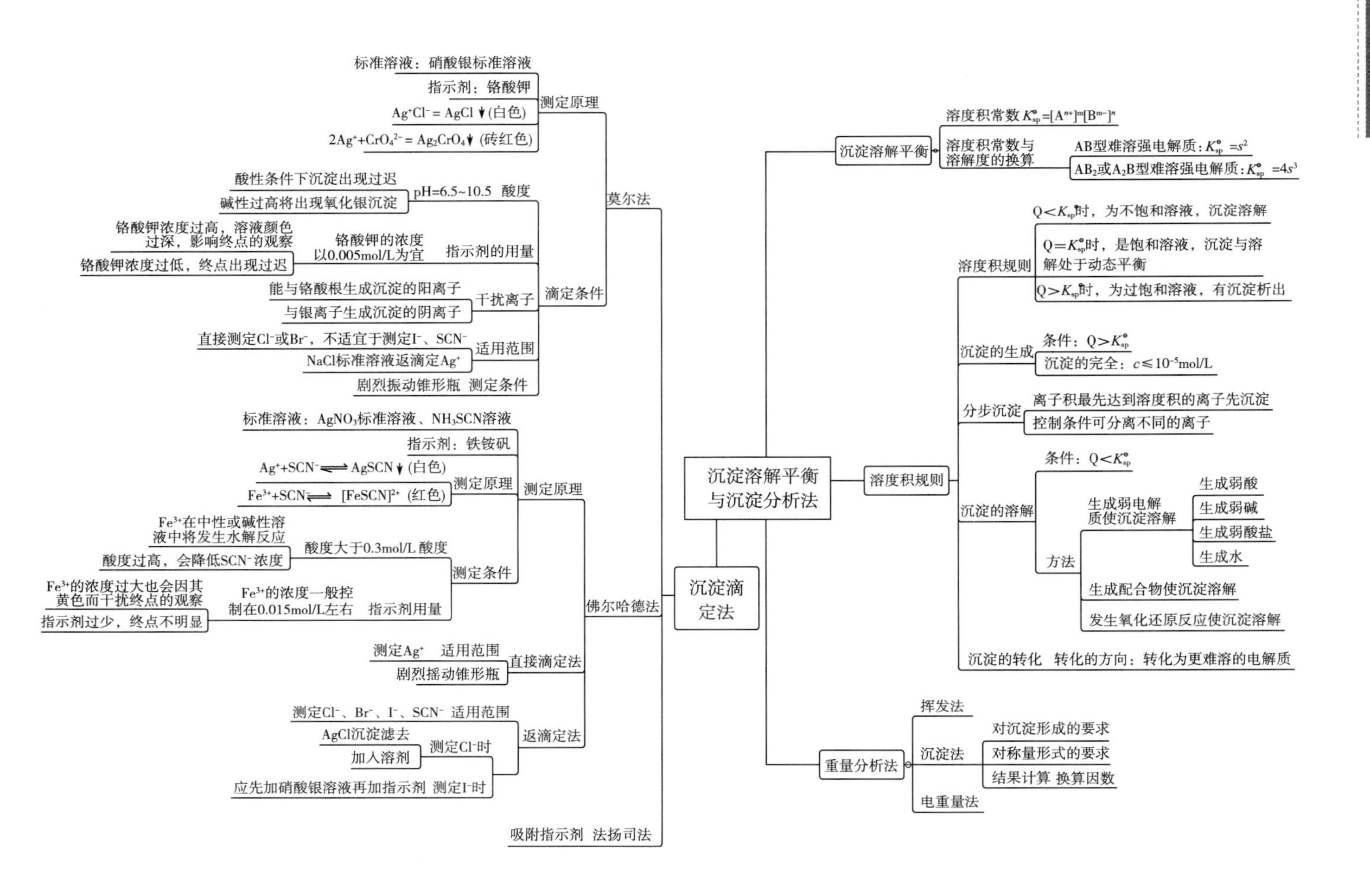
沉淀溶解平衡与沉淀分析法
沉淀溶解平衡
溶度积常数 $K^{\circ}_{sp}=[A^{n+}]^m[B^{m-}]^n$
溶度积常数与溶解度的换算
AB型难溶强电解质：$K^{\circ}_{sp}=s^2$
AB_2或A_2B型难溶强电解质：$K^{\circ}_{sp}=4s^3$
溶度积规则
溶度积规则
$Q<K^{\circ}_{sp}$时，为不饱和溶液，沉淀溶解
$Q=K^{\circ}_{sp}$时，是饱和溶液，沉淀与溶解处于动态平衡
$Q>K^{\circ}_{sp}$时，为过饱和溶液，有沉淀析出
沉淀的生成
条件：$Q>K^{\circ}_{sp}$
沉淀的完全：$c\leq10^{-5}$mol/L
分步沉淀
离子积最先达到溶度积的离子先沉淀
控制条件可分离不同的离子
沉淀的溶解
条件：$Q<K^{\circ}_{sp}$
方法
生成弱电解质使沉淀溶解
生成弱酸
生成弱碱
生成弱酸盐
生成水
生成配合物使沉淀溶解
发生氧化还原反应使沉淀溶解
沉淀的转化
转化的方向：转化为更难溶的电解质
重量分析法
挥发法
沉淀法
对沉淀形成的要求
对称量形式的要求
结果计算 换算因数
电重量法
沉淀滴定法
莫尔法
测定原理
标准溶液：硝酸银标准溶液
指示剂：铬酸钾
$Ag^+Cl^- = AgCl\downarrow$(白色)
$2Ag^+ + CrO_4^{2-} = Ag_2CrO_4\downarrow$(砖红色)
滴定条件
酸度
pH=6.5~10.5
酸性条件下沉淀出现过迟
碱性过高将出现氧化银沉淀
指示剂的用量
铬酸钾的浓度以0.005mol/L为宜
铬酸钾浓度过高，溶液颜色过深，影响终点的观察
铬酸钾浓度过低，终点出现过迟
干扰离子
能与铬酸根生成沉淀的阳离子
与银离子生成沉淀的阴离子
适用范围
直接测定Cl^-或Br^-，不适宜于测定I^-、SCN^-
NaCl标准溶液返滴定Ag^+
测定条件
剧烈振动锥形瓶
佛尔哈德法
测定原理
标准溶液：$AgNO_3$标准溶液、NH_3SCN溶液
指示剂：铁铵矾
测定原理
$Ag^+ + SCN^- \rightleftharpoons AgSCN\downarrow$(白色)
$Fe^{3+} + SCN^- \rightleftharpoons [FeSCN]^{2+}$(红色)
测定条件
酸度
酸度大于0.3mol/L
Fe^{3+}在中性或碱性溶液中将发生水解反应
酸度过高，会降低SCN^-浓度
指示剂用量
Fe^{3+}的浓度一般控制在0.015mol/L左右
Fe^{3+}的浓度过大也会因其黄色而干扰终点的观察
指示剂过少，终点不明显
直接滴定法
适用范围
测定Ag^+
剧烈摇动锥形瓶
返滴定法
适用范围
测定Cl^-、Br^-、I^-、SCN^-
测定Cl^-时
AgCl沉淀滤去
加入溶剂
测定I^-时
应先加硝酸银溶液再加指示剂
法扬司法
吸附指示剂

习　题

一、填空题

1. CaF_2 的溶度积常数表达式为________，Bi_2S_3 的溶度积常数表达式为________。

2. $Mn(OH)_2$ 的 $K_{sp}^{\ominus}$ 为 1.9×10^{-13}，在纯水中其溶解度为__________ mol/L；0.050mol $Mn(OH)_2$（s）刚好在浓度为________ mol/L、体积为 0.5L 的 NH_4Cl 溶液中溶解。

3. $PbSO_4$ 的 $K_{sp}^{\ominus}$ 为 2.53×10^{-8}，在纯水中其溶解度为________ mol/L；在浓度为 1.0×10^{-2}mol/L 的 Na_2SO_4 溶液中达到饱和时其溶解度为________ mol/L。

4. 在 AgCl、$CaCO_3$、$Fe(OH)_3$、MgF_2、ZnS 这些物质中，溶解度不随 pH 变化的是__________________。

5. 在 $CaCO_3$（$K_{sp}^{\ominus}=3.36\times10^{-9}$）、$CaF_2$（$K_{sp}^{\ominus}=3.45\times10^{-11}$）、$Ca_3(PO_4)_2$（$K_{sp}^{\ominus}=2.07\times10^{-33}$）这些物质的饱和溶液中，$Ca^{2+}$浓度由大到小的顺序为________。

6. $Mg(OH)_2$ 与 $MnCO_3$ 的 $K_{sp}^{\ominus}$分别为 5.61×10^{-12}和 2.2×10^{-11}，在它们的饱和溶液中［Mn^{2+}］比［Mg^{2+}］__________。

二、选择题

1. 下列说法正确的是（　　）。

A. 两种难溶盐电解质，其中 $K_{sp}^{\ominus}$小的溶解度一定小

B. 溶液中存在两种可以与同一沉淀剂生成沉淀的离子，则 $K_{sp}^{\ominus}$小的一定先沉淀

C. $K_{sp}^{\ominus}$反映了物质在水中的溶解度

D. 工业废水处理过程中，常用硫化亚铁等难溶物作为沉淀剂除去废水中的重金属离子

2. 已知 $K_{sp}^{\ominus}$（CaF_2）$=3.45\times10^{-11}$，在 0.250L 0.10mol/L 的 $Ca(NO_3)_2$ 溶液中能溶解 CaF_2（　　）。

A. 1.0×10^{-5}g　　B. 1.8×10^{-4}g　　C. 2.0×10^{-5}g　　D. 9.0×10^{-4}g

3. 已知 $K_{sp}^{\ominus}$（Ag_2SO_4）$=1.20\times10^{-5}$，$K_{sp}^{\ominus}$（AgCl）$=1.77\times10^{-10}$，$K_{sp}^{\ominus}$（$BaSO_4$）$=1.08\times10^{-10}$，将等体积的 0.0020mol/L 的 Ag_2SO_4 与 2.0×10^{-6}mol/L 的 $BaCl_2$ 溶液混合，将会出现（　　）。

A. $BaSO_4$ 沉淀　　B. AgCl 沉淀

C. $BaSO_4$ 与 AgCl 共沉淀　　D. 无沉淀

4. 下列有关分步沉淀的叙述中正确的是（　　）。

A. 溶度积小者一定先沉淀出来　　B. 沉淀时所需沉淀剂浓度小者先沉淀出来

C. 溶解度小的物质先沉淀　　D. 被沉淀离子浓度大的先沉淀

5. $SrCO_3$ 在下列试剂中溶解度最大的是（　　）。

A. 0.10mol/L HAc　　B. 0.10mol/L $SrCO_3$

C. 纯水　　D. 1.0mol/L Na_2CO_3

6. 欲使 $CaCO_3$ 在水溶液中溶解度增大，可以采用的办法是（　　）。

A. 加入 1.0mol/L Na_2CO_3　　B. 加入 2.0mol/L NaOH

C. 加入 0.10mol/L $CaCl_2$　　D. 降低溶液的 pH

7. 向饱和 AgCl 溶液中加水，下列叙述正确的是（　　）。

A. AgCl 的溶解度增大　　B. AgCl 的溶解度、$K_{sp}^{\ominus}$ 均不变

C. AgCl 的 $K_{sp}^{\ominus}$ 增大　　D. AgCl 的溶解度、$K_{sp}^{\ominus}$ 增大

8. 已知 $K_{sp}^{\ominus}$（ZnS）$=2.5\times10^{-22}$。在某溶液中 Zn^{2+} 的浓度为 0.10mol/L，通入 H_2S 气体，达到饱和［c（H_2S）= 0.10mol/L］，则 ZnS 开始析出时，溶液的［H^+］为（　　）。

A. 0.51　　B. 0.15　　C. 0.21　　D. 0.45

三、简答题

根据溶度积规则说明下列事实。

（1）$CaCO_3$ 沉淀能溶解于 HAc 溶液中；

（2）$Fe(OH)_3$ 沉淀溶解于稀硫酸溶液中；

（3）$BaSO_4$ 难溶于稀盐酸中。

四、计算题

1. 根据 AgI 和 Ag_2CrO_4 的溶度积，通过计算说明：

（1）哪一种化合物的溶解度大；

（2）在 0.01mol/L $AgNO_3$ 溶液中，哪一种化合物的溶解度大。

2. 根据 Mg（$OH)_2$ 的溶度积计算以下情况下其溶解度：

（1）在水中；

（2）在 0.010mol/L NaOH 溶液中；

（3）在 0.010mol/L $MgCl_2$ 溶液中。

3. 计算 CaC_2O_4 沉淀在 pH=3.0、$c(C_2O_4^{2-})$ = 0.010mol/L 的溶液中的溶解度。

4. $CaCO_3$ 能溶于 HAc 溶液中。若沉淀达到溶解平衡时溶液中的 HAc 浓度为 1.0mol/L，且室温下反应产物 H_2CO_3 在水溶液中的饱和浓度为 0.040mol/L，试求 1.0L 溶液中能溶解多少 $CaCO_3$？共需多大浓度的 HAc？

5. 某溶液中含有 0.10mol/L Li^+ 和 0.10mol/L Mg^{2+}，滴加 NaF 溶液（忽略体积变化），哪种离子最先被沉淀出来？当第二种沉淀析出时，第一种被沉淀的离子是否沉淀完全？两种离子有无可能被分离开？

6. 某溶液中含有 Fe^{3+} 和 Fe^{2+}，浓度均为 0.050mol/L。若要使 $Fe(OH)_3$ 沉淀完全，而 Fe^{2+} 不沉淀，问所需控制的溶液 pH 范围是多少？

7. 溶液中含有 Ag^+、Pb^{2+}、Ba^{2+}、Sr^{2+}，它们的浓度均为 1.0×10^{-2}mol/L。加入

K_2CrO_4 溶液，试通过计算说明上述离子开始沉淀的先后顺序。

8. 已知 AgCl 的 $K_{sp}^{\ominus}=1.80\times10^{-10}$，$Ag_2CrO_4$ 的 $K_{sp}^{\ominus}=1.9\times10^{-12}$。在 0.1mol/L KCl 和 0.1mol/L K_2CrO_4 混合溶液中逐滴加入 $AgNO_3$ 溶液，问 AgCl 和 Ag_2CrO_4 两种电解质，哪个最先产生沉淀？

9. 用莫尔法测定生理盐水中 NaCl 含量。准确量取生理盐水 10.00mL，加入 K_2CrO_4 指示剂 0.5~1mL，以 0.1045mol/L $AgNO_3$ 标准溶液滴至砖红色，共用去 14.58mL。计算生理盐水中 NaCl 的含量（g/mL）。

10. 试设计分离下列各组内物质的方案：

（1）AgCl 和 AgI；

（2）$BaCO_3$ 和 $BaSO_4$。

第四章

氧化还原平衡与氧化还原滴定法

学习目标

知识目标

1. 掌握氧化还原的基本概念；
2. 理解标准电极电势的意义，掌握影响电极电势的因素；
3. 熟悉氧化还原滴定法的基本原理，掌握高锰酸钾法、重铬酸钾法、碘量法的特点和反应条件；
4. 掌握用化学计量关系计算氧化还原滴定结果的分析。

技能目标

1. 能用离子电子法配平氧化还原反应方程式；
2. 能用标准电极电势判断氧化剂和还原剂的相对强弱，氧化还原反应的方向和限度；
3. 能熟练地用能斯特方程计算电极电势、平衡常数等问题；
4. 能创造适宜的滴定条件用氧化还原滴定法对有关物质进行滴定。

第一节 氧化还原反应

从反应过程中有否电子转移的角度，可将化学反应分为氧化还原反应和非氧化还原反应两大类。

一、氧化还原反应的基本概念

1. 氧化和还原

物质有电子得失或者电子对发生偏移的化学反应，称为氧化还原反应。如反应：

$$Zn+Cu^{2+}=\!=\!=Zn^{2+}+Cu$$

在氧化还原反应中，物质失去电子或化合价升高的过程称为氧化，物质得到电子或化合价降低的过程称为还原。失去电子的物质称为还原剂，它本是被氧化；得到电子的物质称为氧化剂，它本身被还原。上述反应中 Zn 是还原剂，被氧化为 Zn^{2+}；Cu^{2+}是氧化剂，被还原为 Cu。

氧化还原反应的本质是氧化剂和还原剂之间的电子得失或电子对的偏移。因此氧化反应和还原反应必然是同时发生的。原来是氧化剂，反应后转化为还原剂；原来的还原剂，反应后转化为氧化剂。

2. 氧化数

为了便于描述在氧化还原反应中原子带电状态的改变，表明元素被氧化的程度，尤其是对于那些不能应用电子得失的概念来解释的氧化还原反应，提出了氧化数的概念。

1970 年，国际纯粹与应用化学联合会对氧化数定义如下：氧化数（又称氧化值）是指某元素一个原子的荷电数，这种荷电数是由假设把每个化学键中的电子对指定给电负性更大的原子而求得。

确定氧化数的规则如下：

（1）由相同元素的原子形成的化学键或单质，其氧化数为零。

（2）在化合物中，氢原子的氧化数一般为+1（但在 NaH、CaH_2 中，氢的氧化数为-1），氧原子的氧化数一般为-2（但在 H_2O_2、Na_2O_2 等过氧化物中，氧的氧化数为-1；在氧的氟化物 OF_2 和 O_2F_2 中，氧的氧化数分别为+2 和+1）。

（3）在离子型化合物中，各元素的氧化数的代数和等于离子所带的电荷。

（4）在一个中性分子中，各元素的氧化数的代数和等于零。

（5）在一个配位离子中，各元素的氧化数的代数和等于该配位离子的电荷。

【例 4-1】 求 $Cr_2O_7^{2-}$ 中 Cr 的氧化数。

解：设在$Cr_2O_7^{2-}$ 中 Cr 的氧化数为 x，则

$$2x+7\times(-2)=-2$$

从而 $x=+6$，即 $Cr_2O_7^{2-}$ 中 Cr 的氧化数为+6。

氧化数和化合价均反映元素的原子在键合情况下化合态的物理量，氧化数是某元素的一个原子在分子或离子中的形式电荷数，这种形式电荷数是假定把每个键中的电子指定给电负性大的元素而求得。它反映的是键合后的形式电荷数，可以是整数也可以是分数。而化合价反映的是键合的原子数，只能是整数。

练一练

求 $H_2C_2O_4$ 和 $S_4O_6^{2-}$ 中的 C 和 S 的氧化数。

二、氧化还原反应方程式的配平

氧化还原反应通常比较复杂，参加反应的物质较多，配平这类方程式也较为复杂，可采用氧化数法和离子-电子法配平。下面介绍离子-电子法。

1. 配平原则

（1）反应过程中氧化剂得到的电子数应等于还原剂失去的电子数；

（2）反应前后各元素的原子总数相等。

2. 配平步骤

下面用实例说明离子-电子法的配平步骤。

【例 4-2】 完成反应并配平：$K_2Cr_2O_7+Na_2SO_3+H_2SO_4 \longrightarrow$

解：配平步骤：

（1）根据实验现象或反应规律写出未配平的离子反应式

$$Cr_2O_7^{2-}+SO_3^{2-}+H^+ \longrightarrow Cr^{3+}+SO_4^{2-}$$

（2）写出并配平两个半反应式

氧化反应：$$SO_3^{2-}+H_2O-2e \longrightarrow SO_4^{2-}+2H^+$$

还原反应：$$Cr_2O_7^{2-}+14H^++6e \longrightarrow 2Cr^{3+}+7H_2O$$

（3）根据得失电子数相等的原则，在两个半反应式前乘以适当系数，并相加、整理、配平

$$\begin{array}{r|c} 3\times & SO_3^{2-}+H_2O-2e \longrightarrow SO_4^{2-}+2H^+ \\ +)\ 1\times & Cr_2O_7^{2-}+14H^++6e \longrightarrow 2Cr^{3+}+7H_2O \\ \hline & Cr_2O_7^{2-}+3SO_3^{2-}+14H^++3H_2O \longrightarrow 2Cr^{3+}+7H_2O+3SO_4^{2-}+6H^+ \end{array}$$

整理得：$$Cr_2O_7^{2-}+3SO_3^{2-}+8H^+ \longrightarrow 2Cr^{3+}+3SO_4^{2-}+4H_2O$$

还原为分子方程式：

$$K_2Cr_2O_7+3Na_2SO_3+4H_2SO_4 \longrightarrow Cr_2(SO_4)_3+3Na_2SO_4+K_2SO_4+4H_2O$$

在配平半反应式时，如果反应物和生成物内所含的氧原子数不等，可以根据反应是在酸性、碱性或中性介质中进行，在半反应式中分别加 H^+、OH^- 或 H_2O，并利用水的解离平衡使反应式两边的氧原子数和电荷数都相等。

练一练

用离子−电子法配平下列反应式：

（1）$Cr_2O_7^{2-}+I^-+H^+ \longrightarrow Cr^{3+}+I_2+H_2O$

（2）$MnO_4^-+SO_3^{2-}+OH^- \longrightarrow MnO_4^{2-}+SO_4^{2-}$

第二节 原电池和电极电势

一、原电池

氧化还原反应是电子转移的反应，因而有可能在一定的装置中利用氧化还原反应获得电流。例如将一块锌片放到硫酸铜溶液中，锌就溶解，同时有红色的铜不断沉积在锌片上。锌与铜离子之间发生了氧化还原反应：

$$Zn+Cu^{2+} = Zn^{2+}+Cu$$

在这个反应中发生了电子转移，Zn 失去电子被氧化为 Zn^{2+}，同时 Cu^{2+} 被还原为 Cu。利用如图 4-1 装置可以证实此反应中确有电子转移。在一个烧杯中放入 $ZnSO_4$ 溶液并插入锌片，在另外一个烧杯中放入 $CuSO_4$ 溶液并插入铜片。将两个烧杯中的溶液用一个装满 KCl 饱和溶液与琼脂的倒置 U 形管（称为盐桥）连接起来，再用导线连接锌片和铜片，在导线之间接上一个电流计，使电流计的正极与铜片相连，负极与锌片相连。此时可见电流计的指针发生偏转，这说明反应中确有电子的转移，而且电子是沿着一定的方向有规则地流动。这种借助于氧化还原反应而产生电流的装置，也就是将化学能转变为电能的装置称为原电池。

在铜锌原电池中，电子是从锌片经导线向铜片流动的，锌失去电子后变成 Zn^{2+} 而进入 $ZnSO_4$ 溶液，Zn 片上的负电荷密度就比较大了，因而 Zn 被称为负极。此时发生的反应为：

$$Zn-2e \longrightarrow Zn^{2+}$$

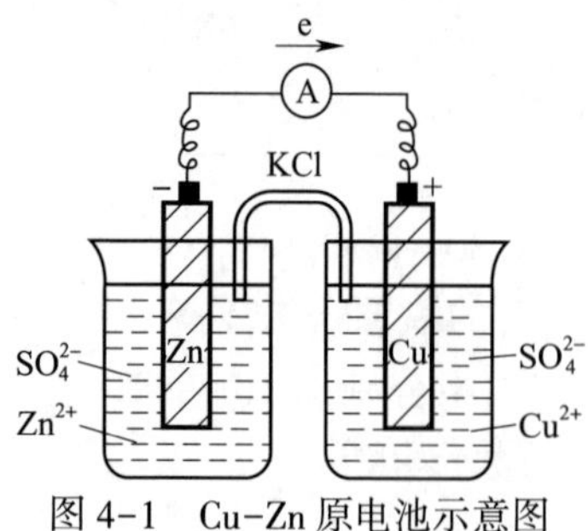

图 4-1 Cu-Zn 原电池示意图

同时，$CuSO_4$ 溶液中的 Cu^{2+} 得到电子变成 Cu 单质而沉积在铜片上，Cu 片上的正电荷密度就比较大了，因而 Cu 被称为正极。此时发生的反应为：

$$Cu^{2+}+2e \longrightarrow Cu$$

盐桥的作用就是消除溶液中正负电荷的影响，使负离子向 $ZnSO_4$ 溶液扩散，正离子

向 $CuSO_4$ 溶液扩散，以保持溶液的电中性，在这样的状态下，氧化还原反应就能继续进行，电流也不会停止。

此时铜锌原电池的总反应为：

$$Zn+Cu^{2+} = Zn^{2+}+Cu$$

为简明起见，通常采用下列符号表示铜锌原电池：

$$(-)\ Zn \mid Zn^{2+}(c_1) \parallel Cu^{2+}(c_2) \mid Cu\ (+)$$

习惯把负极写在左边，正极写在右边。其中“|”表示两相之间的接触界面，“‖”表示盐桥，c 表示溶液的浓度。当浓度为 $c^{\ominus}=1mol/L$ 时，可不必写出。如有气体物质，则应标出其分压 p。

每个原电池都由两个“半电池”组成。而每一个“半电池”又都是由同一元素处于不同氧化数的两种物质构成的，一种是处于低氧化数的可作为还原剂的物质称为还原型（Red），另一种是处于高氧化数的可作为氧化剂的物质称为氧化型（Ox）。这种由同一元素的氧化态物质和其对应的还原态物质所构成的整体，称为氧化还原电对，可以用符号 Ox/Red 来表示。例如，Cu 和 Cu^{2+}、Zn 和 Zn^{2+} 所组成的氧化还原电对可分别写成 Cu^{2+}/Cu、Zn^{2+}/Zn。非金属单质及其相应的离子也可以构成氧化还原电对，例如 Cl_2/Cl^- 和 O_2/OH^-。在用 Cl_2/Cl^-、O_2/OH^-、Fe^{3+}/Fe^{2+} 等氧化还原电对作半电池时，可以用能够导电而本身不参加反应的惰性导体（如金属铂或石墨）作电极。例如，氢电极可以表示为 $H^+(c) \mid H_2(p) \mid Pt$。

氧化型物质和还原型物质在一定条件下，可以相互转化：

$$氧化型+ne \rightleftharpoons 还原型$$

或

$$Ox+ne \rightleftharpoons Red$$

这就是半电池反应或电极反应的通式。

【例 4-3】 将下列氧化还原反应设计成原电池，并写出它的原电池符号。

$$2Fe^{2+}(c^{\ominus})+Cl_2(p^{\ominus})=2Fe^{3+}(0.10mol/L)+2Cl^-(2.0mol/L)$$

解：正极：$Cl_2+2e=2Cl^-$

负极：$Fe^{2+}-e=Fe^{3+}$

原电池符号为：

$$(-)\ Pt \mid Fe^{2+}, Fe^{3+}(0.10mol/L) \parallel Cl^-(2.0mol/L) \mid Cl_2 \mid Pt\ (+)$$

二、电极电势

在原电池中，两个导线之间有电流通过，说明两个电极的电极电势不等，而这两个电极之间的电势差就是原电池的电动势。在铜锌原电池中，产生的电流由 Cu 极向 Zn 极流动，说明 Cu 极的电极电势比 Zn 极的电极电势高，即 Cu^{2+} 得到电子而被还原为 Cu 的能力比 Zn^{2+} 得到电子而被还原为 Zn 的能力大。因此，氧化剂的氧化能力、还原剂的还原能力的大小可以用电对的电极电势来衡量。

金属的电极电势的大小反映了金属及其盐在溶液中得失电子趋势的大小，若能测出各金属的电极电势，则可比较金属及其离子在溶液中得失电子能力的强弱，从而判别溶液中氧化剂或还原剂的相对强弱。

到目前为止，电极电势的绝对值还无法测定。此时我们选定一个电对的电极电势作为标准，才能得到各个电对电极电势的相对数值。将表面镀有一层铂黑的铂片置于氢离子浓度（严格讲为活度）为 1mol/L 的酸（常用硫酸）溶液中，在 298.15K 下不断通入压力为 101.325kPa 的氢气流，使铂黑电极上吸附的氢气达到饱和，即构成了标准氢电极（见图 4-2）。

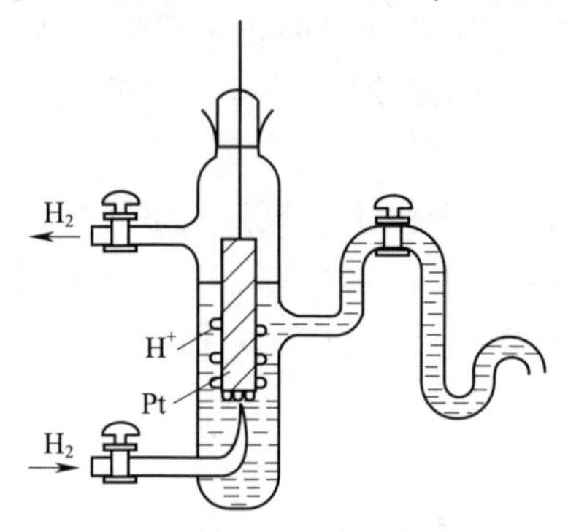

图 4-2　标准氢电极示意图

标准氢电极与酸溶液间的电势差，称为标准氢电极的电极电势，即 $\varphi^{\ominus}$，其数值指定为零，以此作为测量电极电势的相对标准。

不同电对的标准电极电势是通过测定原电池电动势的方法得到的。原电池的一极为标准氢电极，另一极为待测电极，测出该电池的标准电动势就可求得待测电对的标准电极电势。

例如，在 298.15K 时，将 Zn 放在 1mol/L Zn^{2+}溶液中，按照图 4-3 所示装置，锌电极与标准氢电极组成一个原电池，用符号表示为：

$$(-)\ Zn \mid Zn^{2+}\ (1mol/L)\ \| H^{+}\ (1mol/L)\ \mid H_2,\ Pt\ (+)$$

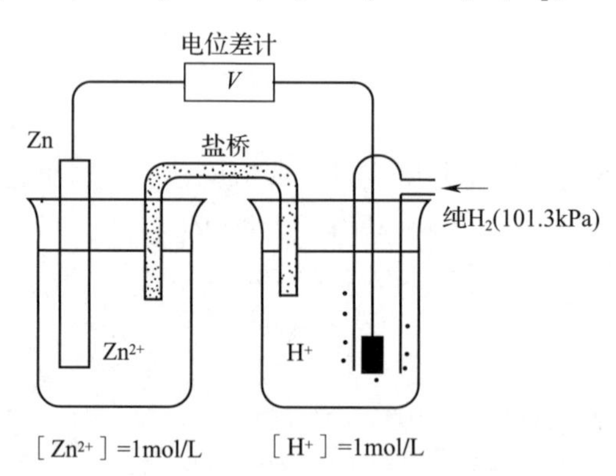

图 4-3　测定 Zn^{2+}/Zn 电对标准电极电势的装置

在这个原电池中，Zn 的还原能力比 H_2 大，Zn 失去电子，并通过导线传给氢电极，H^+在电极上得到电子变成 H_2，所以，锌电极是原电池的负极，氢电极是原电池的正极。

负极　　$Zn-2e \longrightarrow Zn^{2+}$

正极　　$2H^{+}+2e \longrightarrow H_2$

总反应　　$Zn+2H^{+} \longrightarrow Zn^{2+}+H_2$

实验测得锌电极与标准氢电极组成的原电池的电动势为 0.763V。则

$$E^{\ominus}=\varphi_{+}^{\ominus}-\varphi_{-}^{\ominus}=\varphi_{H^+/H}^{\ominus}-\varphi_{Zn^{2+}/Zn}^{\ominus}=0.763V$$

因为 $\varphi_{H^+/H}^{\ominus}=0$，所以 $\varphi_{Zn^{2+}/Zn}^{\ominus}=-0.763V$。

利用类似的方法可以测定大多数电子对的标准电极电势。书后附录三中列出了 298.15K 时一些常用电对的标准电极电势，查表时要注意溶液的酸碱性，电极在不同的介质中 $\varphi^{\ominus}$一般不同。

三、 影响电极电势的因素

标准电极电势是在特定条件下测得的，即温度为 298.15K、有关离子浓度为 1mol/L 或气体压力为 101.325kPa。当反应条件（主要有离子浓度、测定时的温度、酸度以及气体的分压等）改变时，电极电势就会发生变化。这些影响因素之间的关系，在 298.15K 时可用能斯特方程来表示。

对于电极反应：

$$a\,\text{氧化型}+ne \rightleftharpoons b\,\text{还原型}$$

其电极电势 φ 可以用下式表示：

$$\varphi=\varphi^{\ominus}+\frac{0.0592}{n}\lg\frac{c^{a}\,(\text{氧化型})}{c^{b}\,(\text{还原型})}$$

式中 φ——电对在某一浓度（对于气体用分压）时的电极电势；

$\varphi^{\ominus}$——电对的标准电极电势；

n——电极反应中得失的电子数。

这个公式称为能斯特方程。它反映了非标准电极电势和标准电极电势的关系。应用能斯特方程时应注意以下问题。

（1）如果组成电对的物质为纯固体或纯液体时，则不列入方程式中。如果是气体物质，要用其相对压力 $p/p^{\ominus}$代入。

（2）如果参加电极反应的除氧化态、还原态物质外，还有其他物质如 H^+、OH^-等，则这些物质的浓度也应表示在能斯特方程中。

【例 4-4】 写出电极 MnO_4^-/MnO_2 的电极反应及在 298.15K 时该电极的能斯特方程表达式。

解：电极反应为 $MnO_4^-+2H_2O+3e \rightleftharpoons MnO_2+4OH^-$

电极电势为 $\varphi_{MnO_4^-/MnO_2}=\varphi_{MnO_4^-/MnO_2}^{\ominus}+\frac{0.0592}{3}\lg\frac{[MnO_4^-]}{[OH^-]^4}$

【例 4-5】 计算 298.15K 时高锰酸钾在 $c(H^+)=1.000\times10^{-5}$mol/L 的弱酸性介质中的电极电势。设其中的 $c(MnO_4^-)=c(Mn^{2+})=1.000$mol/L。

解：在酸性介质中，$KMnO_4$ 的还原产物为 Mn^{2+}，其电极反应和标准电极电势为

$$MnO_4^-+8H^++5e \rightleftharpoons Mn^{2+}+4H_2O \qquad \varphi_{MnO_4^-/Mn^{2+}}^{\ominus}=1.51V$$

上述电极反应中还有 H^+参加反应，H^+浓度的改变对电极电势的影响可用能斯特方

程计算如下：

$$\varphi_{MnO_4^-/Mn^{2+}}=\varphi^{\ominus}_{MnO_4^-/Mn^{2+}}+\frac{0.0592}{5}\lg\frac{[MnO_4^-]\cdot[H^+]^8}{[Mn^{2+}]}$$
$$=1.51+\frac{0.0592}{5}\lg(1.000\times10^{-5})^8$$
$$=1.0346\ (V)$$

第三节 电极电势的应用

一、比较氧化剂和还原剂的相对强弱

电极电势的大小反映了电对中氧化型和还原型物质氧化还原能力的强弱。电对 φ 值越大，即电极电势越高，则该电对中氧化型物质的氧化能力越强，是强氧化剂，而对应的还原型物质的还原能力就越弱，是弱的还原剂。反之，电对 φ 值越小，即电极电势越低，则该电对中还原型物质的还原能力越强，是强还原剂，而对应的氧化型物质的氧化能力就越弱，是弱的氧化剂。

【例 4-6】 在含有 Cl^-、Br^-、I^-三种离子的溶液中，欲使 I^-氧化为 I_2，而不使 Br^-和 Cl^-被氧化，问选 $KMnO_4$ 与 $Fe_2(SO_4)_3$ 中哪个最为适宜？

解：查标准电极电势得：

$$\varphi^{\ominus}(I_2/I^-)=+0.536V,\varphi^{\ominus}(Br_2/Br^-)=+1.065V,\varphi^{\ominus}(Cl_2/Cl^-)=+1.358V,$$
$$\varphi^{\ominus}(Fe^{3+}/Fe^{2+})=+0.771V,\varphi^{\ominus}(MnO_4^-/Mn^{2+})=+1.51V$$

因为

$$\varphi^{\ominus}(Fe^{3+}/Fe^{2+})>\varphi^{\ominus}(I_2/I^-)$$
$$\varphi^{\ominus}(Fe^{3+}/Fe^{2+})<\varphi^{\ominus}(Br_2/Br^-)$$
$$\varphi^{\ominus}(Fe^{3+}/Fe^{2+})<\varphi^{\ominus}(Cl_2/Cl^-)$$

所以，$Fe_2(SO_4)_3$ 只能氧化 I^-，而不能氧化 Br^- 和 Cl^-，故可选用 $Fe_2(SO_4)_3$ 作氧化剂。

而 $\varphi^{\ominus}(MnO_4^-/Mn^{2+})>\varphi^{\ominus}(Cl_2/Cl^-)>\varphi^{\ominus}(Br_2/Br^-)>\varphi^{\ominus}(I_2/I^-)$，即 $KMnO_4$ 可氧化 Cl^-、Br^-及 I^-，不符合题意，因此不能选用 $KMnO_4$ 作氧化剂。

二、判断氧化还原反应进行的方向

根据电极电势，可以判断氧化剂和还原剂的相对强弱，而根据氧化剂和还原剂的相对强弱，又可以判断氧化还原反应进行的方向。氧化还原反应是由较强的氧化剂和较强的还原剂相互作用，向着生成较弱还原剂和较弱氧化剂的方向进行，即 φ 值较大电对的氧化态物质与 φ 值较小电对的还原态物质反应生成它们对应的还原态物质和氧化态物质。

【例 4－7】 在标准状态下，判断反应：$Zn + Fe^{2+} \rightleftharpoons Zn^{2+} + Fe$ 能否自左向右进行？

解：查标准电极电势表得：$\varphi^{\ominus}(Zn^{2+}/Zn) = -0.763V$，$\varphi^{\ominus}(Fe^{2+}/Fe) = -0.440V$

比较两电对的 $\varphi^{\ominus}$ 值，$\varphi^{\ominus}(Fe^{2+}/Fe) > \varphi^{\ominus}(Zn^{2+}/Zn)$，可知 Fe^{2+} 是较强的氧化剂，Zn 是较强的还原剂，因此上述反应能够自左向右进行。

标准电极电势是在特定条件下的电极电势。从能斯特方程可知，当溶液浓度、酸度等条件改变时，其电极电势即会发生变化。如果两电对的标准电极电势相差不大，当反应条件改变后，原来标准电极电势较高的可能会转化为较低的，这样就可能改变氧化还原反应的方向。因此，在判断氧化还原反应方向时，除了考虑标准电极电势，更应考虑实际的反应条件，利用能斯特方程求得实际条件下的电极电势，才能正确判断反应进行的方向。

【例 4-8】 判断反应 $H_3AsO_4+2I^-+2H^+ \rightleftharpoons HAsO_2+I_2+2H_2O$ 在下列条件下向哪个方向进行？已知：$\varphi^{\ominus}(H_3AsO_4/HAsO_2) = +0.56V$，$\varphi^{\ominus}(I_2/I^-) = +0.536V$。

（1）在标准状态下；

（2）若溶液的 pH=7.00，其他物质均为标准状态时；

（3）若 $c(H^+)=6mol/L$，其他物质均为标准状态。

解：电极反应

$$H_3AsO_4+2H^++2e \rightleftharpoons HAsO_2+2H_2O$$

$$I_2+2e \rightleftharpoons 2I^-$$

（1）标准状态下：

因为 $\varphi^{\ominus}(H_3AsO_4/HAsO_2) > \varphi^{\ominus}(I_2/I^-)$

所以，反应向右进行。

（2）溶液 pH=7.00，即 $c(H^+)=10^{-7}mol/L$ 时

$$\varphi(H_3AsO_4/HAsO_2) = \varphi^{\ominus}(H_3AsO_4/HAsO_2) + \frac{0.0592}{2}\lg\frac{[H_3AsO_4]\cdot[H^+]^2}{[HAsO_2]}$$

$$= +0.56 + \frac{0.0592}{2}\lg\frac{1\times(10^{-7})^2}{1} = +0.146V$$

在 $I_2+2e=2I^-$ 电极反应中，无 H^+ 参与，故改变溶液酸度不会影响其电对的电极电势。

因为 $\varphi(H_3AsO_4/HAsO_2) < \varphi^{\ominus}(I_2/I^-)$

所以，反应向左进行。

（3）$c(H^+)=6mol/L$ 时

$$\varphi(H_3AsO_4/HAsO_2) = +0.56 + \frac{0.0592}{2}\lg\frac{1\times6^2}{1} = +0.606V$$

因为 $\varphi(H_3AsO_4/HAsO_2) > \varphi^{\ominus}(I_2/I^-)$

所以，反应向右进行。

由此得知，在标准状态下可用$\varphi^{\ominus}$直接判断氧化还原反应的方向，即$\varphi^{\ominus}$值较大电对的氧化型物质与$\varphi^{\ominus}$值较小电对的还原型物质反应，向生成它们对应的还原型物质与氧化型物质方向进行。但在非标准状态下，尤其是在$E^{\ominus}=\varphi_{+}^{\ominus}-\varphi_{-}^{\ominus}<0.2V$时，必须根据计算实际情况下所得的$\varphi$值，才能正确判断氧化还原反应进行的方向。

三、判断氧化还原反应进行的程度

氧化还原反应进行的程度可以用平衡常数的大小来衡量。在 298.15K 时，依据能斯特方程经推导可得

$$\lg K^{\ominus}=\frac{nE^{\ominus}}{0.0592V}=\frac{n(\varphi_{+}^{\ominus}-\varphi_{-}^{\ominus})}{0.0592V}$$

式中，$K^{\ominus}$为平衡常数；n为氧化剂与还原剂半反应中转移电子的最小公倍数。

可见，氧化还原反应的平衡常数与两电对的标准电极电势及电子转移数有关。

【例 4-9】 计算下列反应的标准平衡常数$K^{\ominus}$：

$$2Fe^{3+}(aq)+Cu(s) \rightleftharpoons Cu^{2+}(aq)+2Fe^{2+}(aq)$$

解：将上述氧化还原反应设计构成一个原电池，则Fe^{3+}/Fe^{2+}电对作正极，Fe^{3+}是氧化剂；Cu^{2+}/Cu电对作负极，Cu 是还原剂。$n=2$。

$$\begin{aligned}\lg K^{\ominus}&=\frac{n(\varphi_{+}^{\ominus}-\varphi_{-}^{\ominus})}{0.0592}\\&=\frac{2\times(\varphi_{Fe^{3+}/Fe^{2+}}^{\ominus}-\varphi_{Cu^{2+}/Cu}^{\ominus})}{0.0592}\\&=\frac{2\times(0.771-0.337)}{0.0592}\\&=14.66\end{aligned}$$

则　$K^{\ominus}=4.6\times10^{14}$。

第四节　氧化还原滴定法

氧化还原滴定法是以氧化还原反应为基础的滴定分析方法。氧化还原反应较为复杂，一般反应速度较慢，副反应较多，所以并不是所有的氧化还原反应都能用于滴定分析，应该符合滴定分析的一般要求，即反应完全，反应速度快，无副反应等。

一、氧化还原滴定曲线

在氧化还原滴定过程中，反应物和生成物的浓度不断改变，使有关电对的电

极电势也发生变化，以溶液体系的电极电势为纵坐标，以滴定剂的体积（或滴定百分数）为横坐标，绘制的曲线称为氧化还原滴定曲线。

图 4-4 是在 0.5mol/L H_2SO_4 溶液中，以 0.1000mol/L Ce^{4+} 溶液滴定 Fe^{2+} 溶液的滴定曲线。在化学计量点附近体系的电势有明显的突跃，突跃范围为 0.86~1.26V，化学计量点的电势恰好处于滴定突跃的中间。

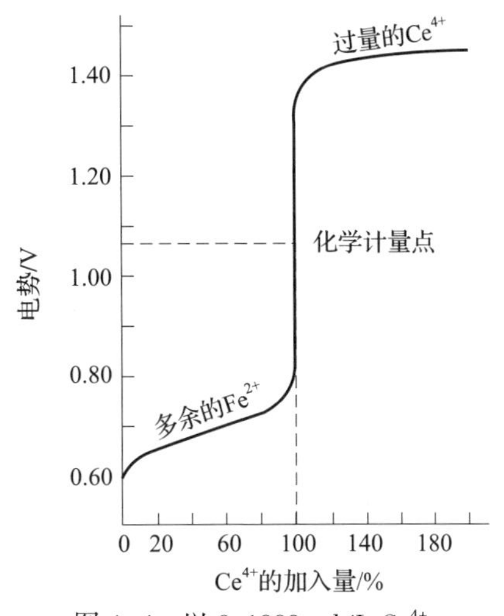

图 4-4　以 0.1000mol/L Ce^{4+} 溶液滴定 0.1000mol/L Fe^{2+} 溶液的滴定曲线

一般突跃范围可近似表示为

$$\varphi^{\ominus}_{还原剂}+\frac{3\times0.0592}{n_2}\longrightarrow\varphi^{\ominus}_{氧化剂}-\frac{3\times0.0592}{n_1}$$

式中　n_1、n_2——对应电极反应中转移的电子数。

此式为判断氧化还原滴定的可能性和选择指示剂提供了依据。

二、氧化还原滴定法的指示剂

氧化还原滴定法确定终点的常用指示剂有以下三种。

1. 自身指示剂

某些标准溶液或者被滴定物本身具有颜色变化（氧化态和还原态颜色不同），可以指示终点，而无需另加指示剂。例如 MnO_4^- 本身显紫红色，还原产物 Mn^{2+} 则几乎无色，所以用 $KMnO_4$ 来滴定无色或浅色的还原剂时，在化学计量点后，过量 MnO_4^- 的浓度为 2×10^{-6}mol/L 时溶液即呈粉红色。

2. 专属指示剂

有些物质本身并不具有氧化还原性，但它能与滴定剂或被测物产生特殊的颜色，因而可指示滴定终点。例如，可溶性淀粉与 I_2 生成深蓝色的吸附配合物，显色反应特效而灵敏，蓝色的出现与消失可以指示终点。

3. 氧化还原指示剂

这类指示剂本身是具有氧化还原性质的有机化合物，它的氧化态和还原态具有不同颜色，故能因氧化还原作用而发生颜色的变化。例如，二苯胺磺酸钠是一种常用的氧化还原指示剂，当用 $K_2Cr_2O_7$ 溶液滴定 Fe^{2+} 到化学计量点时，稍过量的 $K_2Cr_2O_7$ 即将二苯胺磺酸钠从无色的还原态氧化为红紫色的氧化态，指示终点的到达。

如果用 In_{ox} 和 In_{red} 分别表示氧化还原指示剂的氧化态和还原态，指示剂电对的电极反应为：

$$In_{ox}+ne \rightleftharpoons In_{red}$$

与酸碱指示剂情况相似，氧化还原指示剂的变色范围是

$$\varphi_{In}^{\ominus}-\frac{0.0592}{n} \longrightarrow \varphi_{In}^{\ominus}+\frac{0.0592}{n}$$

指示剂不同，$\varphi_{In}^{\ominus}$不同。表4-1列出了一些重要氧化还原指示剂的$\varphi_{In}^{\ominus}$及颜色变化。

在选择指示剂时，应使指示剂的电极电势尽可能与反应的化学计量点一致，以减小终点误差。

表4-1　　一些重要氧化还原指示剂

氧化还原指示剂	$\varphi_{In}^{\ominus}$/V	颜色变化	
	$[H^+]$ = 1mol/L	氧化态	还原态
亚甲基蓝	0.52	蓝	无色
二苯胺	0.76	紫	无色
二苯胺磺酸钠	0.84	紫红	无色
邻苯氨基苯甲酸	0.89	紫红	无色
邻二氮杂菲-亚铁	1.06	浅蓝	红
硝基邻二氮杂菲-亚铁	1.25	浅蓝	紫红

三、常用的氧化还原滴定法

氧化还原滴定法按氧化剂分类可分为高锰酸钾法、重铬酸钾法、碘量法、溴量法、铈量法等。

1. 高锰酸钾法

高锰酸钾是一种强氧化剂，其氧化能力及还原产物与介质酸度有关。

在强酸性溶液中，MnO_4^- 还原为 Mn^{2+}：

$$MnO_4^-+8H^++5e \rightleftharpoons Mn^{2+}+4H_2O \qquad \varphi^{\ominus}=1.51V$$

在中性或弱碱性溶液中，MnO_4^- 还原为 MnO_2：

$$MnO_4^-+2H_2O+3e \rightleftharpoons MnO_2+4OH^- \qquad \varphi^{\ominus}=0.595V$$

在 OH^- 浓度大于 2mol/L 的碱溶液中，MnO_4^- 与很多有机物反应，还原为 MnO_4^{2-}：

$$MnO_4^-+e \rightleftharpoons MnO_4^{2-} \qquad \varphi^{\ominus}=0.558V$$

高锰酸钾法在各种介质条件下均能应用，因其在酸性介质中有更强的氧化性，一般在强酸性条件下使用。但在碱性条件下氧化有机物的反应速率较快，故滴定有机物常在碱性介质中进行。高锰酸钾作为氧化剂可以用来直接滴定 Fe^{2+}、H_2O_2、$C_2O_4^{2-}$、As^{3+}、Sb^{3+}等。

（1）高锰酸钾标准溶液的配制和标定　市售高锰酸钾试剂常含有少量的 MnO_2

及其他杂质，使用的蒸馏水中也含有少量如尘埃、有机物等还原性物质。这些物质都能使 $KMnO_4$ 还原，因此 $KMnO_4$ 标准滴定溶液只能用间接法配制。配制时称取稍多于理论量的高锰酸钾溶于一定体积的蒸馏水中，加热至沸，保持微沸约1h，使溶液中可能存在的还原性物质完全氧化，放置2~3d，用微孔玻璃漏斗或玻璃棉滤去二氧化锰沉淀，滤液贮于棕色瓶中，暗处保存，最后再用基准物质标定。

标定 $KMnO_4$ 溶液的基准物很多，如 $Na_2C_2O_4$、$H_2C_2O_4 \cdot 2H_2O$、$(NH_4)_2Fe(SO_4)_2 \cdot 6H_2O$ 和纯铁丝等。其中常用的是 $Na_2C_2O_4$，它易提纯且性质稳定，不含结晶水，在105~110℃烘至恒重，即可使用。在 H_2SO_4 介质中 $Na_2C_2O_4$ 与 $KMnO_4$ 的反应如下：

$$2MnO_4^- + 5C_2O_4^{2-} + 16H^+ = 2Mn^{2+} + 10CO_2\uparrow + 8H_2O$$

为了使标定反应能定量地较快进行，标定时应注意以下滴定条件：

① 温度：$Na_2C_2O_4$ 溶液加热至70~85℃再进行滴定。不能使温度超过90℃，否则 $H_2C_2O_4$ 分解，导致标定结果偏高。

② 酸度：溶液应保持足够大的酸度，一般控制酸度为0.5~1mol/L。如果酸度不足，易生成 MnO_2 沉淀，酸度过高则又会使 $H_2C_2O_4$ 分解。

③ 滴定速度：MnO_4^- 与 $C_2O_4^{2-}$ 的反应开始时速度很慢，当有 Mn^{2+} 生成之后，反应速度逐渐加快。因此，开始滴定时，应该等第一滴 $KMnO_4$ 溶液褪色后，再加第二滴。此后，因反应生成的 Mn^{2+} 有自动催化作用而加快了反应速度，随之可加快滴定速度。但不能过快，否则加入的 $KMnO_4$ 溶液会因来不及与 $C_2O_4^{2-}$ 反应，就在热的酸性溶液中分解，导致标定结果偏低。

④ 滴定终点：用 $KMnO_4$ 溶液滴定至溶液呈淡粉红色30s不褪色即为终点。放置时间过长，空气中还原性物质能使 $KMnO_4$ 还原而褪色。

标定好的 $KMnO_4$ 溶液在放置一段时间后，若发现有沉淀析出，应重新过滤并标定。

（2）高锰酸钾法的应用

【例4-10】 直接滴定法测定 H_2O_2。

在酸性溶液中 H_2O_2 被 MnO_4^- 定量氧化：

$$2MnO_4^- + 5H_2O_2 + 6H^+ = 2Mn^{2+} + 5O_2\uparrow + 8H_2O$$

此反应在室温下即可顺利进行。滴定开始时反应较慢，随着 Mn^{2+} 生成而加速，也可先加入少量 Mn^{2+} 为催化剂。

若 H_2O_2 中含有机物质，后者会消耗 $KMnO_4$，使测定结果偏高，此时应改用碘量法或铈量法测定 H_2O_2。

【例4-11】 Ca^{2+} 的测定——间接滴定法。

H_2O_2 可用 $KMnO_4$ 直接滴定，而 Ca^{2+} 不与 $KMnO_4$ 反应，因而只能采用间接法滴定。先用 $C_2O_4^{2-}$ 沉淀 Ca^{2+}：

$$Ca^{2+} + C_2O_4^{2-} = CaC_2O_4\downarrow$$

沉淀经过滤、洗涤后用稀硫酸溶解：

$$CaC_2O_4+2H^+ = H_2C_2O_4+Ca^{2+}$$

再用 $KMnO_4$ 标准溶液滴定溶液中的 $H_2C_2O_4$，根据 $KMnO_4$ 用量间接算出 Ca^{2+} 的含量。凡能与 $C_2O_4^{2-}$ 定量生成沉淀的金属离子均可采用此间接滴定法。

计量关系式：

$$n(Ca^{2+}) = n(C_2O_4^{2-}) = \frac{5}{2}n(MnO_4^-)$$

标定结果：

$$c_{KMnO_4} = \frac{2\times m_{Na_2C_2O_4}}{5\times M_{Na_2C_2O_4}\times V_{KMnO_4}}$$

式中 $m_{Na_2C_2O_4}$——称取 $Na_2C_2O_4$ 的质量，g；

V_{KMnO_4}——滴定时消耗 $KMnO_4$ 标准滴定溶液的体积，mL；

$M_{Na_2C_2O_4}$——$Na_2C_2O_4$ 的摩尔质量，g/mol。

高锰酸钾法的优点是氧化能力强，可应用于直接、间接、返滴定等多种滴定分析，可对无机物、有机物进行滴定，应用很广，且无需另加指示剂，本身亦可作为指示剂。

高锰酸钾法的缺点是其标准溶液的稳定性不够，由于氧化性太强而使滴定的选择性较低。

2. 重铬酸钾法

重铬酸钾法是以重铬酸钾为滴定剂的氧化还原滴定法。在酸性介质中，重铬酸钾可以被还原剂还原为 Cr^{3+}，其电极反应为

$$Cr_2O_7^{2-}+14H^++6e \rightleftharpoons 2Cr^{3+}+7H_2O \qquad \varphi^{\ominus}=1.33V$$

可见 $K_2Cr_2O_7$ 是一种较强的氧化剂，能与许多无机物和有机物反应。由于 Cr^{3+} 易水解，此法只能在酸性条件下使用。其优点是：① $K_2Cr_2O_7$ 易于提纯，在 140～250℃干燥后，可以直接称量准确配制成标准溶液；② $K_2Cr_2O_7$ 溶液非常稳定，保存在密闭容器中浓度可以长期保持不变；③ $K_2Cr_2O_7$ 的氧化能力虽比$KMnO_4$稍弱些，但不受 Cl^- 还原作用的影响，故可以在盐酸溶液中进行滴定。

在酸性介质中，橙色的 $Cr_2O_7^{2-}$ 还原后生成绿色的 Cr^{3+}，故 KCr_2O_7 本身不能作为指示剂，常用二苯胺磺酸钠等作指示剂。应该指出的是使用 $K_2Cr_2O_7$ 时应注意废液处理，以防污染环境。

【例 4-12】 铁矿石中全铁的测定。

铁矿石等试样一般先用 HCl 溶液加热溶解，再加入 $SnCl_2$ 将 Fe^{3+} 还原为 Fe^{2+}，过量的 $SnCl_2$ 用 $HgCl_2$ 氧化除去，然后加入 1～2mol/L 混酸（H_2SO_4+H_3PO_4），以二苯胺磺酸钠作指示剂用 $K_2Cr_2O_7$ 标准溶液滴定 Fe^{2+}，终点时溶液由绿色（Cr^{3+} 的颜色）突变为紫色或紫蓝色。加入 H_3PO_4 可与 Fe^{3+} 生成无色稳定的 $Fe(HPO_4)_2^-$ 配阴离子，一方面消除了 Fe^{3+} 的黄色，有利于终点颜色的观察；另一方面降低了

Fe^{3+}/Fe^{2+}电对的电势，使滴定突跃范围增大。

测定过程中发生如下反应：

$$2Fe^{3+}+Sn^{2+} = 2Fe^{2+}+Sn^{4+}$$

$$2HgCl_2+SnCl_2 = Hg_2Cl_2+SnCl_4$$

$$Cr_2O_7^{2-}+6Fe^{2+}+14H^+ = 2Cr^{3+}+6Fe^{3+}+7H_2O$$

3. 碘量法

碘量法是以 I_2 作氧化剂或以 I^- 作还原剂进行氧化还原滴定的方法。碘量法分直接碘量法和间接碘量法。

由于 I_2（s）在水中的溶解度很小（0.00133mol/L），实际应用中常把它溶解在 KI 溶液中，以增大其溶解度。为方便起见，一般仍简写为 I_2。

碘量法利用的半反应为：

$$I_3^-+2e \rightleftharpoons 3I^- \qquad \varphi^{\ominus}=0.536V$$

（1）直接碘量法　I_2 是一较弱的氧化剂，能与较强的还原剂作用，因此可用 I_2 标准溶液直接滴定 Sn^{2+}、Sb^{3+}、As_2O_3、S^{2-}、SO_3^{2-} 等还原性物质，这种方法称为直接碘量法。例如：

$$I_2+SO_3^{2-}+H_2O = 2I^-+SO_4^{2-}+2H^+$$

直接碘量法只能在酸性、中性和弱碱性溶液中进行，如果在较强的碱性溶液中，I_2 会发生如下的歧化反应：

$$3I_2+6OH^- = IO_3^-+5I^-+3H_2O$$

会给滴定带来误差。

由于 I_2 的氧化性不强，能被其氧化的物质不多，所以直接碘法应用有限。

（2）间接碘量法　间接碘量法与直接碘量法正好相反，它是利用 I^- 的还原性来测定氧化性物质。首先加入过量 I^- 使其与被测物反应，按计量反应方程式定量析出 I_2，而后用 $Na_2S_2O_3$ 标准溶液滴定析出的 I_2，从而间接测出被测物的含量。由于是用 $Na_2S_2O_3$ 标准溶液滴定析出的 I_2，所以又称滴定碘法。滴定反应在中性或弱酸性溶液中进行：

$$2S_2O_3^{2-}+I_2 = S_4O_6^{2-}+2I^-$$

（3）标准溶液的配制和标定

① 碘标准溶液：碘可以用升华法纯制到符合直接配制标准溶液的浓度，但因为其具备挥发性和腐蚀性，不宜在分析天平上称量，故通常用间接法配制，先配制成近似浓度的溶液然后标定。为使碘中的微量碘酸盐杂质作用掉，以及中和硫代硫酸钠标准溶液配制时作为稳定剂加入的 Na_2CO_3，配制碘标准溶液时常加入少量盐酸。为避免 KI 的氧化，配制好的碘标准溶液须盛于棕色瓶中，密闭存放。

碘标准溶液的准确浓度，可采用标准溶液比较法，用已知浓度的硫代硫酸钠溶液标定；也可用基准物进行标定，常用的基准物质为 As_2O_3。

② $Na_2S_2O_3$ 标准溶液：$Na_2S_2O_3$ 不是基准试剂，不能直接配制成浓度准确的溶

液，必须先配制成浓度相近的溶液而后标定。

$Na_2S_2O_3$ 溶液不稳定，与水中 CO_2 和微生物作用会分解，因此配制 $Na_2S_2O_3$ 溶液须用新煮沸并冷却的蒸馏水，并加少量 Na_2CO_3 以使溶液呈微碱性，达到除去 CO_2、杀死细菌、抑制细菌生长的作用。配好的溶液应贮于棕色瓶中避免光照，经 8~12d 后再标定。长期保存的 $Na_2S_2O_3$ 溶液应隔 1~2 个月标定一次，如出现浑浊应重配。

$Na_2S_2O_3$ 溶液的标定可用基准试剂 $K_2Cr_2O_7$、KIO_3、$KBrO_3$ 及纯铜等，以 $K_2Cr_2O_7$ 最为常用。标定时采用置换碘法，使 $K_2Cr_2O_7$ 先与过量的 KI 作用，再用欲标定浓度的 $Na_2S_2O_3$ 溶液滴定析出的 I_2。第一步反应为：

$$Cr_2O_7^{2-}+14H^++6I^- \longrightarrow 3I_2+2Cr^{3+}+7H_2O$$

在酸度较低时此反应完成较慢，若酸度太强又有使 KI 被空气氧化成 I_2 的危险。因此必须注意酸度的控制，并避光放置 5min，此反应才能定量完成。析出的 I_2 再用 $Na_2S_2O_3$ 溶液滴定，以淀粉溶液为指示剂。第二步反应为：

$$2S_2O_3^{2-}+I_2 \longrightarrow S_4O_6^{2-}+2I^-$$

标定时应注意：① $K_2Cr_2O_7$ 与 KI 反应时，溶液的酸度越大，反应速率越快，但酸度太大时，I^-容易被空气中的 O_2 所氧化，所以在开始滴定时酸度一般以 0.2~0.4mol/L 为宜；② $K_2Cr_2O_7$ 与 KI 的反应速率较慢，应将碘量瓶或锥形瓶（盖好表面皿）中的溶液在暗处放置一定时间（5min），待反应完全后再以 $Na_2S_2O_3$ 溶液滴定；③ 在以淀粉作指示剂时，应先以 $Na_2S_2O_3$ 溶液滴定至大部分 I_2 已作用，溶液呈浅黄色，此时再加入淀粉溶液，用 $Na_2S_2O_3$ 溶液继续滴定至蓝色恰好消失，即为终点。淀粉指示剂若加入太早，则大量的 I_2 与淀粉结合成蓝色物质，这一部分碘就不容易与 $Na_2S_2O_3$ 反应，产生误差。滴定至终点的溶液放置几分钟后，又会出现蓝色，这是由空气中 O_2 氧化 I^-生成 I_2 引起的。通常只需约半分钟不复现蓝色即认为到达终点。

（4）应用与示例　碘量法在氧化还原滴定法中具有极其重要的作用，许多具有氧化还原性的物质可以直接用碘量法测定其含量，尤其在药物分析上有着广泛使用。

① 直接碘量法：只要能被碘直接氧化的物质，反应速率足够快，就可采用直接碘量法进行测定。一般来说这些都是强还原物质，如测定硫化物、亚硫酸盐、亚砷酸盐、维生素 C 等强还原剂。根据被测物还原能力的不同，直接碘量法在弱碱性或酸性环境中进行。例如在测定三氧化二砷时必须在 $NaHCO_3$ 弱碱性溶液中进行；而测定维生素 C 时，则要在 HAc 酸性溶液中进行。

【例 4-13】　直接碘量法测定维生素 C 的含量。

操作步骤：取 0.2g 维生素 C，精密测定。用新煮沸放冷的蒸馏水 100mL 及稀 HAc 10mL 混合溶液使之溶解。加淀粉指示液 1mL，立即用 I_2 标准溶液滴定至显持续蓝色。

②间接碘量法；很多有氧化性的物质都可以用间接碘量法测定。

【例 4-14】 间接碘量法测定葡萄糖。

操作步骤：精密称取适量的样品溶液（含葡萄糖约 100mg）置于 250mL 碘瓶中，精密加入 I_2 溶液（0.05mol/L）25mL，在不断振摇的情况下，滴加 NaOH 溶液（0.1mol/L）40mL，密闭，在暗处放置 10min。然后加入 H_2SO_4（0.5mol/L）6mL，摇匀。用 $Na_2S_2O_3$ 标准溶液（0.1mol/L）滴定。近终点时，加淀粉指示液 2mL，继续滴定至蓝色消失。同时做空白滴定进行校正。

【例 4-15】 $CuSO_4$ 的测定：

$$2Cu^{2+}+4I^- = 2CuI\downarrow+I_2$$

用醋酸控制溶液的弱酸性，CuI 沉淀能吸附 I_2，使终点提前，滴定时应充分振摇。

操作步骤：取硫酸铜样品 0.5g，精密称量，用蒸馏水 50mL 溶解。加 HAc 溶液 4mL、固体 KI 2g，用 $Na_2S_2O_3$ 标准溶液（0.1mol/L）滴定。近终点时，加淀粉指示液 2mL，继续滴定至蓝色消失即为终点。

滴定中应加入过量 KI，使 Cu^{2+} 转化完全。另外，由于 CuI 沉淀强烈吸附 I_2，会使结果偏低，因而滴定中常加入 KSCN，让 CuI 沉淀转化为 CuSCN，使吸附的 I_2 释放出来，提高滴定准确度。必须注意，KSCN 应在临近终点时再加入，否则 SCN^- 可直接还原 Cu^{2+} 而使结果偏低。此外，滴定时溶液 pH 应控制在 3～4，pH 太高 Cu^{2+} 易水解，太低 I^- 易被氧化。

此法也可用于铜矿、合金及镀铜液等样品中 Cu^{2+} 的测定，样品中的 Fe^{3+} 会干扰 Cu^{2+} 的测定，可加入 NH_4F 掩蔽剂掩蔽 Fe^{3+}。

（5）氧化还原滴定结果的计算

【例 4-16】 有一 $K_2Cr_2O_7$ 标准溶液，已知其浓度为 0.01683mol/L，求其对 Fe_2O_3 的滴定度。称取某含铁试样 0.2801g，溶解后将溶液中的 Fe^{3+} 还原为 Fe^{2+}，然后用上述 $K_2Cr_2O_7$ 标准溶液滴定，用去 25.60mL。求试样中 Fe_2O_3 的质量分数。

解：用 $K_2Cr_2O_7$ 标准溶液滴定 Fe^{2+} 时，Fe^{2+} 被氧化为 Fe^{3+}，即

$$6Fe^{2+}+Cr_2O_7^{2-}+14H^+ = 6Fe^{3+}+2Cr^{3+}+7H_2O$$

由反应式可知

$$n(Fe_2O_3) = 2n(Fe) = \frac{1}{3}n(Cr_2O_7^{2-})$$

根据滴定度的定义，得到

$$\begin{aligned}T(Fe_2O_3/K_2Cr_2O_7) &= 3c(K_2Cr_2O_7)\times10^{-3}\times M(Fe_2O_3)\\ &= 3\times0.01683\times10^{-3}\times159.7\\ &= 0.008063\ (g/mL)\end{aligned}$$

因此

$$\begin{aligned}w(Fe_2O_3) &= \frac{T(Fe_2O_3/K_2Cr_2O_7)\cdot V(K_2Cr_2O_7)}{m_s}\\ &= \frac{0.008063\times25.60}{0.2801}\\ &= 0.7369\end{aligned}$$

本章小结

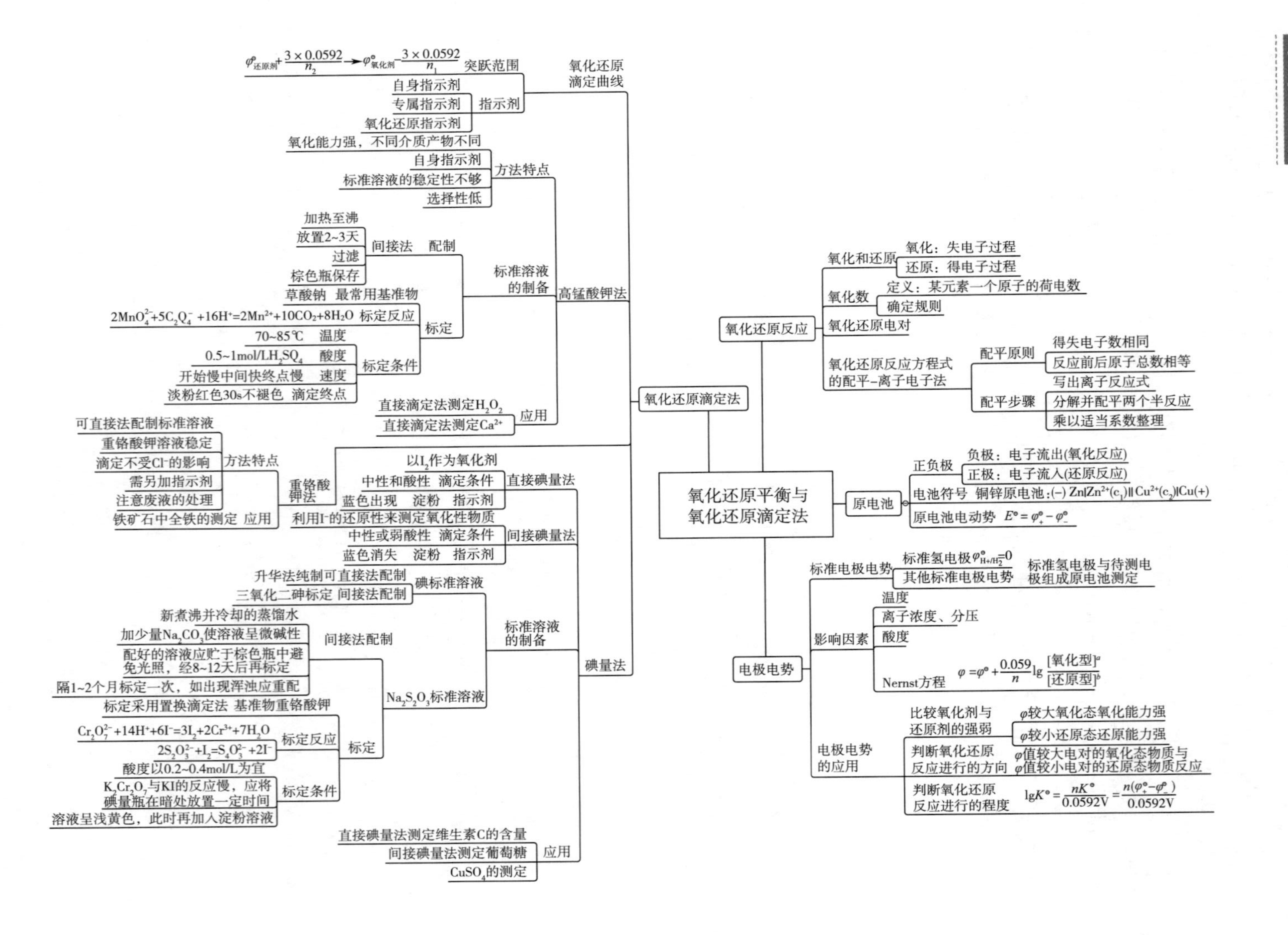

氧化还原平衡与氧化还原滴定法
氧化还原反应
氧化和还原
氧化：失电子过程
还原：得电子过程
氧化数
定义：某元素一个原子的荷电数
确定规则
氧化还原电对
氧化还原反应方程式的配平–离子电子法
配平原则
得失电子数相同
反应前后原子总数相等
配平步骤
写出离子反应式
分解并配平两个半反应
乘以适当系数整理
原电池
正负极
负极：电子流出(氧化反应)
正极：电子流入(还原反应)
电池符号
铜锌原电池：(-) Zn|Zn^{2+}(c$_1$)‖Cu^{2+}(c$_2$)|Cu(+)
原电池电动势 $E^\circ=\varphi^\circ_+-\varphi^\circ_-$
电极电势
标准电极电势
标准氢电极 $\varphi^\circ_{H^+/H_2}=0$
其他标准电极电势
标准氢电极与待测电极组成原电池测定
影响因素
温度
离子浓度、分压
酸度
Nernst方程
$\varphi=\varphi^\circ+\frac{0.059}{n}\lg\frac{[氧化型]^a}{[还原型]^b}$
电极电势的应用
比较氧化剂与还原剂的强弱
φ较大氧化态氧化能力强
φ较小还原态还原能力强
判断氧化还原反应进行的方向
φ值较大电对的氧化态物质与φ值较小电对的还原态物质反应
判断氧化还原反应进行的程度
$\lg K^\circ=\frac{nK^\circ}{0.0592V}=\frac{n(\varphi^\circ_+-\varphi^\circ_-)}{0.0592V}$
氧化还原滴定法
氧化还原滴定曲线
$\varphi^\circ_{还原剂}+\frac{3\times0.0592}{n_2}\rightarrow\varphi^\circ_{氧化剂}-\frac{3\times0.0592}{n_1}$
突跃范围
指示剂
自身指示剂
专属指示剂
氧化还原指示剂
高锰酸钾法
方法特点
氧化能力强，不同介质产物不同
自身指示剂
标准溶液的稳定性不够
选择性低
标准溶液的制备
配制
间接法
加热至沸
放置2~3天
过滤
棕色瓶保存
标定
草酸钠 最常用基准物
标定反应
$2MnO_4^-+5C_2O_4^{2-}+16H^+=2Mn^{2+}+10CO_2+8H_2O$
标定条件
温度 70~85℃
酸度 0.5~1mol/L H_2SO_4
速度 开始慢中间快终点慢
滴定终点 淡粉红色30s不褪色
应用
直接滴定法测定H_2O_2
间接滴定法测定Ca^{2+}
重铬酸钾法
方法特点
可直接法配制标准溶液
重铬酸钾溶液稳定
滴定不受Cl⁻的影响
需另加指示剂
注意废液的处理
应用
铁矿石中全铁的测定
碘量法
直接碘量法
以I_2作为氧化剂
滴定条件 中性和酸性
指示剂 淀粉 蓝色出现
间接碘量法
利用I⁻的还原性来测定氧化性物质
滴定条件 中性或弱酸性
指示剂 淀粉 蓝色消失
标准溶液的制备
碘标准溶液
直接法配制
升华法纯制可直接法配制
间接法配制
三氧化二砷标定
$Na_2S_2O_3$标准溶液
间接法配制
新煮沸并冷却的蒸馏水
加少量Na_2CO_3使溶液呈微碱性
配好的溶液应贮于棕色瓶中避免光照，经8~12天后再标定
隔1~2个月标定一次，如出现浑浊应重配
标定
基准物重铬酸钾
标定采用置换滴定法
标定反应
$Cr_2O_7^{2-}+14H^++6I^-=3I_2+2Cr^{3+}+7H_2O$
$2S_2O_3^{2-}+I_2=S_4O_6^{2-}+2I^-$
标定条件
酸度以0.2~0.4mol/L为宜
$K_2Cr_2O_7$与KI的反应慢，应将碘量瓶在暗处放置一定时间
溶液呈浅黄色，此时再加入淀粉溶液
应用
直接碘量法测定维生素C的含量
间接碘量法测定葡萄糖
$CuSO_4$的测定

习　题

一、填空题

1. 已知：$\varphi^{\ominus}(Sn^{2+}/Sn)=+0.151V$　　$\varphi^{\ominus}(H_2/H^+)=0.000V$

$\varphi^{\ominus}(SO_4^{2-}/SO_2)=+0.172V$　　$\varphi^{\ominus}(Mg^{2+}/Mg)=-2.363V$

$\varphi^{\ominus}(Al^{3+}/Al)=-1.622V$　　$\varphi^{\ominus}(S/H_2S)=+0.142V$

根据以上$\varphi^{\ominus}$值，把还原型还原能力大小的顺序排列为：

____。

2. 在$S_2O_3^{2-}$、$S_4O_6^{2-}$中硫原子的氧化数分别为：________，________。

3. 指出化学反应方程式：

$$2KMnO_4+5H_2O_2+6HNO_3 = 2Mn(NO_3)_2+2KNO_3+8H_2O+5O_2\uparrow$$

中氧化剂是________，还原剂为________。

4. 已知下列反应均按正方向进行

$$2FeCl_3+SnCl_2 = 2FeCl_2+SnCl_4$$

$$2KMnO_4+10FeSO_4+8H_2SO_4 = 2MnSO_4+5Fe_2(SO_4)_3+K_2SO_4+8H_2O$$

在上述这些物质中，最强的氧化剂是________，最强的还原剂是________。

5. 氧化还原反应中，氧化剂是$\varphi^{\ominus}$值较高的电对的________，还原剂是$\varphi^{\ominus}$值较低的电对的________。

6. 在酸性溶液中MnO_4^-作为氧化剂的半反应为____________，$H_2C_2O_4$作为还原剂的半反应为________。

7. 标定硫代硫酸钠一般可选________作基准物，标定高锰酸钾溶液一般选用________作基准物。

8. 碘量法测定可用直接和间接两种方式。直接法以________为标液，测定________物质。间接法以________为标液，测定________物质。________方式的应用更广一些。

9. 采用间接碘量法测定某铜盐的含量，淀粉指示剂应________加入，这是为了________。

10. $K_2Cr_2O_7$法测定铁矿石中全铁量时，采用________还原法，滴定之前，加入H_3PO_4的目的有二：一是____________，二是____________。

二、判断题

1. 在相同条件下，氧化还原电对中电极电势代数值越小的还原态，其还原能力越强。（　）

2. 在氧化还原反应中，凡是$\varphi^{\ominus}$值小的氧化型一定不能氧化$\varphi^{\ominus}$值大的还原型。（　）

3. 一定温度下，氧化还原电对中氧化型的浓度降低，则还原型的还原能力增强。（　）

4. 对于电极反应 $I_2+2e \rightleftharpoons 2I^-$　$\varphi^{\ominus}=0.536V$，将反应写为 $\frac{1}{2}I_2+e \rightleftharpoons I^-$，则 $\varphi^{\ominus}=0.268V$。（　　）

5. 一定温度下，$Cr_2O_7^{2-}$ 的氧化性随溶液的 pH 增大而增强。（　　）

6. 氢电极（H^+/H_2）的电极电势等于零。（　　）

7. 用 $Na_2C_2O_4$ 标定 $KMnO_4$，需加热到 70~80℃，在 HCl 介质中进行。（　　）

8. 由于 $K_2Cr_2O_7$ 容易提纯，干燥后可作为基准物直接配制标准溶液，不必标定。（　　）

9. 提高反应溶液的温度能提高氧化还原反应的速度，因此在酸性溶液中用 $KMnO_4$ 滴定 $C_2O_4^{2-}$ 时，必须加热至沸腾才能保证正常滴定。（　　）

10. 以淀粉为指示剂滴定时，直接碘量法的终点是由蓝色变为无色，间接碘量法是由无色变为蓝色。（　　）

三、选择题

1. 在酸性介质中 MnO_4^- 与 Fe^{2+} 反应，其还原产物为（　　）。

A. MnO_2　　B. MnO_4^{2-}　　C. Mn^{2+}　　D. Fe

2. 在 Fe-Cu 原电池中，其正极反应式及负极反应式正确的为（　　）。

A. (+) $Fe^{2+}+2e \rightleftharpoons Fe$　　(-) $Cu \rightleftharpoons Cu^{2+}+2e$

B. (+) $Fe \rightleftharpoons Fe^{2+}+2e$　　(-) $Cu^{2+}+2e \rightleftharpoons Cu$

C. (+) $Cu^{2+}+2e \rightleftharpoons Cu$　　(-) $Fe^{2+}+2e \rightleftharpoons Fe$

D. (+) $Cu^{2+}+2e \rightleftharpoons Cu$　　(-) $Fe \rightleftharpoons Fe^{2+}+2e$

3. 下列电极反应，其他条件不变时，将有关离子浓度减半，电极电势增大的是（　　）。

A. $Cu^{2+}+2e \rightleftharpoons Cu$　　B. $I_2+2e \rightleftharpoons 2I^-$

C. $Fe^{3+}+e \rightleftharpoons Fe^{2+}$　　D. $Sn^{4+}+2e \rightleftharpoons Sn^{2+}$

4. 当溶液中增加 H^+ 浓度时，氧化能力不增强的氧化剂是（　　）。

A. NO_3^-　　B. $Cr_2O_7^{2-}$　　C. O_2　　D. AgCl

5. 有关标准氢电极的叙述，不正确的是（　　）。

A. 标准氢电极是指将吸附纯氢气（1.01×10^5Pa）达饱和的镀铂黑的铂片浸在 H^+ 浓度为 1mol/L 的酸性溶液中组成的电极

B. 使用标准氢电极可以测定所有金属的标准电极电势

C. H_2 分压为 1.01×10^5Pa，H^+的浓度已知但不是 1mol/L 的氢电极也可用来测定其他电极电势

D. 任何一个电极的电势绝对值都无法测得，电极电势是指定标准氢电极的电势为 0 而测出的相对电势

6. 对于电对 Zn^{2+}/Zn，增大 Zn^{2+}的浓度，则其标准电极电势值将（　　）。

A. 增大　　B. 减小　　C. 不变　　D. 无法判断

7. 在酸性溶液中 Fe 易腐蚀是因为（　　）。

A. Fe^{2+}/Fe 的标准电极电势下降

B. Fe^{3+}/Fe^{2+} 的标准电极电势上升

C. $\varphi(H^+/H_2)$ 的值因浓度 H^+ 浓度增大而上升

D. $\varphi(H^+/H_2)$ 的值下降

8. 对于银锌电池：(－) Zn | Zn^{2+}(1mol/L) ‖ Ag^+(1mol/L) | Ag (+)，已知 $\varphi^\ominus(Zn^{2+}/Zn) = -0.763V$，$\varphi^\ominus(Ag^+/Ag) = 0.799V$，该电池的标准电动势是（　　）。

A. 1.180V　　B. 0.076V　　C. 0.038V　　D. 1.56V

9. 原电池：(－) Pt | Fe^{2+}(1mol/L)，Fe^{3+}(0.0001mol/L) ‖ I^-(0.0001mol/L)，I_2 | Pt (+) 电动势为（　　）。已知：$\varphi^\ominus(Fe^{3+}/Fe^{2+}) = 0.771V$，$\varphi^\ominus(I_2/I^-) = 0.536V$

A. 0.358V　　B. 0.239V　　C. 0.532V　　D. 0.412V

10. 在酸性溶液中和标准状态下，下列各组离子能共存的是（　　）。

A. MnO_4^- 和 Cl^-　　B. Fe^{3+}和 Sn^{2+}

C. NO_3^- 和 Fe^{2+}　　D. Cl^-和 Sn^{4+}

11. 在一个氧化还原反应中，若两电对的电极电势值差很大，则可判断(　　)。

A. 该反应是可逆反应　　B. 该反应的反应速度很大

C. 该反应能剧烈地进行　　D. 该反应的反应趋势很大

12. 在 Sn^{2+}、Fe^{2+}的混合溶液中，欲使 Sn^{2+}氧化为 Sn^{4+}而 Fe^{2+}不被氧化，应选择的氧化剂是（　　）。[$\varphi^\ominus(Sn^{2+}/Sn) = 0.151V$，$\varphi^\ominus(Fe^{3+}/Fe^{2+}) = 0.771V$]

A. KIO_3 [$\varphi^\ominus(IO_3^-/I_2) = 1.085V$]

B. H_2O_2 [$\varphi^\ominus(H_2O_2/OH^-) = 0.88V$]

C. $HgCl_2$ [$\varphi^\ominus(HgCl_2/Hg_2Cl_2) = 0.63V$]

D. SO_3^{2-} [$\varphi^\ominus(SO_3^{2-}/S) = -0.66V$]

13. 下列哪些物质可以用直接法配制标准溶液（　　）。

A. 重铬酸钾　　B. 高锰酸钾　　C. 碘　　D. 硫代硫酸钠

14. 用草酸钠作基准物标定高锰酸钾标准溶液时，开始反应速度慢，稍后，反应速度明显加快，这是（　　）起催化作用。

A. H^+　　B. MnO_4^-　　C. Mn^{2+}　　D. CO_2

15. 二苯胺磺酸钠是 $K_2Cr_2O_7$ 滴定 Fe^{2+}的常用指示剂，它属于（　　）。

A. 自身指示剂　　B. 氧化还原指示剂

C. 特殊指示剂　　D. 其他指示剂

16. 配制 I_2 标准溶液时，正确的是（　　）。

A. 碘溶于浓碘化钾溶液中　　B. 碘直接溶于蒸馏水中

C. 碘溶解于水后，加碘化钾　　　　D. 碘溶于酸中

17. 对高锰酸钾滴定法，下列说法错误的是（　　）。

A. 可在盐酸介质中进行滴定　　　　B. 直接法可测定还原性物质

C. 标准滴定溶液用标定法制备　　　D. 在硫酸介质中进行滴定

18. 间接碘法要求在中性或弱酸性介质中进行测定，若酸度太高，将会(　　)。

A. 反应不定量　　　　　　　　　　B. I_2 易挥发

C. 终点不明显　　　　　　　　　　D. I^-被氧化，$Na_2S_2O_3$ 被分解

19. 在间接碘法测定中，下列操作正确的是（　　）。

A. 边滴定边快速摇动

B. 加入过量 KI，并在室温和避免阳光直射的条件下滴定

C. 在 70~80℃恒温条件下滴定

D. 滴定一开始就加入淀粉指示剂

20. 以 $K_2Cr_2O_7$ 法测定铁矿石中铁含量时，用 0.02mol/L $K_2Cr_2O_7$ 滴定。设试样含铁以 Fe_2O_3（其摩尔质量为 150.7g/mol）计约为 50%，则试样称取量应为(　　)。

A. 0.1g 左右　　B. 0.2g 左右　　C. 1g 左右　　D. 0.35g 左右

四、简答题

1. 用离子–电子法配平在酸性介质中下列反应的离子方程式：

（1）$I_2+H_2S \xrightarrow{H^+} I^-+S$

（2）$PbO_2+Cl^- \xrightarrow{H^+} PbCl_2+Cl_2$

（3）$Ag+NO_3^- \xrightarrow{H^+} Ag^++NO$

（4）$Cl_2+OH^- \xrightarrow{OH^-} Cl^-+ClO^-$

（5）$SO_3^{2-}+Cl_2 \xrightarrow{OH^-} Cl^-+SO_4^{2-}$

（6）$H_2O_2+Cr^{3+} \xrightarrow{OH^-} CrO_4^{2-}+H_2O$

2. 对于下列氧化还原反应：① 写出相应的半反应；② 以这些氧化还原反应设计构成原电池，写出电池符号。

（1）$2Ag^++Cu = Cu^{2+}+2Ag$

（2）$Pb^{2+}+Cu+S^{2-} = Pb+CuS\downarrow$

3. 试根据标准电极电势的数据，把下列物质按其氧化能力递增的顺序排列起来，写出它们在酸性介质中对应的还原产物：

$KMnO_4$、$K_2Cr_2O_7$、$FeCl_3$、H_2O_2、I_2、Br_2、Cl_2、F_2。

4. 用标准电极电势判断下列反应能否从左向右进行。

（1）$2Br^-+2Fe^{3+} = Br_2+2Fe^{2+}$

（2） $2H_2S+H_2SO_3 = 3S\downarrow+3H_2O$

（3） $2Ag+Zn(NO_3)_2 = Zn+2AgNO_3$

（4） $2KMnO_4+5H_2O_2+6HCl = 2MnCl_2+2KCl+8H_2O+5O_2$

5. 在实验室中制备 $SnCl_2$ 溶液时，常在溶液中加入少量的锡粒，试用电极电势说明其原理。

6. $KMnO_4$ 标准溶液如何配制？用 $Na_2C_2O_4$ 标定 $KMnO_4$ 溶液需控制哪些实验条件？

7. 简述 $K_2Cr_2O_7$ 法测定铁矿石中全铁量的过程与原理。

8. 以 $K_2Cr_2O_7$ 标定 $Na_2S_2O_3$ 使用间接碘量法。能否采用 $K_2Cr_2O_7$ 直接滴定 NaS_2O_3？为什么？

五、计算题

1. 已知反应： $MnO_4^-+5Fe^{2+}+8H^+ \rightleftharpoons Mn^{2+}+5Fe^{3+}+4H_2O$

（1） 试根据标准电极电势，判断上述反应进行的方向；

（2） 将该氧化还原反应设计构成一个原电池，用电池符号表示该原电池的组成，计算其标准电动势；

（3） 当氢离子浓度为 10mol/L，其他各离子浓度均为 1.0mol/L 时，计算该电池的电动势。

2. 已知 $MnO_4^-+8H^++5e \rightleftharpoons Mn^{2+}+4H_2O$ $\varphi^{\ominus}(MnO_4^-/Mn^{2+})=1.51V$，求当 $c(H^+)=1.0\times10^{-3}$mol/L 和 $c(H^+)=10$mol/L 时，各自的 φ 值是多少（设其他物质均处于标准态）。

3. 已知反应： $2Ag^++Zn \rightleftharpoons 2Ag+Zn^{2+}$

开始时 Ag^+和 Zn^{2+}的浓度分别是 0.10mol/L 和 0.30mol/L，计算达到平衡时溶液中 Ag^+的浓度。

4. 对于氧化还原反应 $BrO_3^-+5Br^-+6H^+ \rightleftharpoons 3Br_2+3H_2O$

（1） 求此反应的平衡常数；

（2） 计算当溶液的 pH = 7.0，$[BrO_3^-]=0.10$mol/L，$[Br^-]=0.70$mol/L时，游离的溴离子平衡浓度。

5. 计算在 1mol/L HCl 溶液中用 Fe^{3+}滴定 Sn^{2+}的电势突跃范围。在此滴定中应选用什么指示剂？若用所选指示剂，滴定终点是否和化学计量点一致？

6. 已知 $K_2Cr_2O_7$ 溶液对 Fe 的滴定度为 0.00525g/mL，计算 $K_2Cr_2O_7$ 溶液的物质的量浓度 $c(1/6K_2Cr_2O_7)$。

7. 欲配制 500mL，$c(1/6K_2Cr_2O_7)=0.5000$mol/L 的 $K_2Cr_2O_7$ 溶液，问应称取 $K_2Cr_2O_7$ 多少克？

8. 如果在 25.00mL $CaCl_2$ 溶液中加入 40.00mL 0.1000mol/L $(NH_4)_2C_2O_4$ 溶液，待 CaC_2O_4 沉淀完全后，分离之，滤液以 0.02000mol/L $KMnO_4$ 溶液滴定，共耗去 $KMnO_4$ 溶液 15.00mL。计算在 250mL 该 $CaCl_2$ 溶液中 $CaCl_2$ 的含量为多少克？

9. 将 1.000g 钢样中的铬氧化成 $Cr_2O_7^{2-}$，加入 25.00mL 0.1000mol/L $FeSO_4$ 标准溶液，然后用 0.01800mol/L $KMnO_4$ 标准溶液 7.00mL 回滴过量的 $FeSO_4$。计算钢中铬的质量分数。

第五章

配位平衡与配位滴定法

学习目标

知识目标

1. 掌握配合物的概念、组成、命名，了解螯合物的概念及特点；
2. 掌握配位平衡、配离子的稳定常数并能熟练进行相关计算；
3. 了解副反应系数的概念，掌握条件平衡常数的计算；
4. 理解配位滴定曲线、酸效应曲线的意义；
5. 掌握 EDTA 滴定法原理和配位滴定方式的选择，并了解金属指示剂原理、选择等；
6. 熟练掌握配位滴定分析方法的计算及应用。

技能目标

1. 能说出简单配位化合物的组成和命名；
2. 能利用配位平衡进行相关计算；
3. 能计算金属离子滴定的适宜 pH 范围；
4. 能利用 EDTA 标准溶液测定金属离子。

第一节 配位化合物

配位化合物简称配合物，过去称为络合物，其原意是指复杂的化合物，是一类含有配位键、组成复杂并具有多种特性、被广泛应用的化合物，是现代化学研究的重要对象。

一、配合物的定义

有一些化合物，如 $[Cu(NH_3)_4]SO_4$、$[Ag(NH_3)_2]Cl$、$[Co(NH_3)_6]Cl_2$ 等，它们在水溶液中能解离出复杂的离子，如 $[Cu(NH_3)_4]^{2+}$、$[Ag(NH_3)_2]^+$、$[Co(NH_3)_6]^{2+}$，这些离子在水中具有足够的稳定性。通常我们把这些中心原子（或阳离子）与一定数目的分子或阴离子以配位键相结合形成的复杂离子称为配离子。带正电荷的配离子称为配阳离子，如 $[Cu(NH_3)_4]^{2+}$、$[Ag(NH_3)_2]^+$等；带负电荷的配离子称为配阴离子，如 $[HgI_4]^{2-}$和 $[Fe(NCS)_4]^-$等。含有配离子的化合物和配位分子统称为配位化合物（习惯上把配离子也称为配合物），如 $[Cu(NH_3)_4]SO_4$、$K_4[Fe(CN)]_6$、$H[Cu(CN)_2]$、$[PtCl_2(NH_3)_2]$、$[Fe(CO)_5]$ 都是配合物。

二、配合物的组成

配合物一般分为内界和外界两个组成部分，中心离子和配位体组成配合物内界，由于配离子带有相反电荷的离子组成配合物外界。通常把内界写在方括号之内，外界写在方括号之外。配合物的内界与外界之间以离子键结合，在水溶液中能完全解离成配离子和外界离子。以 $[Cu(NH_3)_4]SO_4$ 为例，其组成可表示为：

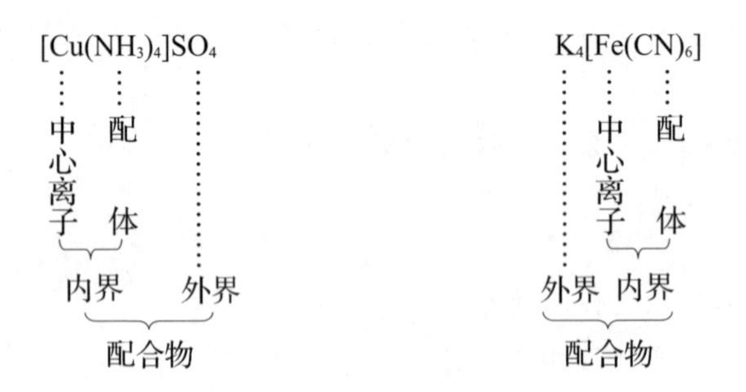

1. 中心原子

中心原子（或离子）是配合物的形成体，位于配合物的中心，一般为带正电荷的金属离子或中性原子，还有极少数的阴离子。常见的中心原子（或离子）为过渡金属离子（如 Cu^{2+}、Fe^{3+}、Cr^{3+} 等离子）或原子（如 $[Ni(CO)_4]$ 中的 Ni、

$[Fe(CO)_5]$ 中的 Fe 均为中性原子)。

2. 配体和配位原子

在配合物中，与中心原子以配位键结合的阴离子或中性分子称为配体，如 $[Ag(NH_3)_2]^+$、$[Ni(CO)_4]$ 和 $[SiF_6]^{2-}$中的 NH_3，CO 和 F^-都是配体。配体中直接向中心原子提供孤对电子形成配位键的原子称为配位原子，如 NH_3 中的 N、CO 中的 C，F^-中的 F 等。配位原子常见的是电负性较大的非金属原子，如 N、O、C、S、F、Cl、Br、I 等。

按配体中配位原子的多少，可将配体分为单齿配体和多齿配体。只含有一个配位原子的配体称为单齿配体，如 NH_3、H_2O、CN^-、Cl^-等。含有两个或两个以上配位原子的配体称为多齿配体，如乙二胺 $H_2N—CH_2—CH_2—NH_2$（简写为 en)、草酸根 $C_2O_4^{2-}$ 和乙二胺四乙酸根（简写为 EDTA)，分别为二齿、二齿和六齿配体。由中心原子（或离子）与多齿配体形成的具有环状结构的配合物称为螯合物，大多数螯合物具有五原子环或六原子环的稳定结构。图 5-1 是 Ca^{2+}、Fe^{3+}与 EDTA 的螯合物的结构示意图。

3. 配位数

中心原子的配位数是中心原子以配位键直接结合的配位原子的总数。对于单齿配体，则中心原子的配位数与配体的数目相等，例如配离子 $[Cu(NH_3)_4]^{2+}$中 Cu^{2+}的配位数是 4；对于多齿配体，则中心原子的配位数等于同中心原子配位的原子的数目，即配位数 = $\sum i$(配体的个数)×齿数。例如配离子$[Cu(en)_2]^{2+}$中的配体 en 是双齿配体，1 个 en 分子中有 2 个 N 原子与 Cu^{2+}形成配位键，因此 Cu^{2+}的配位数是 4 而不是 2。配合物中，中心原子的常见配位数是 2、4 和 6。

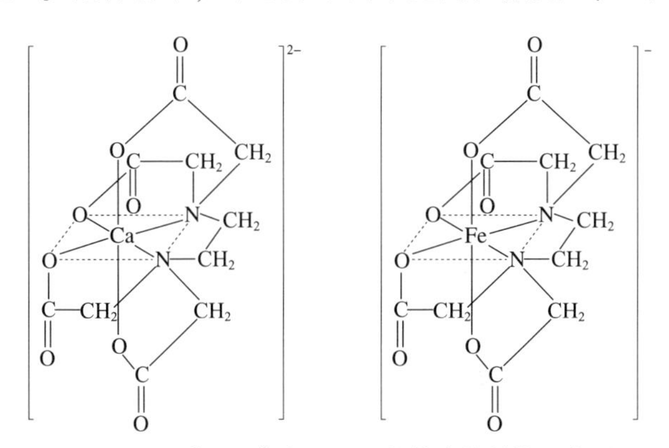

图 5-1　Ca^{2+}、Fe^{3+}与 EDTA 的螯合物结构示意图

三、 配合物的命名

配位化合物的命名遵循一般无机化合物的命名原则，命名时阴离子在前，阳离子在后，称为某化某或某酸某。

内界命名时按以下顺序进行：配位体数目（中文数字）—配位体名称（不同配体间以“·”分开）—“合”—中心离子名称—中心离子氧化数（罗马数字加括号）。

如果有多种配体时，则配体命名顺序为：先无机配体后有机配体；先阴离子配体后中性分子配体；若配体均为阴离子或中性分子时，按配位原子元素符号的英文字母的顺序排列。

下面列举一些命名实例：

$K_3[Fe(CN)_6]$	六氰合铁（Ⅲ）酸钾
$[Cu(NH_3)_4]SO_4$	硫酸四氨合铜（Ⅱ）
$[Co(NH_3)_5H_2O]Cl_3$	三氯化五氨·一水合钴（Ⅲ）
$[Pt(NH_3)_2(NO_2)Cl]CO_3$	碳酸一氯·一硝基·四氨合铂（IV）
$[Ni(CO)_4]$	四羰基合镍
$[Pt(NH_2)NO_2(NH_3)_2]$	氨基·硝基·二氨合铂（Ⅱ）
$K[PtCl_3NH_3]$	三氯·一氨合铂（Ⅱ）酸钾
$[Cr(OH)(C_2O_4)(H_2O)(en)]$	一羟基·一草酸根·一水·一乙二胺合铬（Ⅲ）

练一练

给下列配合物命名或写出配合物的化学式

(1) $[Co(NH_3)_6]Cl_3$　(2) $K_4[Fe(CN)_6]$　(3) $[PtCl_4(NH_3)_2]$

(4) $[Fe(CO)_5]$　(5) 三氯化六氨合钴（Ⅲ）

(6) 六氰合铁（Ⅱ）酸钾　(7) 四氯·二氨合铂（Ⅳ）

(8) 五羰基合铁

第二节 配位平衡

一、 配合物的稳定常数

若将过量的氨水加入 $AgNO_3$ 溶液中，则有 $[Ag(NH_3)_2]^+$配离子生成，这类反应称配位反应。若向此溶液中加入 NaCl，不见有 AgCl 沉淀，似乎 Ag^+已完全与 NH_3 配合成 $[Ag(NH_3)_2]^+$。可是加入 KI 溶液后，却有黄色 AgI 沉淀析出，说明溶液中仍有未被配合的 Ag^+，即 $[Ag(NH_3)_2]^+$还可能解离出少量的 Ag^+。可见，在溶液中，配位反应和解离反应互为可逆反应，一定温度下，当配位反应和解离反应速度相等时，体系达到动态平衡，这种平衡称为配位平衡。即上述溶液中存在下列平衡：

$$Ag^{+}+2NH_3 \underset{解离}{\overset{配位}{\rightleftharpoons}} [Ag(NH_3)_2]^{+}$$

为了定量描述不同配离子在溶液中的解离程度，一般用配合物的稳定常数 $K^{\ominus}_{稳}$ 或不稳定常数 $K^{\ominus}_{不稳}$ 来表示，即

$$Ag^{+}+2NH_3 \rightleftharpoons [Ag(NH_3)_2]^{+}$$

$$K^{\ominus}_{稳} = \frac{[Ag(NH_3)_2^{+}]}{[Ag^{+}]\cdot[NH_3]^2} \quad (5-1)$$

$$[Ag(NH_3)_2]^{+} \rightleftharpoons Ag^{+}+2NH_3$$

$$K^{\ominus}_{不稳} = \frac{[Ag^{+}]\cdot[NH_3]^2}{[Ag(NH_3)_2^{+}]} \quad (5-2)$$

可见，$K^{\ominus}_{不稳}$ 值可以量度配离子不稳定性大小，$K^{\ominus}_{不稳}$ 越大，配离子越易解离；$K^{\ominus}_{稳}$ 值用以量度配离子稳定性大小，$K^{\ominus}_{稳}$ 值越大，配离子在水溶液中的稳定性越高。

同一配离子，$K^{\ominus}_{稳}$ 与 $K^{\ominus}_{不稳}$ 具有倒数关系：

$$K^{\ominus}_{不稳} = \frac{1}{K^{\ominus}_{稳}} \quad (5-3)$$

实际上，配离子在水溶液中的配合（或解离）过程都是分步进行的，每一步都有对应的稳定常数，称逐级稳定常数或分步稳定常数。以上 $K^{\ominus}_{稳}$ 表达式表示的是总稳定常数或累积稳定常数，等于逐级稳定常数的乘积。

还必须指出，只有在相同类型的情况下，才能根据 $K^{\ominus}_{稳}$ 值的大小直接比较配离子的稳定性。

二、 配合物稳定常数的应用

1. 计算配合物溶液中有关离子的浓度

在实际工作中，一般总是加入过量的配位剂，这时金属离子将绝大部分处在最高配位数的状态，其他较低级的配离子可忽略不计。此时若只求简单金属离子的浓度，只需按总的 $K^{\ominus}_{稳}$（或 $K^{\ominus}_{不稳}$）进行计算，这样可使计算大为简化。

【例 5-1】 计算溶液中与 1.0×10^{-3} mol/L $[Cu(NH_3)_4]^{2+}$ 和1.0mol/L NH_3 处于平衡状态的游离 Cu^{2+} 浓度。

解：　　$Cu^{2+}+4NH_3 \rightleftharpoons [Cu(NH_3)_4]^{2+}$

平衡浓度/（mol/L）　x　1.0　1.0×10^{-3}

已知 $[Cu(NH_3)_4]^{2+}$ 的 $K^{\ominus}_{稳}=10^{12.59}=3.89\times10^{12}$，将上述各项平衡浓度代入稳定常数表达式：

$$K^{\ominus}_{稳} = \frac{[Cu(NH_3)_4^{2+}]}{[Cu^{2+}][NH_3]^4}$$

$$\frac{1.0\times10^{-3}}{x\cdot(1.0)^4} = 3.89\times10^{12}$$

$$x=\frac{1.0\times10^{-3}}{3.89\times10^{12}}=2.57\times10^{-16}\ (\text{mol/L})$$

游离 Cu^{2+} 的浓度为 2.57×10^{-16}mol/L。

上例中虽然在计算 Cu^{2+} 浓度时可以按上式简单计算，但并非溶液中绝对不存在 $[Cu(NH_3)_3]^{2+}$、$[Cu(NH_3)_2]^{2+}$ 等离子，因此不可认为 $c(Cu^{2+})$ 与 $c(NH_3)$ 之比是 1∶4 的关系。例题中因 NH_3 过量且 $[Cu(NH_3)_4]^{2+}$ 的累积稳定常数 $K^{\ominus}_{稳}$ 很大，故忽略配离子的解离还是合理的。

2. 判断配位平衡与沉淀溶解平衡之间的转化

【例 5-2】 若在 1.00L［例 5-1］所述的溶液中加入 0.0010mol NaOH，问有无 $Cu(OH)_2$ 沉淀生成？若加入 0.0010mol Na_2S，有无 CuS 沉淀生成？

解：已知 $Cu(OH)_2$ 的 $K^{\ominus}_{sp}=2.2\times10^{-20}$，CuS 的 $K^{\ominus}_{sp}=6.3\times10^{-36}$

① 当加入 0.0010mol NaOH 后，溶液中的 $[OH^-]=0.0010$mol/L，该溶液中相应离子浓度幂的乘积：

$$[Cu^{2+}][OH^-]^2=2.57\times10^{-16}\times(1.0\times10^{-3})^2=2.57\times10^{-22}$$

$$Q<K^{\ominus}_{sp}\{Cu(OH)_2\}$$

故加入 0.0010mol NaOH 后，无 $Cu(OH)_2$ 沉淀生成。

② 若加入 0.0010mol Na_2S 后，溶液中的 $[S^{2-}]=0.0010$mol/L（未考虑 S^{2-} 的水解），该溶液中相应离子浓度幂的乘积：

$$[Cu^{2+}][S^{2-}]=2.57\times10^{-16}\times1.0\times10^{-3}=2.57\times10^{-19}$$

$$Q>K^{\ominus}_{sp}(CuS)$$

故加入 0.0010molNa_2S 后，有 CuS 沉淀产生。

【例 5-3】 已知 AgCl 的 $K^{\ominus}_{sp}$ 为 1.8×10^{-10}，AgBr 的 $K^{\ominus}_{sp}$ 为 5.0×10^{-13}。试比较在 1L 氨水中完全溶解 0.010mol 的 AgCl 和完全溶解 0.010mol 的 AgBr 所需要的氨水的浓度（以 mol/L 表示）。

解：AgCl 在 NH_3 中的溶解反应为：

$$AgCl+2NH_3 \rightleftharpoons [Ag(NH_3)_2]^++Cl^-$$

其平衡常数为：

$$K^{\ominus}=\frac{[Ag(NH_3)_2^+][Cl^-]}{[NH_3]^2}$$

$$=\frac{[Ag(NH_3)_2^+][Ag^+][Cl^-]}{[Ag^+][NH_3]^2}$$

$$=K^{\ominus}_{稳}[Ag(NH_3)^{2+}]\cdot K^{\ominus}_{sp}(AgCl)$$

查附录知：
$$K^{\ominus}_{稳}[Ag(NH_3)_2]^+=2.5\times10^7$$

则
$$K^{\ominus}=2.5\times10^7\times1.8\times10^{-10}=4.5\times10^{-3}$$

平衡时
$$[NH_3]=\sqrt{\frac{[Ag(NH_3)_2^+][Cl^-]}{K^{\ominus}}}$$

设 AgCl 溶解后，全部转化为 $[Ag(NH_3)_2]^+$，则 $[Ag(NH_3)_2]^+=0.010$mol/L(严

格地讲，由于$[Ag(NH_3)_2]^+$的解离，应略小于0.010mol/L)，$[Cl^-]$ =0.010mol/L，有：

$$[NH_3]=\sqrt{\frac{0.010\times0.010}{4.5\times10^{-3}}}=0.15\ (mol/L)$$

在溶解0.010mol AgCl的过程中，消耗NH_3的浓度为：2×0.01=0.02mol/L。故溶解0.010mol AgCl所需要的1L氨水的原始浓度为：0.15+0.020=0.17mol/L。

同理，可以求出溶解0.010mol AgBr所需要的1L氨水的浓度至少为2.85mol/L。

练一练

向含有$[Ag(NH_3)_2]^+$的溶液中加入KCN，可能会发生下列反应：

$$[Ag(NH_3)_2]^+ + 2CN^- \rightleftharpoons [Ag(CN)_2]^- + 2NH_3$$

通过计算判断$[Ag(NH_3)_2]^+$是否可能转化为$[Ag(CN)_2]^-$。

第三节 配位滴定法

配位滴定法是以配位反应为基础的滴定分析方法，可作为滴定金属离子含量的分析方法。

在与金属离子配合的各种配位剂中，氨羧配位剂是一类十分重要的化合物，它们可与金属离子形成稳定的螯合物。目前配位滴定中最重要、应用最广的氨羧配位剂是乙二胺四乙酸（EDTA）。

一、EDTA及其与金属离子的配合物

1. EDTA

乙二胺四乙酸为四元弱酸，常用H_4Y表示。乙二胺四乙酸两个羧基上的H^+常转移到N原子上，形成双偶极离子：

$$\begin{matrix}HOOCH_2C \\ {}^-OOCH_2C\end{matrix}\!\!>\overset{H}{\underset{+}{N}}-CH_2-CH_2-\overset{H}{\underset{+}{N}}\!\!<\begin{matrix}CH_2COO^- \\ CH_2COOH\end{matrix}$$

由于乙二胺四乙酸在水中的溶解度很小（室温下，每100mL水中只能溶解0.02g)，故常用它的二钠盐（$Na_2H_2Y\cdot2H_2O$，一般也称EDTA)。它的溶解度较大（室温下，每100mL水中能溶解11.2g)，其饱和溶液的浓度约为0.3mol/L。

在酸度很高的溶液中，EDTA 的两个羧基负离子可再接受两个 H^+，形成 H_6Y^{2+}，这时，EDTA 就相当于一个六元酸。在水溶液中，EDTA 有六级离解平衡：

$$H_6Y^{2+} \rightleftharpoons H^+ + H_5Y^+ \qquad K_1^{\ominus} = \frac{[H^+][H_5Y^+]}{[H_6Y^{2+}]} = 10^{-0.9}$$

$$H_5Y^+ \rightleftharpoons H^+ + H_4Y \qquad K_2^{\ominus} = \frac{[H^+][H_4Y]}{[H_5Y^+]} = 10^{-1.6}$$

$$H_4Y \rightleftharpoons H^+ + H_3Y^- \qquad K_3^{\ominus} = \frac{[H^+][H_3Y^-]}{[H_4Y]} = 10^{-2.0}$$

$$H_3Y^- \rightleftharpoons H^+ + H_2Y^{2-} \qquad K_4^{\ominus} = \frac{[H^+][H_2Y^{2-}]}{[H_3Y^-]} = 10^{-2.67}$$

$$H_2Y^{2-} \rightleftharpoons H^+ + HY^{3-} \qquad K_5^{\ominus} = \frac{[H^+][HY^{3-}]}{[H_2Y^{2-}]} = 10^{-6.16}$$

$$HY^{3-} \rightleftharpoons H^+ + Y^{4-} \qquad K_6^{\ominus} = \frac{[H^+][Y^{4-}]}{[HY^{3-}]} = 10^{-10.26}$$

在任何水溶液中，EDTA 总是以 H_6Y^{2+}、H_5Y^+、H_4Y、H_3Y^-、H_2Y^{2-}、HY^{3-}、Y^{4-}等 7 种形式存在的，其中能与金属离子配位的只有 Y^{4-}。各种存在形式的分布系数与溶液 pH 的关系如图 5-2 所示。

由图 5-2 可知，在 $pH<0.9$ 的强酸性溶液中，EDTA 主要以 H_6Y^{2+}的形式存在；在 pH=0.9~1.6 的溶液中，EDTA 主要以 H_5Y^+的形式存在；在 pH=1.6~2.0 的溶液中 EDTA 主要以 H_4Y 的形式存在；在 pH=2.0~2.67 的溶液中，EDTA 的主要存在形式是 H_3Y^-；在 pH=2.67~6.16 的溶液中，EDTA 的主要存在形式是 H_2Y^{2-}；在 pH 很大（≥12）的碱性溶液中，EDTA 才几乎完全以 Y^{4-}的形式存在。

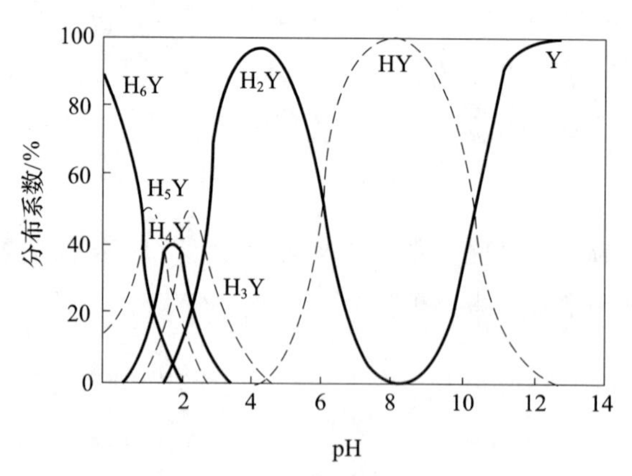

图 5-2　EDTA 溶液中各种存在形式在不同 pH 时的分配情况

2. EDTA 与金属离子的配合物

EDTA 是一个六齿配位剂，具有很强的配位能力，几乎能与所有的金属离子形成配位比为 1 : 1 的稳定螯合物。一般配位反应进行得很快，形成的螯合物大多带有电荷而易溶于水，从而使得 EDTA 滴定能在水溶液中进行。

由于金属离子与 EDTA 形成 1 : 1 的螯合物，为了方便，常忽略离子所带的电荷，可把反应方程式简写为：

$$M+Y \rightleftharpoons MY$$

其稳定常数为：

$$K^{\ominus}_{稳} = \frac{[MY]}{[M][Y]} \tag{5-4}$$

螯合物的稳定性主要决定于金属离子和配体的性质。在一定的条件下，每一个螯合物都有其特有的稳定常数。一些常见金属离子与 EDTA 形成的螯合物的稳定常数可见表 5-1。

表 5-1　常见金属离子与 EDTA 形成的螯合物的稳定常数

阳离子	$\lg K^{\ominus}_{MY}$	阳离子	$\lg K^{\ominus}_{MY}$	阳离子	$\lg K^{\ominus}_{MY}$	阳离子	$\lg K^{\ominus}_{MY}$
Na^{+}	1.66	Ca^{2+}	10.69	Zn^{2+}	16.50	Th^{4+}	23.2
Li^{+}	2.79	Mn^{2+}	14.04	Pb^{2+}	18.04	Cr^{3+}	23.4
Ag^{+}	7.32	Fe^{2+}	14.33	Ni^{2+}	18.67	Fe^{3+}	25.1
Ba^{2+}	7.76	Ce^{3+}	15.98	Cu^{2+}	18.80	V^{3+}	25.90
Sr^{2+}	8.73	Co^{2+}	16.3	Hg^{2+}	21.8	Bi^{3+}	27.94
Mg^{2+}	8.69	Al^{3+}	16.1	Y^{3+}	23.0	Co^{3+}	36.0

3. 副反应及条件稳定常数

在 EDTA 滴定中，被测金属离子 M 与 Y 配位，生成配合物 MY，这是主反应。与此同时，反应物 M、Y 及反应产物 MY 也可能与溶液中的其他组分发生各种副反应：

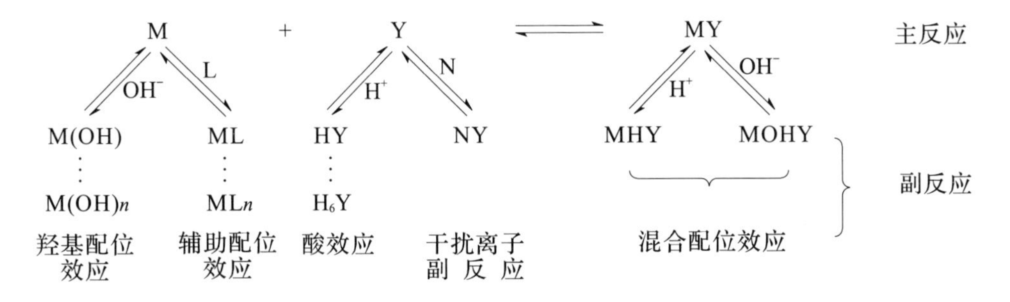

这些副反应的发生都将影响主反应进行的程度，从而影响到 MY 的稳定性。反应物 M、Y 的副反应将不利于主反应的进行，而反应产物 MY 的副反应则有利于主

反应。当各种副反应同时发生时，考虑到混合配合物大多不太稳定，可以忽略不计，下面着重讨论酸效应。

由于 H^+ 与 Y^{4-} 之间发生副反应，就使 EDTA 参加主反应的能力下降，这种现象称为酸效应。酸效应的大小用酸效应系数 $\alpha_{Y(H)}$ 来衡量。酸效应系数表示 EDTA 的各种存在形式的总浓度与能参加配位反应的 Y^{4-} 的平衡浓度之比：

$$\alpha_{Y(H)} = \frac{[Y]_{总}}{[Y^{4-}]}$$

在实际工作中，使用 $\lg\alpha_{Y(H)}$ 较方便，由于酸效应系数只与 pH 有关，故 EDTA 在不同 pH 下的酸效应系数 $\alpha_{Y(H)}$ 可直接查表，见表 5-2。

表 5-2　不同 pH 时的 $\lg\alpha_{Y(H)}$

pH	$\lg\alpha_{Y(H)}$	pH	$\lg\alpha_{Y(H)}$	pH	$\lg\alpha_{Y(H)}$	pH	$\lg\alpha_{Y(H)}$	pH	$\lg\alpha_{Y(H)}$
0.0	23.64	2.0	13.51	4.0	8.44	6.0	4.65	8.5	1.77
0.4	21.32	2.4	12.19	4.4	7.64	6.4	4.06	9.0	1.29
0.8	19.08	2.8	11.09	4.8	6.84	6.8	3.55	9.5	0.83
1.0	18.01	3.0	10.60	5.0	6.45	7.0	3.32	10.0	0.45
1.4	16.02	3.4	9.70	5.4	5.69	7.5	2.78	11.0	0.07
1.8	14.27	3.8	8.85	5.8	4.98	8.0	2.26	12.0	0.00

从表 5-2 可以看出，多数情况下 $\alpha_{Y(H)}$ 不等于 1，$[Y]_{总}$ 不等于 $[Y^{4-}]$。而前面的式(5-4) 中的稳定常数 $K^{\ominus}_{MY}$ 是 $[Y]_{总} = [Y^{4-}]$ 时的稳定常数，故不能在 pH 小于 12 时应用。因为：

$$[Y^{4-}] = \frac{[Y]_{总}}{\alpha_{Y(H)}}$$

将上式代入式（5-4），有：

$$K^{\ominus}_{MY} = \frac{[MY]}{[M][Y^{4-}]} = \frac{[MY]\cdot\alpha_{Y(H)}}{[M][Y]_{总}}$$

整理后得：

$$\frac{[MY]}{[M][Y]_{总}} = \frac{K^{\ominus}_{MY}}{\alpha_{Y(H)}} = K^{\ominus'}_{MY} \tag{5-5}$$

式中　$K^{\ominus'}_{MY}$——考虑了酸效应后 MY 配合物的稳定常数，称为条件稳定常数。条件稳定常数的大小可以说明在溶液酸度影响下配合物 MY 的实际稳定程度。

式（5-5）在实际应用中常以对数形式表示，即

$$\lg K^{\ominus'}_{MY} = \lg K^{\ominus}_{MY} - \lg\alpha_{Y(H)} \tag{5-6}$$

【例 5-4】　计算 pH=2.0 和 pH=5.0 时的 $\lg K^{\ominus'}_{ZnY}$ 值。

解：查表 5-1，知 $\lg K^{\ominus}_{ZnY}=16.5$

① 查表 5-2，pH=2.0 时，$\lg\alpha_{Y(H)}=13.5$，由式（5-6）得：

$$\lg K^{\ominus'}_{MY}=\lg K^{\ominus}_{MY}-\lg\alpha_{Y(H)}=16.3-13.5=3.0$$

② 查表 5-2，pH=5.0 时，$\lg\alpha_{Y(H)}=6.5$，由式（5-6）得：

$$\lg K^{\ominus'}_{MY}=\lg K^{\ominus}_{MY}-\lg\alpha_{Y(H)}=16.5-6.5=10.0$$

以上计算结果说明，若在 pH=5.0 时滴定 Zn^{2+}，$\lg K^{\ominus'}_{ZnY}=10.0$，ZnY 很稳定，配位反应可以进行得很完全。而在 pH=2.0 时滴定 Zn^{2+}，$\lg K^{\ominus'}_{ZnY}=3.0$，由于副反应严重，ZnY 很不稳定，配位反应进行不完全。

二、 EDTA 配位滴定的基本原理

1. 影响滴定突跃的主要因素

本节主要讨论以 EDTA 为配位剂的配位滴定法。在 EDTA 配位滴定中，随着滴定剂 EDTA 的加入，溶液中被滴定金属离子的浓度不断减少，在化学计量点附近，被滴定金属离子（M）浓度的负对数 pM（pM=-lg[M]）将发生突变。以滴定剂 EDTA 加入的体积 V 为横坐标，pM 为纵坐标，做 pM-V_{EDTA} 图，即可以得到配位滴定的滴定曲线。

下面以 pH=12.0，用 0.010mol/L EDTA 标准溶液滴定 20.00mL 0.010mol/L 的 Ca^{2+} 溶液为例说明滴定过程中 pCa 的变化。所得的数据列于表 5-3 中。

表 5-3　pH=12.0 时用 0.010mol/L EDTA 标准溶液滴定 20.00mL0.010mol/L 的 Ca^{2+} 溶液过程的 pCa 值

加入 EDTA 的量		Ca^{2+} 被配位的量/%	过量 EDTA 的量/%	pCa
mL	%			
0.00	0			2.00
18.00	30	90		3.00
19.80	99	99		4.30
19.98	99.9	99.9		5.30
20.00	100	100.0	（化学计量点）	6.50
20.02	100.1		0.1	7.70
20.20	101		1	8.7
40.00	200		100	10.70

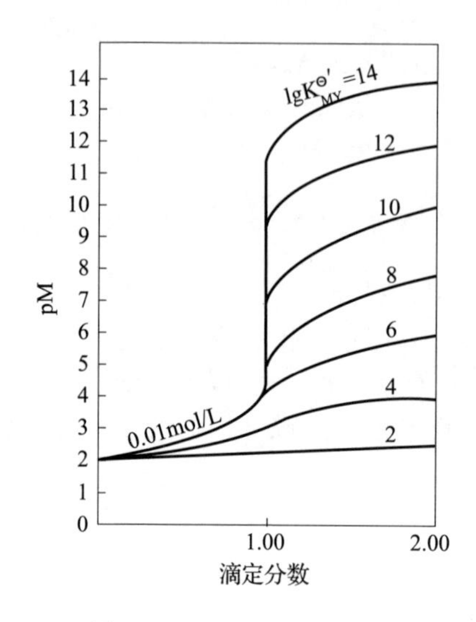

图 5-3　0.010mol/L EDTA 滴定 20.00mL 0.010mol/L 的 Ca^{2+} 的滴定曲线

以 pCa 对 EDTA 的百分数作图即可得到 pH = 12.0 时的滴定曲线，如图 5-3 所示。

从图 5 - 3 可见滴定的突跃范围为 5.30~7.70，同理也可做其他 pH 时的滴定曲线。

用 EDTA 滴定某一金属离子时滴定突跃范围的大小与溶液酸度有关。在一定酸度范围内，酸度越低，稳定常数就越大，配合物越稳定，突跃范围就越大。反之，酸度越高，突跃范围越小。由此可见，在配位滴定中，选择并控制溶液的酸度具有很重要的作用。在滴定的适宜酸度范围内，酸度适当低一点，突跃范围适当大一些，将有利于提高滴定的准确性。此外，滴定突跃范围大小还与辅助配位剂的存在等因素有关。

小　结

影响配位滴定的主要因素：① 稳定常数 $K^{\ominus}_{MY}$。被测金属离子种类不同，$K^{\ominus}_{MY}$ 不同。$K^{\ominus}_{MY}$ 越大，$K^{\ominus\prime}_{MY}$ 就越大，滴定突跃也越大。② 溶液的酸度。在一定酸度范围内，酸度越高，$\lg\alpha_{Y(H)}$ 越大，$\lg K^{\ominus\prime}_{MY}$ 就越小，使得滴定突跃减小；反之，酸度越低，突跃范围越大。③ 金属离子浓度。在条件稳定常数 $K^{\ominus\prime}_{MY}$ 值一定时，金属离子浓度越大，突跃范围也越大。金属离子的浓度越低，滴定曲线的起点就越高，使得滴定突跃就越小。

2. EDTA 准确滴定单一金属离子的判断条件

在配位滴定中，若滴定误差不超过 0.1%，则可认为金属离子已被定量滴定。理论和实践均已证明，用配位滴定法准确滴定单一离子的条件是：被定量滴定的金属离子的初始浓度 c_M 与其配合物的条件稳定常数的乘积≥10^6，即：

$$c_M \cdot K^{\ominus}_{MY}{}' \geq 10^6 \text{ 或 } \lg c_M + \lg K^{\ominus}_{MY}{}' \geq 6 \quad (5-7)$$

3. EDTA 滴定中酸度的控制

配位滴定中，在只考虑酸效应的情况下，若 $c_M = 0.01\text{mol/L}$，则式（5-7）可以改写成

$$\lg K^{\ominus}_{MY}{}' = \lg K^{\ominus}_{MY} - \lg\alpha_{Y(H)} \geq 8$$

$$\lg\alpha_{Y(H)} \leq \lg K^{\ominus}_{MY} - 8 \quad (5-8)$$

由上式可求出各种离子能被准确滴定的最大 $\lg\alpha_{Y(H)}$，然后查表可得各种金属离子能被 EDTA 定量滴定的最高酸度或最低 pH。pH 越大，$\lg K_{MY}^{\ominus}{}'$越大，对准确滴定越有利。但是随着 pH 的增大，金属离子可能会发生水解，反而不能准确滴定或者根本无法滴定。因此，准确滴定单一金属离子的最高 pH，可根据氢氧化物的沉淀溶解平衡计算。

【例 5-5】 已知 Mg^{2+}和 EDTA 的浓度均为 0.01mol/L 。

（1）求 pH = 6 时的 $\lg K_{MgY}^{\ominus}{}'$，并判断能否进行准确滴定。

（2）若 pH = 6 时不能准确滴定，试计算滴定允许的最低 pH。

解 查表得 $\lg K_{MgY}^{\ominus} = 8.69$

（1）pH = 6 时，$\lg\alpha_{Y(H)} = 4.65$

所以 $\lg K_{MgY}^{\ominus}{}' = \lg K_{MgY}^{\ominus} - \lg\alpha_{Y(H)} = 8.69 - 4.65 = 4.04 < 8$

故在 pH = 6 时用 EDTA 不能准确滴定 Mg^{2+}。

（2）由于 $c_{Mg^{2+}} = c_{EDTA} = 0.01\text{mol/L}$，根据式 5-8 得

$$\lg\alpha_{Y(H)} \leqslant \lg K_{MgY}^{\ominus} - 8 = 8.69 - 8 = 0.69$$

查表得对应的 pH = 9.7，即为滴定 Mg^{2+}所允许的最低 pH。说明，在 pH≥9.7 的溶液中，Mg^{2+}能被 EDTA 准确滴定。

利用上述方法，可以近似计算滴定各种金属离子的最低 pH，将计算结果得到的 $\lg K_{MY}^{\ominus}$值和相应的 pH 作图，然后绘出 EDTA 滴定一些金属离子的酸效应曲线，如图 5-4 所示。

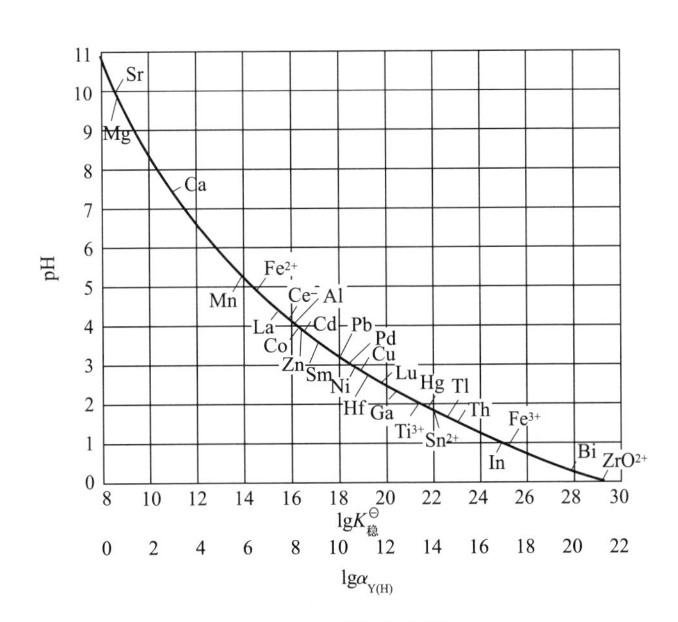

图 5-4 酸效应曲线

小 结

酸效应曲线的用途：① 由酸效应曲线可以迅速查出各离子被滴定时的最低pH；② 由曲线可以看出，利用控制酸度的方法，有可能在同一溶液中连续滴定（测定）几种离子；③ 从曲线可以看出，在某pH范围内滴定某种离子时，哪些离子有干扰。

三、 金属指示剂

在配位滴定中，通常使用能与金属离子生成有色配合物的显色剂来指示终点，这类显色剂称为金属离子显色剂，简称金属指示剂。

1. 金属指示剂的作用原理

在滴定前加入金属指示剂（用In表示金属指示剂的配位基团），则In与待测金属离子M有如下反应（省略电荷）：

$$\underset{\text{甲色}}{M+In} \rightleftharpoons \underset{\text{乙色}}{MIn}$$

这时溶液呈MIn（乙色）的颜色。当滴入EDTA溶液后，Y先与游离的M结合，至化学计量点附近，Y夺取MIn中的M。

$$\underset{\text{乙色}}{MIn}+Y \rightleftharpoons MY+\underset{\text{甲色}}{In}$$

使指示剂In游离出来，溶液由乙色变为甲色，指示滴定终点的到达。

2. 金属指示剂应具备的条件

金属指示剂大多是水溶性的有机染料，它必须具备以下条件：

（1）金属指示剂配合物MIn与指示剂In的颜色应有显著不同，终点颜色变化明显。

（2）MIn配合物的稳定性要适当，既要有足够的稳定性，又要比配合物MY的稳定性略低，否则EDTA不能夺取MIn中的M，终点推迟，甚至不变色。但如果配合物MIn的稳定性太低，当浓度较小而还未达终点时，In就从MIn中解离出来，使终点提前，变色不敏锐。

（3）MIn配合物应易溶于水，且金属指示剂的化学性质稳定，配位反应要灵敏、迅速，有良好的变色可逆性。

3. 使用金属指示剂可能出现的问题

（1）指示剂的封闭现象　在滴定时，若溶液中存在某些金属离子，它们与指示剂形成的配合物MIn比待测离子与EDTA形成的配合物更稳定，滴定即使过了化学计量点也不会变色，这种现象称为指示剂的封闭现象。这种现象可通过加入适当的掩蔽剂（使干扰离子生成更稳定的配合物）来消除。例如Al^{3+}对指示剂铬黑T的封闭可加三乙醇胺消除。

（2）指示剂僵化现象　有些指示剂或配合物 MIn 在水中的溶解度太小，以致在化学计量点时 EDTA 与 MIn 的交换缓慢，终点拖长，这种现象称为指示剂的僵化。可以通过加入适当的有机溶剂或以加热的方法增大溶解度，来消除这一影响。

（3）指示剂的氧化变质现象　金属指示剂大多为含双键的有色化合物，易被氧化变质，甚至分解。所以一般指示剂都不宜久放，最好是现用现配。

表 5-4 列出了常用的金属指示剂及应用范围。

表 5-4　常用金属指示剂

指示剂	使用 pH 范围	颜色变化		直接滴定离子	指示剂配制	注意事项
		In	MIn			
铬黑 T（Eriochrome Black T）	7~10	蓝	酒红	pH10：Mg^{2+}、Zn^{2+}、Cd^{2+}、Pb^{2+}、Mn^{2+}、稀土	1 ∶ 100NaCl（固体）	Fe^{3+}、Al^{3+} 等有封闭
二甲酚橙（Xylenol Orange）	<6	黄	红	pH<1：ZrO^{2+} pH1~3：Bi^{3+}、Th^{4+} pH5 ~ 6：Zn^{2+}、Pb^{2+}、Cd^{2+}、Hg^{2+}、稀土	0.5%水溶液	Fe^{3+}、Al^{3+} 等有封闭
PAN	2~12	黄	红	pH2~3：Bi^{3+}、Th^{4+} pH4~5：Cu^{2+}、Ni^{2+}	0.1%　乙醇溶液	
酸性铬蓝 K（Acid Chrome Blue K）	8~13	蓝	红	pH10：Mg^{2+}、Zn^{2+} pH13：Ca^{2+}	1 ∶ 100NaCl（固体）	
磺基水杨酸（ssal）	1.5~2.5	无色	紫红	pH1.5~2.5：Fe^{3+}（加热）	2%水溶液	ssal 本身无色，终点红→黄（FeY^-）

四、配位滴定方式及应用

1. 滴定方式

配位滴定可以采用直接滴定、间接滴定、返滴定和置换滴定等方式进行。改变滴定方式，在一些情况下还能提高配位滴定的选择性。

（1）直接滴定法　用 EDTA 标准溶液直接滴定被测离子的方法称为直接滴定法。它方便快速，引入误差较少，所以只要满足与 EDTA 形成稳定的配合物、反应速率快，并且有变色敏锐的指示剂等条件，应尽可能采用直接滴定法。例如，在 pH≈10 时，滴定 Pb^{2+}，可先在酸性试液中加入酒石酸盐，将 Pb^{2+} 络合，再调节溶液的 pH 为 10 左右，然后进行滴定，这样就防止了 Pb^{2+} 的水解。

（2）返滴定法　若被测离子与滴定剂反应缓慢、被测离子在选定的滴定条件下发生水解等副反应，或无合适指示剂、被测离子对指示剂有封闭作用时，可采用返滴定法。即在被测离子的溶液中加入过量的 EDTA 标准溶液，使待测离子配位反应完全后，再用另一金属离子的标准溶液滴定过量的 EDTA 标准溶液，根据两种标准溶液的浓度和用量，可求出被测离子的含量。

如铝的测定常采用返滴定法。先加入一定量过量的 EDTA 标准溶液，在 $pH \approx 3.5$ 时，煮沸溶液，反应完全后，调节溶液 pH 至 5~6，加入二甲酚橙，即可用标准 Zn^{2+} 溶液进行返滴定，终点颜色由黄→红。

（3）置换滴定法　置换滴定法的方式比较灵活，可用一种配位剂置换被测离子与 EDTA 配合物中的 EDTA，然后用其他金属离子的标准溶液滴定释放出来的 EDTA。如 Ag^{+} 与 EDTA 的配合物不稳定，不能用 EDTA 直接滴定，但将 Ag^{+} 加入到 $Ni(CN)_4^{2-}$ 溶液中，则在 pH = 10 的氨性溶液中，以紫脲酸铵作指示剂，用 EDTA 滴定置换出来的 Ni^{2+}，即可求得 Ag^{+} 的含量。或者用被测离子将另一金属离子配合物中的金属离子置换出来，然后用 EDTA 标准溶液滴定。如测定白合金中的 Sn 时，可于试液中加入过量的 EDTA，将可能存在的 Pb^{2+}、Zn^{2+}、Cd^{2+}、Bi^{3+} 等与 Sn^{4+} 一起络合。用 Zn^{2+} 标准溶液滴定，除去过量的 EDTA，加入 NH_4F，选择性地将 SnY 中的 EDTA 释放出来，再用 Zn^{2+} 标准溶液滴定释放出来的 EDTA，即可求得 Sn^{4+} 含量。

（4）间接滴定法　对于不能与滴定剂（配位剂）形成稳定配合物的离子，可以采用间接滴定法测定。即当滴定不能与 EDTA 形成稳定配合物的离子时，先加入过量的能与EDTA形成稳定配合物的金属离子作沉淀剂，使待测离子沉淀完全，过量的沉淀剂用 EDTA 滴定。或将沉淀分离、溶解后，再用 EDTA 滴定其中的金属离子。例如 PO_4^{3-} 的测定，在一定条件下，可将 PO_4^{3-} 沉淀为 $MgNH_4PO_4$，然后过滤，将沉淀溶解，调节溶液的 pH = 10，用铬黑 T 作指示剂，以 EDTA 标准溶液来滴定溶液中的 Mg^{2+}，由镁的含量间接计算出磷的含量。

2. EDTA 标准溶液的配制和标定

EDTA 标准溶液的浓度一般为 0. 05mol/L 或 0. 02mol/L。EDTA 在水中的溶解度很小，故常用其二钠盐配制。由于市售的 EDTA 二钠盐纯度达不到基准物质的要求，故采用间接法配制，再用基准物质标定。$Na_2H_2Y \cdot 2H_2O$ 的相对分子质量为 372. 24，若配制约 0. 02mol/L 的 EDTA，可称取其二钠盐 7. 5g，溶于约 300mL 温水中，冷却，用水稀释至 1L，摇匀。EDTA 溶液应贮存在聚乙烯塑料瓶或硬质玻璃瓶中，待标定。

标定 EDTA 溶液的基准物质很多，如 Zn、Cu、ZnO、$CaCO_3$、$MgSO_4 \cdot 7H_2O$ 等。通常选用与被测组分含有相同金属离子的物质作基准物，以使滴定条件较一致，可减小测定误差。

知识拓展

提高配位滴定选择性的方法

当滴定单独一种金属离子 M 时，若满足 $\lg c(M) \cdot K_{MY}^{\ominus}{}' \geq 6$ 的条件，就可以准确滴定 M，误差小于 0.1%。

由于 EDTA 能和许多金属离子形成稳定的配合物，被滴定溶液中常可能有多种金属离子共存，而在滴定时可能产生干扰，故判断能否进行分别滴定，是配位滴定中极为重要的问题。

当溶液中有 M、N 两种金属离子共存时，如不考虑金属离子的羟基配位效应和辅助配位效应等因素。要准确滴定 M，而 N 不干扰 M 的测定，则要求：

$$\frac{c_M K_{MY}^{\ominus}{}'}{c_N K_{NY}^{\ominus}{}'} \geq 10^5$$

或表示成 $$\lg(c_M K_{MY}^{\ominus}{}') - \lg(c_N K_{NY}^{\ominus}{}') \geq 5$$

因此，在混合离子 M 与 N 的溶液中，要准确选择滴定 M，而又要求共存的 N 不干扰，一般必须同时满足下列两个条件：

$$\lg(c_M K_{MY}^{\ominus}{}') \geq 6$$

$$\lg(c_M K_{MY}^{\ominus}{}') - \lg(c_N K_{NY}^{\ominus}{}') \geq 5$$

由此可知，提高配位滴定选择性的途径主要是降低干扰离子的浓度或降低 NY 的稳定性，常用的方法有以下几种。

1. 控制酸度进行分步滴定

若溶液中同时有两种或两种以上的离子，而它们与 EDTA 形成配合物的稳定常数的差别又足够大，则可以控制溶液的酸度，使其只能满足某一种离子完全配位时的最小 pH 及防止该离子水解析出沉淀的最大 pH，此时仅有该离子与 EDTA 形成配合物，其余离子与 EDTA 不配位，从而可以避免干扰，实现分步滴定。

2. 使用掩蔽的方法进行分别滴定

若被测金属离子 M 的配合物与干扰离子 N 的配合物的稳定常数相差不够大，就不能用控制酸度的方法进行分步滴定。若加入一种试剂能与干扰离子 N 反应，降低溶液 N 的浓度，可减小或消除 N 对 M 的干扰。此法称作掩蔽法。常用的掩蔽方法有配位掩蔽法、氧化还原掩蔽法和沉淀掩蔽法等，以配位掩蔽法用得最多。

（1）配位掩蔽法　利用干扰离子与掩蔽剂形成的配合物远比干扰离子与 EDTA 形成的配合物稳定，从而消除干扰。例如，用 EDTA 测定 Zn^{2+}、Al^{3+} 混合溶液中的 Zn^{2+}，为了消除 Al^{3+} 的干扰，可加入 NH_4F 与 Al^{3+} 生成更加稳定的配合物 AlF_6^{3-}，从而掩蔽 Al^{3+} 不致干扰测定。

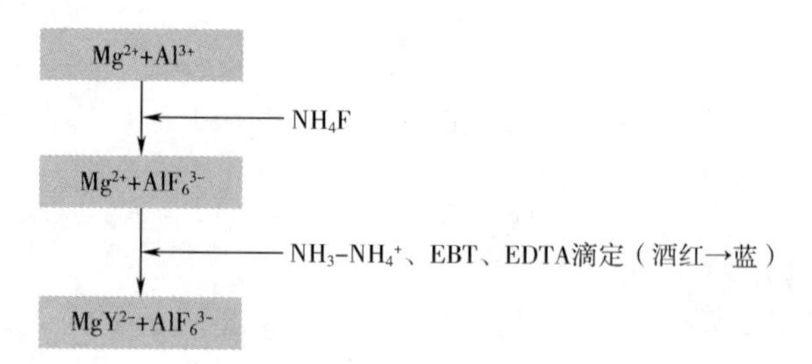

（2）沉淀掩蔽法　加入选择性沉淀剂，使干扰离子形成沉淀，并在沉淀的存在下直接进行配位滴定的方法。例如，在 Ca^{2+}、Mg^{2+} 共存的溶液中，加入 NaOH 溶液使 pH>12，则 Mg^{2+} 生成 $Mg(OH)_2$ 沉淀，采用钙指示剂可以用 EDTA 滴定钙。

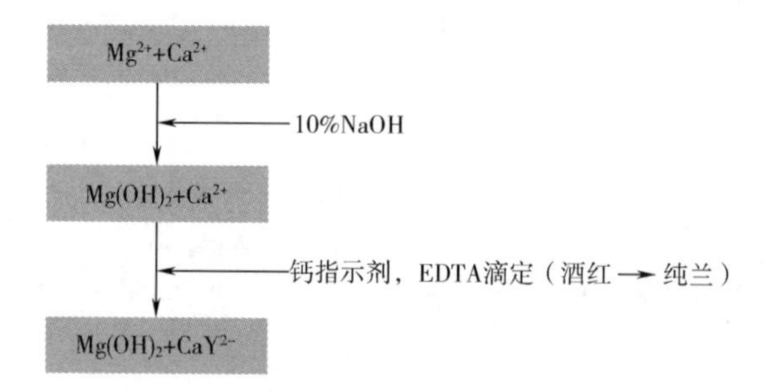

（3）氧化还原掩蔽法　加入一种氧化剂或还原剂，改变干扰离子的价态，可以消除其干扰。例如，用 EDTA 滴定 Bi^{3+}、Zr^{4+} 时，溶液中如果存在 Fe^{3+} 就有干扰。此时可加入盐酸羟胺，将 Fe^{3+} 还原成 Fe^{2+}。由于 FeY^{2-} 的稳定常数（$\lg K^{\ominus}_{FeY^{2-}}$ = 14.33）比 FeY^- 的稳定常数（$\lg K^{\ominus}_{FeY^-}$ = 25.1）小得多，因而能够避免干扰。

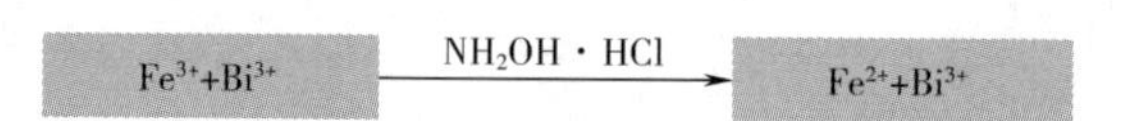

常用的还原剂有抗坏血酸、羟氨、半胱氨酸等，其中有些还原剂（如 $Na_2S_2O_3$）同时又是配位剂。

3. 选用其他滴定剂

除 EDTA 外，其他配位剂，如 EGTA、EDTP 等氨羧配位剂与金属离子形成配合物的稳定性各不相同，可以根据需要选择不同的配位剂进行滴定，以提高滴定的选择性。

4. 分离除去干扰离子或分离待测定离子

在利用酸效应分别滴定、掩蔽干扰离子、应用其他滴定剂都有困难时，只有对干扰离子进行预先分离。

本章小结

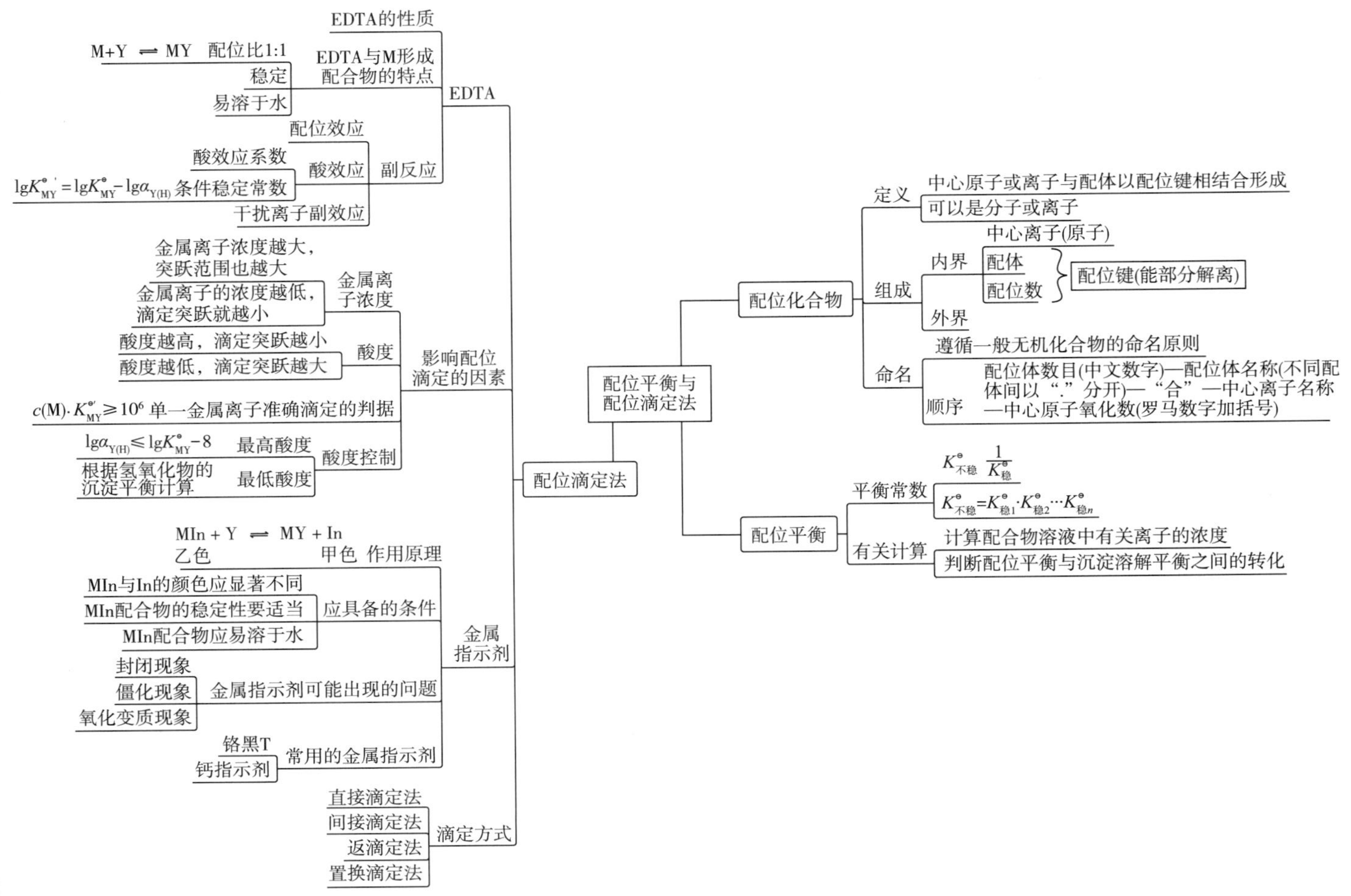
配位平衡与配位滴定法
配位化合物
定义
中心原子或离子与配体以配位键相结合形成
可以是分子或离子
组成
内界
中心离子(原子)
配体
配位数
配位键(能部分解离)
外界
命名
遵循一般无机化合物的命名原则
顺序
配位体数目(中文数字)—配位体名称(不同配体间以"."分开)—"合"—中心离子名称—中心原子氧化数(罗马数字加括号)
配位平衡
平衡常数
$K^{\ominus}_{不稳}\ \frac{1}{K^{\ominus}_{稳}}$
$K^{\ominus}_{不稳}=K^{\ominus}_{稳1}\cdot K^{\ominus}_{稳2}\cdots K^{\ominus}_{稳n}$
有关计算
计算配合物溶液中有关离子的浓度
判断配位平衡与沉淀溶解平衡之间的转化
配位滴定法
EDTA
EDTA的性质
EDTA与M形成配合物的特点
$M+Y \rightleftharpoons MY$ 配位比1:1
稳定
易溶于水
副反应
配位效应
酸效应
酸效应系数
$\lg K^{\ominus\prime}_{MY}=\lg K^{\ominus}_{MY}-\lg\alpha_{Y(H)}$ 条件稳定常数
干扰离子副效应
影响配位滴定的因素
金属离子浓度
金属离子浓度越大，突跃范围也越大
金属离子的浓度越低，滴定突跃就越小
酸度
酸度越高，滴定突跃越小
酸度越低，滴定突跃越大
$c(M)\cdot K^{\ominus\prime}_{MY}\geq 10^6$ 单一金属离子准确滴定的判据
酸度控制
$\lg\alpha_{Y(H)}\leq\lg K^{\ominus}_{MY}-8$ 最高酸度
根据氢氧化物的沉淀平衡计算 最低酸度
金属指示剂
$MIn+Y \rightleftharpoons MY+In$
乙色 甲色 作用原理
应具备的条件
MIn与In的颜色应显著不同
MIn配合物的稳定性要适当
MIn配合物应易溶于水
金属指示剂可能出现的问题
封闭现象
僵化现象
氧化变质现象
常用的金属指示剂
铬黑T
钙指示剂
滴定方式
直接滴定法
间接滴定法
返滴定法
置换滴定法

习　题

一、填空题

1. 配位体中具有________、直接与________结合的原子叫配位原子。如 NH_3 中的________原子是配位原子。在配离子中与中心离子直接结合的________的数目叫________的配位数。

2. 配位化合物 $[CO(NH_3)_4(H_2O)_2]_2(SO_4)_3$ 的内界是________，配位体是________，配位原子是________，配位数为________，配离子的电荷是________，该配位化合物的名称是________________。

3. $K^{\ominus}_{稳}$值越大，表明配合物越________；$K^{\ominus}_{不稳}$越大，表明配合物越________。对于________，可根据 $K^{\ominus}_{稳}$与 $K^{\ominus}_{不稳}$比较其稳定性。

4. 配位滴定法是以________为基础的滴定分析法。本法中应用最广泛的配位试剂是以________为代表的氨羧配位剂。

5. 考虑了酸效应与配位效应等副反应的稳定常数称为________，它可以说明配合物________稳定程度。

6. 乙二胺四乙酸________溶于水，而乙二胺四乙酸二钠________溶于水，故 EDTA 标准溶液多用________试剂配制。

7. 配合物在水溶液中全部解离成________，而配离子在水溶液中________解离，存在着________平衡。在 $[Ag(NH_3)_2]^+$水溶液中的解离平衡式为________。

8. 在 Ag-Zn 原电池（标准态）中，银为________极，锌为________极。若在 Ag^+溶液中加入 NH_3 水，则电池电动势将________；若在 Zn^{2+}溶液中加入 NaOH 溶液，则电池电动势将________。

9. 在含有少量 AgI 沉淀的溶液中，加入适量 KCN 溶液，沉淀 AgI 即溶解，反应方程式为________。以 AgI 的 $K^{\ominus}_{sp}$及生成配离子的 $K^{\ominus}_{稳}$表示溶解反应的标准平衡常数 $K^{\ominus}=$________。

10. 测定 Ca^{2+}、Mg^{2+} 共存的硬水中各种组分的含量，其方法是在 pH = ________，用 EDTA 滴定测得________。另取同体积硬水加入________，使 Mg^{2+} 成为________，再用 EDTA 滴定测得________。

二、判断题

1. EDTA 滴定某金属离子时有一允许的最高酸度（pH），溶液的 pH 再增大就不能准确滴定该金属离子了。（　　）

2. 只要金属离子能与 EDTA 形成配合物，都能用 EDTA 直接滴定。（　　）

3. 造成金属指示剂封闭的原因是指示剂本身不稳定。（　　）

4. pH 越大，酸效应系数越小。（　　）

5. 配位滴定曲线滴定突跃的大小取决于配合物的条件稳定常数和被滴定金属

离子的浓度。 ( )

6. 若被测金属离子与 EDTA 配位反应速度慢，则一般可采用置换滴定方式进行测定。 ( )

7. 我们可以根据 $K^{\ominus}_{稳}$ 值大小直接比较不同配合物的稳定性。 ( )

8. 一般情况下，EDTA 与金属离子形成的配合物的配位比是 1∶1。 ( )

9. pH 越大，对准确滴定越有利，因此在进行 EDTA 滴定时 pH 越大越好。 ( )

10. 游离金属指示剂本身的颜色一定要和与金属离子形成的配合物颜色有差别。 ( )

三、选择题

1. 关于 EDTA，下列说法不正确的是（　　）。

A. EDTA 是乙二胺四乙酸的简称

B. 分析工作中一般用乙二胺四乙酸二钠盐

C. EDTA 与钙离子以 1∶2 的关系配合

D. EDTA 与金属离子配合形成螯合物

2. 为了测定水中 Ca^{2+}、Mg^{2+} 的含量，以下消除少量 Fe^{3+}、Al^{3+} 干扰的方法中，正确的是（　　）。

A. 于 pH=10 的氨性溶液中直接加入三乙醇胺

B. 于酸性溶液中加入 KCN，然后调至 pH=10

C. 于酸性溶液中加入三乙醇胺，然后用氨性缓冲溶液调至 pH=10

D. 加入三乙醇胺时，不需要考虑溶液的酸碱性

3. 下列关于酸效应系数的说法正确的是（　　）。

A. $\alpha_{Y(H)}$ 值随着 pH 增大而增大

B. 在 pH 低时 $\alpha_{Y(H)}$ 值约等于零

C. $\lg\alpha_{Y(H)}$ 值随着 pH 减小而增大

D. 在 pH 高时 $\lg\alpha_{Y(H)}$ 值约等于 1

4. 欲用 EDTA 测定试液中的阴离子，宜采用（　　）。

A. 直接滴定法　　B. 返滴定法

C. 置换滴定法　　D. 间接滴定法

5. 配位滴定终点呈现的是（　　）的颜色。

A. 金属-指示剂配合物　　B. 配位剂-指示剂混合物

C. 游离金属指示剂　　D. 指示剂-金属配合物

6. 25℃时，在 Cu^{2+} 的氨水溶液中，平衡时 $c(NH_3) = 6.7\times10^{-4}$ mol/L，并认为有 50% 的 Cu^{2+} 形成了配离子 $[Cu(NH_3)_4]^{2+}$，余者以 Cu^{2+} 形式存在。则 $[Cu(NH_3)_4]^{2+}$ 的不稳定常数为（　　）。

A. 4.5×10^{-7}　　B. 2.0×10^{-13}

C. 6.7×10^{-4}　　　　　　　　D. 数据不足，无法确定

四、简答题

1. 写出下列配合物的化学式

（1）二硫代硫酸合银（Ⅰ）酸钠

（2）硫酸一氯·一氨·二乙二胺合铬（Ⅲ）

（3）二氯·二羟基·二氨合铂（Ⅳ）

（4）氯化二氯·三氨·一水合钴（Ⅲ）

（5）三硝基·三氨合钴（Ⅲ）

（6）二氯·一草酸根·一乙二胺合铁（Ⅲ）离子

2. EDTA与金属离子的配合物有哪些特点?

3. 金属指示剂的作用原理如何？它应具备哪些条件?

4. 什么是金属指示剂的封闭和僵化？如何避免?

5. 向 $[Cu(NH_3)_4]SO_4$ 溶液中分别加入少量下列物质，问下列平衡怎样移动?

$$[Cu(NH_3)_4]^{2+} \rightleftharpoons Cu^{2+} + 4NH_3$$

（1）硝酸（2）氨水（3）K_2S 溶液（4）NaOH溶液

五、计算题

1. 将0.05mL 1.0mol/L的氨水加入0.50mL 0.20mol/L的 $AgNO_3$ 溶液中，计算平衡时溶液中 Ag^+、$[Ag(NH_3)_2]^+$、NH_3 及 H^+ 的浓度。

2. 计算AgBr在1.00mol/L $Na_2S_2O_3$ 中的溶解度，在500mL1.00mol/L $Na_2S_2O_3$ 溶液中可溶解多少克AgBr?

3. 在1L 6mol/L的氨水中加入0.01mol固体 $CuSO_4$，计算：

（1）溶液中 Cu^{2+} 浓度；

（2）若在此溶液中加入0.01mol固体NaOH，有无 $Cu(OH)_2$ 沉淀生成?

（3）若加入0.01mol固体 Na_2S 有无CuS生成（忽略体积变化）?

4. 用配位滴定法测定氯化锌的含量。称取0.2500g试样，溶于水后，在pH=5~6时，用二甲酚橙作指示剂，用0.01024mol/L EDTA标准溶液滴定，用去17.61mL。计算试样中 $ZnCl_2$ 的质量分数。

5. 称取含钙的样品0.2000g，溶解后移入100mL容量瓶中，稀释至刻度。吸取25.00mL，以钙指示剂判断终点，于pH=12的情况下，用0.02000mol/L EDTA溶液滴定，消耗19.86mL。计算样品中CaO的百分含量。

6. 用0.01060mol/L EDTA标准溶液滴定水中的钙和镁含量。准确移取100.0mL水样，以铬黑T为指示剂，在pH=10时滴定，消耗EDTA溶液31.30mL；另取一份100.0mL水样，加NaOH溶液使呈强碱性，用钙指示剂指示终点，消耗EDTA溶液19.20mL，计算水中钙和镁的含量（以CaO mg/L和 $MgCO_3$ mg/L表示）。

第六章

s区、d区、ds区元素及其重要化合物

学习目标

知识目标

1. 掌握s区金属氧化物的性质以及氢氧化物的溶解度、碱性，掌握s区金属盐类溶解度、热稳定性的变化规律；

2. 掌握铜锌的氧化物和氢氧化物的酸碱性及主要性质，掌握铜、银、锌、汞主要化合物的性质；掌握Hg（Ⅰ）和Hg（Ⅱ）间的转化关系；

3. 掌握铬（Ⅲ）、铬（Ⅵ）化合物的性质，特别是CrO_4^{2-}与$Cr_2O_7^{2-}$间的平衡及$Cr_2O_7^{2-}$在酸性介质中的强氧化性，掌握高锰酸钾的性质；掌握铁、钴、镍及其化合物的主要性质及鉴定。

技能目标

1. 认识金属元素的物理及化学性质；

2. 能运用物质的性质进行常见阳离子的鉴别。

第一节 s 区元素

ⅠA 族和ⅡA 族的元素称为 s 区元素，是最活泼的金属元素。ⅠA 族元素包括锂（lithium）、钠（sodium）、钾（potassium）、铷（rubidium）、铯（cesium）、钫（francium）六种元素，由于它们的氢氧化物都是溶于水的强碱，又称碱金属。ⅡA 族元素包括铍（beryllium）、镁（magnesium）、钙（calcium）、锶（strontium）、钡（barium）、镭（radium）六种元素，由于钙、锶、钡氧化物性质介于“碱性的”碱金属氧化物和“土性的”（既难溶解，又难熔融）的氧化物如 Al_2O_3 等之间，所以称作碱土金属，现在习惯上把铍和镁也包括在碱土金属之内。

一、s 区元素的通性

碱金属和碱土金属的基本性质分别列于表 6-1 和表 6-2 中。

表 6-1　碱金属的性质

性质	锂	钠	钾	铷	铯
原子半径/pm	155	190	255	248	267
沸点/℃	1317	892	774	688	690
熔点/℃	180	97.8	64	39	28.5
电负性 χ	1.0	0.9	0.8	0.8	0.7
电离能（kJ/mol）	520	496	419	403	376
电极电势 $\varphi^\ominus$（M^+/M）/V	-3.045	-2.714	-2.925	-2.925	-2.923
氧化数	+1	+1	+1	+1	+1

表 6-2　碱土金属的性质

性质	铍	镁	钙	锶	钡
原子半径/pm	112	160	197	215	222
沸点/℃	2970	1107	1487	1334	1140
熔点/℃	1280	651	845	769	725
电负性 χ	1.5	1.2	1.0	1.0	0.9
第一电离能（kJ/mol）	899	738	590	549	503
第二电离能（kJ/mol）	1757	1451	1145	1064	965
电极电势 $\varphi^\ominus$（M^+/M）/V	-1.85	-2.37	-2.87	-2.89	-2.90
氧化数	+2	+2	+2	+2	+2

s 区元素的一个重要特点是各族元素通常只有一种稳定的氧化态。碱金属的第一电离能较小，很容易失去一个电子，故氧化数为+1。碱土金属的第一、第二电离能较小，容易失去 2 个电子，因此氧化数为+2。

碱金属在同周期元素中，原子半径最大，电离能最低，表现出强烈的金属性。本族自上而下原子半径和离子半径依次增大，其活泼性有规律地增强。碱土金属的活泼性略低于碱金属。

在物理性质方面，s 区元素单质的主要特点是：轻、软、低熔点。密度最低的是锂（$0.53g/cm^3$），是最轻的金属，即使密度最大的镭，其相对密度也小于 5（相对密度小于 5 的金属统称为轻金属）。碱金属、碱土金属的硬度除铍和镁外也很小，其中碱金属和钙、锶、钡可以用刀切，但铍较特殊，其硬度足以划破玻璃。从熔、沸点来看，碱金属的熔、沸点较低，而碱土金属由于原子半径较小，金属键的强度比碱金属的强，故熔、沸点相对较高。

s 区元素是最活泼的金属元素，它们的单质都能与大多数非金属反应，例如极易在空气中燃烧。除了铍、镁外，都较易与水反应。s 区元素能形成稳定的氢氧化物，这些氢氧化物大多是强碱。

二、 s 区元素的重要化合物

s 区元素所形成的化合物大多是离子型的。第二周期的锂和铍的离子半径小，形成的化合物基本上是共价型的，少数镁的化合物也是共价型的，也有一部分锂的化合物是离子型的。常温下 s 区元素的盐类在水溶液中大都不发生水解反应。

1. 氧化物

（1）氧化物种类与制备　碱金属、碱土金属与氧能形成多种类型的氧化物：正常氧化物、过氧化物、超氧化物，s 区元素与氧所形成的各种氧化物列于表 6-3 中。

表 6-3　s 区元素形成的氧化物

	阴离子	直接形成	间接形成
正常氧化物	O^{2-}	Li、Be、Mg、Ca、Sr、Ba	s 区所有元素
过氧化物	O_2^{2-}	Na、(Ba)	除 Be 外的所有元素
超氧化物	O_2^-	(Na)、K、Rb、Cs	除 Be、Mg、Li 外的所有元素

例如，碱金属中的锂和所有碱土金属在空气中燃烧时，生成正常氧化物 Li_2O 和 MO：

$$4Li+O_2 = 2Li_2O$$
$$2M+O_2 = 2MO$$

其他碱金属的正常氧化物可以用金属与它们的过氧化物或硝酸盐作用而得到。

例如：

$$Na_2O_2+2Na = 2Na_2O$$

$$2KNO_3+10K = 6K_2O+N_2\uparrow$$

碱土金属的碳酸盐、硝酸盐、氢氧化物等热分解也能得到氧化物 MO。例如：

$$MCO_3 \xlongequal{\triangle} MO+CO_2\uparrow$$

除铍和镁外，所有碱金属和碱土金属都能分别形成相应的过氧化物 $M_2^{I}O_2$ 和 $M^{II}O_2$，其中只有钠和钡的过氧化物可由金属在空气中燃烧直接得到。

过氧化钠是最常见的碱金属过氧化物。将金属钠在铝制容器中加热到 300℃，并通入不含二氧化碳的干燥空气，得到淡黄色的 Na_2O_2 粉末：

$$2Na+O_2 = 2Na_2O_2$$

钙、锶、钡的氧化物与过氧化氢作用，得到相应的过氧化物：

$$MO+H_2O_2+7H_2O = MO_2\cdot 8H_2O$$

工业上把 BaO 在空气中加热到 600℃以上使它转化为过氧化钡：

$$2BaO+O_2 \xrightarrow{600\sim800℃} 2BaO_2$$

除了锂、铍、镁外，碱金属和碱土金属都分别能形成超氧化物 MO_2 和 $M(O_2)_2$。一般说来，金属性很强的元素容易形成含氧较多的氧化物，因此钾、铷、铯在空气中燃烧能直接生成超氧化物 MO_2。例如：

$$K+O_2 = KO_2$$

（2）性质　碱金属氧化物与水化合生成碱性氢氧化物 MOH。Li_2O 与水反应很慢，Rb_2O 和 Cs_2O 与水发生剧烈反应。碱土金属的氧化物都是难溶于水的白色粉末。BeO 几乎不与水反应，MgO 与水缓慢反应生成相应的碱。

$$M_2O+H_2O = 2MOH$$

$$MO+H_2O = M(OH)_2$$

过氧化钠与水或稀酸在室温下反应生成过氧化氢：

$$Na_2O_2+2H_2O = 2NaOH+H_2O_2$$

$$Na_2O_2+H_2SO_4（稀） = Na_2SO_4+H_2O_2$$

过氧化钠还可与二氧化碳反应，放出氧气：

$$2Na_2O_2+2CO_2 = 2Na_2CO_3+O_2\uparrow$$

由于 Na_2O_2 的这种特殊反应性能，使其用于防毒面具、高空飞行和潜水作业等。

另外，过氧化钠也是一种强氧化剂，工业上用作漂白剂，也可以用来作为制得氧气的来源。Na_2O_2 在熔融时几乎不分解，但遇到棉花、木炭或铝粉等还原性物质时，就会发生爆炸，使用 Na_2O_2 时应当注意安全。

超氧化物与水反应立即产生氧气和过氧化氢。例如：

$$2KO_2+2H_2O = 2KOH+H_2O_2+O_2\uparrow$$

因此，超氧化物是强氧化剂。

超氧化钾与二氧化碳作用放出氧气：

$$4KO_2+2CO_2 = 2K_2CO_3+3O_2\uparrow$$

由于 KO_2 较易制备，常用于急救器中，利用上述反应提供氧气。

2. 氢氧化物

碱金属和碱土金属的氢氧化物在空气中易吸水而潮解，故固体 NaOH 和 $Ca(OH)_2$ 常用作干燥剂。

（1）溶解性　碱金属的氢氧化物在水中都是易溶的，溶解时还放出大量的热。碱土金属的氢氧化物的溶解度则较小，其中 $Be(OH)_2$ 和 $Mg(OH)_2$ 是难溶的氢氧化物。碱土金属的氢氧化物的溶解度列入表 6-4 中。由表中数据可见，对碱土金属来说，由 $Be(OH)_2$ 到 $Ba(OH)_2$，溶解度依次增大。这是由于随着金属离子半径的增大，正、负离子之间的作用力逐渐减小，容易为水分子所解离的缘故。

表 6-4　　碱土金属氢氧化物的溶解度（20℃）

氢氧化物	$Be(OH)_2$	$Mg(OH)_2$	$Ca(OH)_2$	$Sr(OH)_2$	$Ba(OH)_2$
溶解度/（mol/L）	8×10^{-6}	5×10^{-4}	1.8×10^{-2}	6.7×10^{-2}	2×10^{-1}

（2）酸碱性　碱金属、碱土金属的氢氧化物中，除 $Be(OH)_2$ 为两性氢氧化物外，其他的氢氧化物都是强碱或中强碱。这两族元素氢氧化物碱性递变的次序如下：

$$LiOH<NaOH<KOH<RbOH<CsOH$$

中强碱　强碱　强碱　强碱　强碱

$$Be(OH)_2<Mg(OH)_2<Ca(OH)_2<Sr(OH)_2<Ba(OH)_2$$

两性　中强碱　强碱　强碱　强碱

碱金属、碱土金属氢氧化物的碱性和溶解度递变规律可以归纳如下：

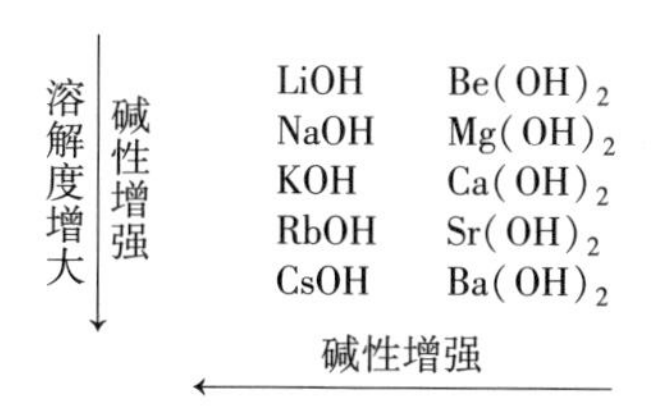

溶解度增大（溶解度为质量分数）

3. 重要的盐类

碱金属、碱土金属的常见盐有卤化物、硝酸盐、硫酸盐、碳酸盐等。其中，碱土金属中铍的盐类很毒，钡盐也很毒。

（1）晶体类型　碱金属的盐大多数是离子型晶体，它们的熔点、沸点较高。锂的某些盐（如卤化物）表现出不同程度的共价性。碱土金属盐的离子键特征较碱金属的差，但随着金属离子半径的增大，键的离子性也增强。

（2）溶解性　碱金属的盐类大多数都易溶于水。碱金属的碳酸盐、硫酸盐的溶解度从 Li 至 Cs 依次增大，少数碱金属盐难溶于水，例如 LiF、$LiCO_3$、Li_3PO_4、$NaZn(UO_2)_3(CH_3COO)_9 \cdot 6H_2O$、$KClO_4$、$K_2[PtCl_6]$ 等。碱土金属的盐类中，除卤化物和硝酸盐外，多数碱土金属的盐溶解度较低，例如它们的碳酸盐、磷酸盐以及草酸盐等都是难溶盐（BeC_2O_4 除外）。铍盐中多数是易溶的，镁盐有部分易溶，而钙、锶、钡的盐则多难溶，钙盐中以 CaC_2O_4 的溶解度为最小，因此常用生成白色 CaC_2O_4 的沉淀反应来鉴定 Ca^{2+}。

（3）热稳定性　碱金属的盐一般都具有较强的稳定性，在 800℃ 以下均不分解，唯有硝酸盐的热稳定性差，加热易分解。例如：

$$4LiNO_3 \xrightarrow{650℃} 2Li_2O + 4NO_2\uparrow + O_2\uparrow$$

$$2NaNO_3 \xrightarrow{830℃} 2NaNO_2 + O_2\uparrow$$

碱土金属盐的稳定性相对较差，但在常温下还是稳定的。

4. Li、Be 的特殊性及对角线规则

（1）Li 与 Mg，Be 与 Al 的相似性　锂和同族碱金属元素相比较有许多特殊性质，而和第二族 Mg 有相似性。例如 Li 比同族元素有较高的熔、沸点和硬度；Li 难生成过氧化物；能和 N_2 直接化合生成 Li_3N，而其他碱金属不能；Li_2CO_3、Li_3PO_4 和 LiF 等皆不溶于水；LiOH 溶解度极小，受热易分解，不稳定；Li 的化合物有共价性，故能溶于有机溶剂中等。

铍及其化合物的性质和同族其他金属元素及其化合物也有明显的差异。铍的熔点、沸点比其他碱土金属高，硬度也是碱土金属中最大的，但都有脆性。铍有较强的形成共价键的倾向，例如 $BeCl_2$ 已属于共价型化合物，而其他碱土金属的氯化物基本上都是离子型的。但铍和第三族的铝有相似性。铍和铝都是两性金属，既能溶于酸，也能溶于强碱；铍和铝的标准电极电势相近；金属铍和铝都能被冷的浓硝酸钝化；铍和铝的氧化物均是熔点高、硬度大的物质；铍和铝的氢氧化物 $Be(OH)_2$ 和 $Al(OH)_3$ 都是两性氢氧化物，而且都难溶于水，铍和铝的氟化物都能与碱金属的氟化物形成配合物，如 $Na_2[BeF_4]$、$Na_3[AlF_6]$，它们的氯化物、溴化物、碘化物都易溶于水；铍和铝的氯化物都是共价型化合物，易升华、易聚合、易溶于有机溶剂。

（2）对角线规则　在 s 区和 p 区元素中，除了同族元素的性质相似外，还有一些元素及其化合物的性质呈现出“对角线”相似。所谓对角线相似即ⅠA 族的 Li 与ⅡA 族的 Mg，ⅡA 族的 Be 与ⅢA 族的 Al，ⅢA 族的 B 与Ⅳ族的 Si 这三对元素在周期表中处于对角线位置：

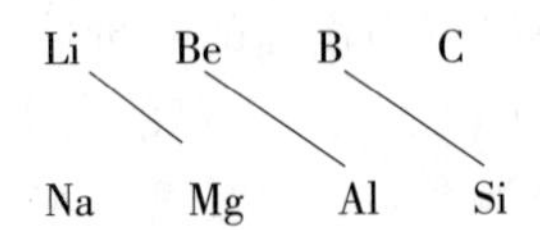

周期表中，某元素及其化合物的性质与它左上方或右下方元素及其化合物性质的相似性就称为对角线规则。

第二节
d 区 元 素

d 区元素包括ⅢB 到第Ⅷ族所有元素。通常把周期表中ⅢB 族到ⅡB 族的所有元素称为过渡元素，因为这些元素都是金属，所以也称为过渡金属。

一、 d 区元素的通性

1. 单质的相似性

d 区元素大都是具有较小原子半径、较大的密度、较高熔沸点、良好的导电和导热性能的金属。它们广泛地被用在冶金工业上制造合金钢，例如不锈钢（含镍和铬）、弹簧钢（含钒）、锰钢等。熔点最高的单质是钨（W），硬度最大的是铬（Cr），单质密度最大的是锇（Os）。

2. 具有多变的氧化数

d 区元素具有可变的氧化态，能形成多种氧化数的化合物。ⅢB～ⅦB 族最高氧化态的氧化数等于其族号，第Ⅷ族例外。从上到下，高氧化态的物质趋于稳定，低氧化态的物质相反。具有较低氧化数的元素，大都以“简单”离子（M^{+}、M^{2+}、M^{3+}）存在。

3. 水合离子的有色性

过渡元素的大多数水合离子常显出一定的颜色，这也是过渡元素区别于 s 区金属离子（Na^{+}、Ca^{2+}等）的一个重要特征。表 6-5 列出了某些元素的水合离子的颜色。

表 6-5　某些元素的水合离子的颜色

水合离子	Ti^{3+}	V^{2+}	V^{3+}	Cr^{3+}	Mn^{2+}	Fe^{2+}	Fe^{3+}	Co^{2+}	Ni^{2+}
颜色	紫红	紫	绿	蓝紫	肉色	浅绿	浅紫	粉红	绿

过渡元素的复杂离子大都也是有颜色的，例如CrO_4^{2-} 离子是黄色，$Cr_2O_7^{2-}$ 离子是橙红色，MnO_4^{-} 离子是紫红色等。

4. 过渡元素的配位性

过渡元素的原子或离子都具有空的价电子轨道，这种电子构型为接受配位体的孤对电子形成配价键创造了条件。因此它们的原子或离子都有形成配合物的倾向。例如过渡元素一般都容易形成氟配合物、氰配合物、草酸根配合物等。

二、 铬的重要化合物

在铬的表面容易形成一层钝态的薄膜，所以铬有很强的抗腐蚀性。由于光泽度好，抗腐蚀性强，常将铬镀在其他金属表面上。铬可以形成合金，在各种类型的不锈钢中几乎都有较高比例的铬。当钢中含有铬14%左右，便是不锈钢。

铬的最高氧化数是+6，但也有+5、+4、+3、+2的。最重要的是氧化数为+6和+3的化合物。氧化数为+5、+4和+2的化合物都不稳定。

1. 铬（Ⅲ）的化合物

（1）氧化物和氢氧化物　三氧化二铬是难溶和极难熔化的氧化物之一，熔点是2275℃，微溶于水，溶于酸。灼烧过的 Cr_2O_3 不溶于水，也不溶于酸。

Cr_2O_3 是具有特殊稳定性的绿色物质，它被用作颜料（铬绿）。近年来也用它作有机合成的催化剂。它是制取其他铬化合物的原料之一。

氢氧化铬 $Cr(OH)_3$ 是用适量的碱作用于铬盐溶液而生成的灰蓝色沉淀：

$$Cr^{3+}+3OH^- \longrightarrow Cr(OH)_3\downarrow$$

$Cr(OH)_3$ 是两性氢氧化物。它溶于酸，生成绿色或紫色的水合配离子（由于 Cr^{3+} 的水合作用随温度、浓度、酸度等条件而改变，故其颜色也有所不同。从溶液中结晶出的铬盐大都为紫色晶体）。$Cr(OH)_3$ 与强碱作用生成绿色的配离子 $[Cr(OH)_4]^-$：

$$Cr(OH)_3+OH^- \longrightarrow [Cr(OH)_4]^-$$

由于 $Cr(OH)_3$ 的酸性和碱性都较弱，因此铬（Ⅲ）盐和四羟基合铬（Ⅲ）酸盐（或亚铬酸盐）在水中容易水解。

（2）铬（Ⅲ）盐　常见的有 $CrCl_3 \cdot 6H_2O$、$KCr(SO_4)_2 \cdot 12H_2O$（铬钾矾），均为易溶于水的盐，在稀溶液中以 $[Cr(H_2O)_6]^{3+}$ 配离子存在。

铬（Ⅲ）易水解，溶液碱性越强，水解程度越大。在酸性溶液中，Cr（Ⅲ）很稳定，必须用很强的氧化剂如过硫酸盐等，才可将铬（Ⅲ）氧化：

$$2Cr^{3+}+3S_2O_8^{2-}+7H_2O \xlongequal{\triangle} Cr_2O_7^{2-}+6SO_4^{2-}+14H^+$$

在碱性条件下铬（Ⅲ）具有较强的还原性，易被氧化。例如在碱性介质中，Cr^{3+} 可被稀的 H_2O_2 溶液氧化：

$$\underset{(绿色)}{2[Cr(OH)_4]^-}+2OH^-+3H_2O_2 \longrightarrow \underset{(黄色)}{2CrO_4^{2-}}+8H_2O$$

这一反应，常被用来鉴定 Cr^{3+}。

2. 铬（Ⅵ）的化合物

铬（Ⅵ）的主要化合物有三氧化铬（CrO_3）、铬酸钾（K_2CrO_4）和重铬酸钾（$K_2Cr_2O_7$）。在此，CrO_3 不作介绍。

（1）CrO_4^{2-} 和 $Cr_2O_7^{2-}$ 在溶液中的平衡　K_2CrO_4（黄色）和 $K_2Cr_2O_7$（橙红色）皆是易溶于水的晶体，铬酸盐 CrO_4^{2-} 和重铬酸盐 $Cr_2O_7^{2-}$ 在溶液中存在下列平衡：

$$2CrO_4^{2-}+2H^+ \rightleftharpoons 2HCrO_4^- \rightleftharpoons Cr_2O_7^{2-}+H_2O$$

（黄色）　　　　　　　（橙红色）

从上述存在的平衡关系可知，若向溶液中加酸可使平衡右移，故在酸性条件下，溶液中主要以$Cr_2O_7^{2-}$存在，溶液呈橙红色。在碱性条件下，主要以CrO_4^{2-}存在，溶液呈黄色。

（2）重铬酸盐的氧化性　在碱性介质中，铬(Ⅵ)的氧化能力很差，在酸性介质中它是较强的氧化剂，与还原剂反应被还原为Cr^{3+}。

$$Cr_2O_7^{2-}+6Cl^-+14H^+ \xlongequal{\triangle} 2Cr^{3+}+3Cl_2\uparrow+7H_2O$$

$$Cr_2O_7^{2-}+6Fe^{2+}+14H^+ = 2Cr^{3+}+6Fe^{3+}+7H_2O$$

后一反应在定量分析上用于测定铁。

实验室常用的铬酸洗液就是由浓硫酸和饱和$K_2Cr_2O_7$溶液配制而成，用于浸洗或润洗一些容量器皿，除去还原性或碱性的污物，特别是有机污物。此洗液可以反复使用，直到洗液发绿才失效。

（3）铬酸盐和重铬酸盐的溶解性　铬酸盐的溶解度一般比重铬酸盐小，碱金属的铬酸盐易溶于水，碱土金属铬酸盐的溶解度从Mg到Ba依次递减。重金属铬酸盐皆难溶于水。

重铬酸盐一般易溶于水（除$Ag_2Cr_2O_7$难溶外），如果向重铬酸盐溶液中加入重金属离子，如Ba^{2+}、Pb^{2+}、Ag^+时，则形成难溶于水的$BaCrO_4$（柠檬黄色）、$PbCrO_4$（铬黄色）、Ag_2CrO_4（砖红色）沉淀。

$$Cr_2O_7^{2-}+2Ba^{2+}+H_2O = 2BaCrO_4\downarrow+2H^+$$

$$Cr_2O_7^{2-}+2Pb^{2+}+H_2O = 2PbCrO_4\downarrow+2H^+$$

$$Cr_2O_7^{2-}+4Ag^++H_2O = 2Ag_2CrO_4\downarrow+2H^+$$

氧化数为+3和+6的铬在酸碱介质中的相互转化关系可总结如下：

$$\begin{array}{ccc}[Cr(OH)_4]^- & \xrightarrow{OH^-,\ 氧化剂} & CrO_4^{2-} \\ H^+\uparrow\downarrow OH^- & & H^+\uparrow\downarrow OH^- \\ Cr^{3+} & \underset{H^+,\ 还原剂}{\overset{H^+,\ 强氧化剂}{\rightleftharpoons}} & Cr_2O_7^{2-}\end{array}$$

（4）铬(Ⅲ)和铬(Ⅵ)的鉴定　铬(Ⅵ)除了利用难溶性CrO_4^{2-}盐鉴定外，还可在酸性条件下，向$Cr_2O_7^{2-}$的溶液中加入H_2O_2，生成蓝色的过氧化铬CrO_5：

$$Cr_2O_7^{2-}+4H_2O_2+2H^+ = 2CrO_5+5H_2O$$

CrO_5很不稳定，很快分解为Cr^{3+}并放出O_2。它在乙醚或戊醇溶液中较稳定。

这一反应，常用来鉴定CrO_4^{2-}或$Cr_2O_7^{2-}$的存在。

以上是铬(Ⅵ）的鉴定，铬(Ⅲ）的鉴定是先把铬(Ⅲ）氧化成铬(Ⅵ）后再鉴定，方法如下：

$$Cr^{3+} \xrightarrow{OH^- 过量} [Cr(OH)_4]^- \xrightarrow[OH^-]{H_2O_2} CrO_4^{2-} \xrightarrow[乙醚]{H^+ + H_2O_2} CrO_5 \text{（蓝色）}$$

或

$$Cr^{3+} \xrightarrow{OH^- 过量} [Cr(OH)_4]^- \xrightarrow[OH^-]{H_2O_2} CrO_4^{2-} \xrightarrow{Pb^{2+}} PbCrO_4 \downarrow \text{（黄色）}$$

三、锰的重要化合物

锰位于周期表的第ⅦB族，在重金属中，锰在地壳中的丰度仅次于铁，为0.085%。

锰的外观类似铁，致密的块状锰是银白色的，粉末状的锰呈灰色。单质锰主要用于钢铁工业中生产锰合金钢，含锰的钢材不仅坚硬，而且抗冲击性和耐磨性增强。锰也是人体必需的微量元素之一。

锰是迄今氧化态最多的元素，可以形成氧化数由-3到+7的化合物，其中以氧化数+2、+4、+7的化合物较重要。

1. 锰(Ⅱ）的化合物

锰(Ⅱ）的重要化合物是锰盐，很多锰盐是易溶于水的。从溶液中结晶出来的锰盐是带有结晶水的粉红色晶体，例如，$MnCl_2 \cdot 4H_2O$、$MnSO_4 \cdot 7H_2O$和$Mn(NO_3)_2 \cdot 6H_2O$等。

在碱性条件下锰（Ⅱ）具有较强的还原性，易被氧化。在酸性条件下锰（Ⅱ）具有较强的稳定性，只有用强氧化剂如PbO_2、$NaBiO_3$、$(NH_4)_2S_2O_8$等才能使Mn^{2+}氧化为MnO_4^-。例如在HNO_3溶液中，Mn^{2+}与$NaBiO_3$反应如下：

$$2Mn^{2+} + 5NaBiO_3 + 14H^+ = 2MnO_4^- + 5Bi^{3+} + 5Na^+ + 7H_2O$$

由于MnO_4^-是紫色的，现象非常明显，因此上述反应是鉴定Mn^{2+}的特效反应。

2. 锰（Ⅳ）的化合物

二氧化锰是锰（Ⅳ）最稳定的化合物。在自然界中它以软锰矿$MnO_2 \cdot xH_2O$形式存在。MnO_2是制取锰的化合物及金属锰的主要原料，它是不溶于水的黑色固态物质。

MnO_2有较强的氧化能力。例如浓盐酸或浓H_2SO_4与MnO_2在加热时按下式进行反应：

$$MnO_2 + 4HCl \xlongequal{\triangle} MnCl_2 + 2H_2O + Cl_2 \uparrow$$

$$2MnO_2 + 2H_2SO_4 \xlongequal{\triangle} 2MnSO_4 + 2H_2O + O_2 \uparrow$$

3. 锰(Ⅵ) 的化合物

锰(Ⅵ) 的化合物中，比较稳定的是锰酸盐，如锰酸钾 K_2MnO_4，它由 MnO_2 和 KOH 在空气中加热而制得。

绿色的锰酸盐只有在碱性（pH>13.5）溶液中才是稳定的。相反地，在中性或酸性溶液中，绿色的MnO_4^{2-} 瞬间歧化生成紫色的MnO_4^- 和棕色的 MnO_2 沉淀：

$$3\ MnO_4^{2-}+4H^+ = MnO_2\downarrow +2\ MnO_4^-+2H_2O$$

当以氧化剂（如氯气）作用于锰酸盐的溶液时，锰酸盐可以变为高锰酸盐：

$$2\ MnO_4^{2-}+Cl_2 = 2\ MnO_4^-+2Cl^-$$

4. 锰(Ⅶ) 的化合物

锰(Ⅶ) 的化合物中，高锰酸盐是最稳定的，应用最广的高锰酸盐是高锰酸钾 $KMnO_4$。高锰酸钾是暗紫色晶体，它的溶液呈现出MnO_4^- 特有的紫色。$KMnO_4$ 固体加热至 200℃以上时按下式分解：

$$2KMnO_4 \xlongequal{\triangle} K_2MnO_4+MnO_2+O_2\uparrow$$

在实验室中有时也利用这一反应制取少量的氧气。

（1）高锰酸钾的氧化性　$KMnO_4$ 是最重要和常用的氧化剂之一，它作为氧化剂而被还原的产物，因介质的酸碱性不同而不同。例如：

在酸性溶液中，MnO_4^- 主要被还原为 Mn^{2+}：

$$2\ MnO_4^-+5H_2O_2+6H^+ = 2Mn^{2+}+5O_2\uparrow +8H_2O$$

$$2\ MnO_4^-+5C_2O_4^{2-}+16H^+ = 2Mn^{2+}+10CO_2\uparrow +8H_2O$$

分析化学中常用以上反应测定 H_2O_2 和草酸盐的含量。

在近中性溶液中，MnO_4^- 作为氧化剂时，其还原产物是 MnO_2。例如：

$$2\ MnO_4^-+H_2O+3\ SO_3^{2-} = 2MnO_2\downarrow +3\ SO_4^{2-}+2OH^-$$

在强碱性介质中，其还原产物为MnO_4^{2-}。例如：

$$2\ MnO_4^-+2OH^-+SO_3^{2-} = 2\ MnO_4^{2-}+SO_4^{2-}+H_2O$$

日常生活及临床上，常利用 $KMnO_4$ 的强氧化性消毒杀菌。例如，$KMnO_4$ 的稀溶液可用于浸洗水果、茶具等，临床上用 $KMnO_4$ 的稀溶液作消毒防腐剂。

（2）高锰酸钾溶液的稳定性　$KMnO_4$ 在水溶液中不稳定，若有少量酸存在，则MnO_4^- 按下式进行缓慢的分解：

$$4\ MnO_4^-+4H^+ = 4MnO_2\downarrow +3O_2\uparrow +2H_2O$$

在中性或碱性介质中也会分解，而且 Mn^{2+}的存在，以及分解产物 MnO_2、光照等还会促进分解，所以配制好的 $KMnO_4$ 溶液必须保存在棕色试剂瓶中。

四、铁、钴、镍的重要化合物

铁、钴和镍的性质比较相近，通常把这三个元素称作铁系元素。铁系元素的氧化数常见的是+2 和+3。

从单质来看，铁、钴、镍都表现出磁性，活泼性中等。它们在冷的浓硝酸中都会变成钝态，处于钝态的铁、钴、镍一般不再溶于稀硝酸中。另外，铁、钴、镍都不易与碱作用，但铁能被热的浓碱所侵蚀，而钴和镍在碱性溶液中稳定性比铁高，故熔碱时最好使用镍坩埚。

1. 氧化物及其水合物

（1）氧化物　铁系元素存在如下的氧化物：

FeO	CoO	NiO
黑	灰绿	暗绿
Fe_2O_3	Co_2O_3	Ni_2O_3
砖红	黑褐	黑

MO（M 代表 Fe、Co、Ni）均为碱性氧化物，溶于酸形成相应的盐。

M_2O_3 都有氧化性，其氧化能力随 Fe—Co—Ni 顺序增强。Fe_2O_3，俗名铁红，难溶于水，呈两性（偏碱），溶于酸形成 Fe^{3+} 盐。Co_2O_3 和 Ni_2O_3 具有强氧化性，溶于酸得不到相应的 Co^{3+} 和 Ni^{3+} 盐，而是与酸发生氧化还原反应，生成 Co^{2+} 和 Ni^{2+} 盐。

$$Fe_2O_3+6HCl \xlongequal{} 2FeCl_3+3H_2O$$

$$Co_2O_3+6HCl \xlongequal{} 2CoCl_2+Cl_2\uparrow+3H_2O$$

$$Ni_2O_3+6HCl \xlongequal{} 2NiCl_2+Cl_2\uparrow+3H_2O$$

铁还能形成所谓+2 和+3 混合氧化物，如四氧化三铁 Fe_3O_4，可看作是 FeO 和 Fe_2O_3 的混合物，是磁铁矿的主要成分，可作黑色颜料。

（2）氢氧化物　向 Fe^{2+}、Co^{2+} 和 Ni^{2+} 的溶液中加碱，可得到白色的 $Fe(OH)_2$、粉红色的 $Co(OH)_2$ 和绿色的 $Ni(OH)_2$ 沉淀。其中白色的 $Fe(OH)_2$ 极易被空气中的氧氧化为红棕色的 $Fe(OH)_3$：

$$4Fe(OH)_2+O_2+2H_2O \xlongequal{} 4Fe(OH)_3$$

$Co(OH)_2$ 也可缓慢被氧化，生成棕褐色的 $Co(OH)_3$。但 $Ni(OH)_2$ 在空气中很稳定，只有在强氧化剂（如 NaClO）存在时，才能把 $Ni(OH)_2$ 氧化为 $Ni(OH)_3$。

红棕色的 $Fe(OH)_3$、棕褐色的 $Co(OH)_3$ 以及黑色的 $Ni(OH)_3$ 的基本性质与相应氧化数的氧化物相似。$Fe(OH)_3$ 最稳定，其次是 $Co(OH)_3$，$Ni(OH)_3$ 很不稳定，具有非常强的氧化性。

氧化数为+3 的氢氧化物与酸的作用，表现出不同的性质。例如 $Fe(OH)_3$ 与盐酸仅发生中和反应：

$$Fe(OH)_3+3HCl \xlongequal{} FeCl_3+3H_2O$$

而 $Co(OH)_3$ 与盐酸作用，能把 Cl^- 氧化为氯气：

$$2Co(OH)_3+6HCl \xlongequal{} 2CoCl_2+Cl_2\uparrow+6H_2O$$

$Ni(OH)_3$ 的氧化性更强，也能把盐酸氧化为 Cl_2。

总之，铁系元素氧化物及氢氧化物的氧化还原性变化规律如下：① 还原性，$Fe(OH)_2 > Co(OH)_2 > Ni(OH)_2$；② 氧化性，$Fe(OH)_3 < Co(OH)_3 < Ni(OH)_3$。

2. 铁、钴、镍的盐类

（1）+2 价盐类　Fe^{2+}、Co^{2+}和 Ni^{2+}的盐类有许多共同的特性。例如它们的硫酸盐、硝酸盐和氯化物都易溶于水，从溶液中结晶出来时，常带有相同数目的结晶水。例如：$MSO_4 \cdot 7H_2O$、$MCl_2 \cdot 6H_2O$、$M(NO_3)_2 \cdot 6H_2O$（$M = Fe$、Co、Ni）。

这些盐类都带有颜色，因为它们的水合离子都带有颜色，如淡绿色的 $[Fe(H_2O)_6]^{2+}$、粉红色的 $[Co(H_2O)_6]^{2+}$和绿色的 $[Ni(H_2O)_6]^{2+}$。从溶液中结晶出来时，水合离子中的水成为结晶水共同析出，所以上述 Fe^{2+}盐都带淡绿色，Co^{2+}盐带粉红色、Ni^{2+}盐带绿色。

铁系元素+2 价的硫酸盐与碱金属或铵的硫酸盐都能形成相同类型的复盐，如 $[M(\text{I})]_2SO_4 \cdot M(\text{II})SO_4 \cdot 6H_2O$［其中 M(Ⅰ) 为 K^+、Rb^+、Cs^+、NH_4^+，M(Ⅱ) 为 Fe^{2+}、Co^{2+}、Ni^{2+}］。

Fe^{2+}、Co^{2+}、Ni^{2+}的还原性按 $Fe^{2+} > Co^{2+} > Ni^{2+}$的顺序减弱。如 $FeSO_4$ 溶液易被氧化成 $Fe_2(SO_4)_3$，为防止 $FeSO_4$ 溶液变质，通常放入铁钉。

在氧化数为+2 的铁、钴、镍的氯化物中，氯化钴最为常见，$CoCl_2 \cdot 6H_2O$ 在受热过程中，伴随着颜色的变化：

$$\underset{\text{粉红}}{CoCl_2 \cdot 6H_2O} \xrightleftharpoons{52.25℃} \underset{\text{紫红}}{CoCl_2 \cdot 2H_2O} \xrightleftharpoons{90℃} \underset{\text{蓝紫}}{CoCl_2 \cdot H_2O} \xrightleftharpoons{120℃} \underset{\text{蓝色}}{CoCl_2}$$

利用这一性质二氯化钴可作干湿指示剂。例如，将其加入硅胶中制成的变色硅胶，是实验室和仪器中常用的干燥剂。当变色硅胶吸收空气中的水分变成粉红色后，重新烘干变成蓝色可继续使用。

$NiCl_2$ 与 $CoCl_2$ 有相同的晶形，但 $NiCl_2$ 在乙醚或丙酮中的溶解度比 $CoCl_2$ 小得多，利用这一性质可以分离钴和镍。

（2）+3 价盐类　+3 价盐类以铁（Ⅲ）较多，而钴（Ⅲ）和镍（Ⅲ）的盐氧化性较强，都很不稳定，故很少。

Fe^{3+}的强酸盐易溶于水，常作氧化剂，一些较强的还原剂如 H_2S、Fe、Cu 等可把它还原成 Fe^{2+}：

$$2Fe^{3+} + H_2S = 2Fe^{2+} + S\downarrow + 2H^+$$

$$2Fe^{3+} + 2I^- = 2Fe^{2+} + I_2$$

$$2Fe^{3+} + Cu = 2Fe^{2+} + Cu^{2+}$$

后一反应在印刷制版中，用 Fe^{3+}作铜版的腐蚀剂，把铜版上需要去掉的部分溶解变成 Cu^{2+}。

Fe^{3+}的强酸盐溶液因 Fe^{3+}的水解呈现较强的酸性，$[Fe(H_2O)_6]^{3+}$仅能存在于强酸性溶液中，稀释溶液或增大溶液的 pH，会有胶状物沉淀出来，而使溶液呈黄色或棕红色，此胶状物的组成是 $Fe(OH)_3$。$FeCl_3$ 的净水作用，就是由于 Fe^{3+}解离产

生 $Fe(OH)_3$ 后，与水中悬浮的泥土等杂质一起聚沉下来，使混浊的水变清。

3. 铁、钴和镍的配合物

（1）与卤素离子形成的配合物　Fe^{2+}、Co^{2+} 和 Ni^{2+} 在水溶液中与卤素离子形成的配合物都不太稳定。但 Fe^{3+} 和 Co^{3+} 却能与 F^- 形成稳定的配合物，如 $K_3[FeF_6]$ 和 $K_3[CoF_6]$。由于 $[FeF_6]^{3-}$ 比较稳定（稳定常数约为 10^{14}），在分析化学上常在含有 Fe^{3+} 的混合溶液中，加入 NaF 使 Fe^{3+} 形成 $[FeF_6]^{3-}$，把 Fe^{3+} 掩蔽起来，从而消除 Fe^{3+} 的干扰。

（2）与 NH_3 形成的配合物　Fe^{2+} 和 Fe^{3+} 难以在水溶液中形成稳定的氨合物，这是由于 Fe^{2+} 和 Fe^{3+} 发生强烈的水解，所以在水溶液中加入氨时，不是形成氨合物，而是形成 $Fe(OH)_2$ 和 $Fe(OH)_3$ 沉淀。

在过量氨存在的溶液中，Ni^{2+} 和 Co^{2+} 能与 NH_3 反应形成稳定的配合物，反应如下：

$$CoCl_2+6NH_3 = [Co(NH_3)_6]^{2+}（土黄色）+2Cl^-$$

$$NiCl_2+6NH_3（过量）= [Ni(NH_3)_6]^{2+}（蓝色）+2Cl^-$$

Co^{3+} 配合物的配位数都为 6。Co^{3+} 在水溶液中不能稳定存在，难以与配位体直接形成配合物，通常把钴(Ⅱ)盐溶在有配位剂的溶液中，借氧化剂把钴(Ⅱ)氧化，从而制出钴(Ⅲ)的配合物。例如：

$$CoCl_2+6NH_3 = [Co(NH_3)_6]^{2+}+2Cl^-$$

$$2[Co(NH_3)_6]^{2+}+H_2O_2+2H^+ = 2[Co(NH_3)_6]^{3+}（红棕色）+2H_2O$$

$$4Co^{2+}+24NH_3+O_2+2H_2O = 4[Co(NH_3)_6]^{3+}+4OH^-$$

Co^{3+} 形成配合物后，在溶液中是稳定的。Ni(Ⅲ) 的配合物比较少见，且是不稳定的。

（3）与 NCS^- 形成的配合物　Fe^{2+}、Co^{2+} 和 Ni^{2+} 与 NCS^- 形成的配合物有配位数 4 和 6 两类，但它们在水溶液中都不太稳定。在水溶液中不太稳定的蓝色配离子 $[Co(NCS)_4]^{2-}$ 能较稳定地存在于乙醚、戊醇或丙酮中，在鉴定 Co^{2+} 时常利用这一特性。

$$Co^{2+}+4NCS^-（过量）\xrightarrow{乙醇}[Co(NCS)_4]^{2-}（蓝色）$$

Fe^{3+} 与 NCS^- 形成配位数为 1~6 的红色配合物。这一反应非常灵敏，它是鉴定 Fe^{3+} 是否存在的重要反应之一。

$$Fe^{3+}+6NCS^- = [Fe(NCS)_6]^{3-}（血红色）$$

（4）与 CN^- 形成的配合物　CN^- 与 Fe^{3+}、Fe^{2+}、Co^{2+}、Ni^{2+} 都能形成配位数为 6 或 4 的配合物，这些配合物在溶液中都很稳定。

黄色晶体 $K_4[Fe(CN)_6]\cdot 3H_2O$，工业名称黄血盐。Fe^{3+} 不能与 KCN 直接生成 $K_3[Fe(CN)_6]$。它是由氯气氧化 $K_4[Fe(CN)_6]$ 的溶液而制得：

$$2K_4[Fe(CN)_6]+Cl_2 = 2KCl+2K_3[Fe(CN)_6]$$

$K_3[Fe(CN)_6]$ 是褐红色晶体，工业名称叫赤血盐。$[Fe(CN)_6]^{3-}$ 的氧化性不如

Fe^{3+}强。

$[Fe(CN)_6]^{3-}$和 $[Fe(CN)_6]^{4-}$在溶液中十分稳定，因此在含有$[Fe(CN)_6]^{3-}$和$[Fe(CN)_6]^{4-}$的溶液中几乎检查不出解离的 Fe^{3+}和 Fe^{2+}。但在含有 Fe^{3+}的溶液中加入黄血盐溶液，在含有 Fe^{2+}的溶液中加入赤血盐溶液，均能立即产生蓝色沉淀：

$$4Fe^{3+}+3[Fe(CN)_6]^{4-} = Fe_4[Fe(CN)_6]_3\downarrow \text{(普鲁士蓝)}$$

$$3Fe^{2+}+2[Fe(CN)_6]^{3-} = Fe_3[Fe(CN)_6]_2\downarrow \text{(滕氏蓝)}$$

以上两个反应可分别用来鉴定 Fe^{3+}和 Fe^{2+}的存在。近年来已经查明，普鲁士蓝和滕氏蓝的结构都是 $Fe_4^{III}[Fe^{II}(CN)_6]_3$。

Co^{2+}与过量 CN^-反应生成茶绿色的 $[Co(CN)_5(H_2O)]^{3-}$，此配离子也易被空气氧化，变为黄色的 $[Co(CN)_6]^{3-}$。

Ni^{2+}与过量 CN^-反应生成杏黄色的 $[Ni(CN)_4]^{2-}$，此配离子是 Ni^{2+}最稳定的配合物之一。

第三节 ds 区 元 素

ds 区元素包括铜族元素的铜（Copper）、银（Silver）、金（Gold）和锌族元素的锌（Zinc）、镉（Cadmium）、汞（Mercury）。它们都是金属，又为过渡金属。同族内从上到下，金属活泼性依次减小。同周期内锌族比铜族活泼性高。

铜族元素一般形成+1、+2、+3 氧化态，其中 Cu 有+1、+2 两种氧化态；Ag 的+2 氧化态极不稳定，常见的为+1；Au 有+1、+3 氧化态。锌副族最常见的氧化态为+2，也可形成+1 氧化态，其中以 Hg(Ⅰ) 最为稳定和重要。

这两族元素与其他过渡元素类似，易形成配合物，但ⅡB 族元素的+2 氧化态离子形成的配合物均无色。

一、 铜族元素

1. 单质

铜族单质具有密度较大，熔沸点较高，优良的导电、传热性，延展性好等共同特性。在所有的金属中，银的导电性最好，铜次之，因而在电器中广泛采用铜作为导电材料，要求高的场合，如触点、电极等可采用银。另外，铜、银之间以及铂、锌、锡、钯等其他金属之间很容易形成合金。如铜合金中的黄铜（含锌）、青铜（含锡）、白铜（含镍）等。有时把铜、银和金称为“货币金属”，这是因为古今中外都用它们作为金属货币的主要成分。

铜族元素的化学活性较低，并按 Cu、Ag、Au 的顺序递减，这主要表现在与空气中氧的反应及与酸的反应上。

铜在常温下不与干燥空气中的氧化合，加热时能产生黑色的氧化铜。银、金在加热时也不与空气中的氧化合。在潮湿的空气中放久后，铜表面会慢慢生成一层绿色的铜锈（俗称铜绿）——碱式碳酸铜 $Cu_2(OH)_2CO_3$：

$$2Cu+O_2+H_2O+CO_2 = Cu_2(OH)_2CO_3$$

铜绿可防止金属进一步腐蚀，其组成是可变的。银、金则不发生这个反应。

空气中如含有 H_2S 气体跟银接触后，银的表面很快生成一层 Ag_2S 的黑色薄膜而使银失去白色光泽。

$$4Ag+O_2+2H_2S = 2Ag_2S\text{（黑色）}+2H_2O$$

2. 氧化物和氢氧化物

水合铜离子 $[Cu(H_2O)_6]^{2+}$ 呈蓝色。在 Cu^{2+} 的溶液中加入适量的碱，析出浅蓝色 $Cu(OH)_2$ 沉淀。加热 $Cu(OH)_2$ 悬浮液到接近沸腾时分解出 CuO：

$$Cu^{2+}+2OH^- \longrightarrow Cu(OH)_2\downarrow \xrightarrow{80\sim90℃} CuO\downarrow+H_2O$$

这一反应常用来制取 CuO。

$Cu(OH)_2$ 略显两性，不但溶于酸，还能溶于过量浓碱溶液中，生成四羟基合铜(Ⅱ)离子 $[Cu(OH)_4]^{2-}$：

$$Cu(OH)_2+2OH^- = [Cu(OH)_4]^{2-}$$

$[Cu(OH)_4]^{2-}$ 可被葡萄糖还原为鲜红色的 Cu_2O：

$$2[Cu(OH)_4]^{2-}+CH_2OH(CHOH)_4CHO = Cu_2O\downarrow+4OH^-+CH_2OH(CHOH)_4COOH+2H_2O$$

分析化学上利用这个反应测定醛，医学上用这个反应来检查糖尿病。

在 $AgNO_3$ 溶液中加 NaOH，反应首先析出白色 AgOH。常温下 AgOH 极不稳定，立即脱水生成暗棕色 Ag_2O 沉淀：

$$2Ag^++2OH^- = Ag_2O\downarrow+H_2O$$

Ag_2O 对热不稳定，加热到 300℃ 即完全分解为 Ag 和 O_2。此外，Ag_2O 具有较强的氧化性，容易被 CO 或 H_2O_2 还原为单质银。

Ag_2O 可溶于硝酸，也可溶于氨水溶液：

$$Ag_2O+4NH_3+H_2O = 2[Ag(NH_3)_2]^++2OH^-$$

3. 铜盐

铜的常见氧化数为+2 和+1。

（1）硫酸铜　最常见的铜盐是五水硫酸铜 $CuSO_4\cdot5H_2O$，俗名胆矾或蓝矾，呈蓝色。$CuSO_4\cdot5H_2O$ 受热后会逐步脱水：

$$CuSO_4\cdot5H_2O \xrightarrow{102℃} CuSO_4\cdot3H_2O \xrightarrow{113℃} CuSO_4\cdot H_2O \xrightarrow{258℃} CuSO_4$$

无水硫酸铜为白色粉末，不溶于乙醇和乙醚，其吸水性很强，吸水后显出特征的蓝色。可利用这一性质来检验乙醇、乙醚等有机溶剂中的微量水分。也可以用无水硫酸铜从这些有机物中除去少量水分（作干燥剂）。

在 $CuSO_4$ 溶液中逐步加入氨水，先得到浅蓝色的碱式硫酸铜沉淀：

$$2CuSO_4+2NH_3\cdot H_2O = Cu_2(OH)_2SO_4\downarrow+(NH_4)_2SO_4$$

若继续加入氨水，$Cu_2(OH)_2SO_4$ 即溶解，得到深蓝色的铜氨配离子 $[Cu(NH_3)_4]^{2+}$，此反应是鉴定 Cu^{2+} 的特效反应。但含量极微时，此法不宜检出。在近中性或酸性溶液中，Cu^{2+} 能与 $[Fe(CN)_6]^{4-}$ 反应，生成红棕色 $Cu_2[Fe(CN)_6]$ 沉淀：

$$2Cu^{2+}+[Fe(CN)_6]^{4-} = Cu_2[Fe(CN)_6]\downarrow$$

这一反应常用来鉴定微量 Cu^{2+} 的存在。

硫酸铜是制备其他含铜化合物的重要原料，在工业上用于镀铜和制颜料。在农业上同石灰乳混合得到波尔多液，在果园中是最常用的杀菌剂。

（2）铜(Ⅰ)和铜(Ⅱ)之间的相互转化　Cu^+ 在水溶液中不稳定，易发生歧化反应而转变为 Cu^{2+}。但当 Cu^+ 形成配合物后，它能较稳定地存在于溶液中。

若使铜(Ⅱ)转化为铜(Ⅰ)，必须有还原剂存在，同时 Cu^+ 必须以沉淀或配合物形式存在，例如可利用 $CuSO_4$ 或 $CuCl_2$ 的溶液与浓 HCl 和 Cu 屑混合，在加热的情况下，来制取 $[CuCl_2]^-$ 的溶液：

$$Cu^{2+}+Cu+4Cl^- \xlongequal{\triangle} 2[CuCl_2]^-\text{（泥黄色）}$$

将制得的溶液，倒入大量水中稀释时，会有白色氯化亚铜沉淀析出：

$$[CuCl_2]^- \xrightleftharpoons{\text{稀释}} CuCl\downarrow+Cl^-$$

如果用其他还原剂代替 Cu，也可以得到 Cu^+ 化合物，例如：

$$2Cu^{2+}+4I^- \xlongequal{\triangle} 2CuI\downarrow+I_2$$

此反应是碘量法测定铜的依据。

4. 银盐

银常形成氧化数为+1 的化合物。银盐的一个特点是多数难溶于水，能溶的只有硝酸银、氟化银、高氯酸银等少数几种。

（1）硝酸银　$AgNO_3$ 是最重要的可溶性银盐。

固体 $AgNO_3$ 受热会分解：

$$2AgNO_3 \xlongequal{\triangle} 2Ag+2NO_2\uparrow+O_2\uparrow$$

如若见光 $AgNO_3$ 也会按上式分解，故应将其保存在棕色玻璃瓶中。

$AgNO_3$ 具有氧化性，可被有机物还原为黑色的 Ag，也可被 Zn、Cu 等金属还原为 Ag。此外，$AgNO_3$ 可使蛋白质凝固成黑色的蛋白银，故对皮肤有腐蚀作用。10% 的稀 $AgNO_3$ 溶液在医药上可作为杀菌剂。

（2）卤化银　在硝酸银溶液中加入卤化物，可以生成 AgCl、AgBr、AgI 沉淀。卤化银的颜色依 Cl—Br—I 的顺序加深（白—浅黄—黄），溶解度依次降低。AgF 易溶于水。

卤化银的一个典型性质是对光敏感，在光照下分解：

$$2AgX \xrightarrow{\text{光}} 2Ag+X_2$$

X 代表 Cl、Br、I。照相工业上常用 AgBr 制造照相底片或印相纸等。

(3) 配合物　在水溶液中，Ag^+ 能与多种配位体形成配合物，如与 NH_3、$S_2O_3^{2-}$、CN^- 等形成配位数是 2 的稳定程度不同的配离子。

Ag^+ 的许多难溶于水的化合物可以转化为配离子而溶解，但若向银的配合物溶液中加入适当的沉淀剂，又会有银的沉淀析出。根据 Ag^+ 难溶盐溶解度的不同和配离子稳定性的差异，沉淀的溶解和生成以及配离子的形成和解离，可以在一定条件下相互转化。

在定性分析中，Ag^+ 的鉴定可利用 Ag^+ 与盐酸反应生成白色凝乳状沉淀的性质，沉淀不溶于硝酸，但溶于氨水中：

$$AgCl+2NH_3 \cdot H_2O = [Ag(NH_3)_2]^+ + Cl^- + 2H_2O$$

含有 $[Ag(NH_3)_2]^+$ 的溶液能把醛和某些糖类氧化，本身被还原为 Ag。例如：

$$2[Ag(NH_3)_2]^+ + HCHO + 3OH^- = HCOO^- + 2Ag\downarrow + 4NH_3 + 2H_2O$$

工业上利用这类反应来制镜子或在暖水瓶的夹层上镀银。

再如 Ag^+ 与 $S_2O_3^{2-}$ 作用先产生 $Ag_2S_2O_3$，产物迅速分解，颜色由白色经黄色、棕色，最后成黑色的 Ag_2S。但若 $S_2O_3^{2-}$ 过量，则反应最终产生配离子：

$$Ag^+ + 2S_2O_3^{2-} = [Ag(S_2O_3)_2]^{3-}$$

$[Ag(S_2O_3)_2]^{3-}$ 也是一种常见的银的配合物，照相底片上未曝光的溴化银在定影液（$S_2O_3^{2-}$）中形成 $[Ag(S_2O_3)_2]^{3-}$ 而溶解：

$$AgBr + 2S_2O_3^{2-} = [Ag(S_2O_3)_2]^{3-} + Br^-$$

Ag_2S 的溶解度太小，难以借配位反应使它溶解，通常借助于氧化还原反应使它溶解。例如，用 HNO_3 来氧化 Ag_2S，发生如下反应：

$$3Ag_2S\ (s) + 8H^+ + 2NO_3^- \xrightarrow{\triangle} 6Ag^+ + 2NO\uparrow + 3S\downarrow + 4H_2O$$

从而使 Ag_2S 溶解。CuS 同样也可借此方法溶解。

二、锌族元素

锌族元素是与 p 区元素相邻的元素，具有与 d 区元素相似的性质，如易于形成配合物等。在某些性质上它们又与第 4、5、6 周期的 p 区金属元素有些相似，如熔点都较低，水合离子都无色等。

1. 单质

锌族金属的特点主要表现为熔、沸点较低，汞是常温下唯一的液态金属。无论在物理性质或化学性质方面，锌、镉都比较相近，而汞较特殊。锌是比较活泼的金属，镉的化学活泼性不如锌，汞的化学性质不活泼。

锌的表面上容易在空气中生成一层致密的碱式碳酸盐 $ZnCO_3 \cdot Zn(OH)_2$ 而使锌有抗御腐蚀的性质，所以常用锌来镀薄铁板。镉既耐大气腐蚀，又对碱和海水有较好的抗腐蚀性，有良好的延展性，也易于焊接，且能长久保持金属光泽，因此，广泛应用于飞机和船舶零件的防腐镀层。

锌、镉、汞之间或与其他金属可形成合金。汞能溶解金属形成汞齐，如汞和钠的合金（钠汞齐）与水接触时，其中的汞仍保持其惰性，而钠则与水反应放出氢气，不过同纯的金属钠相比，反应进行得比较平稳。根据此性质，钠汞齐在有机合成中常用作还原剂。

汞具有挥发性和毒害作用，汞蒸气散布于空气中被吸入人体会产生慢性中毒。如果不小心把汞撒在地上或桌上，必须尽可能收集起来。对遗留在缝隙处的汞，可盖以硫磺粉使生成难溶的 HgS，也可倒入饱和的铁盐溶液使其氧化除去。

2. 氧化物与氢氧化物

ZnO 和 $Zn(OH)_2$ 都是两性物质，$Cd(OH)_2$ 为两性偏碱性。向 Zn^{2+}、Cd^{2+}溶液中加入强碱时，分别生成白色的 $Zn(OH)_2$ 和 $Cd(OH)_2$ 沉淀，当碱过量时，$Zn(OH)_2$ 溶解生成 $[Zn(OH)_4]^{2-}$，而 $Cd(OH)_2$ 则难溶解。但$Zn(OH)_2$和$Cd(OH)_2$均能溶于氨水中，形成配合物。

向 Hg^{2+}、Hg_2^{2+} 的溶液中加入强碱时，因为 $Hg(OH)_2$ 和 $Hg_2(OH)_2$ 都不稳定，生成时立即脱水，分别生成黄色的 HgO 和黑褐色的 Hg_2O 沉淀，Hg_2O 不稳定，见光分解为 HgO 和 Hg：

$$Hg^{2+}+2OH^- = HgO\downarrow +H_2O$$

$$Hg_2^{2+}+2OH^- = HgO\downarrow +Hg\downarrow +H_2O$$

HgO 和 Hg_2O 都能溶于热浓硫酸中，但难溶于碱溶液中。

3. 锌盐

锌易形成氧化数为+2 的化合物。多数锌盐带有结晶水，形成配合物的倾向也很大。

$ZnCl_2 \cdot H_2O$ 是较重要的锌盐，极易溶于水。用锌、氧化锌或碳酸锌与盐酸反应，经过浓缩冷却，就有 $ZnCl_2 \cdot H_2O$ 的晶体析出。如果将氯化锌溶液蒸干，只能得到碱式氯化锌而得不到无水氯化锌，这是由于氯化锌水解的结果造成的：

$$ZnCl_2+H_2O = Zn(OH)Cl+HCl$$

要制造无水氯化锌，一般要在干燥 HCl 气氛中加热脱水。无水氯化锌是白色容易潮解的固体，它的溶解度很大，吸水性很强，有机化学中常用它作去水剂和催化剂。

氯化锌的浓溶液，由于生成配合酸——二氯·一羟基合锌酸而具有显著的酸性，它能溶解金属氧化物：

$$ZnCl_2+H_2O = H[ZnCl_2(OH)]$$

$$FeO+2H[ZnCl_2(OH)] = Fe[ZnCl_2(OH)]_2+H_2O$$

焊接金属时，常用 $ZnCl_2$ 作为焊药，它可清除金属表面的锈层，使焊接不至于形成假焊。

在 Zn^{2+}的溶液中通入 H_2S 时，会有硫化物从溶液中沉淀出来：

$$Zn^{2+}+H_2S = ZnS\downarrow +2H^+$$

由于 ZnS 的溶度积较大，如溶液的 H^+ 浓度超过 0.3mol/L 时，ZnS 就能溶解。

在 $ZnSO_4$ 的溶液中加入 BaS 时生成 ZnS 和 $BaSO_4$ 的混合沉淀物，此沉淀称为锌钡白（俗称立德粉）：

$$Zn^{2+}+SO_4^{2-}+Ba^{2+}+S^{2-} = ZnS \cdot BaSO_4 \downarrow$$

锌钡白是一种较好的白色颜料，没有毒性，在空气中比较稳定。

4. 汞盐

汞与锌、镉不同，汞除了形成氧化数为+2 的化合物外，还有氧化数为+1 的化合物。在氧化数为+1 的汞的化合物中，汞以 Hg_2^{2+}（—Hg—Hg—）形式存在。Hg（Ⅰ）的化合物称亚汞化合物。绝大多数 Hg(Ⅰ) 的无机化合物都是难溶于水的。Hg(Ⅱ) 的化合物中难溶于水的也较多，易溶于水的汞化合物都是有毒的。在汞的化合物中，有许多是以共价键结合的。

（1）氯化物　汞有两种氯化物，即升汞 $HgCl_2$ 和甘汞 Hg_2Cl_2。

$HgCl_2$ 为白色针状晶体，微溶于水，熔点低，易升华，俗称升汞。升汞有剧毒，内服 0.2~0.4g 可致死。但少量使用，有消毒作用，医院里用 $HgCl_2$ 的稀溶液作手术刀剪等的消毒剂。

$HgCl_2$ 在水溶液中主要以分子形式存在。若 $HgCl_2$ 溶液中加入氨水，生成氨基氯化汞白色沉淀：

$$HgCl_2+2NH_3 = NH_2HgCl \downarrow +NH_4Cl$$

Hg_2Cl_2 为难溶于水的白色粉末，无毒，因味略甜，俗称甘汞，医药上作轻泻剂，化学上用以制造甘汞电极。Hg_2Cl_2 在光的照射下，容易分解成汞和氯化汞，故应保存在棕色瓶中。

Hg_2Cl_2 与氨水反应，由于 Hg^{2+} 同 NH_3 生成了比 Hg_2Cl_2 溶解度更小的氨基化合物 $HgNH_2Cl$，使 Hg_2Cl_2 发生歧化反应：

$$Hg_2Cl_2+2NH_3 = HgNH_2Cl \downarrow +Hg \downarrow +NH_4Cl$$

白色的氯化氨基汞和黑色的金属汞微粒混在一起，使沉淀呈现灰色。这个反应可以用来区分 Hg_2^{2+} 和 Hg^{2+}。

在酸性溶液中，$HgCl_2$ 是较强的氧化剂，在 Hg^{2+} 的溶液中加入 $SnCl_2$，首先有白色的 Hg_2Cl_2 生成。再加入过量的 $SnCl_2$ 溶液时 Hg_2Cl_2 可被 Sn^{2+} 还原为 Hg。

$$2HgCl_2+Sn^{2+}+4Cl^- = [SnCl_6]^{2-}+Hg_2Cl_2 \downarrow \text{（白色）}$$

$$Hg_2Cl_2+Sn^{2+}+4Cl^- = [SnCl_6]^{2-}+2Hg \downarrow \text{（黑色）}$$

化学分析上利用上述反应鉴定 Hg^{2+} 或 Sn^{2+}。

（2）硫化物　向 Hg^{2+} 及 Hg_2^{2+} 溶液中通入 H_2S，均能产生黑色的 HgS 沉淀。

在金属硫化物中，HgS 的溶解度最小，其他的酸不能将其溶解，而只易溶于王水：

$$3HgS+12Cl^-+8H^++2NO_3^- = 3[HgCl_4]^{2-}+3S \downarrow +2NO \uparrow +4H_2O$$

这一反应，除了 HNO_3 能把 HgS 中的 S^{2-} 氧化为 S 外，生成配离子 $[HgCl_4]^{2-}$ 也是

促使 HgS 溶解的因素之一。可见，HgS 溶解是借助于氧化还原反应和配位反应共同作用的结果。

HgS 也溶于过量的浓的 Na_2S 溶液中生成配离子：

$$HgS+S^{2-} = [HgS_2]^{2-}$$

（3）汞的配合物　Hg_2^{2+} 形成配离子的倾向较小，而 Hg^{2+} 却能形成多种配合物，其配位数为 4 的占绝对多数。

例如，难溶于水的白色 $Hg(SCN)_2$ 能溶于浓的 KSCN 溶液中，生成可溶性的四硫氰合汞(Ⅱ) 酸钾 $K_2[Hg(SCN)_4]$：

$$Hg(SCN)_2+2SCN^- = [Hg(SCN)_4]^{2-}$$

这属于前面提到过的配位溶解。

Hg^{2+} 与过量的 KI 反应，首先产生红色碘化汞沉淀，然后沉淀溶于过量的 KI 中，生成无色的碘配离子：

$$Hg^{2+}+2I^- = HgI_2 \text{（橘红色）}$$

$$HgI_2+2I^- = [HgI_4]^{2-} \text{（无色）}$$

$K_2[HgI_4]$ 和 KOH 的混合溶液，称为奈斯勒(Nessler) 试剂，如溶液中有微量 NH_4^+ 存在时，滴入试剂立刻生成特殊的红棕色沉淀，常用于鉴定 NH_4^+。

（4）Hg(Ⅰ) 和 Hg(Ⅱ) 的相互转化　Hg_2^{2+} 在溶液中不容易歧化为 Hg^{2+} 和 Hg，相反，Hg 能把 Hg^{2+} 还原为 Hg_2^{2+}：

$$Hg^{2+}+Hg = Hg_2^{2+}$$

因此，通常情况下，Hg_2^{2+} 在水溶液中是稳定的，若要使 Hg_2^{2+} 转化为 Hg（Ⅱ）并使之稳定存在，就得使 Hg^{2+} 形成难解离的物质，降低 Hg^{2+} 的浓度。例如在 Hg_2^{2+} 溶液中加入 OH^-、NH_3、I^- 或 S^{2-} 时，因它们能有效地降低 Hg^{2+} 的浓度，则发生歧化反应。例如：

$$Hg_2^{2+}+2OH^- = Hg\downarrow+HgO\downarrow+H_2O$$

$$Hg_2^{2+}+H_2S = HgS\downarrow+Hg\downarrow+2H^+$$

$$Hg_2^{2+}+4I^- = Hg\downarrow+[HgI_4]^{2-}$$

知识拓展

铅、镉和汞的毒性

随着工农业的迅猛发展，自然环境也发生了改变，其中之一是人类自己开采出来的一些金属污染了食物、水和空气，使人类健康受损，最为有害的金属是铅、镉和汞（图 6-1）。通常认为这些污染金属进入有机体的途径和影响的过程是：有毒金属穿过细胞膜进入细胞，干扰生物酶的功能，破坏了正常系统，影响了代谢，于是造成毒害。值得注意的是，这些有毒害的金属元素通常总是占有周期表右下角的位置。

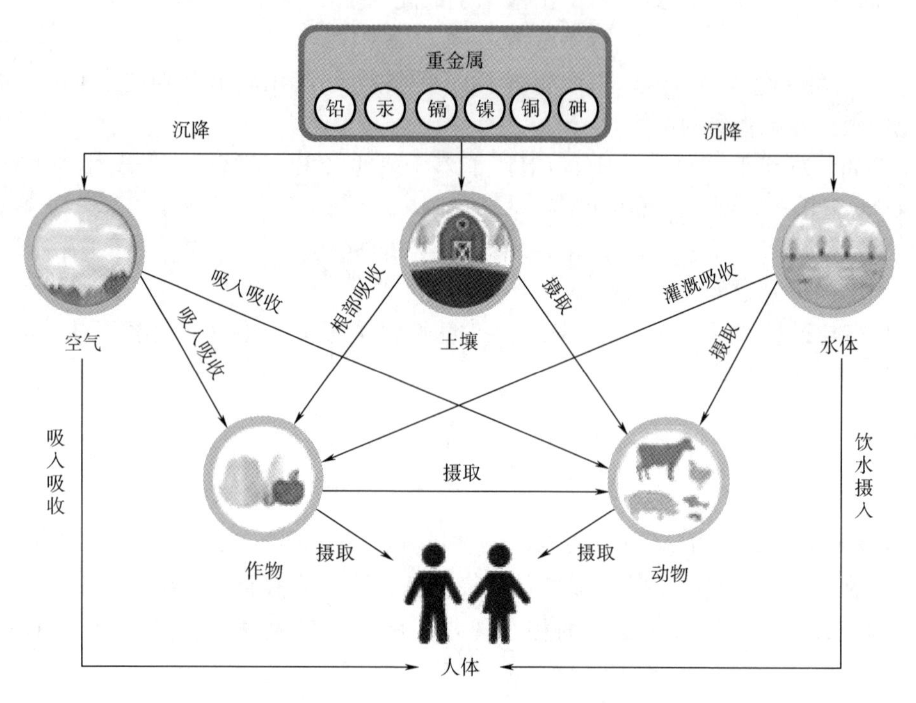

图 6-1　重金属污染的主要暴露途径

1. 铅

铅在自然界多以硫化物形态存在，且常与锌、铜等元素共存（图 6-2）。铅是大气污染物中毒性较大的一种，即使食入微量铅也会严重损伤人的肾脏、大脑和循环系统，铅对胎儿和 7 岁以下的儿童危害更大，因为小儿体内各种屏障机能比较差，铅对正在发育中的大脑、神经系统都会产生严重的、无法逆转的损伤，可以造成儿童智力低下、行为偏离、生长减慢和造血不良等，即使轻度的铅中毒也会造成儿童的注意力涣散、记忆力减退、理解力降低以及小儿多动症等。

人类使用铅已有四千多年的历史了，但是直到 200 年前，才知道铅是极毒的。现今考古发现：古罗马贵族平均寿命只有 25 岁，重要原因之一与铅有关。他们长期用铅管饮水，贵妇搽脸粉含大量铅白，贵族食用的葡萄酱中加铅丹除酸味和染色。王公贵族中毒严重，妇女普遍流产、不孕，许多孩子非痴即呆。

2. 镉

镉在自然界中多以硫镉矿存在，并常与锌、铅、铜、锰等矿共存。所以在这些金属精炼过程中都可以排出大量的镉。另外，电镀、染料、电池和化学工业等排放的废水也是镉的主要污染源。进入人体的镉，在体内形成镉硫蛋白，通过血

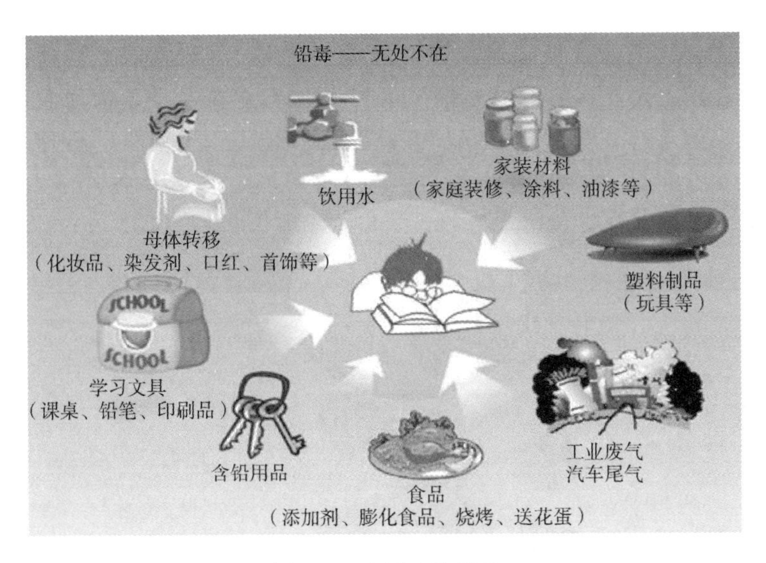

图 6-2　生活中的铅毒

液到达全身，并有选择地蓄积于肾和肝中，肾可蓄积吸收量的 1/3，是镉中毒的靶器官。镉与含羟基、氨基、巯基的蛋白质分子结合，能使许多酶系统受到抑制，影响其正常功能。

20 世纪 50~60 年代，对环境问题尚无足够认识的日本片面追求工业和经济发展，引发了一系列重金属污染事件，富山市神通川流域的一些居民由于长期食用被镉污染的大米——“镉米”，周身剧烈疼痛，甚至连呼吸都要忍受巨大痛苦。因为病人患病后全身非常疼痛，终日喊痛不止，因而取名“痛痛病”（亦称骨痛病）。至 1979 年已有近百人死于此疾。

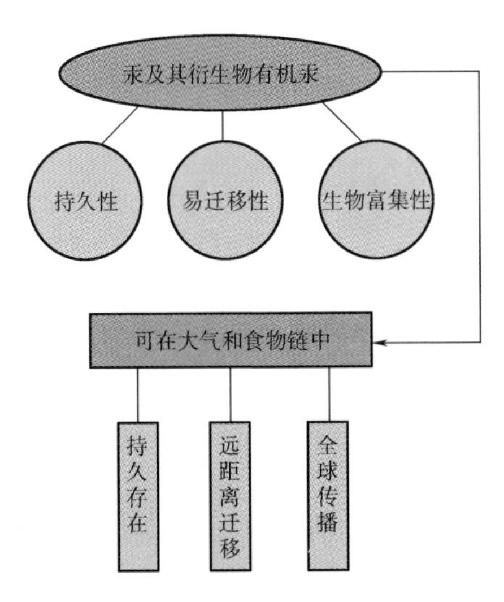

图 6-3　汞及其衍生物的特点

3. 汞

在自然界主要的含汞原矿是硫化汞（辰砂）及其多晶体偏硫化汞。在风化作用下，汞以固体微粒等形态进入环境，其特点如图 6-3 所示。随着工业的发展，汞的用途越来越广，产量也越来越大。煤和石油的燃烧、含汞金属矿物的冶炼和以汞为原料的工业生产所排放的废气，是大气中汞的主要来源；施用含汞农药和含汞污泥肥料，是土壤中汞的主要来源；氯碱工业、塑料工业、电池工业和电子工业等排放的废水，是水体中汞的主要来源。

汞分为无机汞和有机汞两类，可溶性

无机汞盐（如 $HgCl_2$）毒性很大，能引起中毒者肠胃腐蚀、肾功能衰竭并死亡（图6-4）。汞被排入江河中，某些厌氧菌能使汞甲基化，并进入鱼类和贝类。有机汞比无机汞的毒性更大。1953 年，1964 年，1973 年日本发生了三次因食用含甲基汞的鱼类和贝类而患的古怪的神经病，其症状是颤抖、行走困难、精神障碍，生出的孩子都是头小的低能儿，而耳聋眼瞎、全身麻木，最后精神失常、身体弯曲、高叫而死。由于这是在水俣湾发生的，故称之为水俣病。

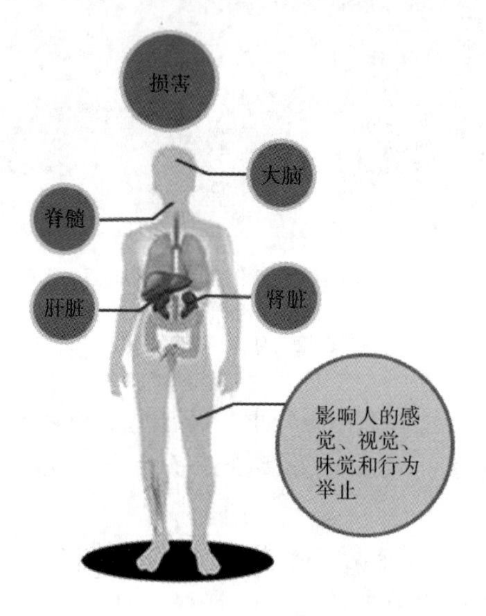

图 6-4　汞毒对人体的危害

本章小结

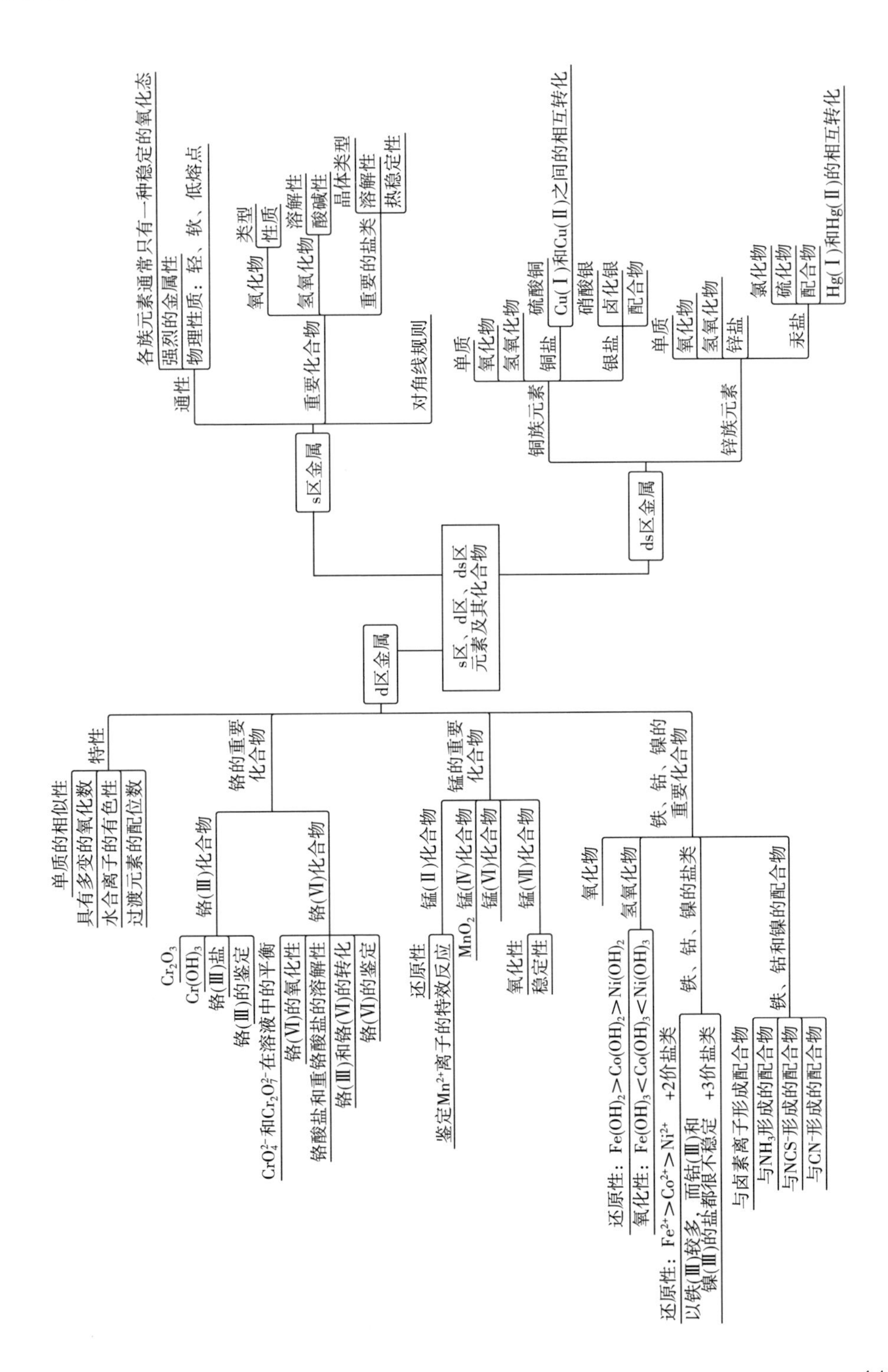
s区、d区、ds区元素及其化合物
s区金属
通性
各族元素通常只有一种稳定的氧化态
强烈的金属性
物理性质：轻、软、低熔点
重要化合物
氧化物
类型
性质
氢氧化物
溶解性
酸碱性
重要的盐类
晶体类型
溶解性
热稳定性
对角线规则
ds区金属
铜族元素
单质
氧化物
氢氧化物
铜盐
硫酸铜
Cu(Ⅰ)和Cu(Ⅱ)之间的相互转化
银盐
硝酸银
卤化银
配合物
锌族元素
单质
氧化物
氢氧化物
锌盐
汞盐
氯化物
硫化物
配合物
Hg(Ⅰ)和Hg(Ⅱ)的相互转化
d区金属
特性
单质的相似性
具有多变的氧化数
水合离子的有色性
过渡元素的配位数
铬的重要化合物
铬(Ⅲ)化合物
Cr_2O_3
$Cr(OH)_3$
铬(Ⅲ)盐
铬(Ⅲ)的鉴定
铬(Ⅵ)化合物
CrO_4^{2-}和$Cr_2O_7^{2-}$在溶液中的平衡
铬(Ⅵ)的氧化性
铬酸盐和重铬酸盐的溶解性
铬(Ⅲ)和铬(Ⅵ)的转化
铬(Ⅵ)的鉴定
锰的重要化合物
锰(Ⅱ)化合物
还原性
鉴定Mn^{2+}离子的特效反应
锰(Ⅳ)化合物
MnO_2
锰(Ⅵ)化合物
锰(Ⅶ)化合物
氧化性
稳定性
铁、钴、镍的重要化合物
氧化物
氢氧化物
还原性：$Fe(OH)_2>Co(OH)_2>Ni(OH)_2$
氧化性：$Fe(OH)_3<Co(OH)_3<Ni(OH)_3$
铁、钴、镍的盐类
+2价盐类
还原性：$Fe^{2+}>Co^{2+}>Ni^{2+}$
+3价盐类
以铁(Ⅲ)较多，而钴(Ⅲ)和镍(Ⅲ)的盐都很不稳定
铁、钴和镍的配合物
与卤素离子形成配合物
与NH_3形成的配合物
与NCS^-形成的配合物
与CN^-形成的配合物

习　题

一、填空题

1. 由于钠和钾的氧化物________，所以ⅠA族元素称为碱金属；因为钙、锶和钡的氧化物________，故ⅡA族元素称为碱土金属。

2. 写出下列物质的化学式：铬黄________，灰锰氧________，黄血盐________。

3. 在酸性介质中将Cr(Ⅲ)氧化成Cr(Ⅵ)比在碱性介质中________，写出三种可以将Cr^{3+}氧化成$Cr_2O_7^{2-}$的氧化剂：________，________，________。

4. 按照酸碱质子理论，$[Fe(H_2O)_5(OH)]^{2+}$的共轭酸是________，其共轭碱为________。

5. 实验室中作干燥剂用的硅胶常浸有________，吸水后成为________色水合物，分子式是________，加热干燥后呈________色。

二、判断题

1. 所有碱金属和碱土金属都能形成稳定的过氧化物。（　　）

2. 碱土金属氢氧化物溶解度大小的次序为：$Be(OH)_2<Mg(OH)_2<Ca(OH)_2<Sr(OH)_2<Ba(OH)_2$。（　　）

3. 碱金属的盐类都是可溶性的。（　　）

4. 由于s区元素单质的密度很小，它们都可以浸在煤油中保存。（　　）

5. 在水溶液中Fe^{3+}与浓氨水可以形成$[Fe(NH_3)_6]^{3+}$。（　　）

6. 普鲁士蓝和滕氏蓝是两种组成、结构都不相同的物质。（　　）

7. 水溶液中$[Co(NCS)_4]^{2-}$很稳定，不易发生解离。（　　）

8. Zn^{2+}、Cd^{2+}、Hg^{2+}都能与氨水作用，形成氨的配合物。（　　）

9. Cu(Ⅰ)的配合物易发生歧化反应，它们在水溶液中不能稳定存在。（　　）

10. $ZnCl_2 \cdot H_2O$晶体受热时生成Zn(OH)Cl和HCl。（　　）

三、选择题

1. 不属于过氧化物的是（　　）。

A. BaO_2　　B. KO_2　　C. Na_2O_2　　D. CaO_2

2. 下列各单质中密度最小的是（　　）。

A. Li　　B. K　　C. Ca　　D. Be

3. 下列氢氧化物碱性最强的是（　　）。

A. $Mg(OH)_2$　　B. $Be(OH)_2$　　C. $As(OH)_3$　　D. $Sb(OH)_3$

4. 中性条件下MnO_4^-被还原的产物为（　　）。

A. Mn^{2+}　　B. MnO_2　　C. MnO_4^{2-}　　D. Mn_2O_3

5. 下列金属中，不溶于冷的浓硝酸的是（　　）。

A. Mn　　B. Cd　　C. Co　　D. Cr

6. 下列金属中，硬度最大的是（　　）。

A. W　　B. Cr　　C. Mo　　D. Ni

7. 分离 Fe^{3+} 和 Cr^{3+} 可选用的试剂是（　　）。

A. $NH_3 \cdot H_2O$　　B. NaOH　　C. Na_2S　　D. H_2S

8. 在 $Hg_2(NO_3)_2$ 的溶液中，加入哪种试剂时不会发生歧化反应（　　）。

A. 浓 HCl　　B. H_2S　　C. NaCl 溶液　　D. $NH_3 \cdot H_2O$

9. 在 $CuSO_4$ 与过量 NaOH 混合液中加入葡萄糖溶液并微热，生成的产物之一是（　　）。

A. CuO　　B. Cu_2O　　C. $Cu(OH)_2$　　D. $Cu_2(OH)_2SO_4$

10. 五支试管分别装有：NaCl、Na_2S、K_2CrO_4、$Na_2S_2O_3$ 和 Na_2HPO_4，欲用一种试剂把它们区分出来，这种试剂是（　　）。

A. H_2S　　B. $AgNO_3$　　C. NaOH　　D. $NH_3 \cdot H_2O$

四、完成下列反应方程式

1. $Na_2O_2+CO_2 \longrightarrow$

2. $Na_2O_2+H_2SO_4$（稀）$\longrightarrow$

3. $Cu^{2+}+Cu+Cl^- \xrightarrow{H^+}$

4. $MnO_4^-+NO_2^-+H^+ \longrightarrow$

5. Ag_2S+HNO_3（浓）$\longrightarrow$

6. $Hg(NO_3)_2+NaOH \longrightarrow$

7. $Hg_2^{2+}+H_2S \xrightarrow{光}$

8. $Hg^{2+}+I^-$（过量）$\longrightarrow$

9. $Cr_2O_7^{2-}+I^-+H^+ \longrightarrow$

10. $Cr_2O_7^{2-}+Pb^{2+} \longrightarrow$

五、回答问题

1. 用 Cu 粉还原 Cu^{2+} 盐溶液制备 CuCl 时，为什么要加入过量的浓盐酸？并简述 CuCl 的性质。

2. 试设计方案，分离下列各组离子：

（1）Cu^{2+}，Ag^+，Zn^{2+}，Hg_2^{2+}；

（2）Zn^{2+}，Cd^{2+}，Hg^{2+}，Al^{3+}。

3. 请解释下列问题：

（1）向 $FeCl_3$ 溶液加入 KSCN 溶液，溶液立即变红，加入适量 $SnCl_2$ 后溶液变成无色。

（2）向 $FeSO_4$ 溶液加入碘水，碘水不褪色，再加入 $NaHCO_3$ 后，碘水褪色。

(3) 向 $FeCl_3$ 溶液中通入 H_2S，并没有硫化物沉淀生成。

4. 根据下列实验确定各字母所代表的物质。

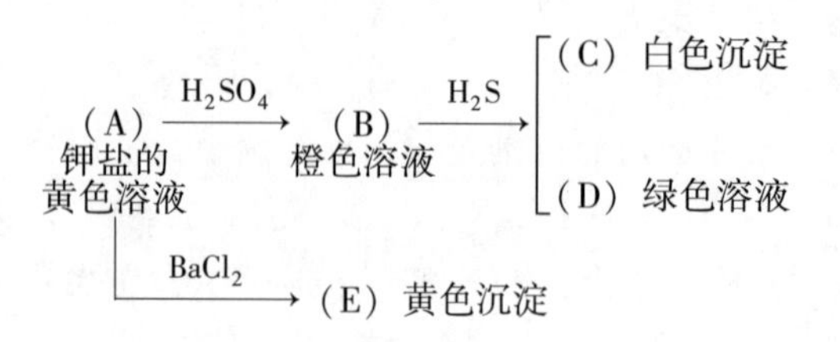

5. 根据下列实验确定各字母所代表的物质。

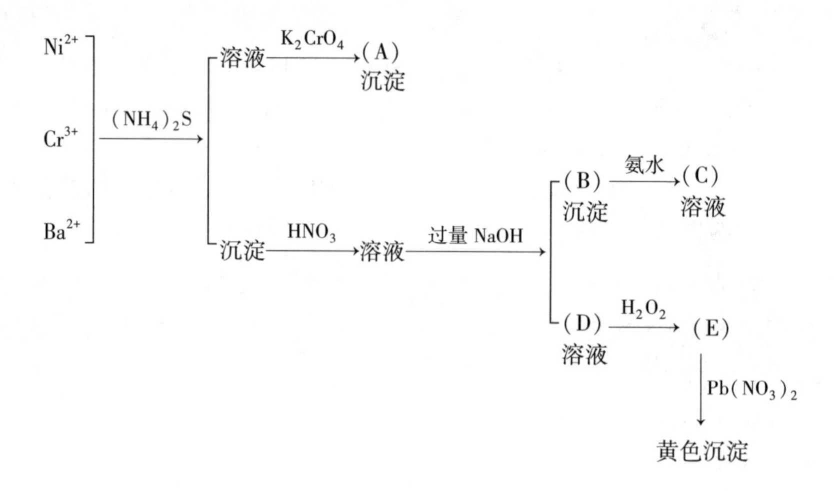

6. 根据下列实验确定各字母所代表的物质：

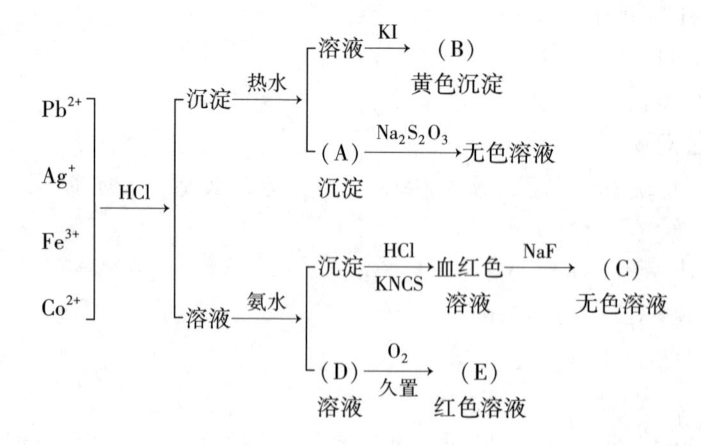

7. 某棕色固体 A 可溶于盐酸溶液得到黄棕色溶液。用 A 的溶液进行下列实验：

$$(A)\xrightarrow{AgNO_3}\underset{白色沉淀}{(B)}\xrightarrow{氨水}\underset{无色溶液}{(C)}$$

$$(A)\xrightarrow{过量氨水}\underset{红棕色沉淀}{(D)}\xrightarrow{HCl,\ KNCS}\underset{血红色溶液}{(E)}$$

$$(A)\xrightarrow[①]{H_2S}\begin{cases}(F)\ 白色沉淀\\ \underset{溶液}{(G)}\xrightarrow[②]{K_3[Fe(CN)_6]}\underset{蓝色沉淀}{(H)}\end{cases}$$

试确定各字母所代表的物质，并写出①、②两个反应的离子方程式。

8. 在无色硝酸盐溶液A中：(1) 加入氨水时有白色沉淀B生成；(2) 在A中加入稀NaOH溶液则生成黄色沉淀C；(3) 在A中加入KI溶液时先生成橘红色沉淀D，当KI过量时，D消失，生成无色溶液E；(4) 若在A中加入一滴汞并振荡，汞逐渐消失，得到溶液F。在F中加入KI溶液得到黄绿色沉淀G，当KI溶液过量时，则得到灰黑色沉淀H和溶液E。试确定各字母所代表的物质，并写出A与NaOH反应、G与KI反应的方程式。

第七章

p区元素及其重要化合物

学习目标

知识目标

1. 掌握卤素单质、卤化氢、氢卤酸的性质及其递变规律，氢卤酸的制备；

2. 掌握氯的含氧酸的酸性及其氧化性、稳定性和它们的递变规律；掌握过氧化氢的不稳定性、氧化还原性，掌握硫化氢、硫化物、硫的含氧酸及其盐的主要性质；

3. 了解氮族元素的通性，掌握氨、铵盐、硝酸及其盐、亚硝酸及其盐的主要性质，掌握磷酸的酸性及磷酸盐的溶解性。

技能目标

1. 认识 p 区重要元素的物理及化学性质；

2. 能运用物质的性质进行常见阴离子的区分和鉴别。

p 区元素包括周期系中的ⅢA～ⅦA 和 0 族元素。沿 B—Si—As—Te—At 对角线将该区元素分为两部分，对角线右上方的元素为非金属元素（含对角线上的元素），对角线左下方的元素为金属元素。除氢外，所有非金属元素全部集中在该区。0 族元素价层电子全满，与本区其他各族元素相比，性质差异较大，故不在本章讨论。

p 区元素性质的递变符合元素周期表的一般规律。同一周期，从左向右随着核电荷数的增加，原子半径逐渐变小，非金属性依次增强，金属性依次减弱。同族自上而下原子半径逐渐增大，非金属性逐渐减弱，金属性逐渐增强。除ⅦA 族外，p 区中各族元素都是由典型的非金属元素经准金属过渡到典型的金属元素。同一族中，第一个元素的半径最小，获得电子的能力最强，它与同族的其他元素相比，化学性质有较大的差异。p 区非金属元素除有正氧化数外，还有负氧化数。ⅢA～ⅤA 族同族元素自上往下低氧化数化合物的稳定性增强，高氧化数化合物的稳定性减弱。同一族元素这种自上而下低氧化数化合物比高氧化数化合物稳定的现象，称为“惰性电子对效应”。

本章将主要介绍 p 区元素的单质及其重要化合物的性质及其递变规律。

第一节
卤族元素

周期表中的ⅦA 族元素，包括氟(Fluorine)、氯(Chlorine)、溴(Bromine)、碘(Iodine) 和砹(Astatine) 等五种元素，通称为卤族元素。卤素一词的希腊原文的意思为“成盐元素”，它们都能直接和金属化合生成盐类。砹是人工合成的放射性元素。

一、 卤族元素的通性

卤族元素的一些主要性质列于表 7-1 中。从表中可见，卤素的熔沸点、原子半径、离子半径等都随原子序数增大而增大，而电负性随原子序数增大而减小。

表 7-1　　卤族元素的性质

性　质	氟	氯	溴	碘
原子序数	9	17	35	53
常见氧化数	-1	-1，+1，+3，+5，+7	-1，+1，+3，+5，+7	-1，+1，+3，+5，+7
熔点/℃	-219.7	-100.99	-7.3	113.5
沸点/℃	-188.2	-34.03	58.75	184.34
原子半径/pm	67	99	114	138
X^-离子半径/pm	133	181	196	220
电负性	3.98	3.16	2.96	2.66

卤素仅缺少一个电子就达到 8 电子的稳定结构，因此它们容易获得一个电子成

为一价负离子。和同周期元素相比，卤素的非金属性是最强的。非金属性从氟到碘依次减弱。

卤素是非常活泼的非金属，能和活泼金属生成离子化合物，几乎能和所有的非金属反应，生成共价化合物。

卤素在化合物中常见的氧化数为-1。除氟以外，卤素还可以形成正的氧化数，如+1、+3、+5 和+7。

二、 卤素单质

1. 物理性质

卤素单质的一些物理性质，如熔点、沸点、颜色和聚集状态等随着原子序数增加有规律地变化。在常温下，F_2(浅黄色)、Cl_2(黄绿色) 为气体，Br_2 是红棕色易挥发的液体，I_2 是紫色固体，随着相对分子质量的增大，其颜色依次加深。固态 I_2 加热即可升华，从固态直接变为气态，I_2 蒸气呈紫色。所有卤素均有刺激性气味，刺激性从 Cl_2 至 I_2 依次减小。吸入较多的卤素蒸气会严重中毒，甚至导致死亡。

卤素在有机溶剂，如乙醚、四氯化碳、乙醇、氯仿等非极性或弱极性溶剂中的溶解度比在水中要大得多，这是由于卤素分子是非极性分子，遵循相似相溶原则。

I_2 难溶于水，但易溶于碘化物溶液中，形成易溶于水的 I_3^-：

$$I_2+I^- \rightleftharpoons I_3^- \text{（棕色）}$$

I_3^- 可以解离生成 I_2，故多碘化物溶液的性质实际上和碘溶液相同，实验室中常用此反应来获得较高浓度的碘水溶液。

2. 化学性质

由于卤素原子都有取得一个电子而形成卤素阴离子的强烈趋势，所以卤素化学活泼性高、氧化能力强。除 I_2 外，其他均为强氧化剂。由标准电极电势可看出，F_2 是卤素单质中最强的氧化剂。随着原子半径的增大，卤素的氧化能力依次减弱。

卤素的化学性质主要有以下几个方面：

（1）与金属作用　F_2 能和所有的金属剧烈化合。Cl_2 几乎和所有的金属化合，但有时需要加热。Br_2 比 Cl_2 不活泼，能和除贵金属以外的所有其他金属化合。I_2 比 Br_2 更不活泼。

（2）与非金属单质反应　F_2 几乎能与（He、Ne、Ar、Kr、O_2、N_2 除外）所有非金属单质直接反应生成相应的共价化合物，而且反应非常激烈，常伴随着燃烧和爆炸；Cl_2、Br_2 能与多数非金属直接反应生成相应的共价化合物，但反应比氟平稳得多；I_2 只能与少数非金属直接反应生成共价化合物（如 PI_3）。

卤素单质都能和 H_2 直接化合生成卤化氢。F_2 在冷暗处即可产生爆炸；Cl_2 和 H_2 的混合物在常温下缓慢化合，在强光照射时反应加快，甚至会发生爆炸反应；

Br_2 和 H_2 的化合反应比 Cl_2 缓和；I_2 和 H_2 在高温下才能化合。

（3）与水的反应　卤素与水可发生两类化学反应。第一类反应是卤素对水的氧化作用，即卤素单质从水中置换出氧气的反应：

$$2X_2+2H_2O \rightleftharpoons 4HX+O_2\uparrow$$

第二类是卤素的水解作用，即卤素的歧化反应：

$$X_2+H_2O \rightleftharpoons H^++X^-+HXO$$

F_2 在水中只能进行氧化反应。Cl_2、Br_2、I_2 可以进行歧化反应，但 Cl_2 到 I_2 反应进行的程度越来越小。从歧化反应式可知，加酸可抑制该反应向右进行，加碱则促进生成次卤酸。对 Cl_2、Br_2、I_2 的歧化反应是主要的。

Cl_2、Br_2、I_2 在碱性溶液中发生歧化反应其反应产物与温度有关。常温下 Cl_2 在碱性溶液中歧化为 Cl^- 和 ClO^-，加热时则歧化为 Cl^- 和 ClO_3^-；常温下 Br_2 在碱性溶液中歧化为 Br^- 和 BrO_3^-，在低温下歧化为 Br^- 和 BrO^-，I_2 在低温下也歧化为 I^- 和 IO_3^-。

（4）卤素单质与卤离子的反应　卤素单质氧化能力依次为：$F_2>Cl_2>Br_2>I_2$。卤素阴离子还原性大小的顺序为：$I^->Br^->Cl^->F^-$，因此，每种卤素都可以把电负性比它小的卤素从后者的卤化物中置换出来。例如，F_2 能氧化 Cl^-、Br^-、I^-，置换出 Cl_2、Br_2、I_2；Cl_2 能置换出 Br_2 和 I_2；而 Br_2 只能置换出 I_2。

三、 卤化氢和氢卤酸

卤化氢均为具有强烈刺激性臭味的无色气体，在空气中易与水蒸气结合而形成白色酸雾。HX 是极性分子，极易溶于水，其水溶液称为氢卤酸。

1. 卤化氢的性质

卤化氢的性质随原子序数增加呈现规律性的变化，见图 7-1。其中 HF 因生成氢键，使得熔沸点比 HCl 的高。

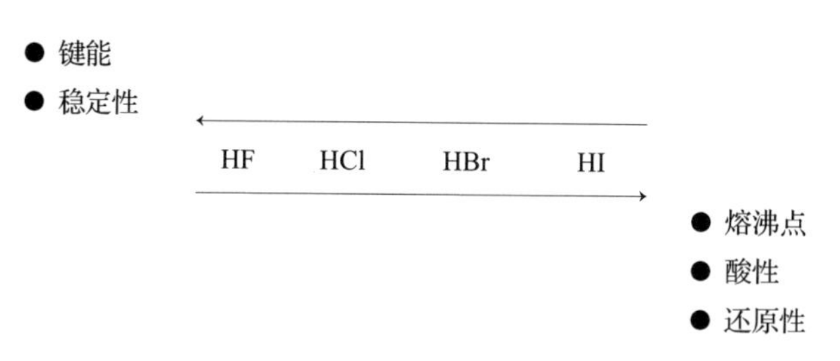

图 7-1　HX 性质的递变规律

氢卤酸中除氢氟酸是弱酸外，其他皆为强酸。但是氢氟酸却表现出一些独特的性质，例如它可与 SiO_2 反应：

$$SiO_2+4HF = SiF_4\uparrow+2H_2O$$

可利用这一性质来刻蚀玻璃或溶解各种硅酸盐。

2. 卤化氢的制备

卤化氢的制备可采用单质直接合成、复分解和卤化物水解等方法。

实验室制备氟化氢以及少量氯化氢时，可用浓硫酸与相应的卤化物（如萤石 CaF_2、NaCl 等）作用，加热使卤化氢气体从混合物中逸出：

$$CaF_2+H_2SO_4(\text{浓}) \xlongequal{\triangle} CaSO_4+2HF\uparrow$$

$$NaCl+H_2SO_4(\text{浓}) \xlongequal{\triangle} NaHSO_4+HCl\uparrow$$

但 HBr 和 HI 不能用浓硫酸制取，因为 HBr、HI 能被浓硫酸氧化成单质溴或碘：

$$2HBr+H_2SO_4(\text{浓}) = SO_2+Br_2+2H_2O$$

$$8HI+H_2SO_4(\text{浓}) = H_2S+4I_2+4H_2O$$

如用非氧化性的酸，如磷酸，代替浓硫酸可制得 HBr 和 HI：

$$NaX+H_3PO_4 = NaH_2PO_4+HX\uparrow$$

实验室中还常用非金属卤化物水解的方法制备溴化氢和碘化氢：

$$PX_3+3H_2O = H_3PO_3+3HX\ (X = Br、I)$$

在实际应用时，只须将溴或碘与红磷混合，再将水逐渐加入该混合物中，就可制得 HBr 或 HI：

$$3X_2+2P+6H_2O = 2H_3PO_3+6HX\ (X = Br、I)$$

四、卤化物

卤素和电负性较小的元素形成的二元化合物称为卤化物，可以分为金属卤化物和非金属卤化物两类。

大多数金属氯化物易溶于水，而 AgCl、Hg_2Cl_2、$PbCl_2$ 难溶于水。金属氟化物与其他卤化物不同，碱土金属的氟化物（特别是 CaF_2）难溶于水，而碱土金属的其他卤化物却易溶于水。氟化银易溶于水，而银的其他卤化物则不溶于水。

金属卤化物在溶于水的同时，除少数活泼金属卤化物外，还会发生不同程度的水解而产生沉淀，应引起注意。非金属卤化物水溶液中，除 CCl_4 和 SF_6 不水解外，一般以发生水解为主。

卤素和非金属形成共价型卤化物。非金属卤化物的熔沸点低，不溶于水或遇水立即水解（如 PCl_5、$SiCl_4$），水解常生成相应的氢卤酸和该非金属的含氧酸：

$$PCl_5+4H_2O = 5HCl+H_3PO_4$$

$$SiCl_4+3H_2O = 4HCl+H_2SiO_3$$

五、氯的含氧酸及其盐

除氟外，氯、溴、碘都可以与氧化合生成氧化数为+1、+3、+5、+7 的各种含氧化合物（氧化物、含氧酸和含氧酸盐），但它们都不稳定或不很稳定。比较稳定的是含氧酸盐，最不稳定的是氧化物。其含氧酸的形式有 HOX（次卤酸）、HXO_2

（亚卤酸）、HXO_3（卤酸）和 HXO_4（高卤酸）等。表 7-2 列出了已知的卤素含氧酸。

表 7-2　　卤素的含氧酸

名称	氧化数	氯	溴	碘
次卤酸	+1	$HClO^*$	$HBrO^*$	HIO^*
亚卤酸	+3	$HClO_2^*$	$HBrO_2^*$	—
卤酸	+5	$HClO_3^*$	$HBrO_3^*$	HIO_3
高卤酸	+7	$HClO_4$	$HBrO_4$	HIO_4、H_5IO_6

注：* 仅存在于水溶液中。

在卤素的含氧酸及其盐中，以氯的含氧酸及其盐最为重要，将重点进行讨论。

1. 次氯酸及次氯酸盐

Cl_2 与水作用，发生下列可逆反应：

$$Cl_2+H_2O \rightleftharpoons HClO+H^++Cl^-$$

Cl_2 在水中的溶解度不大，在反应中又有强酸生成，所以上述歧化反应进行得不完全。

HClO 是很弱的酸，$K_a^{\ominus}=3.17\times10^{-8}$，它只能存在于溶液中。HClO 性质不稳定，见光或有催化剂存在时易分解。

HClO 具有杀菌和漂白能力。而 Cl_2 之所以有漂白作用，就是由于它和水作用生成 HClO 的缘故，干燥的 Cl_2 是没有漂白能力的。

把 Cl_2 通入冷的碱溶液中，可生成次氯酸盐，反应如下：

$$Cl_2+2NaOH = NaClO+NaCl+H_2O$$

$$2Cl_2+2Ca(OH)_2 \xlongequal{<40℃} Ca(ClO)_2+CaCl_2+2H_2O$$

漂白粉是 $Ca(ClO)_2$ 和 $CaCl_2$、$Ca(OH)_2$、H_2O 的混合物，其有效成分是 $Ca(ClO)_2$。次氯酸盐（或漂白粉）的漂白作用也主要基于 HClO 的氧化性。

2. 氯酸及氯酸盐

$HClO_3$ 是强酸、强氧化剂。$HClO_3$ 仅存在于水溶液中，若将其浓缩到 40% 以上，即爆炸分解。

把次氯酸盐溶液加热，发生歧化反应，得到氯酸盐：

$$3ClO^- \rightleftharpoons ClO_3^-+2Cl^-$$

因此将 Cl_2 通入热的碱溶液，可制得氯酸盐：

$$3Cl_2+6KOH = 5KCl+KClO_3+3H_2O$$

这也是一个歧化反应。由于 $KClO_3$ 在冷水中的溶解度不大，当溶液冷却时，就有 $KClO_3$ 白色晶体析出。

固体 $KClO_3$ 加热分解，有两种方式：

$$2KClO_3 \xrightarrow[200℃]{MnO_2} 2KCl + 3O_2\uparrow$$

$$4KClO_3 \xrightarrow{400℃} 3KClO_4 + KCl$$

当有催化剂 MnO_2 存在时，200℃时就开始按前式分解，如没有催化剂存在，在400℃左右时主要按后式分解，同时，还有少量 O_2 生成。

固体氯酸盐是强氧化剂，和各种易燃物（如 S、C、P）混合时，在撞击时发生剧烈爆炸，因此氯酸盐被用来制造炸药、火柴和烟火等。

氯酸盐在中性（或碱性）溶液中不具有氧化性，只有在酸性溶液中才具有氧化性，且是强氧化剂。例如，$KClO_3$ 在中性溶液中不能氧化 KCl、KI，但溶液一经酸化，即可发生下列氧化还原反应：

$$ClO_3^- + 5Cl^- + 6H^+ = 3Cl_2 + 3H_2O$$

$$ClO_3^- + 6I^- + 6H^+ = 3I_2 + Cl^- + 3H_2O$$

3. 高氯酸及高氯酸盐

用 $KClO_4$ 同浓 H_2SO_4 反应，然后减压蒸馏，即可得到高氯酸：

$$KClO_4 + H_2SO_4 = KHSO_4 + HClO_4$$

$HClO_4$ 是已知无机酸中最强的酸。无水 $HClO_4$ 是无色液体。浓的 $HClO_4$ 不稳定，受热分解。$HClO_4$ 在贮藏时必须远离有机物质，否则会发生爆炸。但 $HClO_4$ 的水溶液在氯的含氧酸中是最稳定的，其氧化性也远比 $HClO_3$ 弱。

高氯酸盐是氯的含氧酸盐中最稳定的，不论是固体还是在溶液中都有较高的稳定性。固体高氯酸盐受热时都分解为氯化物和 O_2：

$$KClO_4 \xlongequal{525℃} KCl + 2O_2\uparrow$$

因此，固态高氯酸盐在高温下是强氧化剂，但氧化能力比氯酸盐为弱，可用于制造较为安全的炸药。$Mg(ClO_4)_2$ 和 $Ba(ClO_4)_2$ 是很好的吸水剂和干燥剂。NH_4ClO_4 用作火箭的固体推进剂。

以上讨论了氯的含氧酸及其盐，现将它们的酸性、热稳定性和氧化性变化的一般规律总结如下：

酸	名称	氧化态	盐
HClO	次氯酸	+1	MClO
$HClO_2$	亚氯酸	+3	$MClO_2$
$HClO_3$	氯酸	+5	$MClO_3$
$HClO_4$	高氯酸	+7	$MClO_4$

左侧（自上而下）：氧化性降低；热稳定性增高

右侧（自上而下）：热稳定性增高；氧化性降低

底部：氧化性增强（→）；热稳定性增高（←）

4. 溴和碘的含氧酸及其盐

溴和碘也可以形成与氯类似的含氧化合物。它们的性质按 Cl—Br—I 的顺序呈现规律性的变化。

（1）次溴酸、次碘酸及其盐　次溴酸和次碘酸都是弱酸，酸性按 HClO—HBrO—HIO 的顺序减弱。它们都是强氧化剂，都不稳定，易发生歧化反应：

$$3HXO \longrightarrow 2HX + HXO_3$$

溴和碘与冷的碱液作用，也能生成次溴酸盐和次碘酸盐，而且比次氯酸盐更容易歧化。只有在0℃以下的低温才可得到 BrO^-，在50℃以上产物几乎全部是 BrO_3^-。IO^-在所有温度下的歧化速率都很快，所以，实际上在碱性介质中不存在 IO^-。

$$3I_2 + 6OH \longrightarrow 5I^- + IO_3^- + 3H_2O$$

（2）溴酸、碘酸及其盐　与氯酸相同，溴酸是用溴酸盐和 H_2SO_4 作用制得：

$$Ba(BrO_3)_2 + H_2SO_4 = BaSO_4\downarrow + 2HBrO_3$$

碘酸可用浓 HNO_3 氧化 I_2 来制得：

$$I_2 + 10HNO_3\text{（浓）} = 2HIO_3 + 10NO_2\uparrow + 4H_2O$$

卤酸的酸性按 $HClO_3$—$HBrO_3$—HIO_3 的顺序逐渐减弱，但它们的稳定性却逐渐增加。$HBrO_3$ 只存在于水溶液中，HIO_3 在常温时为无色晶体。

溴酸盐和碘酸盐的制备方法与氯酸盐相似。溴酸盐和碘酸盐在酸性溶液中也都是强氧化剂。

（3）高碘酸　高碘酸有两种存在形式，即正高碘酸 H_5IO_6 及偏高碘酸 HIO_4。H_5IO_6 为五元酸，其结构式为：

```
H—O\     /O—H
H—O—I—O—H
H—O/     \→O
```

所有 H 原子都能被金属原子取代而生成盐，如 Ag_5IO_6。

高碘酸是弱酸，酸性远不如 $HClO_4$ 和 $HBrO_4$。

六、 卤素离子的鉴别

1. Cl^-的鉴定

氯化物溶液中加入 $AgNO_3$，即有白色沉淀生成，该沉淀不溶于 HNO_3，但能溶于稀氨水，酸化时沉淀重新析出：

$$Cl^- + Ag^+ = AgCl\downarrow\text{（白色）}$$

$$AgCl + 2NH_3 = [Ag(NH_3)_2]^+ + Cl^-$$

$$[Ag(NH_3)_2]^+ + Cl^- + 2H^+ = AgCl\downarrow + 2NH_4^+$$

2. Br^-的鉴定

溴化物溶液中加入氯水，再加 $CHCl_3$ 或 CCl_4，振摇，有机相显黄色或红棕色：

$$2Br^- + Cl_2 = Br_2 + 2Cl^-$$

3. I^-的鉴定

碘化物溶液中加入少量氯水或加入 $FeCl_3$ 溶液，即有 I_2 生成。I_2 在 CCl_4 中显紫色，如加入淀粉溶液则显蓝色：

$$2I^- + Cl_2 = I_2 + 2Cl^-$$
$$2I^- + 2Fe^{3+} = I_2 + 2Fe^{2+}$$

第二节 氧族元素

周期表中的ⅥA 族元素，包括氧（Oxygen）、硫（Sulfur）、硒（Selenium）、碲（Tellurium）、钋（Polonium）五个，通称为氧族元素。其中氧是地壳中含量最多的元素，丰度以质量计高达 46.6%。硒、碲是稀有元素。钋是放射性元素。

一、氧族元素的通性

氧族元素的一些主要性质列于表 7-3 中。

表 7-3 氧族元素的性质

性质	氧	硫	硒	碲
原子序数	8	16	34	52
常见氧化数	-2	-2，+2，+4，+6	-2，+2，+4，+6	-2，+2，+4，+6
熔点/℃	-218.6	112.8	221	450
沸点/℃	-183.0	444.6	685	1009
原子半径/pm	60	104	115	139
M^{2-}离子半径/pm	140	184	198	221
电负性χ	3.44	2.58	2.55	2.1

从表中可以看出，氧族元素的性质变化趋势与卤素相似。氧和硫是典型的非金属元素，硒和碲是准金属元素，而钋是金属元素。

氧族元素原子和其他元素化合时，如果电负性相差很大，则可以有电子的转移。例如，氧可以和大多数金属形成二元离子化合物，硫、硒、碲只能形成少数离子型的化合物。氧族元素和高价态的金属或非金属化合时，所生成的化合物主要为共价化合物。

氧族元素与电负性比它们大的元素化合时，可呈现+2、+4、+6 氧化数。

二、 氧族元素的氢化物

1. 过氧化氢

过氧化氢 H_2O_2 俗称双氧水。分子中两个氧原子连在一起，—O—O—键称为过氧键，两个 H 原子和两个 O 原子不在同一个平面上。

纯 H_2O_2 是无色的黏稠液体，可以与水以任意比例互溶，市售品有 30% 和 3% 两种规格。

H_2O_2 的化学性质主要表现为弱酸性、对热的不稳定性和氧化还原性。

（1）弱酸性 H_2O_2 是一极弱的二元弱酸：

$$H_2O_2 \rightleftharpoons H^+ + HO_2^- \quad K_{a1}^{\ominus} = 2.4\times10^{-12}$$

$$HO_2^- \rightleftharpoons H^+ + O_2^- \text{（过氧离子）}$$

H_2O_2 的 $K_{a2}^{\ominus}$ 更小。H_2O_2 作为酸，可以与一些碱反应生成盐，即为过氧化物，例如：

$$H_2O_2 + Ba(OH)_2 = BaO_2 + 2H_2O$$

（2）热不稳定性 纯的 H_2O_2 溶液较稳定些，但光照、加热和增大溶液的碱度都能促使其分解。重金属离子（Mn^{2+}、Cr^{3+}、Fe^{3+}、MnO_2 等）对 H_2O_2 的分解有催化作用。反应如下：

$$2H_2O_2 = 2H_2O + O_2$$

为防止分解，通常把 H_2O_2 溶液保存在棕色瓶中，并存放于阴凉处。

（3）氧化还原性 在 H_2O_2 分子中 O 的氧化数为 -1，处于中间价态，所以 H_2O_2 既有氧化性又有还原性。例如，H_2O_2 在酸性溶液中可将 I^- 氧化为 I_2：

$$H_2O_2 + 2I^- + 2H^+ = I_2 + 2H_2O$$

在碱性溶液中，H_2O_2 可把绿色的 $[Cr(OH)_4]^-$ 氧化为黄色的 CrO_4^{2-}：

$$2[Cr(OH)_4]^- + 3H_2O_2 + 2OH^- = 2CrO_4^{2-} + 8H_2O$$

H_2O_2 的还原性较弱，只是在遇到比它更强的氧化剂时才表现出还原性。例如：

$$2MnO_4^- + 5H_2O_2 + 6H^+ = 2Mn^{2+} + 5O_2\uparrow + 8H_2O$$

这一反应可用于高锰酸钾法定量测定 H_2O_2。

H_2O_2 的氧化性比还原性要显著，因此常用作氧化剂。H_2O_2 作为氧化剂的主要优点是它的还原产物是水，不会给反应体系引入新的杂质，而且过量部分很容易在加热下分解成 H_2O 及 O_2，不会增加新的物质。

3% H_2O_2 用作消毒剂和食品防腐剂。30% 的过氧化氢是实验室中的常用试剂。H_2O_2 能将有色物质氧化为无色，所以可用来作漂白剂。

2. 硫化氢和氢硫酸

硫化氢是一种有毒气体，为大气污染物之一，空气中含 0.1% 的 H_2S 会引起人头晕，引起慢性中毒，大量吸入 H_2S 会造成死亡。所以在制取和使用 H_2S 时要注意实验室的通风。

H_2S 微溶于水，其水溶液称为氢硫酸。20℃时，1 体积水约可溶解 2.6 体积的

H_2S，所得 H_2S 溶液的浓度约为 0.1mol/L。

氢硫酸是一个很弱的二元酸，可生成两类盐，即正盐（硫化物）和酸式盐（硫氢化物）。两类盐都易水解。

H_2S 中 S 的氧化数为-2，因此 H_2S 具有还原性，可被氧化剂氧化到 0、+4、+6三种氧化态。例如，氢硫酸在空气中放置能被 O_2 氧化，析出游离 S 而浑浊：

$$2H_2S+O_2 = 2S\downarrow +2H_2O$$

强氧化剂在过量时可以将 H_2S 氧化成 H_2SO_4，例如：

$$H_2S+4Cl_2+4H_2O = 8HCl+H_2SO_4$$

金属硫化物大多难溶于水，大多数具有特征的颜色。硫化物的这些性质可以用于分离和鉴定金属离子。表 7-4 列出了常见金属硫化物的颜色及溶解性。

表 7-4　　常见金属硫化物的颜色及溶解性

硫化物	颜色	$K_{sp}^{\ominus}$	溶解性
Na_2S	无色	—	溶于水或微溶于水
K_2S	黄棕色	—	
BaS	无色	—	
MnS	肉色	2.5×10^{-13}	溶于稀盐酸
NiS(α)	黑色	3.2×10^{-19}	
FeS	黑色	6.3×10^{-18}	
CoS(α)	黑色	4.0×10^{-21}	
ZnS	白色	1.6×10^{-24}	
CdS	黄色	8.0×10^{-27}	溶于浓盐酸
PbS	黑色	1.3×10^{-28}	
Ag_2S	黑色	8.0×10^{-51}	溶于浓硝酸
CuS	黑色	6.3×10^{-36}	
HgS	黑色	1.6×10^{-52}	溶于王水

S^{2-} 与盐酸作用，放出 H_2S 气体，可使醋酸铅试纸变黑，这是鉴别 S^{2-} 的方法之一：

$$S^{2-}+2H^+ = H_2S\uparrow$$

$$Pb(Ac)_2+H_2S = PbS\downarrow(黑)+2HAc$$

三、 硫的氧化物和含氧酸

硫能形成多种氧化物和含氧酸。本节主要介绍亚硫酸及其盐、硫酸及其盐和硫代硫酸盐的性质。

1. 亚硫酸及亚硫酸盐

SO_2 溶于水，部分与水作用，生成亚硫酸：

$$SO_2+H_2O \rightleftharpoons H_2SO_3$$

亚硫酸很不稳定，仅存在于溶液中。

亚硫酸是一个中强酸，可形成两类盐，即正盐和酸式盐。在二氧化硫、亚硫酸及其盐中，S 的氧化数为+4，所以它们既有氧化性，也有还原性，但以还原性为主。

还原性以亚硫酸盐为最强，其次为亚硫酸，而二氧化硫最弱。空气中的 O_2 可以氧化亚硫酸及亚硫酸盐：

$$2H_2SO_3+O_2 = 2H_2SO_4$$

$$2Na_2SO_3+O_2 = 2Na_2SO_4$$

强氧化剂能迅速氧化亚硫酸和亚硫酸盐，例如：

$$Na_2SO_3+Cl_2+H_2O = H_2SO_4+2NaCl$$

SO_3^{2-} 能使 I_2–淀粉溶液的蓝色褪去：

$$SO_3^{2-}+I_2+H_2O = SO_4^{2-}+2I^-+2H^+$$

只有遇到强的还原剂时，亚硫酸及其盐才表现氧化性。例如：

$$2H_2S+2H^++SO_3^{2-} = 3S\downarrow+3H_2O$$

亚硫酸钠或亚硫酸氢钠常作印染工业中的除氯剂，除去布匹漂白后残留的氯。它们还可以用作消毒剂，杀灭霉菌。

2. 硫酸及硫酸盐

硫酸是二元酸中酸性最强的。纯浓硫酸是无色透明的油状液体，工业品因含杂质而发浑或呈浅黄色。市售 H_2SO_4 有含量为 92% 和 98% 两种规格，密度分别为 $1.82g/cm^3$ 和 $1.84g/cm^3$（常温）。

浓 H_2SO_4 具有很强的吸水性。它与水混合时，形成水合物并放出大量的热，可使水局部沸腾而飞溅，所以稀释浓 H_2SO_4 时，只能在搅拌下将酸慢慢倒入水中，切不可将水倒入浓 H_2SO_4 中。利用浓 H_2SO_4 的吸水能力，常用其作干燥剂。

浓 H_2SO_4 还具有强烈的脱水性，能将有机物分子中的氢和氧按水的比例脱去，使有机物炭化。因此，浓 H_2SO_4 能严重地破坏动植物组织，如损坏衣物和烧伤皮肤，因此在使用时应特别注意安全。

浓 H_2SO_4 是很强的氧化剂，特别在加热时，能氧化很多金属和非金属。浓硫酸作氧化剂时本身可被还原为 SO_2、S 或 H_2S。它和非金属作用时，一般还原为 SO_2。它和金属作用时，其被还原的程度和金属的活泼性有关，不活泼的金属只能将硫酸还原为 SO_2，活泼金属可以将硫酸还原为单质 S 甚至 H_2S：

$$C+2H_2SO_4 \xlongequal{\triangle} CO_2+2SO_2+2H_2O$$

$$Cu+2H_2SO_4 = CuSO_4+SO_2+2H_2O$$

$$Zn+2H_2SO_4 = ZnSO_4+SO_2+2H_2O$$
$$3Zn+4H_2SO_4 = 3ZnSO_4+S+4H_2O$$
$$4Zn+5H_2SO_4 = 4ZnSO_4+H_2S+4H_2O$$

硫酸能生成正盐和酸式盐。除碱金属和氨能与硫酸生成酸式盐外，其他金属只能得到正盐。酸式硫酸盐和大多数硫酸盐都易溶于水，但 $PbSO_4$、$CaSO_4$ 等难溶于水，而 $BaSO_4$ 几乎不溶于水也不溶于酸。因此，常用可溶性的钡盐溶液鉴定溶液中是否存在 SO_4^{2-}。

多数硫酸盐还具有生成复盐的倾向，如摩尔盐 $(NH_4)_2SO_4 \cdot FeSO_4 \cdot 12H_2O$、铝钾矾 $K_2SO_4 \cdot Al_2(SO_4)_3 \cdot 24H_2O$ 等。

硫酸盐有很多重要的用途，如明矾是常用的净水剂，胆矾（$CuSO_4 \cdot 5H_2O$）是消毒杀菌剂和农药，绿矾（$FeSO_4 \cdot 7H_2O$）是农药、药物等的原料。

3. 硫代硫酸盐

硫代硫酸钠常含结晶水，$Na_2S_2O_3 \cdot 5H_2O$ 俗名海波或大苏打。它是无色透明的晶体，无臭，有清凉带苦的味道，易溶于水，在潮湿的空气中潮解，在干燥空气中易风化。

硫代硫酸钠易溶于水，水溶液呈弱碱性。它在中性或碱性水溶液中很稳定，但在酸性溶液中易分解：

$$S_2O_3^{2-}+2H^+ = S\downarrow+SO_2\uparrow+H_2O$$

$Na_2S_2O_3$ 具有还原性，是中等强度的还原剂，与强氧化剂如氯、溴等作用被氧化成硫酸盐，与较弱的氧化剂（如碘）作用被氧化成连四硫酸盐：

$$S_2O_3^{2-}+4Cl_2+5H_2O_2 = 2SO_4^{2-}+8Cl^-+5H_2O$$
$$2S_2O_3^{2-}+I_2 = S_4O_6^{2-}+2I^-$$

前一反应可用于除 Cl_2，在纺织、造纸等工业中用作除氯剂；后一反应在定量分析中可定量测碘。

硫代硫酸根的另一个性质是具有很强的配位能力，例如：

$$2S_2O_3^{2-}+AgX = [Ag(S_2O_3)_2]^{3-}+X^- \quad (\text{X 代表 Cl、Br})$$

在照相技术中，常用硫代硫酸钠作定影剂，将未曝光的溴化银溶解。

重金属的硫代硫酸盐难溶并且不稳定。例如 Ag^+ 与 $S_2O_3^{2-}$ 生成 $Ag_2S_2O_3$ 白色沉淀，在溶液中 $Ag_2S_2O_3$ 迅速分解，颜色由白色经黄色、棕色，最后成黑色 Ag_2S。利用此反应可鉴定 $S_2O_3^{2-}$ 的存在：

$$S_2O_3^{2-}+2Ag^+ = Ag_2S_2O_3\downarrow$$
$$Ag_2S_2O_3+H_2O = Ag_2S\downarrow+H_2SO_4$$

第三节 氮族元素

周期表中的VA族元素，包括氮(Nitrogen)、磷(Phosphorus)、砷(Arsenic)、锑(Antimony)、铋(Bismuth) 五种元素，通称为氮族元素。氮以游离状态存在于空气中。砷、锑、铋是亲硫元素，它们在自然界中主要以硫化物矿的形式存在。

一、 氮族元素的通性

氮族元素的一些主要性质列于表7-5中。

表7-5 氮族元素的性质

性　质	氮	磷	砷	锑	铋
原子序数	7	15	33	51	83
常见氧化数	-3，+1，+2，+3，+4，+5	-3，+1，+3，+5	-2，+3，+5	+3，+5	+3，+5
熔点/℃	-210	44.2（白磷）	811（2836kPa）	630.5	271.5
沸点/℃	-195.8	280.3（白磷）	612（升华）	1635	1579
原子半径/pm	71	111	116	145	155
电负性χ	3.04	2.19	2.18	2.05	2.02

从表中可以看出，本族元素从氮到铋随着原子序数的增大，元素的非金属性递减，金属性递增。氮、磷是典型的非金属元素，而砷和锑为准金属元素，铋为金属元素。

氮族元素与卤素和氧族元素相比，形成正氧化数化合物的趋势较明显。它们和电负性较大的元素结合时，氧化数主要为+3和+5。在氮族元素中，按As—Sb—Bi的顺序，元素表现为+3的特性逐渐增强，通常把ⅢA→VA族同族元素自上而下低氧化值化合物比高氧化值化合物稳定的现象称为“惰性电子对效应”。因此，Bi通常的氧化数为+3，Bi(V) 化合物具有强氧化性。

氮族元素的原子与其他元素原子化合时，主要以共价键结合，而且氮族元素原子越小，形成共价键的趋势越大。在氧化数为-3的二元化合物中，只有活泼金属的氮化物和磷化物是离子型的。

二、 氮及其重要化合物

1. 氮

氮是无色无臭的气体，微溶于水。N_2分子特别稳定，化学性质很不活泼，和大多数物质难于起反应。但在一定条件下 N_2 能直接与 H_2 或 O_2 化合：

$$N_2+3H_2 \xrightarrow[\text{催化剂}]{\text{高温、高压}} 2NH_3$$

$$N_2+O_2 \xlongequal{\text{放电}} 2NO$$

氮也可以和镁、钙等元素化合生成 Mg_3N_2、Ca_3N_2，遇水强烈水解放出 NH_3。

2. 氨和铵盐

(1) 氨　氨是氮的重要化合物，几乎所有含氮的化合物都可以由它来制取。工业上在高温、高压和催化剂存在下，由 H_2 和 N_2 合成 NH_3。在实验室中，用铵盐和碱反应来制备少量的 NH_3：

$$2NH_4Cl+Ca(OH)_2 = CaCl_2+2NH_3\uparrow+2H_2O$$

氨是有特殊刺激气味的无色气体，溶于水呈碱性。氨的化学性质活泼，能与许多物质发生反应。氨的化学性质主要有以下三方面：

① 加合反应：NH_3 在水中的溶解度极大。NH_3 与 H_2O 通过氢键形成氨的水合物 $NH_3 \cdot H_2O$，即氨水。氨水溶液呈弱碱性。

NH_3 分子亦能和酸（如 HCl、H_2SO_4 等）中的 H^+ 加合，生成 NH_4^+。此外还可以与 Ag^+、Cu^{2+} 等离子加合，形成 $[Ag(NH_3)_2]^+$、$[Cu(NH_3)_4]^{2+}$ 等配离子。

② 氧化还原反应：NH_3 分子中的 N 处于最低氧化数 -3，体现了氨的强还原性。例如 NH_3 在纯 O_2 中燃烧，火焰显黄色：

$$4NH_3+3O_2 = 2N_2+6H_2O$$

在铂催化剂的作用下，NH_3 还可被氧化为 NO：

$$4NH_3+5O_2 \xlongequal{\text{Pt, 800℃}} 4NO+6H_2O$$

此反应是工业上氨接触氧化法制造硝酸的基础反应。

常温下 NH_3 能与许多强氧化剂（如 Cl_2、H_2O_2、$KMnO_4$ 等）直接发生作用，例如：

$$3Cl_2+2NH_3 = N_2+6HCl$$

③ 取代反应：在一定条件下，NH_3 分子中的 H 原子可以依次被取代，生成一系列氨的衍生物。例如，金属 Na 可与 NH_3 反应，生成氨基化钠：

$$2NH_3+2Na \xlongequal{350℃} 2NaNH_2+H_2$$

NH_3 还可生成亚氨基（$>$NH）的衍生物，如 Ag_2NH；氮化物（$-N<$），如 Li_3N。

(2) 铵盐　铵盐是 NH_3 和酸的反应产物。铵盐易溶于水，且都发生一定程度的水解。当铵盐与强碱作用时，都能产生 NH_3，根据 NH_3 的特殊气味和它对石蕊试剂的反应，即可验证氨。

固态铵盐加热极易分解，其分解产物因酸根不同而异：

由挥发性酸组成的铵盐被加热时，NH_3 与酸一起挥发，例如：

$$NH_4Cl \xlongequal{\triangle} NH_3\uparrow + HCl\uparrow$$

由难挥发性酸组成的铵盐被加热时，只有 NH_3 挥发逸出，酸则残留于容器中，例如：

$$(NH_4)_2SO_4 \xlongequal{\triangle} NH_3\uparrow + NH_4HSO_4$$

由氧化性酸组成的铵盐被加热时，分解产生的 NH_3 被氧化性酸氧化成 N_2 或氮的化合物，例如：

$$NH_4NO_3 \xlongequal{200℃} N_2O\uparrow + 2H_2O$$

温度更高时，NH_4NO_3 以另一种方式分解，同时放出大量的热：

$$2NH_4NO_3 \xlongequal{>300℃} 2N_2\uparrow + O_2\uparrow + 4H_2O\uparrow$$

由于反应产生大量的气体和热量，如果反应在密封容器中进行，就会引起爆炸。因此硝酸铵可用于制造炸药，称为硝铵炸药。

NH_4Cl 常用于染料工业、焊接以及干电池的制造。铵盐都可用作化学肥料。

3. 氮的氧化物、含氧酸及其盐

（1）氮的氧化物　氮可以形成多种氧化物，N_2O、NO、N_2O_3、NO_2、N_2O_5，其中最主要的是 NO 和 NO_2。

NO 是无色有毒气体，在水中的溶解度较小，且与水不发生反应。常温下 NO 很容易氧化为 NO_2：

$$2NO + O_2 = 2NO_2$$

NO_2 是红棕色有毒气体，具有特殊臭味。温度降低时聚合成无色的 N_2O_4 分子。NO_2 与水反应生成硝酸和 NO：

$$3NO_2 + H_2O = 2HNO_3 + NO$$

工业废气、燃料燃烧以及汽车尾气中都有 NO 及 NO_2。NO 是空气的主要污染气体之一。NO_2 能与空气中的水分发生反应，生成硝酸，是酸雨的成分之一，对人体、金属和植物都有害。目前处理废气中氮的氧化物可用碱液进行吸收：

$$NO + NO_2 + 2NaOH = 2NaNO_2 + H_2O$$

（2）亚硝酸及亚硝酸盐　在亚硝酸钡的溶液中加入定量的稀硫酸，可制得亚硝酸溶液：

$$Ba(NO_2)_2 + H_2SO_4 = BaSO_4\downarrow + 2HNO_2$$

亚硝酸是一种弱酸，$K_a^\ominus = 4.6\times10^{-4}$。

亚硝酸很不稳定，仅存在于冷的稀溶液中，浓溶液或微热时，会分解为 NO 和 NO_2：

$$2HNO_2 \rightleftharpoons H_2O + \underset{\text{蓝色}}{N_2O_3} \rightleftharpoons H_2O + NO\uparrow + \underset{\text{棕色}}{NO_2}\uparrow$$

在亚硝酸及其盐中，N 的氧化数为+3，处于中间氧化态，故既有氧化性又有还原性。在酸性介质中，主要表现为氧化性，例如：

$$2NO_2^- + 2I^- + 4H^+ = 2NO + I_2 + 2H_2O$$

此反应用于定量测定亚硝酸盐。

亚硝酸及其盐只有遇到强氧化剂时才能被氧化，表现出还原性。例如：

$$5NO_2^- + 2MnO_4^- + 6H^+ = 5NO_3^- + 2Mn^{2+} + 3H_2O$$

亚硝酸虽然很不稳定，但亚硝酸盐却是稳定的。$NaNO_2$ 和 KNO_2 是两种常用的盐。亚硝酸盐广泛用于有机合成及食品工业中，用作防腐剂，加入火腿、午餐肉等中作为发色剂，但要注意控制添加量，以防止产生致癌物质二甲基亚硝胺。

（3）硝酸及硝酸盐　硝酸是工业上重要的三酸（盐酸、硫酸、硝酸）之一。工业上生产 HNO_3 的主要方法是氨的接触氧化法：

$$4NH_3 + 5O_2 \xrightarrow[\text{Pt-Rh 催化剂}]{1000℃} 4NO + 6H_2O$$

NO 和 O_2 化合成 NO_2，NO_2 再和 H_2O 反应即可制得 HNO_3。

实验室中，少量的 HNO_3 可用硝酸盐与浓硫酸作用：

$$NaNO_3 + H_2SO_4 = NaHSO_4 + HNO_3$$

纯硝酸为无色液体，易挥发，遇光和热即部分分解：

$$4HNO_3 = 2H_2O + 4NO_2\uparrow + O_2\uparrow$$

分解出来的 NO_2 又溶于 HNO_3，使 HNO_3 带黄色。因此实验室常把硝酸贮存于棕色瓶中。

硝酸是强酸，在水中全部解离。

硝酸是一种强氧化剂，其还原产物相当复杂，不仅与还原剂的本性有关，还与硝酸的浓度有关。硝酸与非金属硫、磷、碳、硼等反应时，不论浓、稀硝酸，它被还原的产物主要为 NO。硝酸与大多数金属反应时，其还原产物常较复杂，浓硝酸一般被还原到 NO_2，稀硝酸可被还原到 NO，极稀的 HNO_3 作氧化剂时，只要还原剂足够活泼，还原产物主要是 NH_4^+。一般硝酸越稀，金属越活泼，硝酸被还原的程度越大。例如：

$$3C + 4HNO_3 = 3CO_2\uparrow + 4NO\uparrow + 2H_2O$$

$$3P + 5HNO_3 + 2H_2O = 3H_3PO_4 + 5NO\uparrow$$

$$S + 2HNO_3 = H_2SO_4 + 2NO\uparrow$$

$$Cu + 4HNO_3(\text{浓}) = Cu(NO_3)_2 + 2NO_2 + 2H_2O$$

$$3Cu + 8HNO_3(\text{稀}) = 3Cu(NO_3)_2 + 2NO + 4H_2O$$

$$4Mg + 10HNO_3(\text{极稀}) = 4Mg(NO_3)_2 + NH_4NO_3 + 3H_2O$$

一体积浓 HNO_3 与三体积浓 HCl 组成的混合酸称为王水。不溶于 HNO_3 的金和铂能溶于王水：

$$Au + HNO_3 + 4HCl = H[AuCl_4] + NO + 2H_2O$$

$$3Pt + 4HNO_3 + 18HCl = 3H_2[PtCl_6] + 4NO + 8H_2O$$

硝酸盐在常温下比较稳定，但在高温时固体硝酸盐都会分解而显氧化性。除硝酸铵外，硝酸盐受热分解有三种情况。

活泼金属（比 Mg 活泼的碱金属和碱土金属）分解时放出 O_2，并生成亚硝酸盐：

$$2NaNO_3 \xlongequal{\triangle} 2NaNO_2 + O_2 \uparrow$$

活泼性较小的金属（在金属活动顺序表中处在 Mg 与 Hg 之间）的硝酸盐，分解时得到相应的氧化物、NO_2 和 O_2：

$$2Pb(NO_3)_2 \xlongequal{\triangle} 2PbO + 4NO_2 \uparrow + O_2 \uparrow$$

活泼性更小的金属（活泼性比 Cu 差）的硝酸盐，则生成金属单质、NO_2 和 O_2：

$$2AgNO_3 \xlongequal{\triangle} 2Ag + 2NO_2 \uparrow + O_2 \uparrow$$

4. 亚硝酸根和硝酸根离子的鉴定

（1）NO_2^-的鉴定　亚硝酸盐溶液加 HAc 酸化，加入新鲜配制的 $FeSO_4$ 溶液，溶液呈棕色：

$$NO_2^- + Fe^{2+} + 2HAc \xlongequal{} NO \uparrow + Fe^{3+} + 2Ac^- + H_2O$$

$$[Fe(H_2O)_6]^{2+} + NO \xlongequal{} [Fe(NO)(H_2O)_5]^{2+}(\text{棕色}) + H_2O$$

（2）NO_3^-的鉴定　向硝酸盐溶液中加入少量 $FeSO_4$ 溶液，混匀，沿试管壁缓缓小心加入浓 H_2SO_4，在两液界面处出现棕色环：

$$NO_3^- + 3Fe^{2+} + 4H^+ \xlongequal{} 3Fe^{3+} + NO + 2H_2O$$

$$[Fe(H_2O)_6]^{2+} + NO \xlongequal{} [Fe(NO)(H_2O)_5]^{2+}(\text{棕色}) + H_2O$$

此反应与鉴定亚硝酸根离子的区别是：硝酸盐在 HAc 条件下无棕色环生成，必须用浓 H_2SO_4。

三、 磷及其重要化合物

1. 单质磷

常见的磷的同素异形体有白磷和红磷。

白磷的化学性质较活泼，易溶于有机溶剂。白磷经轻微摩擦就会引起燃烧，必须保存在水中。白磷剧毒，致死量约 0.1g。工业上主要用于制造磷酸。

红磷无毒，化学性质比白磷稳定得多。红磷用于安全火柴的制造，在农业上用于制备杀虫剂。

磷的活泼性远高于氮，易与氧、卤素、硫等许多非金属直接化合。

2. 磷的氧化物、含氧酸及其盐

（1）磷的氧化物　磷在充足的空气中燃烧可得到五氧化二磷，如果 O_2 不足，则生成三氧化二磷。根据蒸气密度的测定，五氧化二磷的分子式为 P_4O_{10}，三氧化二磷的分子式是 P_4O_6。

五氧化二磷为白色雪花状固体，吸水性很强，吸水后迅速潮解。它的干燥性能优于其他常用干燥剂，不但能有效地吸收气体或液体中的水，而且能从许多化合物中夺取化合态的水，例如：

$$P_2O_5+3H_2SO_4 = 3SO_3+2H_3PO_4$$

$$P_2O_5+6HNO_3 = 3N_2O_5+2H_3PO_4$$

（2）磷的含氧酸及其盐

① 磷酸：磷的含氧酸中以磷酸为最重要，也最稳定。

磷酸 H_3PO_4 又称正磷酸，将 H_3PO_4 加热至 210℃，两分子 H_3PO_4 失去一分子 H_2O 成焦磷酸 $H_4P_2O_7$，继续加热至 400℃，则 $H_4P_2O_7$ 又失去一分子 H_2O 成偏磷酸 HPO_3；偏磷酸与 H_2O 结合，又可回复到 H_3PO_4，其关系如下：

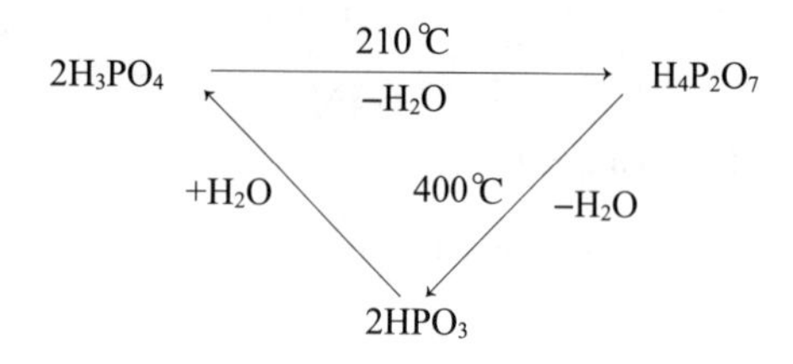

H_3PO_4 无氧化性、无挥发性，是一种稳定的三元中强酸，可以分成三级解离。它的特点是 PO_4^{3-} 有较强的配位能力，能与许多金属离子形成可溶性的配合物。例如，含有 Fe^{3+} 的溶液常呈黄色，加入 H_3PO_4 后黄色立即消失，这是由于生成了 $[Fe(HPO_4)]^+$、$[Fe(HPO_4)_2]^-$ 等无色配离子之故。

② 磷酸盐：磷酸是三元酸，能形成三个系列的盐，即磷酸正盐（如 Na_3PO_4）和两种酸式盐（如 Na_2HPO_4 和 NaH_2PO_4）。所有磷酸二氢盐都能溶于水，而在磷酸氢盐和正磷酸盐中，只有铵盐和碱金属（除 Li 外）盐可溶于水。

可溶性磷酸盐在水溶液中有不同程度的解离，使溶液呈现不同的 pH。Na_3PO_4 溶液呈强碱性，Na_2HPO_4 溶液呈弱碱性，而 NaH_2PO_4 溶液呈弱酸性。可以利用不同磷酸盐溶液不同的解离能力而显示的不同 pH，配制几种不同 pH 标准缓冲溶液。

磷酸盐在工农业生产和日常生活中有着很多用途。除用作化肥外，磷酸盐还用作洗涤剂及动物饲料的添加剂，亦用于电镀和有机合成上。磷酸盐在食品中应用也很广泛。

（3）PO_4^{3-} 的鉴定

① 与 $AgNO_3$ 试液作用：向磷酸盐溶液中加入 $AgNO_3$ 试液，即有黄色的 Ag_3PO_4 沉淀生成，该沉淀能溶于硝酸，也能溶于氨水中：

$$3Ag^++PO_4^{3-} = Ag_3PO_4\downarrow \text{（黄）}$$

想一想

用平衡移动的观点解释三种磷酸盐（Na_3PO_4、Na_2HPO_4、NaH_2PO_4）与

$AgNO_3$ 作用都生成黄色的 Ag_3PO_4 沉淀的原因。

② 与钼酸铵试液作用：在硝酸溶液中，PO_4^{3-} 与过量钼酸铵 $(NH_4)_2MoO_4$ 混合加热时，会析出磷钼酸铵黄色沉淀：

$$PO_4^{3-}+3NH_4^++12MoO_4^{2-}+24H^+ = (NH_4)_3PO_4 \cdot 12MoO_3 \cdot 6H_2O\downarrow+6H_2O$$

四、砷、锑、铋的重要化合物

本族元素中的砷、锑、铋又称为砷分族，它们在性质上有很多的相似之处。

1. 砷、锑、铋的氧化物

砷、锑、铋的氧化物有氧化数为+3 的 As_2O_3、Sb_2O_3、Bi_2O_3 和氧化数为+5 的 As_2O_5、Sb_2O_5。

As_2O_3（俗称砒霜）是白色粉状固体，剧毒，致死量为 0.1g。As_2O_3 两性偏酸性，易溶于碱生成亚砷酸盐，也可溶于酸：

$$As_2O_3+6NaOH = 2Na_3AsO_3+3H_2O$$

$$As_2O_3+6HCl = 2AsCl_3+3H_2O$$

Sb_2O_3 是两性氧化物，不溶于水，能溶于强酸或强碱溶液中，生成相应的盐：

$$Sb_2O_3+6HCl = 2SbCl_3+3H_2O$$

$$Sb_2O_3+2NaOH = 2NaSbO_2\text{（偏亚锑酸钠）}+H_2O$$

Bi_2O_3 是弱碱性氧化物，不溶于水和碱溶液，能溶于酸，生成铋盐：

$$Bi_2O_3+6HNO_3 = 2Bi(NO_3)_3+3H_2O$$

2. 砷、锑、铋的含氧酸及其盐

（1）酸碱性　砷、锑、铋的含氧酸按 As-Sb-Bi 的顺序酸性依次减弱，碱性依次增强。但+3 氧化数的 H_3AsO_3、$Sb(OH)_3$、$Bi(OH)_3$ 基本上都是两性，所以 As^{3+}、Sb^{3+}、Bi^{3+} 的盐都易水解：

$$AsCl_3+3H_2O = H_3AsO_3+3HCl$$

$$SbCl_3+H_2O = SbOCl\downarrow\text{（氯氧化锑）}+2HCl$$

$$BiCl_3+H_2O = BiOCl\downarrow\text{（氯氧化铋）}+2HCl$$

因此，在配制这些盐的溶液时，都应先加入相应的强酸以抑制其水解。

氧化数为+5 的 H_3AsO_4、$Sb_2O_5 \cdot xH_2O$ 的酸性比相应的氧化数为+3 的含氧酸强。其中 H_3AsO_4 为中强酸，锑酸为弱酸，铋酸则不存在。

（2）氧化还原性　按 As-Sb-Bi 的顺序，砷分族元素氧化数为+3 的化合物的还原性依次减弱，氧化数为+5 的化合物的氧化性依次增强。因此，亚砷酸盐是较强的还原剂，在近中性溶液中能被中等强度的氧化剂 I_2 所氧化：

$$AsO_3^{3-}+I_2+2OH^- = AsO_4^{3-}+2I^-+H_2O$$

此反应进行的方向取决于溶液的酸碱性。当溶液的酸性增强时，反应将向左进行，即 AsO_4^{3-} 在酸性介质中将能够把 I^- 氧化为单质 I_2。

氧化数为+5的偏铋酸盐不论在酸性或碱性溶液中都有很强的氧化性，在酸性溶液中它能将 Mn^{2+} 氧化成紫红色的 MnO_4^-：

$$5NaBiO_3+2Mn^{2+}+14H^+ = 2MnO_4^-+5Bi^{3+}+7H_2O$$

此反应常用于定性鉴定 Mn^{2+} 的存在。

第四节 碳族元素

周期表中的ⅣA族元素，包括碳（Carbon）、硅（Silicon）、锗（Germanium）、锡（Tin）、铅（Lead）五个元素，通称碳族元素。

碳族元素，由上而下是由典型的非金属元素碳、硅过渡到典型的金属元素锡和铅。锗是稀有元素。单质锗主要用作半导体材料。锡和铅是常见元素。

一、碳族元素的通性

碳族元素能够形成氧化数为+2、+4的化合物。碳、硅主要形成氧化数为+4的化合物，碳有时还能形成氧化数为-4的化合物。锡氧化数为+2的化合物具有强还原性。而由于“惰性电子对效应”，铅氧化数为+4的化合物有强氧化性，易被还原为 Pb^{2+}，所以铅的化合物以+2氧化数为主。

二、碳的重要化合物

1. 碳的氧化物

碳最常见的氧化物为CO和 CO_2。

CO是无色、无臭的气体，有毒。因为它能和血液中携带 O_2 的血红蛋白生成稳定的配合物，使血红蛋白失去输送 O_2 的能力，致使人缺氧而死亡。空气中的CO的体积分数达0.1%时，就会引起中毒。CO具有还原性，是冶金工业中常用的还原剂，也是良好的气体燃料。

CO_2 在空气中的体积分数约为0.03%。由于工业的高度发展，近年来大气中 CO_2 的含量在增长。CO_2 能够强烈吸收太阳辐射能，产生温室效应从而导致全球变暖，CO_2 的热污染已经引起国际上的普遍关注。

CO_2 不能燃烧，又不助燃，相对密度比空气大，故常用作灭火剂。CO_2 的化学性质不活泼，常用作反应的惰性介质。固态 CO_2 称为干冰，可作低温制冷剂。

CO_2 可溶于水。溶于水中的 CO_2 仅部分与水作用生成碳酸。制造啤酒和汽水也需要 CO_2。

2. 碳酸和碳酸盐

碳酸很不稳定，只存在于水溶液中。它是一个二元弱酸，分两步解离。蒸馏水放置在空气中，因溶入了 CO_2，其 pH 可达 5.7。在需用不含 CO_2 的蒸馏水时，应将蒸馏水煮沸，加盖后迅速冷却。

碳酸可以形成正盐和酸式盐两类。一般说来，难溶碳酸盐对应的碳酸氢盐的溶解度较大，例如 $Ca(HCO_3)_2$ 溶解度比 $CaCO_3$ 大；但是对易溶的碳酸盐来说，它对应的碳酸氢盐的溶解度反而小，例如 $NaHCO_3$ 溶解度就比 Na_2CO_3 要小。铵和碱金属（除 Li 外）的碳酸盐都溶于水。

碳酸盐、碳酸氢盐在溶液中都会发生水解反应，一级解离远大于二级解离，因此碱金属碳酸盐的水溶液呈强碱性，碳酸氢盐的水溶液呈弱碱性。

金属离子与可溶性碳酸盐混合时，由于 CO_3^{2-} 的水解作用，一般会得到三种不同的沉淀形式。

当金属离子（如 Ca^{2+}、Sr^{2+}、Ba^{2+}、Cd^{2+}、Ag^+ 等）的碳酸盐的溶解度小于其相应的氢氧化物时，得到碳酸盐沉淀：

$$Ca^{2+}+CO_3^{2-} \xlongequal{} CaCO_3\downarrow$$

当金属离子（如 Zn^{2+}、Cu^{2+}、Pb^{2+}、Mg^{2+}、Bi^{3+} 等）的氢氧化物的溶解度与其相应的碳酸盐相差不多时，得到碱式碳酸盐沉淀：

$$2Cu^{2+}+2CO_3^{2-}+H_2O \xlongequal{} Cu_2(OH)_2CO_3\downarrow+CO_2\uparrow$$

当金属离子（如 Fe^{3+}、Cr^{3+}、Al^{3+}）的氢氧化物的溶解度小于其相应的碳酸盐时，只能得到氢氧化物沉淀：

$$2Fe^{3+}+3CO_3^{2-}+3H_2O \xlongequal{} 2Fe(OH)_3\downarrow+3CO_2\uparrow$$

碳酸盐和碳酸氢盐的另一个特性是热稳定性较差，在高温下均会分解：

$$M(HCO_3)_2 \xlongequal{\triangle} MCO_3+H_2O+CO_2\uparrow$$

$$MCO_3 \xlongequal{\triangle} MO+CO_2\uparrow$$

碳酸、碳酸氢盐和碳酸盐的热稳定性顺序是：$H_2CO_3<MHCO_3<M_2CO_3$。

不同碳酸盐的热分解温度也不同。例如，ⅡA 族碳酸盐的热稳定性次序为：

$$MgCO_3<CaCO_3<SrCO_3<BaCO_3$$

在碳酸盐中，以钠、钾、钙的碳酸盐最为重要。Na_2CO_3 俗名纯碱。碳酸氢盐中以 $NaHCO_3$（小苏打）最为重要，在食品工业中，它与 NH_4HCO_3、$(NH_4)_2CO_3$ 等一起用作膨松剂。

3. CO_3^{2-}、HCO_3^-的鉴定

向碳酸盐或碳酸氢盐溶液中加入稀酸，即有 CO_2 气体放出，将此气体通入氢氧化钙溶液中，即有白色沉淀生成：

$$CO_3^{2-}+2H^+ \xlongequal{} CO_2\uparrow+H_2O$$

$$HCO_3^-+H^+ \xlongequal{} CO_2\uparrow+H_2O$$

$$CO_2+Ca(OH)_2 \xlongequal{} CaCO_3\downarrow（白）+H_2O$$

三、硅的重要化合物

1. 二氧化硅

二氧化硅在自然界中有晶形和无定形两种形态。硅藻土和燧石是无定形二氧化硅；石英是最常见的晶态二氧化硅，无色透明的纯净石英称水晶。

二氧化硅化学性质很不活泼，不溶于强酸，在室温下仅 HF 能与它反应：

$$SiO_2+4HF \xlongequal{} SiF_4\uparrow+2H_2O$$

高温时，二氧化硅和 NaOH 或 Na_2CO_3 共熔，得硅酸钠：

$$SiO_2+2NaOH \xlongequal{共熔} Na_2SiO_3+H_2O$$

$$SiO_2+Na_2CO_3 \xlongequal{共熔} Na_2SiO_3+CO_2\uparrow$$

用酸同上面得到的硅酸钠作用，即可制得硅酸：

$$Na_2SiO_3+2HCl \xlongequal{} H_2SiO_3+2NaCl$$

2. 硅酸和硅胶

从 SiO_2 可以制得多种硅酸，其组成随形成时的条件而变，常以 $xSiO_2 \cdot yH_2O$ 表示。现已知有正硅酸 H_4SiO_4、偏硅酸 H_2SiO_3、二偏硅酸 H_2SiO_5 等，其中 $x/y>1$ 者称为多硅酸，实际上见到的硅酸常常是各种硅酸的混合物。由于各种硅酸中以偏硅酸组成最简单，因此习惯用 H_2SiO_3 作为硅酸的代表。

H_2SiO_3 是一种极弱的酸，$K_{a1}^{\ominus}=10^{-10}$左右，$K_{a2}^{\ominus}=10^{-12}$左右。

在水溶液中，硅酸会发生自行聚合作用。随条件的不同有时形成硅溶胶，有时形成硅凝胶。

硅溶胶又称硅酸水溶胶，是水化的二氧化硅的微粒分散于水中的胶体溶液。它广泛地应用于催化剂、黏合剂及纺织、造纸等工业。

硅凝胶如经过干燥脱水后则成白色透明多孔性的固态物质，常称硅胶。硅胶的内表面积很大，故有良好的吸水性，而且吸水后能再烘干重复使用，所以在实验室中常把硅胶作为干燥剂和高级精密仪器的防潮剂。如在硅胶烘干前，先用 $CoCl_2$ 溶液加以浸泡，则在干燥时硅胶呈无水 Co^{2+} 的蓝色，吸潮后呈 $[Co(H_2O)_6]^{2+}$ 的淡红色。硅胶吸湿变红后可经烘烤脱水后重复使用。这种变色硅胶可用以指示硅胶的吸湿状态，因此使用十分方便。

3. 硅酸盐

硅酸或多硅酸的盐称为硅酸盐。其中只有碱金属盐可溶于水，其他的硅酸盐均不溶于水。重金属硅酸盐有特征的颜色。

地壳主要就是由不溶于水的各种硅酸盐组成。许多矿物如长石、云母、石棉、滑石，许多岩石如花岗岩等都是硅酸盐。硅酸钠是最常见的可溶性硅酸盐，其透明的浆状溶液称作“水玻璃”，俗称“泡花碱”，化学组成可表示为 $Na_2O \cdot nSiO_2$，是纺织、造纸、制皂、铸造等工业的重要原料。

四、锡、铅的重要化合物

1. 锡、铅的氧化物

锡、铅都能形成氧化数为+2和+4的氧化物，这些氧化物和氢氧化物都是两性的，既溶于酸，又溶于碱。它们的酸碱性及氧化还原性的递变规律如下：

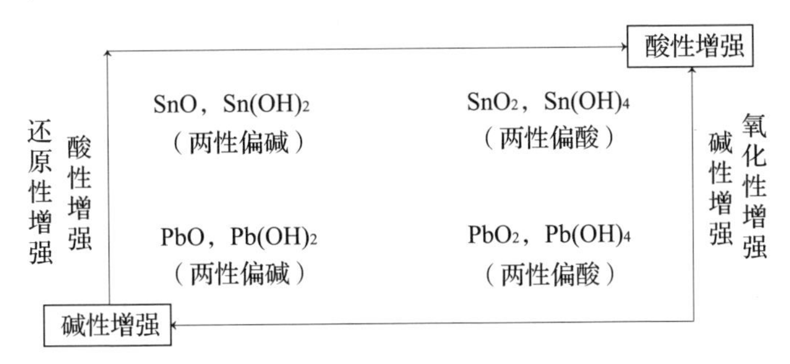

氧化物中 SnO 是还原剂，PbO_2 是强氧化剂。由于锡和铅的氧化物都不溶于水，要制得相应的氢氧化物，必须用其盐溶液与碱作用。例如，用碱金属的氢氧化物处理锡盐，就可得到相应的 $Sn(OH)_2$ 白色沉淀：

$$SnCl_2+2NaOH = Sn(OH)_2\downarrow +2NaCl$$

2. 锡和铅的盐

由于锡、铅的氢氧化物具有两性，因此它们能形成两种类型的盐，即 M^{2+} 盐、M^{4+} 盐和 MO_2^{2-} 盐、MO_3^{2-} 盐两类。

锡和铅的盐中最常见的是卤化物。$SnCl_2$ 是实验室中常用的重要还原剂。例如，向 $HgCl_2$ 溶液中逐滴加入 $SnCl_2$ 溶液时，可生成 Hg_2Cl_2 的白色沉淀：

$$2HgCl_2+SnCl_2 = SnCl_4+Hg_2Cl_2\downarrow \text{（白）}$$

当 $SnCl_2$ 过量时，亚汞盐将进一步被还原为黑色单质汞：

$$Hg_2Cl_2+SnCl_2 = SnCl_4+2Hg\downarrow \text{（灰黑）}$$

这一反应很灵敏，常用于定性鉴定 Hg^{2+} 或 Sn^{2+}。

$SnCl_2$ 易水解，Sn^{2+} 在溶液中易被空气中的 O_2 所氧化。因此，在配制 $SnCl_2$ 溶液时，应先加入少量浓 HCl 抑制其水解，并在配制好的溶液中加入少量金属 Sn 粒。

$PbCl_2$ 为白色固体，冷水中微溶，能溶于热水，也能溶于盐酸或过量的 NaOH 溶液：

$$PbCl_2+2HCl = H_2[PbCl_4]$$

$$PbCl_2+4OH^- = PbO_2^{2-}+2Cl^-+2H_2O$$

锡、铅的硫化物均不溶于水和稀酸。将 H_2S 作用于相应的盐溶液，就可得到 MS 或 MS_2 硫化物沉淀，但不生成 PbS_2。

SnS_2（黄色）可溶于 Na_2S 或 $(NH_4)_2S$ 中，生成硫代锡酸盐：

$$SnS_2+Na_2S = Na_2SnS_3$$

硫代锡酸盐不稳定，遇酸分解，又产生硫化物沉淀：

$$SnS_3^{2-}+2H^+ \longrightarrow H_2SnS_3 \longrightarrow SnS_2 + H_2S\uparrow$$

SnS(褐色）不溶于（$(NH_4)_2S$ 中，但可溶于二硫化钠 Na_2S_2，这是由于 S_2^{2-} 具有氧化性，能将 SnS 氧化为 SnS_2 而溶解生成 Na_2SnS_3。

PbS（黑色）不溶于稀酸和碱金属硫化物，但可溶于浓盐酸和稀硝酸：

$$PbS+4HCl = H_2[PbCl_4] +H_2S\uparrow$$

$$3PbS+8HNO_3 = 3Pb(NO_3)_2+2NO\uparrow +3S\downarrow +4H_2O$$

可见，对于不同的难溶硫化物，可采用不同的方法，如使其形成易溶的硫代酸盐或配合物、发生氧化还原反应等，使之溶解。

PbS 可与 H_2O_2 发生反应：

$$PbS+4H_2O_2 = PbSO_4+4H_2O$$

此反应可用来处理油画上黑色的 PbS，使它转化为白色的 $PbSO_4$。

铅的许多化合物难溶于水，其中 $PbCrO_4$ 为黄色，$PbSO_4$ 为白色，PbI_2 为金黄色。常用的可溶性 Pb(Ⅱ）盐是 $Pb(NO_3)_2$ 和 $Pb(Ac)_2$。

第五节 硼族元素

周期表中的ⅢA 族元素，包括硼(Boron)、铝(Aluminum)、镓(Gallium)、铟(Indium)、铊(Thallium）五个元素，通称硼族元素。本节主要讨论硼和铝。

硼族元素的最高氧化数为+3。硼、铝一般只形成氧化数为+3 的化合物。从镓到铊，由于惰性电子对效应，氧化数为+3 的化合物的稳定性降低，而氧化数为+1 的化合物的稳定性增加，故 Tl(Ⅲ）具有强的氧化性。

一、 硼的重要化合物

1. 氧化硼和硼酸

三氧化二硼也称硼酸酐或硼酐，是白色固体。氧化硼溶于水后，生成硼酸：

$$B_2O_3+3H_2O = 2H_3BO_3$$

工业上，硼酸是用强酸处理硼砂而制得的：

$$Na_2B_4O_7\cdot 10H_2O+H_2SO_4 = 4H_3BO_3+Na_2SO_4+5H_2O$$

硼酸是一元弱酸，$K_a^\ominus = 5.76\times 10^{-10}$。$H_3BO_3$ 晶体呈鳞片状，白色，微溶于冷水，热水中的溶解度增大。H_3BO_3 加热时失水成 HBO_2（偏硼酸），再进一步加热，生成 B_2O_3。而溶于水后，它们又能生成硼酸：

$$H_3BO_3 \underset{+H_2O}{\overset{\triangle,\ -H_2O}{\rightleftharpoons}} HBO_2 \underset{+H_2O}{\overset{\triangle,\ -H_2O}{\rightleftharpoons}} B_2O_3$$

硼酸大量用于搪瓷和玻璃工业，还可以作防腐剂以及医用消毒剂。

2. 硼酸盐

最主要的硼酸盐是四硼酸的钠盐 $Na_2B_4O_7 \cdot 10H_2O$，俗称硼砂。硼砂是无色透明晶体，在空气中易失去部分水分子而发生风化，受热时先失去结晶水而成为蓬松状物质，体积膨胀。

熔化的硼砂能与许多金属氧化物反应，生成具有特征颜色的偏硼酸盐的复盐，可用来鉴定某些金属离子，称为硼砂珠试验，例如：

$$Na_2B_4O_7+CoO = 2NaBO_2 \cdot Co(BO_2)_2 \text{（宝蓝色）}$$

$Na_2B_4O_7$ 可看成是 $B_2O_3 \cdot 2NaBO_2$，因此上述反应可看成酸性氧化物 B_2O_3 与碱性的金属氧化物结合成偏硼酸盐的反应。

硼砂在水中发生水解，先生成偏硼酸钠 $NaBO_2$，再水解成 NaOH 和 H_3BO_3，因此其水溶液显碱性。

$$Na_2B_4O_7+3H_2O \rightleftharpoons 2NaBO_2+2H_3BO_3$$

$$2NaBO_2+4H_2O \rightleftharpoons 2NaOH+2H_3BO_3$$

因此，硼砂可作分析化学中的基准物，用来标定盐酸等酸溶液的浓度，1mol硼砂与 2mol HCl 反应。

硼砂可作消毒剂、防腐剂及洗涤剂的填料。硼砂也用于陶瓷工业，或用于制造耐温度骤变的特种玻璃。

二、 铝的重要化合物

1. 氧化铝和氢氧化铝

铝的氧化物 Al_2O_3 有多种变体，其中自然界存在的 α-Al_2O_3 称为刚玉，含微量 Cr(Ⅲ) 的称为红宝石，含有少量 Fe(Ⅱ)、Fe(Ⅲ) 和 Ti(Ⅳ) 的称为蓝宝石，含有少量 Fe_3O_4 的称为刚玉粉。α-Al_2O_3 有很高的熔点和硬度，化学性质稳定，不溶于水、酸和碱，常用作耐火、耐腐蚀和高硬度材料。γ-Al_2O_3 硬度小，不溶于水，但能溶于酸和碱，具有很强的吸附性能，可作吸附剂及催化剂。

氢氧化铝是两性氢氧化物，碱性略强于酸性。在溶液中形成的 $Al(OH)_3$ 为白色凝胶状沉淀，并按下式以两种方式解离：

$$Al^{3+}+3OH^- \rightleftharpoons Al(OH)_3 = H_3AlO_3 \rightleftharpoons H^+ + [Al(OH)_4]^-$$

加酸上述平衡向左移动，生成铝盐；加碱平衡向右移动，生成铝酸盐。

2. 铝盐

铝最常见的盐是 $AlCl_3$ 和 $KAl(SO_4)_2 \cdot 12H_2O$（明矾），它们最主要的化学性质是 Al^{3+} 有水解作用而使溶液呈酸性。$AlCl_3$ 和 $KAl(SO_4)_2 \cdot 12H_2O$ 溶于水时，Al^{3+} 水解生成一系列碱式盐直到 $Al(OH)_3$ 胶状沉淀，这些水解产物能吸附水中的泥沙、重金属离子及有机污染物等，因此可用于净化水。明矾是人们早已广泛应用的净水剂。$AlCl_3$ 是有机合成中常用的催化剂。

本章小结

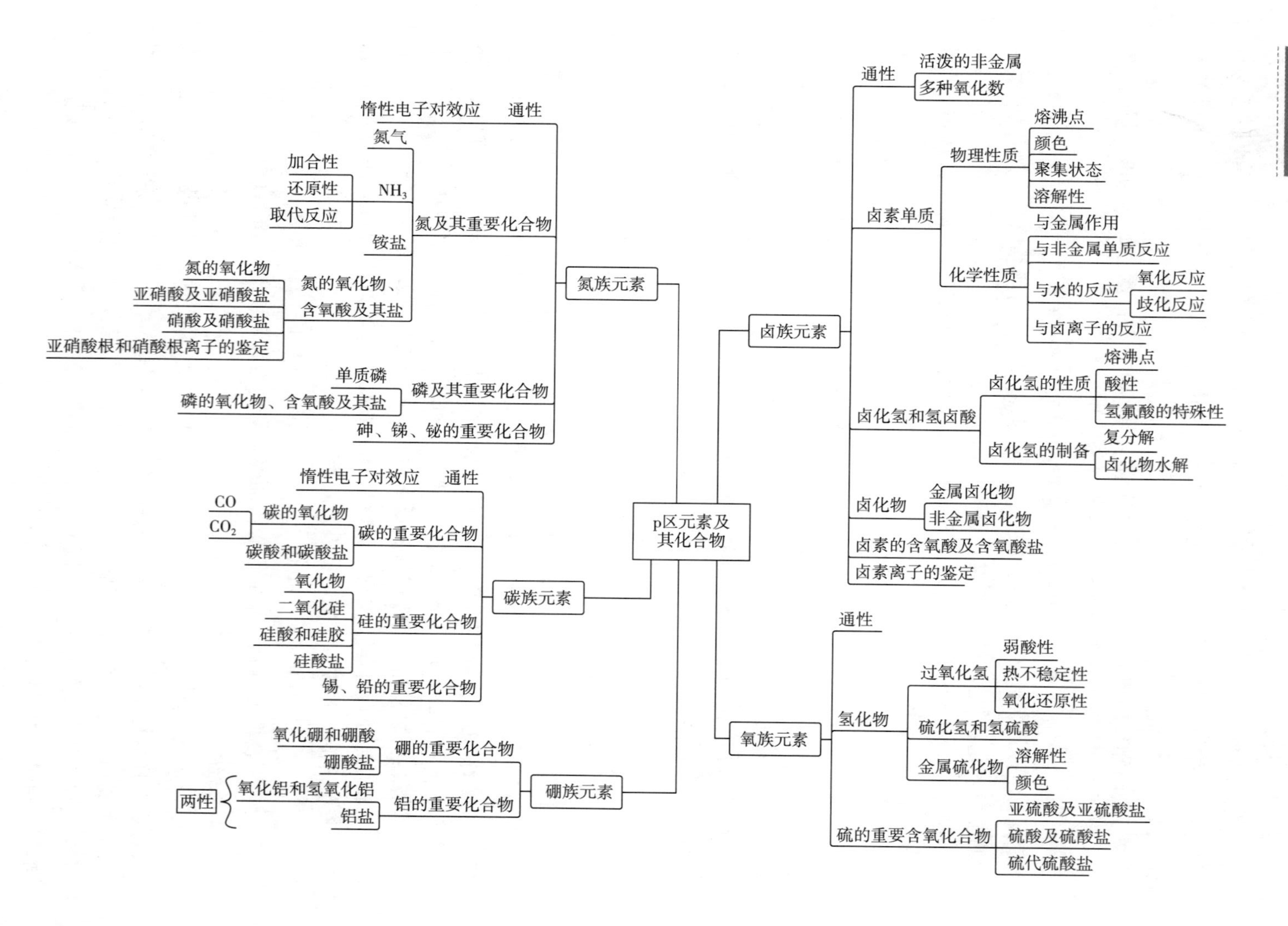

p区元素及其化合物
卤族元素
通性
活泼的非金属
多种氧化数
卤素单质
物理性质
熔沸点
颜色
聚集状态
溶解性
化学性质
与金属作用
与非金属单质反应
与水的反应
氧化反应
歧化反应
与卤离子的反应
卤化氢和氢卤酸
卤化氢的性质
熔沸点
酸性
氢氟酸的特殊性
卤化氢的制备
复分解
卤化物水解
卤化物
金属卤化物
非金属卤化物
卤素的含氧酸及含氧酸盐
卤素离子的鉴定
氧族元素
通性
氢化物
过氧化氢
弱酸性
热不稳定性
氧化还原性
硫化氢和氢硫酸
金属硫化物
溶解性
颜色
硫的重要含氧化合物
亚硫酸及亚硫酸盐
硫酸及硫酸盐
硫代硫酸盐
氮族元素
惰性电子对效应
通性
氮及其重要化合物
氮气
NH_3
加合性
还原性
取代反应
铵盐
氮的氧化物、含氧酸及其盐
氮的氧化物
亚硝酸及亚硝酸盐
硝酸及硝酸盐
亚硝酸根和硝酸根离子的鉴定
磷及其重要化合物
单质磷
磷的氧化物、含氧酸及其盐
砷、锑、铋的重要化合物
碳族元素
惰性电子对效应
通性
碳的重要化合物
碳的氧化物
CO
CO_2
碳酸和碳酸盐
硅的重要化合物
氧化物
二氧化硅
硅酸和硅胶
硅酸盐
锡、铅的重要化合物
硼族元素
硼的重要化合物
氧化硼和硼酸
硼酸盐
铝的重要化合物
氧化铝和氢氧化铝
两性
铝盐

习 题

一、填空题

1. 金属锂应保存在________中，金属钠应保存在________中，白磷应保存在________中，氢氟酸应盛装在________瓶中。

2. 卤素的含氧酸与其相应盐比较，酸的热稳定性比盐的热稳定性________，酸的氧化性比盐的氧化性________。

3. 为增大碘在水中的溶解度，常在溶液中加入一些________，此时溶液呈________色。

4. 碘与 H_2S 反应生成________，这一反应说明碘的氧化性比________强。

5. 漂白粉是________的混合物，其漂白作用是由于________________。

6. 分别实验 HgS、BaS、MnS、CuS、Bi_2S_3 在水、0.3mol/L HCl、2.0mol/L HCl、稀 HNO_3 和王水中的溶解性，其中在上述溶剂中都能溶解的是________，仅不溶于水的是________，只能溶于 HNO_3 和王水的是________，只能溶于王水的是________。

7. 久置于空气中的 H_2S（aq）容易变________，这是由于 H_2S 与________反应生成________色的________的缘故。

8. H_2O_2 的化学性质主要表现为：________，________，________，________。

9. 铋的主要氧化数是________，铋酸盐有强氧化性，在硝酸溶液中可以将 Mn^{2+} 氧化为________，这是检出 Mn^{2+} 的一种反应。

10. 可溶性硅酸盐的水溶液呈________性，硅酸钠的水溶液俗称________，重金属的硅酸盐________溶于水，并且具有特征________。

二、判断题

1. HNO_3 是一元酸，H_2CO_3 是二元酸，H_3BO_3 是三元酸，H_5IO_6 是五元酸。（　）

2. 卤化银全部都难溶于水。（　）

3. 除 HF 外，可用卤化物与浓硫酸反应制取卤化氢。（　）

4. 在氢卤酸中，由于氟的非金属性强，所以氢氟酸的酸性最强。（　）

5. 在照像行业中 $Na_2S_2O_3$ 作为定影剂使用是基于它具有还原性。（　）

6. 可用 FeS 与 HNO_3 反应制取 H_2S。（　）

7. NaH_2PO_4、Na_2HPO_4、Na_3PO_4 三种溶液均呈碱性。（　）

8. 用碳酸钠溶液沉淀溶液中的 Ca^{2+}、Mg^{2+}、Cu^{2+} 时，均得到碳酸盐沉淀。（　）

9. Na_2CO_3 比 $NaHCO_3$ 的溶解度大，同理，$CaCO_3$ 比 $Ca(HCO_3)_2$ 的溶解度也大。（　）

10. Al_2O_3 是两性氧化物，各种晶型的 Al_2O_3 既可溶于酸，又可溶于碱。（　　）

三、选择题

1. 加热下列物质，产物中有氧气的是（　　）。

A. $CaCO_3$　　B. Na_2SO_4　　C. $AgNO_3$　　D. Na_2O

2. 下列物质与溴化钠反应并加热，能制取纯的溴化氢的是（　　）。

A. 浓 HCl　　B. 浓 HNO_3　　C. 浓 H_3PO_4　　D. 浓 H_2SO_4

3. 单质碘在水中的溶解度很小，但在碘化钾等碘化物溶液中碘的溶解度增大，这是因为（　　）。

A. 发生了解离反应　　B. 发生了盐效应

C. 发生了氧化还原反应　　D. 生成了 I_3^-

4. 下列物质中具有漂白作用的是（　　）。

A. 液氯　　B. 氯水　　C. 干燥的氯气　　D. 氯酸钙

5. 下列各组硫化物中，难溶于稀盐酸，但能溶于浓盐酸的是（　　）。

A. Bi_2S_3 和 ZnS　　B. CuS 和 Sb_2S_3　　C. CdS 和 SnS　　D. As_2S_3 和 HgS

6. 干燥 H_2S 气体，可选用的干燥剂是（　　）。

A. 浓 H_2SO_4　　B. KOH　　C. P_2O_5　　D. $CuSO_4$

7. 对于白磷和红磷，以下叙述正确的是（　　）。

A. 它们都有毒　　B. 它们都溶于 CS_2

C. 红磷不溶于水而白磷溶于水　　D. 白磷在空气中能自燃，红磷不能

8. 卤素单质中，与水不发生水解反应的是（　　）。

A. F_2　　B. Cl_2　　C. Br_2　　D. I_2

9. 要配制一定浓度的 $SbCl_3$ 溶液，应采取的方法是（　　）。

A. 将固体 $SbCl_3$ 溶于热水中至所需浓度

B. 将固体 $SbCl_3$ 用水溶解后加盐酸

C. 将固体 $SbCl_3$ 溶于室温水中至所需浓度

D. 将固体 $SbCl_3$ 溶于较浓盐酸中再加水稀释至所需浓度

10. 下列硝酸盐受热分解，产生相应亚硝酸盐的是（　　）。

A. $LiNO_3$　　B. KNO_3　　C. $Cu(NO_3)_2$　　D. $Pb(NO_3)_2$

四、完成下列反应方程式

1. $MnO_4^- + H^+ + Cl^- \longrightarrow$

2. $PBr_3 + H_2O \longrightarrow$

3. $MnO_2 + HCl$（浓）$\longrightarrow$

4. $H_2S + Br_2 \longrightarrow$

5. $[Cr(OH)_4]^- + H_2O_2 + OH^-$

6. $SbCl_3 + H_2O \longrightarrow$

7. $C+HNO_3 \longrightarrow$

8. $SiO_2+HF \longrightarrow$

五、回答问题

1. 解释下列事实：

（1）不能用硝酸与 FeS 作用制备 H_2S；

（2）亚硫酸是良好的还原剂，浓硫酸是相当强的氧化剂，但两者相遇并不发生反应；

（3）将亚硫酸盐溶液久置于空气中，将几乎失去还原性；

（4）实验室内不能长久保存 Na_2S 溶液；

（5）通 H_2S 于 Fe^{3+} 溶液中得不到 Fe_2S_3 沉淀；

（6）硫代硫酸钠可用于织物漂白后的去氯剂。

2. 写出下列实验步骤中各字母所表示的物质及现象。

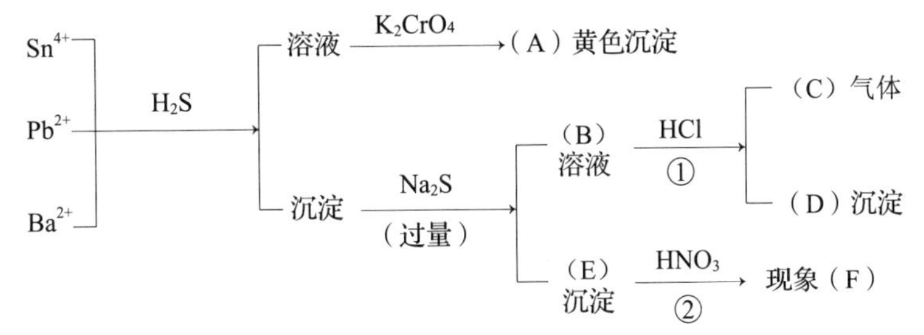

3. 写出下列字母所代表的物质：

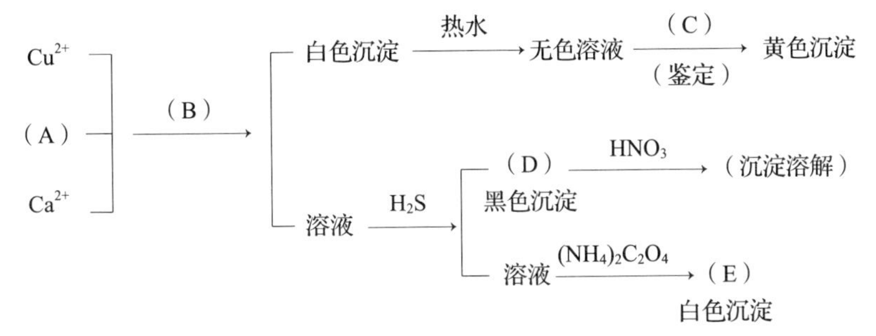

4. 根据下列实验确定各字母所代表的物质：

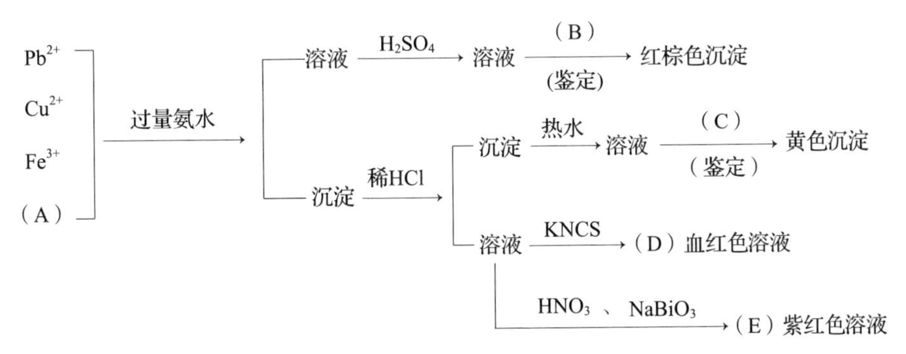

5. 今有白色的钠盐晶体 A 和 B，A 和 B 都溶于水。A 的水溶液呈中性，B 的水溶液呈碱性，A 溶液与 $FeCl_3$ 溶液作用溶液呈棕色，A 溶液与 $AgNO_3$ 溶液作用有黄色沉淀析出；晶体 B 与浓 HCl 反应有黄绿色气体生成，此气体同冷 NaOH 作用，可得含 B 的溶液，向 A 溶液中滴加 B 溶液时，溶液呈红棕色，若继续加过量 B 溶液，则溶液的红棕色消失，试问 A、B 为何物？写出有关方程式。

第八章

烃类化合物

学习目标

知识目标

1. 掌握烃类化合物的分类方法及分类情况；
2. 掌握烃类化合物命名的规律；
3. 掌握烃类化合物的物理性质及重要化学反应；
4. 了解烃类化合物的同分异构现象。

技能目标

1. 能根据官能团对有机化合物进行分类；
2. 会用结构简式表示简单有机物的分子结构；
3. 能运用普通命名法和系统命名法命名常见的烃类化合物；
4. 能由给定的分子式推测出其可能的结构；
5. 能区分不同的烃类化合物；
6. 能设计烃类的反应路线；
7. 能判断给定反应产物的结构。

第一节 有机化合物基础知识

有机化学是化学的一个分支，是研究有机化合物的制备、结构、性质及其应用的科学。

有机化合物泛指碳氢化合物及其衍生物。最初的有机化合物是从有生机的生物体中提取得到的，有机化合物的名字由此而来，也正因此在早期人们认为有机化合物只能从生物体中提取，直到1828年，魏勒（F. Wohler）在实验室中用氨和氰酸合成了尿素，使有机化合物的含义发生了根本的变化。

一、有机化合物的表示

组成有机化合物的元素并不多，主要有碳、氢两种元素，有的还含有氧、氮、硫和卤素，但有机化合物的种类繁多，主要原因是有机化合物具有同分异构现象，也就是由于连接方式不同引起的分子式相同而结构不同的现象。表示分子中原子间相互连接的次序和方式的化学式称为有机化合物的构造式。表8-1列出了目前常用的构造式的表示方法：蛛网式、缩写式和键线式。

表8-1 有机化合物构造式的表示方法

<table>
<tr><th></th><th>蛛网式</th><th>缩写式</th><th>键线式</th></tr>
<tr><td>正戊烷</td><td>H H H H H
| | | | |
H—C—C—C—C—C—H
| | | | |
H H H H H</td><td>$CH_3CH_2CH_2CH_2CH_3$
（或 $CH_3—CH_2—CH_2—CH_2—CH_3$）</td><td></td></tr>
<tr><td>2-甲基丁烷</td><td>H H H H
| | | |
H—C—C—C—C—H
| | | |
H | H H
H—C—H
|
H</td><td>$CH_3CHCH_2CH_3$
|
CH_3</td><td></td></tr>
<tr><td>2-丁烯</td><td>H H
| |
H—C—C=C—C—H
| | | |
H H H H</td><td>$CH_3CH=CHCH_3$</td><td></td></tr>
<tr><td>正乙醇</td><td>H H H H
| | | |
H—C—C—C—C—OH
| | | |
H H H H</td><td>$CH_3CH_2CH_2CH_2OH$</td><td>OH</td></tr>
</table>

续表

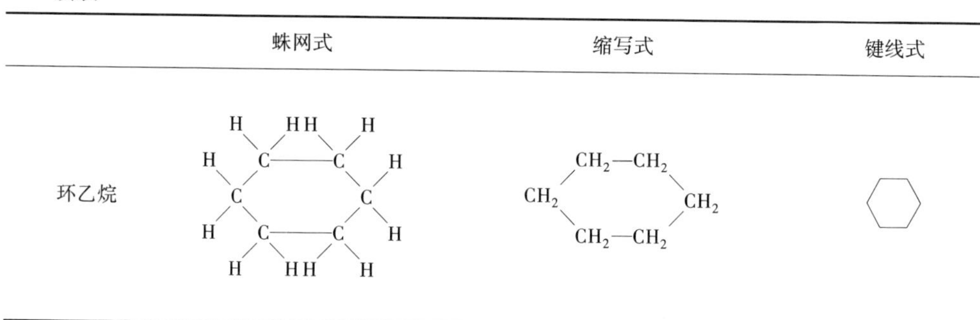

	蛛网式	缩写式	键线式
环乙烷			

二、 有机化合物的特性

有机化合物之所以有庞大的数目，与组成有机化合物的最基本原子碳原子的特殊性密切相关。碳与碳之间，碳与其他元素之间形成的都是稳定的共价键。它可以通过单键、双键和叁键等方式连接，形成开链状、环状及交联状各类形状的有机化合物，这就造成了有机化合物数目庞大。除了在数量上与无机化合物存在差距外，在性质上有机化合物与无机化合物也存在明显差异。

1. 热稳定性差，容易燃烧

绝大多数有机化合物受热易分解，通常在200~300℃时即逐渐分解。一般有机化合物都可以燃烧，且燃烧后多生成二氧化碳和水，如汽油、棉花、油脂、酒精等均属于易燃物。多数无机物耐高温、热稳定性好，不会燃烧。在实验室中可采用灼烧实验区分有机物和无机物。

2. 熔点和沸点低

有机化合物分子中的化学键一般是共价键，分子间受范德华力作用；而无机化合物一般是离子键，分子之间是静电引力。所以，常温下有机物通常以气体、液体或低熔点（大多数在400℃以下）固体的形式存在。一般来说，纯净的有机化合物都有一定的熔点和沸点。因此，测定熔点或沸点是鉴定有机化合物常用的方法之一。

3. 难溶于水

有机化合物大多难溶于水，而易溶于有机溶剂。化合物的溶解性通常服从"相似相溶"规律，即极性化合物易溶解于极性溶剂中。水是一种极性很强的化合物，有机化合物一般是弱极性或非极性化合物，对水的亲和力很小，因此大多数有机化合物难溶或不溶于水，而易溶于有机溶剂，这为提取有机化合物提供了条件。

4. 反应慢且复杂，副产物多

多数有机化合物反应速度缓慢，有些反应往往需要几天甚至更长的时间才能完成。在有机反应中常常采取加热、加催化剂或搅拌等措施以提高反应速度。有机化学反应常伴有一些副反应，这使得反应后得到的产物常常是混合物。一般把在某一特定反应条件下主要进行的一个反应称为主反应，其他反应称为副反应。选择最有利的反应条件以减少副反应来提高主要产品的产率也是有机化学家的一项重要任务。

三、 有机化合物的分类

有机化合物中除碳元素外含量最多的是氢，其次是氧、氮、磷、硫、卤素等，因此有机化合物也称为碳氢化合物及它的衍生物。有机化合物数目庞大、结构复杂，为研究方便，人们将数目巨大的有机化合物分门别类，常用的分类方法是按碳架和官能团进行分类。

1. 按碳架分类

按碳架中碳键结合方式的不同，一般可将有机化合物分为三大类：

（1）开链化合物　开链化合物中碳原子间相互结合形成链状，碳链两端不相连，碳链可长可短，碳碳之间的键可以是单键或双键、叁键。由于脂肪分子中碳原子有类似的结合方式，习惯上把开链化合物称为脂肪族化合物。如：

$CH_3—CH_2—CH_3$　　　　$CH_3—CH_2—CH_2—OH$

丙烷　　　　丙醇

（2）碳环化合物　根据碳环的特点和性质又可分为脂环化合物和芳香族化合物。

① 脂环化合物：这类化合物从结构上看，可以认为是由开链化合物闭环而成的，它们的性质与脂肪族化合物相似，故称脂环化合物。如：

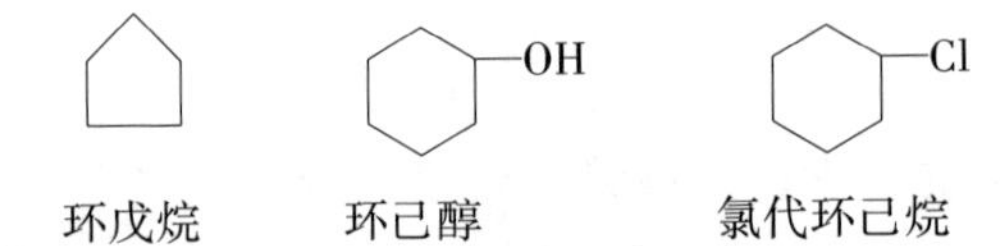

环戊烷　　环己醇　　氯代环己烷

② 芳香族化合物：这类化合物分子中含有苯环，有其特殊的物理和化学性质。如：

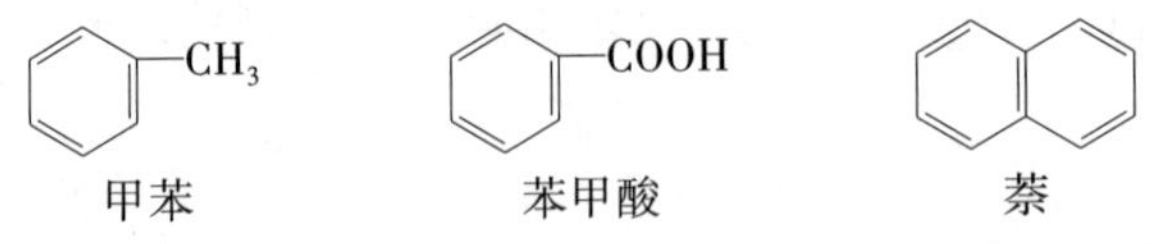

甲苯　　苯甲酸　　萘

（3）杂环化合物　在这类化合物中，成环原子除含碳原子外，还含有其他原子（主要是氧、硫、氮），彼此结合成环状化合物，称为杂环化合物。

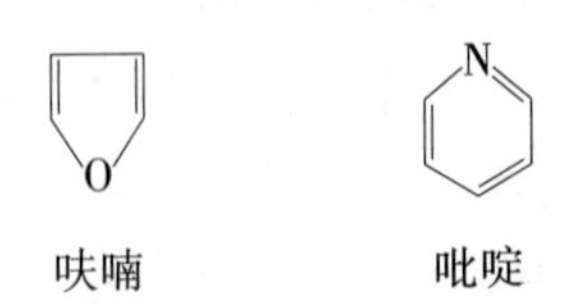

呋喃　　吡啶

2. 按官能团分类

官能团就是决定有机化合物化学性质的原子或原子团。这些原子团的存在往往决定了这类化合物的性质，同时也是有机化合物分子进行反应和发生转变的主要原因所在。官能团的种类很多，一些常见和较重要的官能团列于表 8-2 中。

表 8-2　有机分子中常见的重要官能团

化合物类型	官能团的结构	官能团的名称	实例	
烯烃	—C═C—	双键	$CH_2{=}CH_2$	乙烯
炔烃	—C≡C—	叁键	H—C≡C—H	乙炔
卤代烃	—X	卤素	CH_3CH_2Br	溴乙烷
醇和酚	—OH	羟基	CH_3—OH	甲醇
			C_6H_5—OH	苯酚
醚	C—O—C	醚键	CH_3CH_2—O—CH_2CH_3	乙醚
醛和酮	>C═O	羰基	CH_3—C(═O)—H	乙醛
			CH_3—C(═O)—CH_3	丙酮
羧酸	—C(═O)—OH	羧基	CH_3—C(═O)—OH	乙酸
硝基化合物	—NO_2	硝基	C_6H_5—NO_2	硝基苯
胺	—NH_2	氨基	CH_3—CH_2—NH_2	乙胺
腈	—C≡N	氰基	CH_3C≡N	乙腈
硫醇和硫酚	—SH	巯基	CH_3CH_2—SH	乙硫醇
			C_6H_5—SH	苯硫酚
磺酸	—SO_3H	磺酸基	C_6H_5—SO_3H	苯磺酸

想一想

C_5H_{12}可能的结构简式有哪些？

第二节

烷　烃

有机化合物中仅由碳和氢两种元素组成的一类化合物称为碳氢化合物，简称为烃。具有链状骨架的烃称为链烃，又常称为脂肪烃。烃分子中，四价的碳原子自身以单键结合，碳原子的其余价键都为氢原子所饱和的化合物称为饱和烃。开链的饱和烃称为烷烃，烷烃又称石腊烃。

烃是最简单的有机化合物，可以看作是其他有机化合物的母体，其他有机化合物可以看作是烃的衍生物。所以有机化合物的讨论一般从烃类开始。

一、 烷烃的通式和同分异构

烷烃是开链的饱和烃，是一系列化合物。在这一系列化合物中，最简单的是甲烷，一个碳原子被四个氢原子所饱和，其次是乙烷、丙烷、丁烷……分子式分别为 CH_4、C_2H_6、C_3H_8、C_4H_{10}……

可以看出烷烃中碳原子和氢原子的数目存在一定关系，随着碳原子数的增加，氢原子数也相应有规律地增加，即每一个碳原子除上下各与一个氢原子相连外，同时在链的两端还各连一个氢原子。因此，若分子中碳原子数是 n，则氢原子数必为 $2n+2$，即烷烃通式为 C_nH_{2n+2}。

具有同一个通式，组成上只相差一个 CH_2 或其整数倍的一系列化合物称为同系列。同系列中的各个化合物互为同系物，CH_2 称为同系差。同系物结构相似，具有相似的化学性质，物理性质随碳原子数的增加而有规律地变化。

在烷烃中甲烷、乙烷和丙烷只有一种构造式，如前所示。从丁烷开始构造式不止一种，如丁烷有两种：

$CH_3CH_2CH_2CH_3$
正丁烷

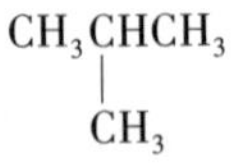

$$\begin{array}{c} CH_3CHCH_3 \\ \quad | \\ \quad CH_3 \end{array}$$
异丁烷

像丁烷这样具有相同分子式而结构不同的化合物称为同分异构体，这种现象称为同分异构现象。同分异构是有机化合物中普遍存在的现象，也是造成有机化合物数目庞大的原因之一。同分异构体中，由构造不同引起同分异构现象的化合物称为构造异构体。上述的正丁烷和异丁烷就属于构造异构体。随烷烃碳原子数的增加，构造异构体的数目显著增多，如表 8-3 所示。

表 8-3　部分烷烃的名称和分子式及可能异构体数目

名称	碳原子数	可能异构体数目	名称	碳原子数	可能异构体数目
丙烷	3	1	壬烷	9	35
丁烷	4	2	癸烷	10	75
戊烷	5	3	十一烷	11	159
己烷	6	5	十五烷	15	4347
庚烷	7	9	二十烷	20	366319
辛烷	8	18	三十烷	30	4111646763

构造异构体的物理性质不同。一般来讲，直链烷烃的沸点要比带支链烷烃的构造异构体的沸点高。

二、烷烃的命名

同分异构现象的存在使得有机化合物数目庞大，同一分子式对应于数个结构不同的化合物，因此如何命名有机化合物显得尤其重要。对于某一分子结构而言，采用某一确定的命名法时只能对应于一个名称。反之，一个确定的名称只能对应于一个结构。烷烃的命名是有机化合物命名的基础，烷烃常用的命名法有普通命名法和系统命名法。

1. 烷基

（1）碳、氢原子种类　在烷烃分子中，根据碳原子所连接碳原子数不同可以将烷烃中的碳分为四类。只与一个碳原子相连的碳原子称为伯碳原子，又称为一级碳原子（以1°表示）；与两个碳原子相连的碳原子称为仲碳原子，又称为二级碳原子（以2°表示）；与三个碳原子相连的碳原子称为叔碳原子，也称为三级碳原子（以3°表示）；与四个碳原子相连的碳原子称为季碳原子，也称为四级碳原子（以4°表示）。与伯（1°）、仲（2°）、叔（3°）碳原子相连的氢原子分别称为伯（1°）、仲（2°）、叔（3°）氢原子。如下式中：

$$\overset{1}{C}H_3-\overset{2}{C}(CH_3)_2-\overset{3}{C}H_2-\overset{4}{C}H(CH_3)-\overset{5}{C}H_3$$

C_1 和 C_5 都是伯碳原子，C_3 是仲碳原子，C_4 是叔碳原子，C_2 是季碳原子。

想一想

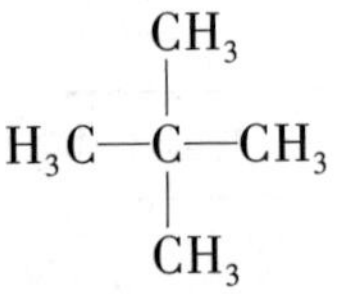

$$\begin{array}{c} CH_3 \\ | \\ H_3C—C—CH_3 \\ | \\ CH_3 \end{array}$$ 分子中含有几种氢原子？

（2）烷基　烷烃分子中去掉一个氢原子后剩下的基团称为烷基，其通式为 C_nH_{2n+1}。常用 R—表示。烷基的名称由相应的烷烃而来，表 8-4 是部分常见烷基的结构与名称。

2. 普通命名法

普通命名法方便简单，对于构造简单的烷烃常用此法命名。命名规则如下：

（1）直链烷烃　直链烷烃表示方法为：含碳原子数目为 $C_1 \sim C_{10}$ 的用天干名称甲、乙、丙、丁、戊、己、庚、辛、壬、癸来表示；含十个以上碳原子时，用中文数字“十一、十二、……”再加“烷”字来表示。且由于四个碳原子以上烷烃均有同分异构体，三个碳原子以上的直链烷烃在名字前面常冠以“正”字。例如：$CH_3CH_2CH_2CH_3$ 含四个碳原子称为正丁烷，含八个碳原子称为正辛烷，含十一个碳原子称为正十一烷。

表 8-4　常见烷基结构与名称

结构	名称	结构	名称
$CH_3—$	甲基	$CH_3(CH_2)_2CH_2—$	丁基
$CH_3CH_2—$	乙基	$(CH_3)_2CHCH_2—$	异丁基
$CH_3CH_2CH_2—$	丙基	$CH_3CH_2(CH_3)CH—$	仲丁基
$(CH_3)_2CH—$	异丙基	$(CH_3)_3C—$	叔丁基

（2）带支链烷烃　带支链烷烃，以“异”、“新”表示。

① 凡是在支链烷烃分子中碳链的一端含有两个甲基［$(CH_3)_2CH—$］的都称为异某烷。如：

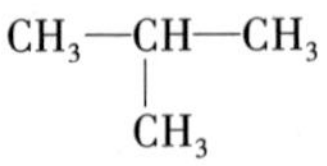

$$\begin{array}{c} CH_3—CH—CH_3 \\ | \\ CH_3 \end{array}$$

异丁烷

$$\begin{array}{l} CH_3—CHCH_2CH_2CH_2CH_3 \\ \quad\quad | \\ \quad\quad CH_3 \end{array}$$

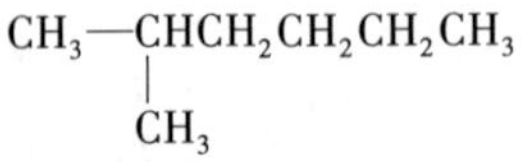

异庚烷

② 凡是在链的一端含有三个甲基［$(CH_3)_3C—$］的都称为新某烷。如：

$$\begin{array}{ccccc} & & CH_3 & & \\ & & | & & \\ CH_3 & — & C & — & CH_3 \\ & & | & & \\ & & CH_3 & & \end{array}$$

新戊烷

$$\begin{array}{ccccc} & & CH_3 & & \\ & & | & & \\ CH_3 & — & C & — & CH_2CH_3 \\ & & | & & \\ & & CH_3 & & \end{array}$$

新己烷

普通命名法虽然方便简单，但只能用于构造简单的烷烃，结构复杂的烷烃必须使用系统命名法命名。

3. 系统命名法

系统命名法是采用国际通用的IUPAC命名原则，结合我国文字特点而制订的。根据系统命名法，直链烷烃的命名与普通命名法一样，仅不写“正”字，但对于支链烷烃则遵守下列基本原则：

（1）选主链　选择分子中最长的碳链作为母体，支链烷基看作是母体的取代基，若有两条或两条以上等长碳链时，应选择支链最多的一条为母体，根据母体所含碳原子数目称“某烷”。

（2）主链编号　用阿拉伯数字给主链编号，编号时，从离取代基最近的一端开始。如果两端与取代基等距离，应从靠近构造较简单的取代基的那端开始编号；如果两端与取代基等距离，且取代基构造相同，应遵循取代基位次之和最小原则。

（3）写出全称　先写出取代基的位次及名称，再写烷烃的名称。位次用阿拉伯数字表示，阿拉伯数字与汉字之间用短线“-”隔开。有多个取代基时，简单的在前，复杂的在后，相同的取代基合并写出，位次之间用逗号隔开，用汉字表示出相同取代基的个数。

例如：

$$\begin{array}{ccccccccccccc} \overset{8}{CH_3} & — & \overset{7}{CH} & — & \overset{6}{CH_2} & — & \overset{5}{CH_2} & — & \overset{4}{CH} & — & \overset{3}{CH} & — & CH_3 \\ & & | & & & & & & | & & | & & \\ & & CH_3 & & & & & & CH_3 & & 2CH & — & CH_3 \\ & & & & & & & & & & | & & \\ & & & & & & & & & & 1CH_3 & & \end{array}$$

2，3，4，7-四甲基辛烷

$$\begin{array}{ccccccccc} CH_3 & — & CH & — & CH_2 & — & CH & — & CH_3 \\ & & | & & & & | & & \\ & & CH_3 & & & & CH_2 & — & CH_3 \end{array}$$

2,4-二甲基己烷

$$\begin{array}{ccccccccccc} & & CH_3 & & & & & & CH_3 & & \\ & & | & & & & & & | & & \\ CH_3 & — & CH & — & CH_2 & — & CH & — & CH & — & CH_3 \\ & & | & & & & | & & & & \\ & & CH_3 & & & & CH_2 & — & CH_3 & & \end{array}$$

2,2,5-三甲基-4-乙基己烷

根据系统命名法能够从化合物的构造式准确地写出化合物的名称，从化合物的名称也能准确写出它的构造式，这就是系统命名法的准确性。

练一练

1. 命名下列烷烃

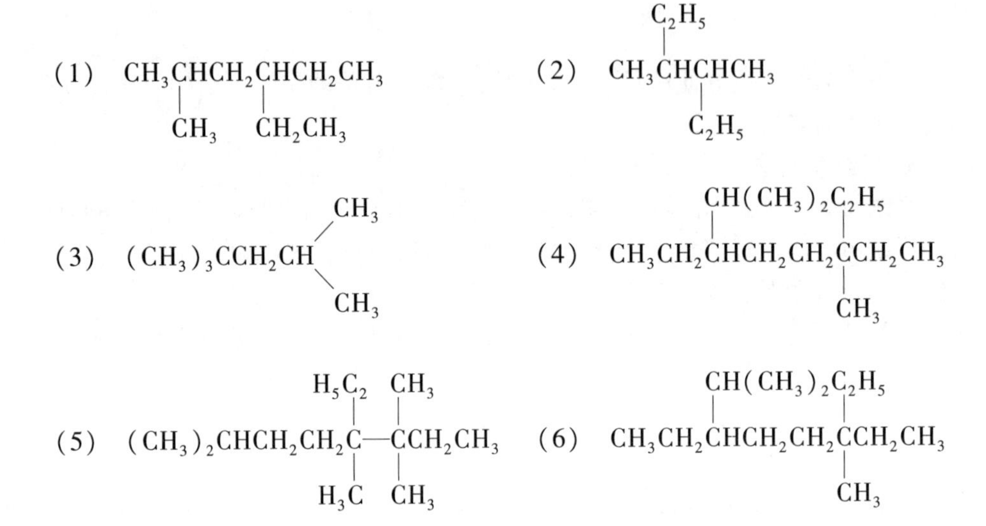

2. 写出下列化合物的结构式，若命名有错误，请予以改正。

（1）3，3–二甲基丁烷

（2）2–甲基–3–异丙基己烷

（3）3–甲基–5–乙基庚烷；

（4）2，2–二甲基丁烷

3. 写出2–甲基丁烷的一溴代物可能的产物，并指出其中占优势的异构体是哪种。

三、烷烃的性质

1. 烷烃的物理性质

有机化合物的物理性质通常包括化合物的状态、熔点、沸点、相对密度、折射率、溶解度等，如表8–5所示。

表8–5　　烷烃的物理常数

名称	物态	熔点/℃	沸点/℃	相对密度（d_4^{20}）
甲烷	气体	–182	–162	0.424（–164℃）
乙烷		–172	–88.5	0.546（–100℃）
丙烷		–187	–42	0.582（–45℃）
丁烷		–138	0	0.579

续表

名称	物态	熔点/℃	沸点/℃	相对密度（d_4^{20}）
戊烷	液体	-130	36	0.626
己烷		-95	69	0.659
庚烷		-90.5	98	0.684
辛烷		-57	126	0.703
壬烷		-54	151	0.718
癸烷		-30	174	0.730
十一烷		-26	196	0.740
十二烷		-10	216	0.749
十三烷		-6	234	0.757
十四烷		5.5	252	0.764
十五烷		10	266	0.769
十六烷		18	280	0.775
十七烷	固体	22	292	0.777
十八烷		28	308	0.777
十九烷		32	320	—
二十烷		36	—	—

由表 8-5 可以看出，在室温和一个大气压下，$C_1 \sim C_4$ 是气体，$C_5 \sim C_{16}$是液体，C_{17}以上是固体。低沸点的烷烃为无色液体，有特殊气味；高沸点烷烃为黏稠状液体，无味。

烷烃几乎不溶于水，易溶于有机溶剂，如四氯化碳、乙醇、乙醚、氯仿等弱极性或非极性溶剂。直链烷烃的沸点、熔点都随相对分子质量的增加而升高。在同数碳原子的烷烃异构体中，直链烷烃比支链烷烃的沸点高，并且支链越多，沸点越低。

练一练

不查表把下列化合物按沸点由高到低排列成序。

（1）2-甲基己烷　（2）2，3-二甲基戊烷　（3）庚烷　（4）己烷

2. 烷烃的化学性质

烷烃是一系列饱和的碳氢化合物，烷烃中的共价键非常稳定不易断裂，因此烷烃的化学性质非常稳定。在一般条件下，烷烃不与强氧化剂、强还原剂、强酸、强碱等起反应，因此烷烃有时称为石蜡，意为差的亲和力，以反映出这类化合物的反应活性很低，故烷烃常用作惰性溶剂和润滑剂。但在适当的温度、压力和催化剂存在的条件下，可与一些试剂发生反应。

（1）氧化反应和燃烧　在常温常压下，烷烃与空气中的氧不反应。如果点火引发，则烷烃燃烧生成二氧化碳和水，是完全氧化反应，反应放出大量热，这是天然气、汽油和柴油燃烧的基本原理。烷烃最大的用途是作为燃料。低级的烷烃与一定比例的空气混合，遇到火花时会发生爆炸，这就是矿井瓦斯爆炸的原因。甲烷在空气中的含量达到5.53%～14%时，爆炸极为可能。

$$CH_4+2O_2 \longrightarrow CO_2+2H_2O$$

（2）裂化反应　烷烃在没有空气存在下进行热分解反应的过程，称为裂化反应。裂化反应过程复杂，烷烃分子中所含的碳原子数越多，裂化产物也越复杂。反应条件不同产物亦不同，但不外是由分子中的C—H键和C—C键断裂所形成的混合物，既含有较低级的烷烃又含有烯烃和氢气。例如：

$$CH_3CH_2CH_2CH_3 \xrightarrow{\text{热裂}} \begin{cases} CH_2{=}CHCH_2CH_3 + CH_3CH{=}CHCH_3 + H_2 \\ CH_2{=}CHCH_3 + CH_4 \\ CH_2{=}CH_2 + CH_3CH_3 \end{cases}$$

裂化反应在石油工业上很有意义，利用裂化反应可以提高汽油的产量和质量。还可以利用深度裂化反应获得低级烯烃等化工原料，在石油化工行业上有其特殊的意义。

（3）卤代反应　烷烃分子中氢原子被其他原子或原子团取代的反应称为取代反应。若被卤原子取代则称为卤代反应。

烷烃与卤素在室温和黑暗中不起反应，但在强光照射下或250～400℃的温度下，可发生取代反应。反应活性的次序为$F_2>Cl_2>Br_2>I_2$。氟代反应非常剧烈且大量放热，不易控制，碘代反应则较难发生。因此，烷烃有实用价值的卤代反应是氯代和溴代反应。在漫射光、加热或某些催化剂存在下，氯、溴与烷烃反应较温和，其分子中的氢原子逐步被氯、溴所取代，生成多种取代产物。如甲烷的氯代反应：

$$CH_4+Cl_2 \xrightarrow{\text{漫射光}} CH_3Cl+HCl$$

$$CH_3Cl+Cl_2 \xrightarrow{\text{漫射光}} CH_2Cl_2+HCl$$

$$CH_2Cl_2+Cl_2 \xrightarrow{\text{漫射光}} CHCl_3+HCl$$

$$CHCl_3+Cl_2 \xrightarrow{\text{漫射光}} CCl_4+HCl$$

上述反应很难控制在某一步，甲烷中的氢原子逐步取代的结果是生成多种氯代甲烷的混合物，但通过控制反应条件如调整物料配比、反应时间等可以达到使其中某一种氯代烷成为主要产品的目的。

高级烷烃的卤代反应可以生成各种异构体，因而使反应变得复杂，这些异构体是由于烷烃上不同的氢原子被取代而生成的。

第三节 烯　烃

分子中含有碳碳重键（碳碳双键或碳碳叁键）的开链碳氢化合物，统称为不饱和脂肪烃，其中含有碳碳双键的不饱和烃称为烯烃。烯烃又可分为单烯烃、二烯烃和多烯烃。其中单烯烃由于比同数碳原子的开链烷烃少两个氢原子，因而通式为 C_nH_{2n}。

一、烯烃的同分异构

与烷烃相似，烯烃也有同分异构现象，包括碳架不同引起的异构、双键的位置不同引起的官能团位置异构以及由于双键两侧的基团在空间的位置不同引起的顺反异构。例如，由于烯烃的碳碳双键不能够自由旋转，双键两端碳原子所连接的四个原子又处在同一平面，因此，当双键的两个碳原子各连接不同的原子或基团时，就有可能产生不同的空间排列方式，产生两种不同的异构体，即顺反异构现象。

并不是所有的烯烃都有顺反异构现象。只要有一个碳原子所连接的两个取代基是相同的，就不会产生顺反异构现象。顺式和反式异构体是两种不同的物质，具有不同的沸点及其他物理性质，且两个异构体不能通过键的旋转而相互转化。

二、烯烃的命名

烯烃的同分异构现象比烷烃复杂，从丁烯开始，除了碳链异构外，碳碳双键位置的不同也可引起同分异构现象，如丁烯的三个同分异构体为：

$H_2C{=}CH{-}CH_2{-}CH_3$　　$H_3C{-}CH{=}CH{-}CH_3$　　$H_3C{-}C(CH_3){=}CH_2$

1-丁烯　　2-丁烯　　2-甲基丙烯(异丁烯)

烯烃的命名，可采用习惯命名法和系统命名法。

1. 不饱和烃基的命名

不饱和烃分子中一个氢原子被取代，剩下的烃基称为不饱和烃基，如烯烃分子中去掉一个氢原子就变成了烯烃基。在烯烃分子中若与双键碳原子相连的氢原子被取代，则剩余部分称为某烯基；若被取代氢原子未与双键碳原子相连，则剩余部分称为烯某基，如：

$CH_3CH{=}CH{-}$　　丙烯基

$H_2C{=}CH{-}CH_2{-}$　　烯丙基

2. 习惯命名法

烯烃的习惯命名法也称为衍生命名法，一般只适用于结构比较简单的烯烃，其方法是以乙烯为母体，将其他烯烃看作是它的烷基衍生物进行命名。如：

$CH_3CH{=}CH_2$ 甲基乙烯

$H_3C{-}CH{=}CH{-}CH_3$ 对称二甲基乙烯

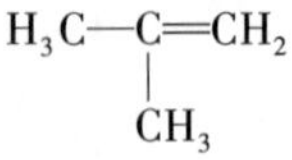

$H_3C{-}C(CH_3){=}CH_2$ 不对称二甲基乙烯

3. 系统命名法

由于烯烃的异构现象比较复杂，因此对于复杂的烯烃，最好采用系统命名法来命名，其步骤与烷烃类似，规则如下：

（1）选主链　选择含有碳碳双键在内的最长碳链为主链，支链为取代基，根据主链碳原子数命名为“某烯”。

（2）主链碳原子编号　从主链靠近双键的一端开始，依次对主链上的碳原子进行编号，以确定取代基和双键的位置。双键的位置由最靠近端点碳的那个双键碳所得的编号来命名，编号放在烯烃名称的前面。双键位于1-位的烯烃称为端基烯烃，在不引起误会的情况下阿拉伯数字“1”常常省略。也就是在命名中如果未标出双键位置的数字，即是指双键的位置在第一个碳上。

（3）命名　无取代基的，直接将双键位置和母体名称列出，如：

$$CH_3CH{=}CHCH_2CH_3$$

2-戊烯

有取代基的，先将取代基按其位次、数目和名称排放在前，排列次序与烷烃的系统命名相同，后将双键位置和母体名称列出。如：

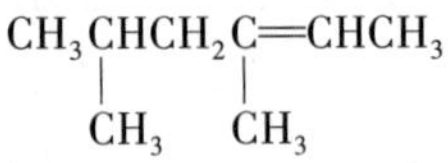

$CH_3CH(CH_3)CH_2C(CH_3){=}CHCH_3$ 3,5-二甲基-2-己烯

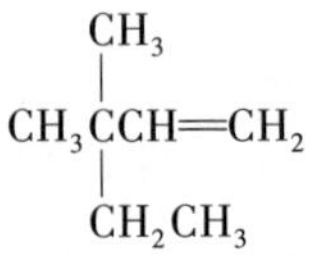

$CH_3C(CH_3)(CH_2CH_3)CH{=}CH_2$ 3,3-二甲基-1-戊烯

当分子中含有多个双键时，应选择含有最多双键的最长碳链作为母体，并分别标出各个双键的位次，以中文数字一、二、三……来表示双键的数目，称为几烯。

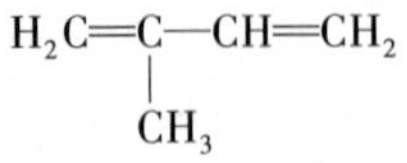

$H_2C{=}C(CH_3){-}CH{=}CH_2$ 2-甲基-1,3-丁二烯

$CH_2{=}CH{-}CH{=}CH{-}CH{=}CH_2$ 1,3,5-己三烯

4. 烯烃同分异构体的命名

顺反异构体中当双键碳上所连的相同基团或原子在双键同一侧的烯烃为顺式，在其名称之前加上一个“顺”字标记；否则为反式，用“反”字标记。例如：

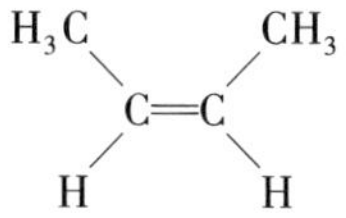

$$\begin{array}{c} H_3C \quad\quad CH_3 \\ \diagdown \quad \diagup \\ C{=}C \\ \diagup \quad \diagdown \\ H \quad\quad H \end{array}$$

顺-2-丁烯

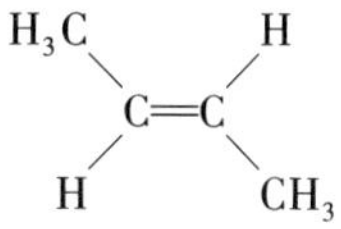

$$\begin{array}{c} H_3C \quad\quad H \\ \diagdown \quad \diagup \\ C{=}C \\ \diagup \quad \diagdown \\ H \quad\quad CH_3 \end{array}$$

反-2-丁烯

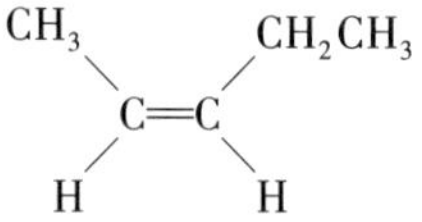

$$\begin{array}{c} CH_3 \quad\quad CH_2CH_3 \\ \diagdown \quad \diagup \\ C{=}C \\ \diagup \quad \diagdown \\ H \quad\quad H \end{array}$$

顺-2-戊烯

$$\begin{array}{c} CH_3 \quad\quad H \\ \diagdown \quad \diagup \\ C{=}C \\ \diagup \quad \diagdown \\ H \quad\quad CH_2CH_3 \end{array}$$

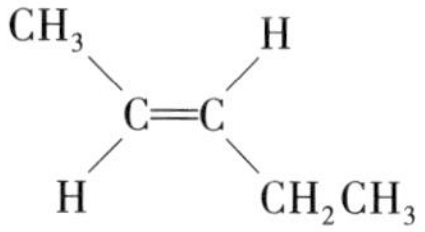

反-2-戊烯

对于 abC═Cmn 烯烃的顺反异构体不能用“顺”“反”标记。顺反异构体的系统方法采用 Z/E 标记法，它适用于所有顺反异构。

Z/E 标记法是通过比较各取代基团的先后次序来区别顺反异构体的不同构型的，如果两个碳原子上各自所连的优先基团位于双键的同侧，称为 Z 型，处于异侧则称为 E 型。如可将上述顺-2-丁烯和反-2-丁烯命名为：

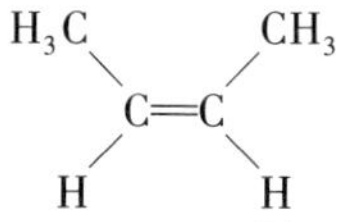

$$\begin{array}{c} H_3C \quad\quad CH_3 \\ \diagdown \quad \diagup \\ C{=}C \\ \diagup \quad \diagdown \\ H \quad\quad H \end{array}$$

(Z)-2-丁烯

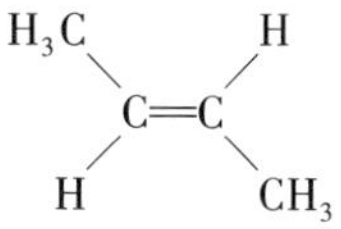

$$\begin{array}{c} H_3C \quad\quad H \\ \diagdown \quad \diagup \\ C{=}C \\ \diagup \quad \diagdown \\ H \quad\quad CH_3 \end{array}$$

(E)-2-丁烯

再如：

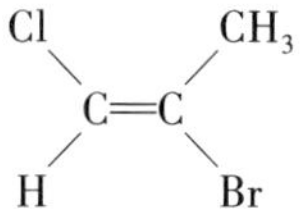

$$\begin{array}{c} Cl \quad\quad CH_3 \\ \diagdown \quad \diagup \\ C{=}C \\ \diagup \quad \diagdown \\ H \quad\quad Br \end{array}$$

(E)-1-氯-2-溴丙烯

$$\begin{array}{c} Cl \quad\quad CH_2CH_3 \\ \diagdown \quad \diagup \\ C{=}C \\ \diagup \quad \diagdown \\ H \quad\quad CH_3 \end{array}$$

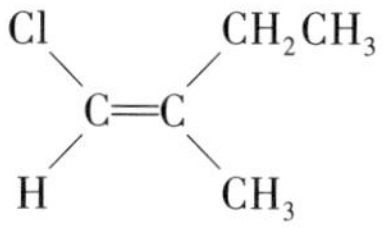

(Z)- 2-甲基-1-氯-1-丁烯

次序规则的内容如下：

（1）将双键碳原子所连接的原子或基团按其原子序数的大小排列，原子序数大的原子优先，同位素则是质量大的优先。常见原子的优先次序如下：

$$I>Br>Cl>S>P>F>O>N>C>D>H$$

（2）在取代基团中，如果与双键碳原子相连的两个基团中的第一个原子相同，则比较与之相连的第二个原子，并依次类推，直到有差别为止。例如，$—CH_3$ 和—CH_2CH_3 比较，第一个原子是碳，就应该再比较以后的原子。在$—CH_3$中，和碳原子相连的三个原子为 H、H、H，而在$—CH_2CH_3$ 中，与碳原子相连的原子分别是 H、H、C，所以$—CH_2CH_3$ 的次序应在$—CH_3$ 之前。由此我们可以得到一些常见烃基的排列顺序：

$$—C(CH_3)_3 > —CH_2(CH_3)_2 > —CH_2CH_3 > —CH_3$$

$$—CH_2Cl > —CH_2OH > —CH_2NH_2 > —C(CH_3)_3$$

（3）当含有双键或叁键时，则当作两个或三个单键看待，再进行比较。

$$—CH{=}CH_2 \text{ 相当于 } \begin{array}{c} C \quad\ C \\ | \quad\ \ | \\ —CH—CH_2 \end{array}, \quad —C{\equiv}CH \text{ 相当于 } \begin{array}{c} C \quad\ \ C\ C \quad\ \ C \\ \diagdown \diagup \quad \diagdown \diagup \\ —C——CH \end{array}$$

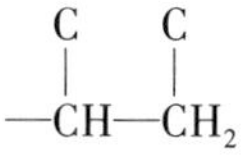

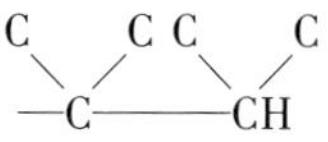

值得注意的是，在顺反命名和 Z/E 标记法中，顺和 Z、反和 E 并不是对应关系，二者没有内在联系，顺可以是 Z，也可以是 E，反之亦然。

练一练

1. 用系统命名法命名下列烯烃：

(1) 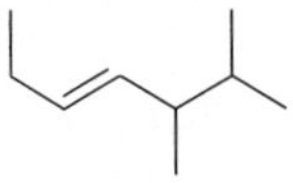　　　　(2) 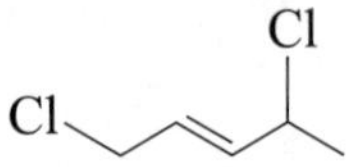 Cl　Cl

2. 用顺反标记法或 Z/E 标记法命名下列烯烃，能用两种方法命名的用这两种方法命名：

(1) 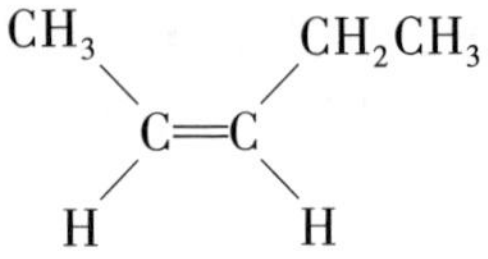 CH_3、H 与 CH_2CH_3、H 分别连在 C=C 两端　　(2) CH_3、H 与 CH_3、CH_2CH_3 分别连在 C=C 两端

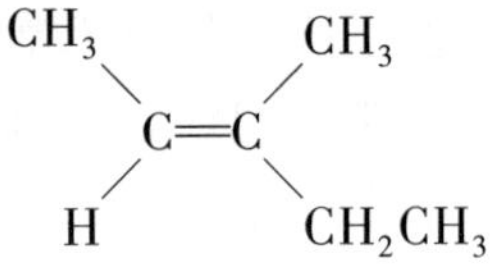

3. 谈一谈顺反标记法和 Z/E 标记法的区别与联系。

三、 烯烃的性质

1. 烯烃的物理性质

烯烃的物理性质和烷烃相似，在常温常压下，含 2~4 个碳原子的烯烃为气体，含 5~18 个碳原子的烯烃为液体，含 19 个以上碳原子的为固体。相对密度比相应的烷烃大，但仍小于 1，无色，不溶于水，易溶于有机溶剂。沸点、熔点、相对密度均随相对分子质量的增大而增大。同碳数的正构烯烃的沸点比带支链的烯烃的高。碳架相同的烯烃，双键由链的端部移向链的中间时，沸点、熔点都升高。烯烃的物理常数见表 8-6。

表 8-6　　烯烃的物理常数

名称	熔点/℃	沸点/℃	相对密度（d_4^{20}）
乙烯	-169	-103	—
丙烯	-185	-47.7	0.5193
1-丁烯	-130	-6.4	0.5951
顺-2-丁烯	-139	3.5	0.6213
反-2-丁烯	-105	0.9	0.6042
1-戊烯	-166	30.1	0.6405
2-甲基-1-丁烯	-137	31.2	0.6504
3-甲基-1-丁烯	-168	20.1	0.6481
1-己烯	-139	63.5	0.6731

续表

名称	熔点/℃	沸点/℃	相对密度（d_4^{20}）
1-庚烯	-119	93.6	0.6970
1-辛烯	-104	122.5	0.7149
1-壬烯	—	146	0.7300
1-癸烯	-87	171	0.7408

2. 烯烃的化学性质

碳碳双键是烯烃的官能团，因此大部分烯烃的化学反应都发生在双键上，且以双键加成反应为特征。此外，由于双键的吸电诱导效应，使 α-碳原子（和双键碳直接相连的碳原子）上的氢原子容易被其他原子（基团）取代，而发生取代反应。

（1）双键的加成反应

① 催化加氢反应：烯烃在镍、钯、铂等催化剂存在的条件下，和氢气发生加成反应，生成烷烃。

$$RCH{=\!=}CHR' + H_2 \xrightarrow{Ni} RCH_2—CH_2R'$$

烯烃双键上的取代基越少，加氢反应的速率越快，因此，烯烃分子中的双键碳上有一个烷基比有多个烷基的容易加氢，支链多时不容易加氢。

② 与卤素加成：烯烃容易与氯或溴发生加成反应。将烯烃通入溴的四氯化碳溶液中，室温条件下即可反应，可以使原来黄色的溶液转变成无色溶液。该反应褪色现象明显，可利用此反应来验证分子中是否存在碳碳双键。

$$RCH{=\!=}CHR' + Br_2 \xrightarrow{CCl_4} R—\underset{\displaystyle Br}{CH}—\underset{\displaystyle Br}{CH}—R'$$

不同卤素与烯烃的反应活性是不同的，活性顺序为：$F_2 > Cl_2 > Br_2 > I_2$。碘一般不与烯烃发生反应。氟与烯烃的反应太剧烈，往往得到碳链断裂的产物，无实用意义。因此，一般加卤素指的是加氯和溴。

③ 与卤化氢加成：烯烃可以与卤化氢进行加成反应，生成卤代烷。其通式为：

$$CH_2{=\!=}CH_2 + HX \longrightarrow CH_3CH_2X \quad (HX = HCl, HBr, HI)$$

当烯烃为不对称烯烃时，可以生成两种产物：

$$CH_3—CH{=\!=}CH_2 + HX \longrightarrow CH_3—\underset{\displaystyle X}{CH}—CH_3 \quad \text{2-卤代丙烷（主要产物）}$$

$$CH_3—CH{=\!=}CH_2 + HX \longrightarrow CH_3—CH_2—\underset{\displaystyle X}{CH_2} \quad \text{1-卤代丙烷（次要产物）}$$

在该反应中，存在这样一种规则，即氢原子总是加到含氢较多的双键碳原子上，而卤素原子加到含氢较少的双键碳原子上，这一规则称为马氏规则，由马尔科夫尼科夫在 1869 年提出。应用马氏规则可以预测不对称烯烃与不对称试剂加成时的主要产物。例如：

$$CH_3CH_2CH{=}CH_2 + HBr \xrightarrow{\text{醋酸}} CH_3CH_2\underset{\displaystyle Br}{CH}CH_3$$

$$\text{1-甲基环戊烯} + HX \longrightarrow \text{1-X-1-甲基环戊烷}$$

但当反应在日光或过氧化物存在的条件下，烯烃也可以与 HBr 进行加成反应，但加成产物正好与马氏规则相反。

$$CH_3CH{=}CH_2 + HX \xrightarrow{\text{过氧化物}} CH_3CH_2CH_2Br$$

这种由于过氧化物的存在而引起烯烃加成取向的改变，称为过氧化物效应。但过氧化物的存在，对于不对称烯烃与 HCl 和 HI 的加成反应方式没有影响。

④ 与 H_2SO_4 加成：烯烃可以与浓硫酸进行加成反应，生成烷基硫酸氢酯：

$$CH_3{-}CH{=}CH_2 + HOSO_3H \longrightarrow CH_3\underset{\displaystyle OSO_3H}{\underset{|}{C}H}CH_3$$

该反应遵循马氏规则，烷基硫酸氢酯可溶于浓硫酸，在水中加热可水解得到醇。工业上可利用此方法制备醇，也可利用该方法去除有机物中的烯烃。

⑤ 与水加成：在酸存在的条件下，烯烃可以与水加成生成醇，是工业中制备醇的方法之一。该反应也遵循马氏规则。

$$CH_3{-}CH{=}CH_2 + H_2O \longrightarrow CH_3\underset{\displaystyle OH}{\underset{|}{C}H}CH_3$$

⑥ 与 HOX 的加成：烯烃和卤素（溴或氯）在水溶液中也可以发生加成反应，生成卤代醇，并遵循马氏规则。例如：

$$CH_3{-}CH{=}CH_2 + HOCl \longrightarrow CH_3\underset{\displaystyle OH}{\underset{|}{C}H}CH_2Cl$$

（2）氧化反应

① 催化氧化：在催化剂的作用下，烯烃可以与空气或者氧气进行氧化反应，并且随着反应物和反应条件的不同，可以得到不同的反应产物。例如，以乙烯为原料，银为催化剂，可以用于制备环氧乙烷。

$$2CH_2{=}CH_2 + O_2 \xrightarrow[250℃]{Ag} 2\,\underset{\diagdown\,O\,\diagup}{CH_2{-}CH_2}$$

② 高锰酸钾氧化：在不同的酸碱条件下，高锰酸钾与烯烃的反应会得到不同的产物。在中性或碱性条件下，用适量的稀冷高锰酸钾氧化，可以得到邻二醇，紫红色的高锰酸钾溶液变成无色，同时会产生二氧化锰褐色沉淀：

$$R{-}CH{=}CH{-}R + KMnO_4 \xrightarrow[NaOH\cdot H_2O]{\text{冷、稀}} R{-}\underset{\displaystyle OH}{\underset{|}{C}H}{-}\underset{\displaystyle OH}{\underset{|}{C}H}{-}R' + MnO_2\downarrow$$

用酸性高锰酸钾进行氧化，会使烯烃的双键断裂，生成相应的羧酸、酮或 CO_2，自身被还原成二价锰离子，紫色消失，可用来检验烯烃。

$$R-CH=CH_2 \xrightarrow[H^+]{KMnO_4} R-\overset{\overset{OH}{|}}{C}=O + O=\overset{\overset{OH}{|}}{C}-OH \longrightarrow CO_2 + H_2O$$

$$\begin{matrix} R \\ \quad\diagdown \\ \quad\quad C=CH-R \\ \quad\diagup \\ R \end{matrix} \xrightarrow[H^+]{KMnO_4} \begin{matrix} R \\ \quad\diagdown \\ \quad\quad C=O \\ \quad\diagup \\ R \end{matrix} + O=\overset{\overset{OH}{|}}{C}-R$$

因烯结构不同，所得产物也不同，根据生成物的结构可以推断烯烃的结构。

（3）α-H 的反应　α-碳原子上的氢原子称 α-H。受官能团的影响，α-H 有较强的活性，在一定的条件下可被取代。烯烃与卤素在室温下可发生双键的亲电加成反应，但在高温（500～600 ℃）时，则主要发生 α-H 原子被卤原子取代的反应。例如，丙烯与氯气在约 500℃ 主要发生取代反应，生成 3-氯-1-丙烯。

$$CH_3CH=CH_2+Cl_2 \xrightarrow{500℃} ClCH_2CH=CH_2+HCl$$

这是工业上生产 3-氯-1-丙烯的方法。它主要用于制备甘油、环氧氯丙烷和 HU 环氧树脂等。

（4）聚合反应　由小分子化合物经过相互作用生成高分子化合物的反应叫聚合反应，得到的产物叫高聚物，参加反应的小分子化合物叫单体。烯烃在催化剂的作用下，双键会断开而相互结合在一起，发生聚合反应，生成高聚物。如乙烯经过聚合反应，生成聚乙烯。

$$nCH_2=CH_2 \xrightarrow{TiCl_4-Al(C_2H_5)_3} \text{⁅}CH_2-CH_2\text{⁆}_n$$

练一练

某化合物 A 分子式为 $C_{10}H_{22}$，和过量的高锰酸钾溶液作用，得到下列三种化合物：CH_3COCH_3、$CH_3COCH_2CH_2COOH$ 和 CH_3COOH，写出化合物 A 的构造式。

四、 共轭二烯烃的化学性质

根据二烯烃分子中两个双键的相对位置不同，可将二烯烃分为三种类型。

两个双键连在同一个碳原子上，即具有—C=C=C—结构的二烯烃称为累积二烯烃。例如，丙二烯：

$$CH_2=C=CH_2$$

两个双键被两个或两个以上的单键隔开，即具有—C=CH $(CH_2)_n$ CH=C—($n \geqslant 1$)结构的二烯烃称为隔离二烯烃，它们的性质与一般烯烃相似。例如 1，4-戊二烯：

$$CH_2{=}CH{-}CH_2{-}CH{=}CH_2$$

两个双键被一个单键隔开，即具有—C═CH—CH═C—结构的二烯烃称为共轭二烯烃。共轭二烯烃除具有单烯烃的性质外，由于两个双键的相互影响，还表现出一些特殊的化学性质，在理论研究和生产上都具有重要价值。

1. 加成反应

与单烯烃相似，共轭二烯烃也容易与卤素、卤化氢等亲电试剂进行亲电加成反应，也可催化加氢，加成产物一般可得两种：

$$CH_2{=}CH{-}CH{=}CH_2 + Br_2 \longrightarrow CH_2{=}CH{-}\underset{\displaystyle Br}{\underset{|}{CH}}{-}\underset{\displaystyle Br}{\underset{|}{CH_2}} + \underset{\displaystyle Br}{\underset{|}{CH_2}}{-}CH{=}CH{-}\underset{\displaystyle Br}{\underset{|}{CH_2}}$$

$$CH_2{=}CH{-}CH{=}CH_2 + HBr \longrightarrow \underset{1,2\text{-加成产物}}{CH_2{=}CH{-}\underset{\displaystyle Br}{\underset{|}{CH}}{-}CH_3} + \underset{1,4\text{-加成产物}}{\underset{\displaystyle Br}{\underset{|}{CH_2}}{-}CH{=}CH{-}CH_3}$$

共轭二烯烃的1,2-加成和1,4-加成是同时发生的，产物的比例与反应物的结构、反应温度等有关，一般随反应温度的升高和溶剂极性的增加，1，4-加成产物的比例增加。

2. 双烯合成

1928年，德国化学家狄尔斯（O. Diels）和阿尔德（K. Alder）发现，共轭二烯烃与含有双键或叁键的化合物能发生1，4-加成反应，生成六元环状化合物，这类反应称为双烯合成反应，又称Diels-Alder反应。

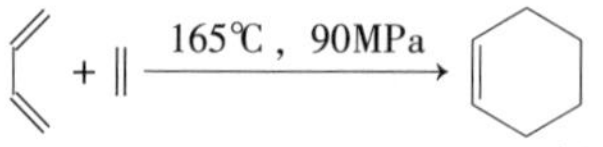

165℃，90MPa

环己烯

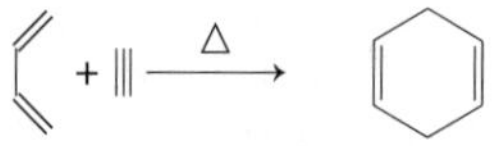

△

1,4-环己二烯

双烯合成反应中，通常将共轭二烯烃称为双烯体，与双烯体反应的不饱和化合物称为亲双烯体。实践证明，亲双烯体上连有吸电子取代基（如硝基、羧基、羰基等）和双烯体上连有给电子取代基时，反应容易进行。

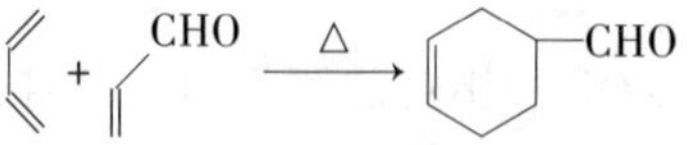

CHO △ CHO

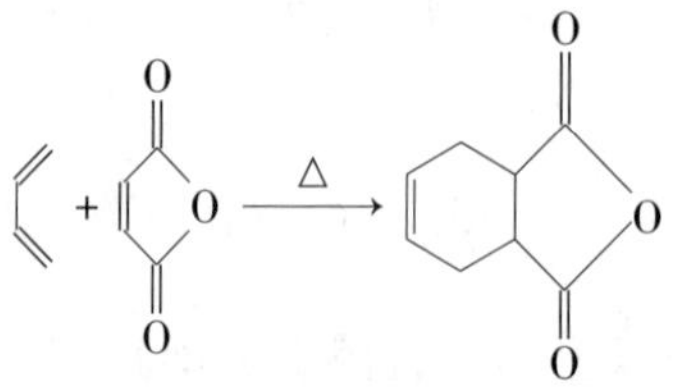

O O △ O O O O

3. 聚合反应

共轭二烯烃容易发生聚合生成高分子化合物。例如，工业上使用齐格勒-纳塔催化剂可以使1，3-丁二烯基本上都是按1，4-加成方式聚合，所得的产物为顺-1，4-聚丁二烯，简称顺丁橡胶。

$$nCH_2{=}CH{-}CH{=}CH_2 \xrightarrow{TiCl_4-C_2H_5AlCl_2} \left[\begin{matrix} CH_2 & & CH_2 \\ & C{=}C & \\ H & & H \end{matrix} \right]_n$$

共轭二烯烃还可以和其他双键化合物共聚成高分子聚合物，例如：1，3-丁二烯可以与苯乙烯进行共聚反应，得到丁苯橡胶。

$$nCH_2{=}CH{-}CH{=}CH_2 + n\,C_6H_5CH{=}CH_2 \xrightarrow{共聚} {-}\!\!\left[CH_2CH{=}CHCH_2CH(C_6H_5)CH_2 \right]_n\!\!{-}$$

丁苯橡胶综合性能好，是目前合成橡胶中产量最大的品种，主要用于制造轮胎。

再如：

$$nCH_2{=}CHC(Cl){=}CH_2 \longrightarrow {-}\!\!\left[CH_2{-}CH{=}C(Cl){-}CH_2 \right]_n\!\!{-}$$

氯丁橡胶

第四节

炔　　烃

炔烃是含碳碳叁键的一类脂肪烃，属于不饱和烃，其官能团为碳碳叁键（$C{\equiv}C$）。开链单炔烃的分子通式为C_nH_{2n-2}，简单的炔烃化合物有乙炔（C_2H_2）、丙炔（C_3H_4）等。

一、 炔烃的同分异构和命名

1. 炔烃的同分异构

乙炔和丙炔没有同分异构体。炔烃的同分异构现象与烯烃的同分异构现象相似，也有碳架异构和官能团异构，也就是碳链不同和三键位置不同所引起。由于炔烃是直线分子，三键的碳原子上不能连有支链，所以炔烃的异构体没有顺反异构体，这就比相同碳原子的烯烃异构体数要少。例如：戊烯有五个构造异构体，而戊炔只有三个构造异构体。如：

$CH_3CH_2CH_2C{\equiv}CH$　　1-戊炔

$CH_3CH_2C{\equiv}CCH_3$　　2-戊炔

$CH_3CH(CH_3)C{\equiv}CH$　　3-甲基-1-丁炔

2. 炔烃的命名

系统命名法命名炔烃方法与烯烃类似，即选择含有叁键的最长碳链为主链，按主链碳原子数命名为某炔；编号由距叁键最近的一端开始；将代表叁键位置的阿拉伯数字写在炔字之前；侧链基团则作为主链上的取代基来命名。如：

$$CH_3CH(CH_3)CH_2C{\equiv}CH$$

4-甲基-1-戊炔

对于分子中同时含有双键和叁键的烃，则把“炔”字放在后，“烯”字放在前，称为某烯炔。选择的最长碳链必须包括尽可能多的双键和三键。主链编号时要使双键和三键的位次编号的和为最小。例如：

$$CH_3{-}CH{=}CH{-}C{\equiv}CH$$

3-戊烯-1-炔

但如果从主链两端编号时，双键和叁键恰好处于相同的位次，则从靠近双键一端编号，如：

$$CH_2{=}CH{-}CH_2{-}C{\equiv}CH$$

1-戊烯-4-炔

二、 炔烃的性质

1. 炔烃的物理性质

炔烃的物理性质和烷烃、烯烃基本相似。低级的炔烃在常温常压下是气体，但沸点比相同碳原子数的烯烃略高些。随着碳原子数的增多，它们的沸点也升高。叁键位于碳链末端的炔烃（又称末端炔烃）和叁键位于碳链中间的异构体相比较，前者具有更低的沸点。炔烃的物理常数如表 8-7 所示。

表 8-7　　炔烃的物理常数

名称	熔点/℃	沸点/℃	相对密度（d_4^{20}）
乙炔	-80.8（压力下）	-84.0（升华）	0.6181（-32℃）
丙炔	-101.5	-23.2	0.7062（-50℃）
1-丁炔	-125.7	8.1	0.6784（0℃）
2-丁炔	-32.3	27.0	0.6910
1-戊炔	-90.0	40.2	0.6901
2-戊炔	-101.0	56.1	0.7107

续表

名称	熔点/℃	沸点/℃	相对密度（d_4^{20}）
3-甲基-1-丁炔	-89.7	29.3	0.666
1-己炔	-132.0	71.3	0.7155
1-庚炔	-81.0	99.7	0.7328
1-辛炔	-79.3	125.2	0.747
1-壬炔	-50.0	150.8	0.760
1-癸炔	-36.0	174.0	0.765

2. 炔烃的化学性质

炔烃的化学性质主要表现在官能团——碳碳叁键的反应上，与烯烃相似，能够发生加成、氧化、聚合等反应。但叁键毕竟不同于双键，所以炔烃又表现出自己独特的性质，尤其是叁键碳上氢原子的活泼性。炔烃的主要化学反应如下：

$$R-C\equiv C-H$$

炔氢的弱酸性

炔烃的加成反应

炔烃的氧化反应

（1）叁键碳上氢原子的活泼性　炔烃分子中，和叁键碳原子直接相连的氢原子的性质比较活泼，容易被某些金属原子取代，生成金属炔化物（简称炔化物）。例如，将乙炔通过加热熔融的金属钠时，就可以得到乙炔钠和乙炔二钠。

$$HC\equiv CH \xrightarrow{+Na} HC\equiv CNa \xrightarrow{+Na} NaC\equiv CNa$$

乙炔的一烷基取代物和氨基钠作用时，它的叁键碳上的氢原子也可以被钠原子取代：

$$RC\equiv CH + NaNH_2 \xrightarrow{液氮} RC\equiv CNa + NH_3$$

炔化钠和伯卤烷作用就得到了碳链增长的炔烃，这个反应称为炔化物的烷基化反应。例如：

$$RC\equiv CNa + R'X \xrightarrow{液氨} RC\equiv CR' + NaX$$

因此炔化物是个有用的有机合成中间体。

炔化物在鉴别乙炔和末端炔烃中是很重要的。具有活泼氢原子的炔烃容易和硝酸银的氨溶液或氯化亚铜的氨溶液发生作用，迅速生成炔化银的白色沉淀或炔化亚铜的红棕色沉淀。

$$HC\equiv CH + 2Ag(NH_3)_2NO_3 \longrightarrow \underset{乙炔银}{AgC\equiv CAg\downarrow} + 2NH_4NO_3 + 2NH_3$$

$$HC\equiv CH + 2Cu(NH_3)_2Cl \longrightarrow \underset{乙炔亚铜}{CuC\equiv CCu\downarrow} + 2NH_4Cl + 2NH_3$$

$$RC \equiv CH \begin{cases} \xrightarrow{Ag(NH_3)_2NO_3} RC \equiv CAg \downarrow \ \text{炔化银} \\ \xrightarrow{Cu(NH_3)_2Cl} RC \equiv CCu \downarrow \ \text{炔化亚铜} \end{cases}$$

金属炔化物在润湿状态还比较稳定，但在干燥状态下受热或撞击时，易发生爆炸。为了避免发生意外爆炸，实验室中不再利用的重金属炔化物，应立即加酸予以处理。

$$AgC \equiv CAg + 2HNO_3 \longrightarrow HC \equiv CH + 2AgNO_3$$

（2）加成反应

① 催化加氢：炔烃催化加氢与烯烃相似，首先生成烯烃，进而生成烷烃。当使用一般的氢化催化剂，例如铂、钯、镍等，在氢气过量的情况下，反应往往不容易停止在烯烃阶段。

$$RC \equiv CH + 2H_2 \xrightarrow{\text{Pt 或 Pd 或 Ni}} RCH_2CH_3$$

如果只希望得到烯烃，就应该使用活性较低的催化剂。常用的是林德拉（Lindlar）催化剂，这是一种以金属钯沉淀于碳酸钙上，然后用醋酸铅处理而得到的加氢催化剂。铅盐可以降低钯催化剂的活性，使生成的烯烃不再加氢，而对炔烃的加氢仍然有效，因此加氢反应可停留在烯烃阶段。

$$CH_3C \equiv CCH_3 + H_2 \xrightarrow{\text{林德拉试剂}} CH_3CH = CHCH_3$$

在催化加氢时，炔烃比烯烃更容易加成，若在同一分子中含有叁键和双键时，首先在叁键上氢化。

② 与卤素加成：卤素中氟与炔烃的加成反应活性太高，反应难以控制。氯和溴容易与炔烃发生加成反应，首先生成一分子加成产物，但一般可继续加成，生成二分子加成产物。如：

$$CH_3—C \equiv CH \xrightarrow{Br_2/CCl_4} \underset{\text{1,2-二溴丙烷}}{CH_3—\underset{Br}{\underset{|}{C}} = \underset{Br}{\underset{|}{CH}}} \xrightarrow{Br_2/CCl_4} \underset{\text{1,1,2,2-四溴丙烷}}{CH_3—\overset{Br}{\overset{|}{\underset{Br}{\underset{|}{C}}}}—\overset{Br}{\overset{|}{\underset{Br}{\underset{|}{CH}}}}}$$

与烯烃一样，炔烃与红棕色的溴溶液反应生成无色的溴代烃，所以此反应可用于炔烃的鉴别。

③ 与卤化氢加成：炔烃可以与卤化氢发生加成反应，控制反应条件可以使反应停留在一分子加成阶段。炔烃与卤化氢的加成比烯烃困难，一般要有催化剂存在。如：

$$HC\equiv CH \xrightarrow[HgCl_2]{HCl} H_2C=CHCl \xrightarrow[HgCl_2]{HCl} H_3C-CHCl_2$$

不对称炔烃与卤化氢加成时，同样遵循马氏规则。例如：

$$CH_3CH_2C\equiv CH \xrightarrow{HBr} CH_3CH_2\underset{\displaystyle Br}{\underset{|}{C}}=CH_2 \xrightarrow{HBr} CH_3CH_2\overset{\displaystyle Br}{\overset{|}{\underset{\displaystyle Br}{\underset{|}{C}}}}-CH_3$$

④ 与水加成：炔烃很难与水发生加成反应。但在强酸及汞盐的催化下，炔烃与水加成，首先生成烯醇，但由于烯醇不稳定，随即进行分子内重排形成醛或酮。

$$HC\equiv CH + H_2O \xrightarrow[H_2SO_4]{HgSO_4} CH_2=\underset{\displaystyle OH}{\underset{|}{CH}} \xrightarrow{重排} CH_3-CHO$$

不对称炔烃与水的加成，也同样遵循马氏规则。如：

$$RC\equiv CH + H_2O \xrightarrow[H_2SO_4]{HgSO_4} \underset{\displaystyle OH}{\underset{|}{RC}}=CH_2 \xrightarrow{重排} R-\underset{\displaystyle O}{\underset{\|}{C}}-CH_3$$

⑤ 与氢氰酸加成：乙炔可与 HCN 发生加成反应，生成丙烯腈。

$$HC\equiv CH + HCN \xrightarrow{CuCl_2} H_2C=CH-CN$$

丙烯腈是工业上合成腈纶和丁腈橡胶的重要单体。

（3）氧化反应　炔烃与高锰酸钾氧化产物比烯烃简单，叁键断裂，氧化产物为对应的羧酸或二氧化碳。

$$RC\equiv CH \xrightarrow[H_2O]{KMnO_4} RCOOH+CO_2+H_2O$$

反应时，高锰酸钾的紫色消失，同时生成褐色的二氧化锰沉淀，可以用来检验炔烃。

练一练

1. 命名下列化合物：

（1）$CH_3CH_2CH_2C\equiv CH_3$　　（2）$CH_3\underset{\displaystyle CH_3}{\underset{|}{C}}=CHC\equiv CH_3$

2. 如何用化学方法区别末端炔烃和非末端炔烃。

3. 推断：具有相同分子式 C_5H_8 的两种化合物，经氢化后都可以生成2-甲基丁烷，它们都可以与两分子溴加成，但其中一个可以使硝酸银的氨溶液产生白色沉淀。试写出这两种化合物的结构式。

第五节 脂环烃

脂环烃是性质上与链烃相似的一类碳环烃类化合物。脂环烷烃的分子通式为C_nH_{2n}，与只含一个双键的烯烃具有相同的分子通式。脂环烃及其衍生物广泛存在于自然界中，例如有些地区所产的石油中含大量的环烷烃；一些植物中含有的挥发油（精油），其成分大多是环烯烃及其含氧衍生物，在自然界广泛存在的甾族化合物都是脂环烃的衍生物，在人体中起重要作用。

一、脂环烃的分类和命名

1. 脂环烃的分类

脂环烃有多种分类方法，根据环上碳原子的饱和程度不同，脂环烃可分为环烷烃、环烯烃和环炔烃。如：

环戊烷　　环戊烯　　环戊炔

根据分子中环数目的不同，脂环烃又可分为单环脂环烃、二环脂环烃、多环脂环烃。如：

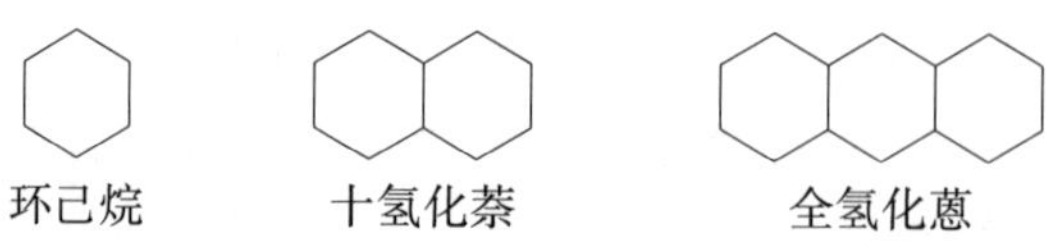

环己烷　　十氢化萘　　全氢化蒽

2. 脂环烃的命名

单环脂环烃的命名，与相应的开链烃命名相似，在相同碳原子数的开链烃名称前加一“环”字即可。

首先选取含碳原子数最多的碳环为母体，根据母体成环的碳原子数称为环某烷（烯、炔），环上带有的支链为取代基。

其次给母体碳环编号，编号时当有多个取代基时，使取代基位次和最小，同时给较小取代基较小的位次；环烯（或炔）烃编号时，把1、2位留给双（或叁）键碳原子。

最后写出脂环烃的名称，将取代基的位次、个数、名称写在环烃名称的前面。如：

1-甲基-3-乙基环己烷　　1-甲基-3-乙基-1-环己烯

当脂环烃环上取代基非常复杂时，脂环烃可以作为取代基命名，如：

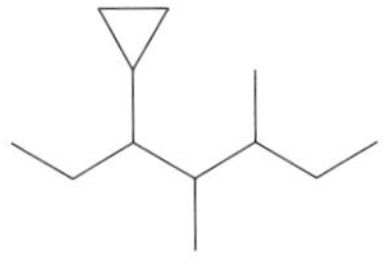

3,4-二甲基-5-环丙基庚烷

二、 环烷烃的性质

1. 环烷烃的物理性质

一般在常温常压下，脂环烃中的小环为气态，普通环为液态，中环及大环为固态。环烷烃的熔点、沸点和相对密度都比含同数碳原子的烷烃为高。部分环烷烃的物理常数见表 8-8。

表 8-8　部分环烷烃的物理常数

名称	熔点/℃	沸点/℃	相对密度（d_4^{20}）
环丙烷	-127.6	-32.9	0.72（-79℃）
环丁烷	-80	12	0.703（0℃）
环戊烷	-93	49.3	0.745
甲基环戊烷	-142.4	72	0.779
环已烷	6.5	80.8	0.779
甲基环已烷	-126.5	100.8	0.769
环庚烷	-12	118	0.81
环辛烷	15	151	0.836

2. 环烷烃的化学性质

环烷烃的化学性质与相应的脂肪烷烃类似，但由于具有环状结构且环有大小，故还有一些环状结构的特性。小环烷烃分子不稳定，容易发生开环进行加成反应。但随着环的增大，其反应性能逐渐减弱。五碳环以上，环稳定性较好，不易破裂，其性质与烷烃相似，在一般情况下，不与强酸、强碱、强氧化剂等发生反应，易发生取代反应。

（1）取代反应　在光照或加热的条件下，环烷烃能与卤素发生取代反应，如：

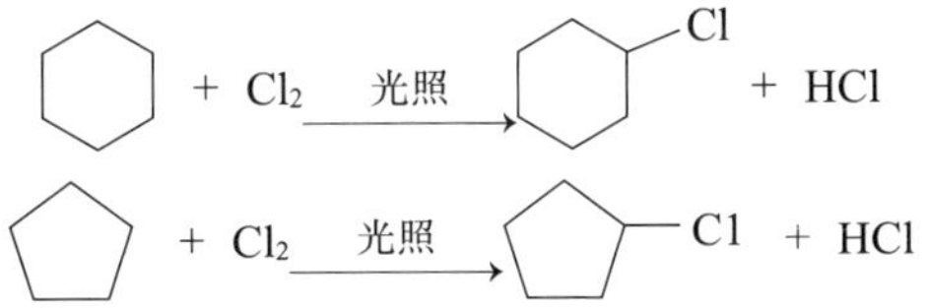

$$\text{环己烷} + Cl_2 \xrightarrow{\text{光照}} \text{氯代环己烷} + HCl$$

$$\text{环戊烷} + Cl_2 \xrightarrow{\text{光照}} \text{氯代环戊烷} + HCl$$

（2）氧化反应　常温下，环烷烃与一般氧化剂（如高锰酸钾溶液、臭氧等）不起作用。若在加热下用强氧化剂或在催化剂作用下用空气氧化，环烷烃可以发生氧化反应。

$$\text{环己烷} + O_2 \xrightarrow[\text{加热，加压}]{Co} \text{环己酮}(=O) + \text{环己醇}(-OH)$$

$$\text{环己烷} + O_2 \xrightarrow[\triangle]{HNO_3} \text{(CH}_2)_4\text{(COOH)}_2 \;\; \begin{matrix} COOH \\ COOH \end{matrix}$$

（3）加成反应　环烷烃发生加成反应时环破裂，故也称为开环加成反应。环丙烷、环丁烷容易开环发生加成反应，而环戊烷以上的环烷烃开环比较困难，这是小环烷烃的特殊反应。

① 催化加氢：环烷烃在催化剂作用下与氢作用，可以开环与两个氢原子结合生成烷烃。

$$\triangle + H_2 \xrightarrow[80℃]{Ni} CH_3CH_2CH_3$$

$$\square + H_2 \xrightarrow[200℃]{Ni} CH_3CH_2CH_2CH_3$$

小环较易开环发生加成反应，而环戊烷则较稳定，需要强烈的条件才能开环加成。高级环烷烃加氢则更为困难。

② 与卤素加成：环丙烷和环丁烷能与溴发生开环加成反应，生成二取代溴烷烃。环丙烷在室温下就可发生加成反应，环丁烷需在加热的条件下发生加成反应。五元以上的环烷烃则只能发生取代反应。

$$\triangle + Br_2 \xrightarrow[\text{室温}]{CCl_4} BrCH_2CH_2CH_2Br$$

$$\square + Br_2 \xrightarrow{\triangle} BrCH_2CH_2CH_2CH_2Br$$

③ 与卤化氢加成：环丙烷可以与卤化氢加成，环丁烷及以上的环烷烃则很难与卤化氢发生加成反应。连有烷基的环丙烷也可与卤化氢发生加成反应，反应遵循马氏规则，即环破裂后氢原子加到含氢最多的碳原子上，卤素原子加到含氢最少的碳原子上。

$$\triangle + HBr \longrightarrow BrCH_2CII_2CH_3$$

$$CH_3\text{—}\triangle + HBr \longrightarrow CH_3CHBrCH_2CH_3$$

练一练

1. 命名：

（1）H_3C—(环戊烷)—CH_3　（2）—(环己烷)—(异丙基)　（3）(环庚二烯)

2. 饱和烃的分子式为 C_6H_{12}，写出符合下列条件的可能结构：(1) 除仲碳原子，没有伯碳原子；(2) 有一个伯碳原子和一个叔碳原子；(3) 有两个伯碳原子，没有叔碳原子。

3. 如何区别丙烯和环丙烷？

第六节
芳 香 烃

芳香烃简称芳烃，是指一类具有特定的环状结构和特定的化学性质的有机化合物。芳烃是芳香族化合物的母体。大多数芳香烃含有苯的六碳环结构，少数虽然不含苯环，但都含有结构、性质与苯环相似的芳环。

根据是否含有苯环及所含苯环的数目和连接方式的不同。芳烃又可分为三类：① 单环芳香烃，也就是只含有一个苯环的芳香烃，如苯及其同系物；② 稠环芳香烃，也就是两个或两个以上的苯环分别共用两个相邻的碳原子而成的芳烃，如萘、蒽；③ 多环芳香烃，也就是两个或两个以上的苯环没有共用碳原子的芳烃，如联苯、三苯甲烷。

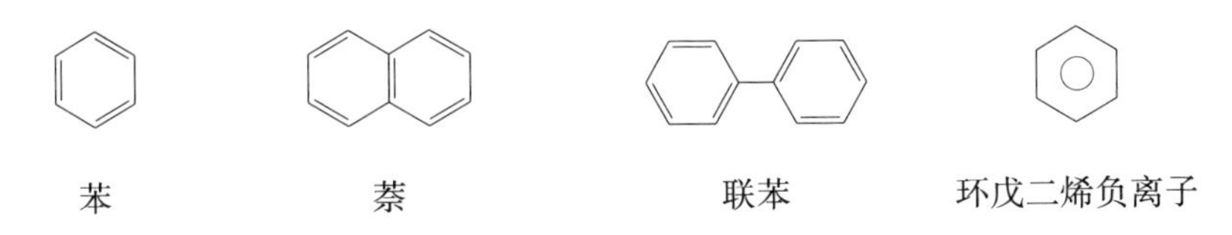

苯　　萘　　联苯　　环戊二烯负离子

一、 单环芳烃的命名

苯是最简单的单环芳烃，苯分子中的一个或几个氢原子被烃基取代以后，就得到苯的同系物。单环芳烃的通式为 C_nH_{2n-6}。

苯的一元取代物的同分异构体是由取代基的异构引起的。命名苯的一元取代物时，以苯为母体，烷基为取代基。如：

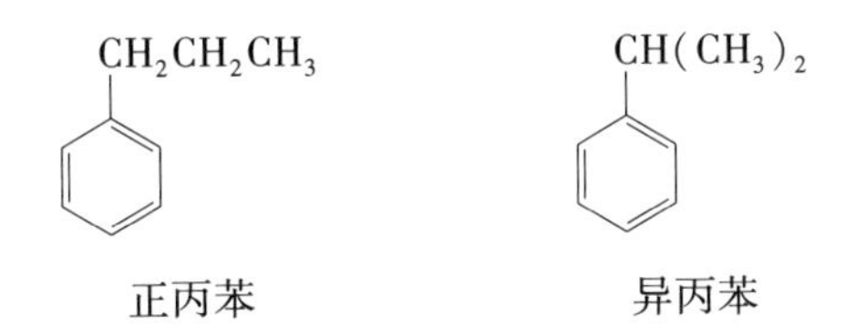

正丙苯　　异丙苯

苯的二元取代物，因取代基在环上的相对位置不同，有三种异构体，即邻位、间位和对位三种相对位置。命名时，在名称前加“邻”、“间”、“对”或 *o*-、*m*-、*p*-等表示它们的相对位置。如：

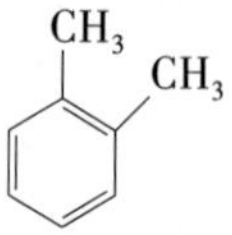

CH_3 CH_3 CH_3 CH_3 CH_3 CH_3

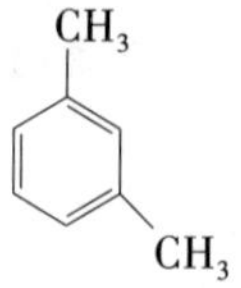

邻二甲苯（o-二甲苯） 间二甲苯（m-二甲苯） 对二甲苯（p-二甲苯）
1，2-二甲基苯 1，3-二甲基苯 1，4-二甲基苯

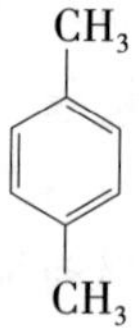

连有三个相同取代基的苯的三元取代物，命名时也常用连、偏、均等字头表示。如：

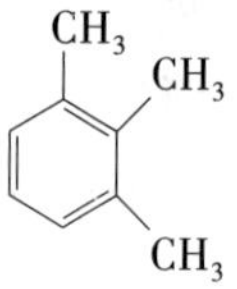

连三甲苯 偏三甲苯 均三甲苯
1，2，3-三甲基苯 1，2，4-三甲基苯 1，3，5-三甲基苯

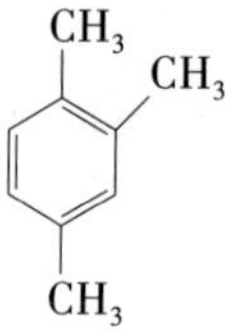

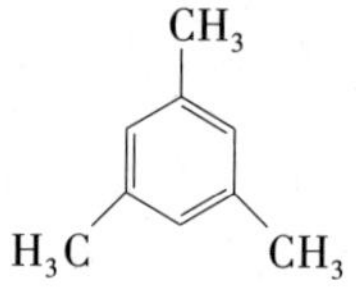

对于结构复杂或支链上有官能团的化合物也可以把支链作为母体，把苯环作为取代基来命名。如：

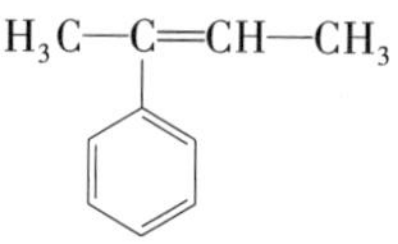

$H_3C-C=CH-CH_3$（C上连苯基） $H_3C-C(CH_3)(C_6H_5)-CH(CH_3)-CH_3$

2-苯基-2-丁烯 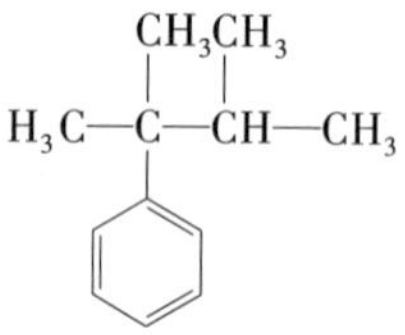 2，3-二甲基-2-苯基丁烷

芳烃的苯环上去掉一个氢原子所剩下的基团称芳基，可以用 Ar— 表示。最常见和最简单的芳基 C_6H_5— 称苯基，常用 Ph— 表示。甲苯的甲基上去掉一个氢原子，该基团称为苯甲基 $C_6H_5—CH_2$— ，又称苄基。

二、 单环芳烃的化学性质

苯及苯的同系物从碳氢比例看似乎具有高度的不饱和性，但是它们却有特殊的稳定性。这类化合物比较容易进行取代反应，不易进行加成和氧化反应，苯环的这种特殊性质称为芳香性，是芳香族化合物的共性。尽管它们相当稳定，但在一定条件下也会发生化学反应。

1. 取代反应

苯及其同系物的特征反应就是取代反应，重要的取代反应有卤代反应、硝化反应、磺化反应、烷基化反应、酰基化反应。

（1）卤代反应　在铁粉或卤化铁等催化剂作用下加热，苯环上的氢原子被卤原子所取代的反应，称为卤代反应。在卤代反应中，卤素的活性顺序是 $F_2>Cl_2>Br_2>I_2$，由于直接氟代十分猛烈，难以控制，碘代又难以进行，因此卤代反应一般指氯代和溴代。

$$C_6H_6+Cl_2\xrightarrow[55\sim60℃]{Fe或FeCl_3}C_6H_5Cl+HCl$$

$$C_6H_6+Br_2\xrightarrow[55\sim60℃]{Fe或FeBr_3}C_6H_5Br+HBr$$

烷基苯例如甲苯，在催化剂作用下比苯更容易发生卤代反应，主要生成邻、对位卤代甲苯。如：

$$C_6H_5CH_3+Cl_2\xrightarrow{Fe或FeCl_3}o\text{-}CH_3C_6H_4Cl+p\text{-}CH_3C_6H_4Cl$$

（2）硝化反应　苯与浓硝酸和浓硫酸的混合物作用，苯环上的氢原子被硝基取代，生成硝基苯的反应，称为硝化反应。通常使用浓 HNO_3 与浓 H_2SO_4 的混合物（或称混酸）作硝化剂。

$$C_6H_6+HNO_3\xrightarrow[50\sim60℃]{浓H_2SO_4}C_6H_5NO_2$$

硝基苯是淡黄色、油状、相对密度大于水的液体，有苦杏仁味。

硝基苯不容易继续硝化。要在更高温度下或用发烟硫酸和发烟硝酸的混合物作硝化试剂才能引入第二个硝基，且主要生成间二硝基苯。

$$C_6H_5NO_2\xrightarrow[100℃]{HNO_3（发烟），浓H_2SO_4}m\text{-}C_6H_4(NO_2)_2$$

烷基苯的硝化比苯易于进行，如甲苯低于 50℃ 就可以进行硝化，主要生成邻硝基甲苯和对硝基甲苯。

$$C_6H_5CH_3+HNO_3\xrightarrow[30℃]{浓H_2SO_4}o\text{-}CH_3C_6H_4NO_2+p\text{-}CH_3C_6H_4NO_2$$

邻硝基甲苯是具有苦杏仁味的黄色油状液体，对硝基甲苯是浅黄色晶体。它们都是剧毒物质，能通过人的呼吸系统及皮肤引起中毒。邻硝基甲苯和对硝基甲苯都是重要的有机合成原料，主要用作油漆、染料、医药和农药的中间体。

（3）磺化反应　芳烃分子中，芳环上的氢原子被磺酸基（$-SO_3H$）取代生成苯磺酸的反应称为磺化反应。常用的磺化剂有发烟硫酸、浓硫酸等。例如：

$$C_6H_6 + H_2SO_4 \xrightarrow{70\sim80℃} C_6H_5SO_3H + H_2O$$

苯磺酸为无色晶体，具有强酸性，能溶于水。化合物中引入磺基可增加水溶性。

烷基苯的磺化反应比苯容易进行，主要生成邻位和对位产物。一般来说，提高温度比较有利于对位产物的生成。例如：

$$C_6H_5CH_3 \xrightarrow[0℃]{浓\ H_2SO_4} \underset{(43\%)}{o\text{-}CH_3C_6H_4SO_3H} + \underset{(53\%)}{p\text{-}CH_3C_6H_4SO_3H}$$

$$C_6H_5CH_3 \xrightarrow[100℃]{浓\ H_2SO_4} \underset{(13\%)}{o\text{-}CH_3C_6H_4SO_3H} + \underset{(79\%)}{p\text{-}CH_3C_6H_4SO_3H}$$

苯的磺化反应是一个可逆反应，将磺化产物与稀硫酸共热或在磺化产物中通入水蒸气时，磺基被水解掉，称为去磺基反应。

由于磺酸基容易除去，所以可利用磺酸基暂时占据苯环上的某些位置，使这个位置不再被其他基团取代，或利用磺酸基的存在，影响其水溶性等，待其他反应完毕后，再经水解将磺酸基脱去。该性质被广泛用于有机合成及无机化合物的分离和提纯。

（4）烷基化和酰基化反应　在无水三氯化铝等催化剂的作用下，苯环上的氢原子被烷基或酰基取代的反应，分别称为烷基化反应和酰基化反应，统称为傅-克（Friedel-Crafts）反应。

① 烷基化反应：

$$C_6H_6 + ClCH_2CH_3 \xrightarrow{无水\ AlCl_3} C_6H_5CH_2CH_3 + HCl$$

$$C_6H_6 + CH_2{=}CH_2 \xrightarrow{无水\ AlCl_3} C_6H_5CH_2CH_3$$

像氯乙烷和乙烯这样能将烷基引入芳环上的试剂称为烷基化试剂。

在烷基化反应时，如所用卤烷含有三个或多个碳原子时，烷基往往发生重排，例如正氯丙烷和苯反应，主要生成物是异丙苯。

$$C_6H_6 + ClCH_2CH_2CH_3 \xrightarrow{\text{无水 } AlCl_3} C_6H_5CH(CH_3)_2 + C_6H_5CH_2CH_2CH_3$$

异丙苯 70%　　正丙苯 30%

② 酰基化反应：经酰基化反应后，芳烃上的氢原子被酰基取代，生成芳香酮。

$$C_6H_6 + ClCOCH_3 \xrightarrow[70\sim80℃]{\text{无水 } AlCl_3} C_6H_5COCH_3 + HCl$$

苯乙酮

注意：当苯环上连有硝基、磺酸基、酰基和氰基等强吸电子基团时，一般不发生烷基化和酰基化反应。

2. 侧链上的反应

（1）氧化反应　苯环具有特殊的稳定性，一般的氧化剂如高锰酸钾、重铬酸钾、硝酸等不能使苯环氧化，但侧链含有 α-H 的烷基苯容易被这些氧化剂氧化，且不论侧链的长短，最后都得到苯甲酸。如：

$$C_6H_5CH_3 \xrightarrow[\triangle]{\text{浓 } H_2SO_4+KMnO_4} C_6H_5COOH$$

$$C_6H_5CH_2CH_2CH_3 \xrightarrow[\triangle]{\text{浓 } H_2SO_4+KMnO_4} C_6H_5COOH$$

（2）卤代反应　苯环侧链上连有 α-H 时，在光照下与卤素发生反应，α-H 原子被卤素取代。如甲苯的一氯代反应：

$$C_6H_5CH_3 \xrightarrow[\text{光照}]{Cl_2} C_6H_5CH_2Cl \xrightarrow[\text{光照}]{Cl_2} C_6H_5CHCl_2 \xrightarrow[\text{光照}]{Cl_2} C_6H_5CCl_3$$

控制氯气的用量可以使反应停留在生成苄氯的阶段。

3. 加成反应

苯环具有特殊的稳定性，难以发生加成反应。但在特殊的条件（如光照、高温、高压、催化剂等）下，加成反应也还是可以进行的。如：

$$C_6H_6 + H_2 \xrightarrow[\text{加热加压}]{Ni} C_6H_{12}$$

$$C_6H_6 + Cl_2 \xrightarrow[50℃]{紫外光} C_6H_6Cl_6$$

1,2,3,4,5,6-六氯环己烷或六氯环己烷，分子式为 $C_6H_6Cl_6$，故称六六六。它具有相当高的稳定性，是20世纪70年代以前应用最广泛的一种杀虫剂，但因毒性大、残存期长，现已经被禁用，我国是从1983年开始禁用的。

三、 苯环上取代反应的定位规律及应用

1. 一元取代苯的定位规律

当苯环上已有一个取代基，如再引入第二个取代基时，第二个取代基进入的位置，主要由苯环上原有取代基的性质所决定，因此把芳环上原有的取代基称为定位基。定位基有两个作用：一是影响取代反应进行的难易，二是决定新基团进入苯环的位置，定位基的这两个作用称为定位效应。常见的取代基按其定位效应分为两类：

（1）邻对位定位基　邻对位定位基又叫第一类定位基，这类定位基连接在苯环上时，能使新导入基团主要进入它的邻位和对位。邻对位定位基的结构特点是负离子或与苯环直接相连的原子是饱和的（苯基除外）。除卤素外，一般都能使苯环活化，取代反应比苯容易进行。

常见邻对位定位基主要有：—O，—NR_2，—NHR，—NH_2，—OH，—OCH_3，—NHCOR，—OCOR，—C_6H_5，—R，—X 等。一般来说，排在前面的邻对位定位基对苯环的活化程度较大，定位能力较强；排在后面的邻对位定位基对苯环的活化程度较小，定位能力较弱。

（2）间位定位基　间位定位基又叫第二类定位基，它们使第二个取代基主要进入它的间位，并能使苯环钝化，取代反应比苯难进行。间位定位基的结构特点是正离子或与苯环直接相连的原子是不饱和的。

常见间位定位基主要有：—N^+R_3，—NO_2，—CCl_3，—CN，—COOH，—SO_3H，—CHO，—COR，—$COOCH_3$，—$CONH_2$ 等。一般来说，排在前面的间位定位基对苯环的钝化程度大，定位能力较强；排在后面的间位定位基对苯环的钝化程度小，定位能力较弱。

2. 二元取代苯的定位规律

苯环上已有两个取代基时，第三个取代基进入苯环的位置是由苯环上原有的两个定位基的性质共同决定。通常有下列几种情况：

（1）两个定位基的定位效应一致　若两个取代基的定位效应一致时，则新基团进入两个定位基共同指向的位置。例如：

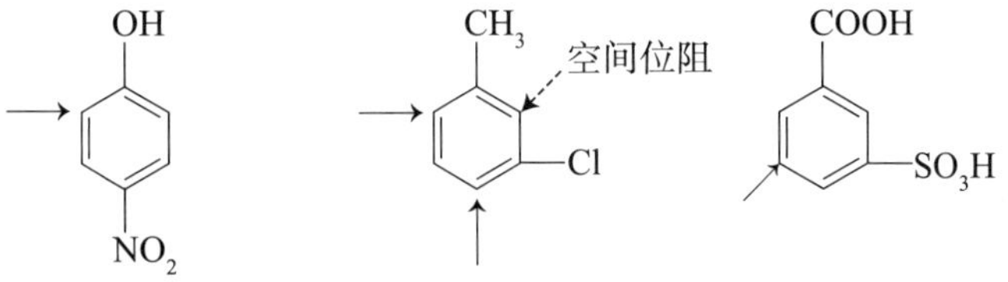

（2）两个定位基的定位效应不一致　若两个取代基的定位效应不一致时，则可分为两种情况：

① 两个定位基属于同一类，但定位效应矛盾时，一般第三个取代基进入苯环的位置由定位效应强的（排在前面的）定位基决定。例如：

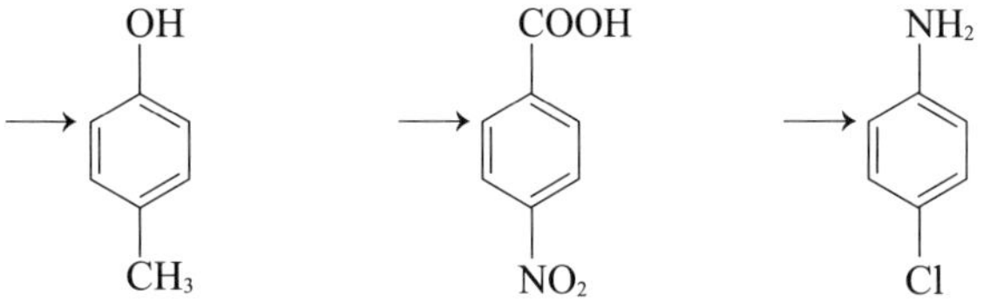

② 两个定位基不是同一类，定位效应发生矛盾时，一般第三个取代基进入苯环的位置由邻对位定位基决定新基团进入苯环上的位置。例如：

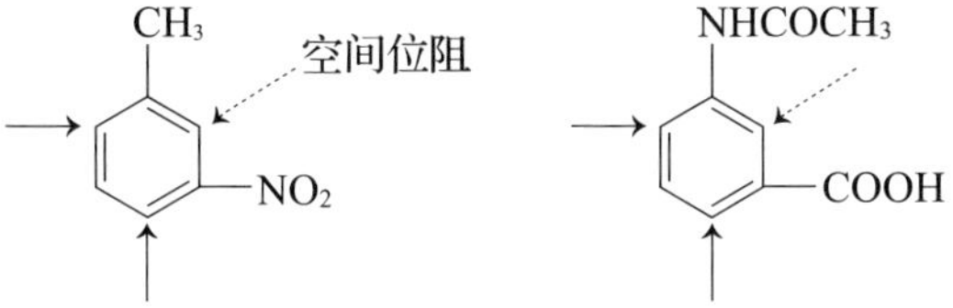

3. 定位规律的应用

单环芳烃的取代反应定位规律，不仅可以解释一些实验事实，更重要的是应用定位规律来指导多取代苯的合成，包括预测反应主要产物和正确选择合成路线。

练一练

1. 写出下列化合物发生硝化反应时的主要产物。

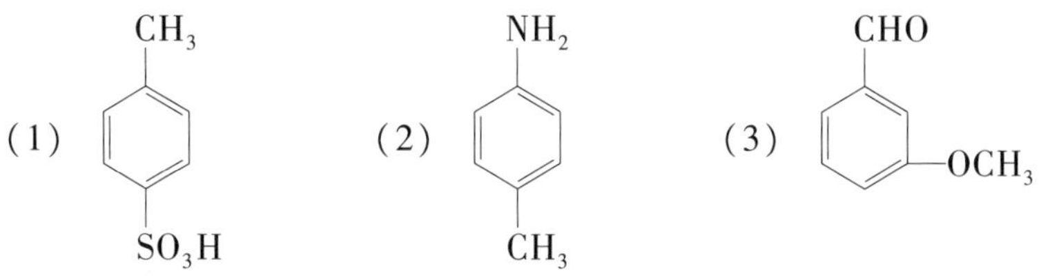

（1）　　（2）　　（3）

2. 试设计由苯合成邻硝基氯苯、对硝基氯苯和间硝基氯苯的路线。

四、 稠环芳烃的性质

萘是最简单的稠环芳烃，由两个苯环稠合而成，分子式为 $C_{10}H_8$，存在于煤焦油中，是白色闪光状晶体，熔点 80.6℃，沸点 218℃，有特殊气味，能挥发并易升华，不溶于水，溶于有机溶剂。萘是重要的化工原料，也常用作防蛀剂（如卫生球），因发现萘具有致癌作用，故现已禁止制作“卫生球”。

萘环上碳原子的编号是特定的，命名时应予以注意。

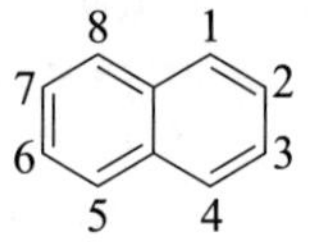

8 1 7 2 6 3 5 4

在萘的结构式中，1、4、5、8 四个碳原子的位置是等同的，称为 α-位；2、3、6、7 四个碳原子的位置也是等同的，称为 β-位。萘的一元取代物有 α 和 β 两种位置异构体。

萘具有芳香性，其化学性质也很稳定，但萘的化学性质比苯活泼，比苯容易发生取代反应、加成反应和氧化反应。萘的取代多在 α-位上进行。

1. 取代反应

（1）卤代　在无水氯化铁作用下，将氯气通入熔融的萘中，主要得到 α-氯萘。α-氯萘为无色高沸点的溶剂。

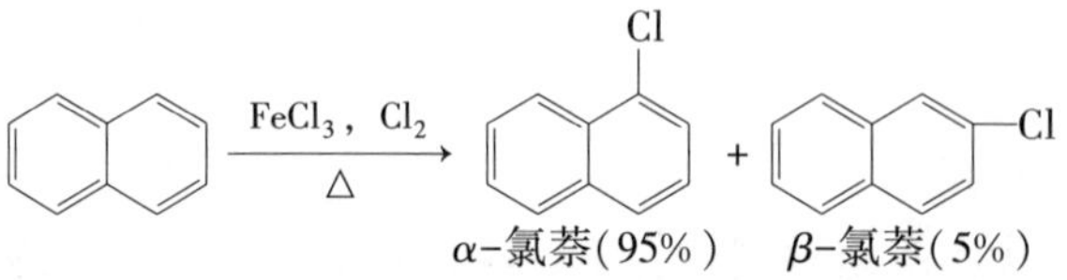

$FeCl_3$，Cl_2，△；Cl；Cl

α-氯萘（95%）　β-氯萘（5%）

（2）硝化　在 30~60℃萘与混酸反应，主要生成 α-硝基萘。

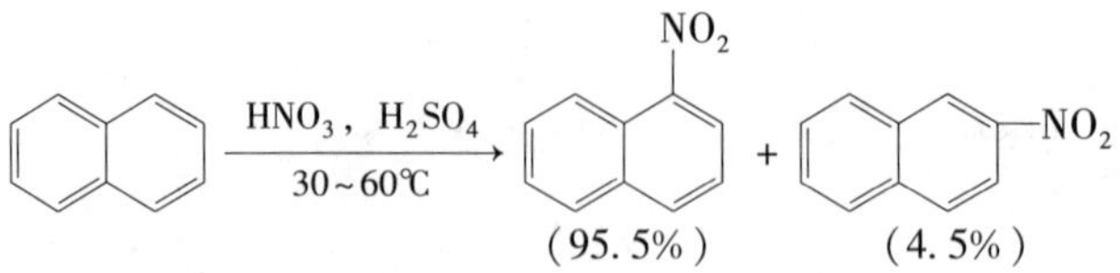

HNO_3，H_2SO_4，30~60℃；NO_2；NO_2

（95.5%）　（4.5%）

α-硝基萘是黄色针状结晶，熔点 61℃，不溶于水而溶于有机溶剂，常用于制备 α-萘胺、α-萘酚等染料中间体。

（3）磺化　萘的磺化反应是可逆反应。因为 α 位比 β 位活泼，所以当用浓 H_2SO_4 磺化时，在 80℃以下生成 α-萘磺酸，而在较高的温度（165℃）时则主要生成 β-萘磺酸。若把 α-萘磺酸与硫酸共热至 165℃时，即转变为 β-萘磺酸。

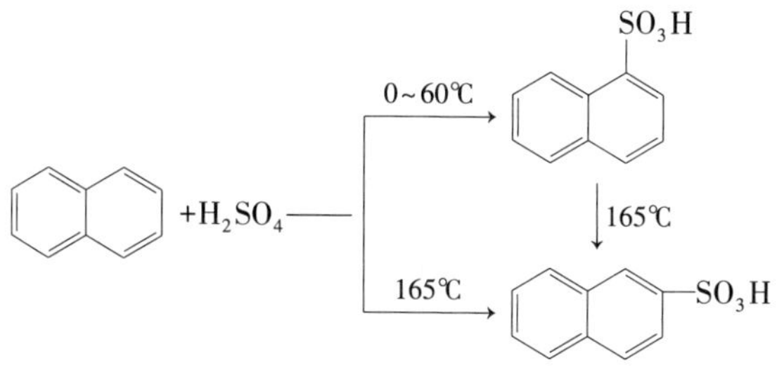

2. 氧化反应

萘比苯容易被氧化，随氧化条件不同产物也不相同。例如：

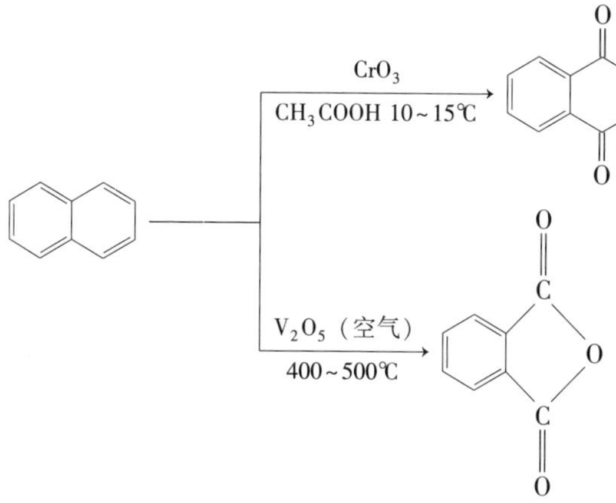

练一练

1. 命名：

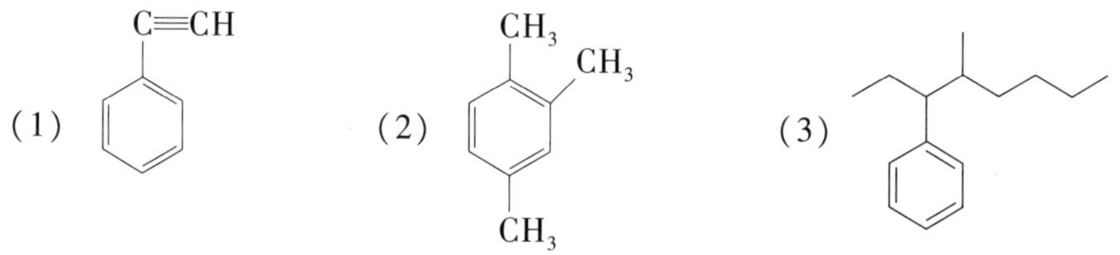

(1) (2) (3)

2. 推断：甲、乙、丙三种芳烃分子式同为 C_9H_{12}，氧化时甲得一元羧酸，乙得二元酸，丙得三元酸，但经硝化时，甲和乙分别得到两种一硝基化合物，而丙只得一种一硝基化合物，推测甲、乙、丙三者的结构式。

知识拓展

有机化合物的同分异构现象

在本章中我们已经了解到有机化合物之所以数量庞大，是因为有机化合物存在同分异构现象，也就是具有相同分子式的有机化合物由于分子中原子排列不同造成的分子式相同而物质不同的现象。同分异构现象普遍存在于有机化合物分子中，根据是否造成空间异构可将有机物中的同分异构体分为构造异构和立体异构两大类。具有相同分子式，而分子中原子或基团连接的顺序不同的，称为构造异构体。在分子中原子的结合顺序相同，而原子或原子团在空间的相对位置不同的，称为立体异构。在本章中主要介绍的就是构造异构。

构造异构又可分为碳架异构、位置异构、官能团异构和互变异构。碳架异构体也就是组成相同而分子中碳原子相互连接的顺序不同的化合物；碳架异构又可分为碳链异构和碳环异构。如：

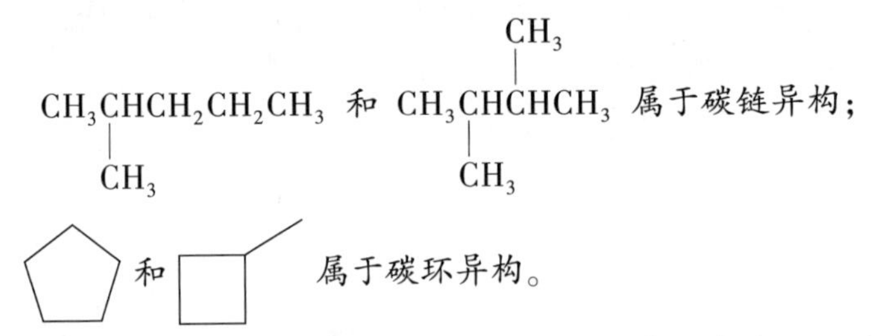

位置异构是指组成相同而分子中的取代基或官能团（包括碳碳双键和三键）在碳架（碳链或碳环）上的位置不同的化合物。例如：

$$\underset{\displaystyle CH_3}{CH_3\underset{|}{C}HCH_2CH_2CH_3}$$ 和 $$CH_3CH_2\underset{\displaystyle CH_3}{\underset{|}{C}H}CH_2CH_3$$ 属于位置异构；

$$CH_3CH_2\underset{\displaystyle CH_3}{\underset{|}{C}H}CH{=}CH_2$$ 和 $$CH_3CH_2CH{=}\underset{\displaystyle CH_3}{\underset{|}{C}H}CH_3$$ 也属于位置异构。

官能团异构是指分子式相同，但构成分子的官能团不同的化合物。如：

$$H_2C{=}\underset{\displaystyle CH_3}{\underset{|}{C}}CH_2CH{=}CH_2$$ 和 $$CH_3\underset{\displaystyle CH_3}{\underset{|}{C}H}CH_2C{\equiv}CH$$ 属于官能团异构。

互变异构是指有机化合物的结构以两种官能团异构体互相迅速变换而处于动态平衡的现象，在本章中炔烃与水加成的产物烯醇式和醛、酮式就是互变异构体。

$$\underset{\displaystyle OH}{\underset{|}{HC}}{=}CH_2 \longrightarrow \underset{\displaystyle O}{\underset{\|}{HC}}{-}CH_3$$ 属于互变异构。

立体异构又可分为构型异构和构象异构。构型异构是指原子在大分子中不同空间排列所产生的异构现象。构型异构可分为顺反异构和对映异构。顺反异构常出现在烯烃分子和脂环烃分子中，如我们在烯烃中学习到的就是顺反异构。例如：

$$\begin{array}{ccc} H & & H \\ & \diagdown\ \ \diagup & \\ & C{=}C & \\ & \diagup\ \ \diagdown & \\ Cl & & CH_3 \end{array}$$ 和 $$\begin{array}{ccc} Cl & & H \\ & \diagdown\ \ \diagup & \\ & C{=}C & \\ & \diagup\ \ \diagdown & \\ H & & CH_3 \end{array}$$ 属于顺反异构；

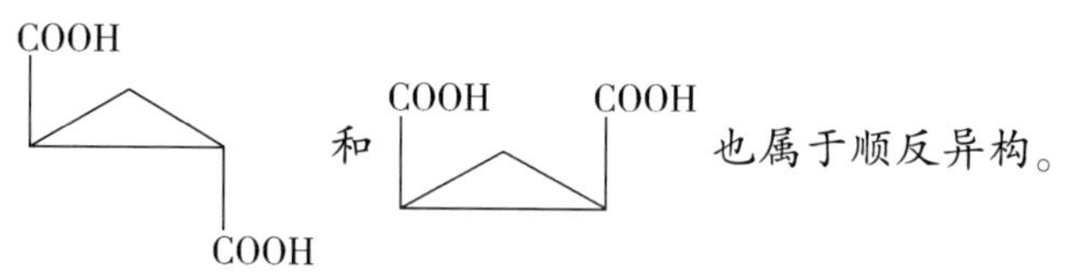

也属于顺反异构。

对映异构是指互为物体与镜像关系的立体异构体，就像人们的左手和右手一样，两手相似但永远不能重合。例如：

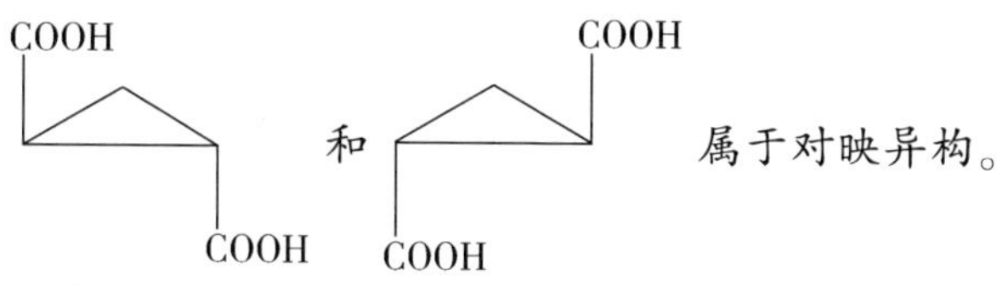

属于对映异构。

构象异构是指由于单键的旋转，使连接在碳上的原子或原子团在空间的排布位置随之发生变化，所以构造式相同的化合物可能有许多构象。如：

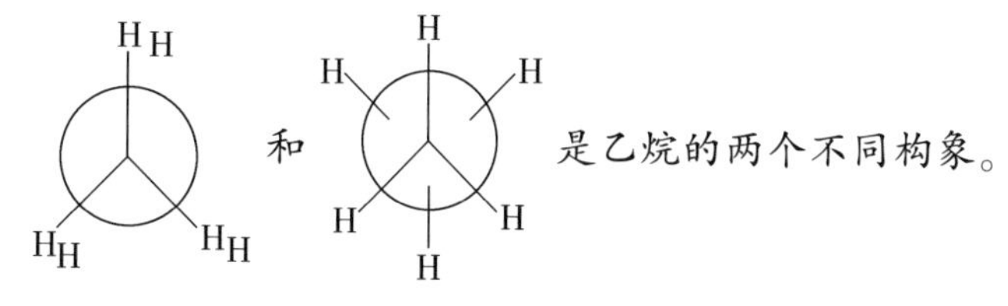

是乙烷的两个不同构象。

本章小结

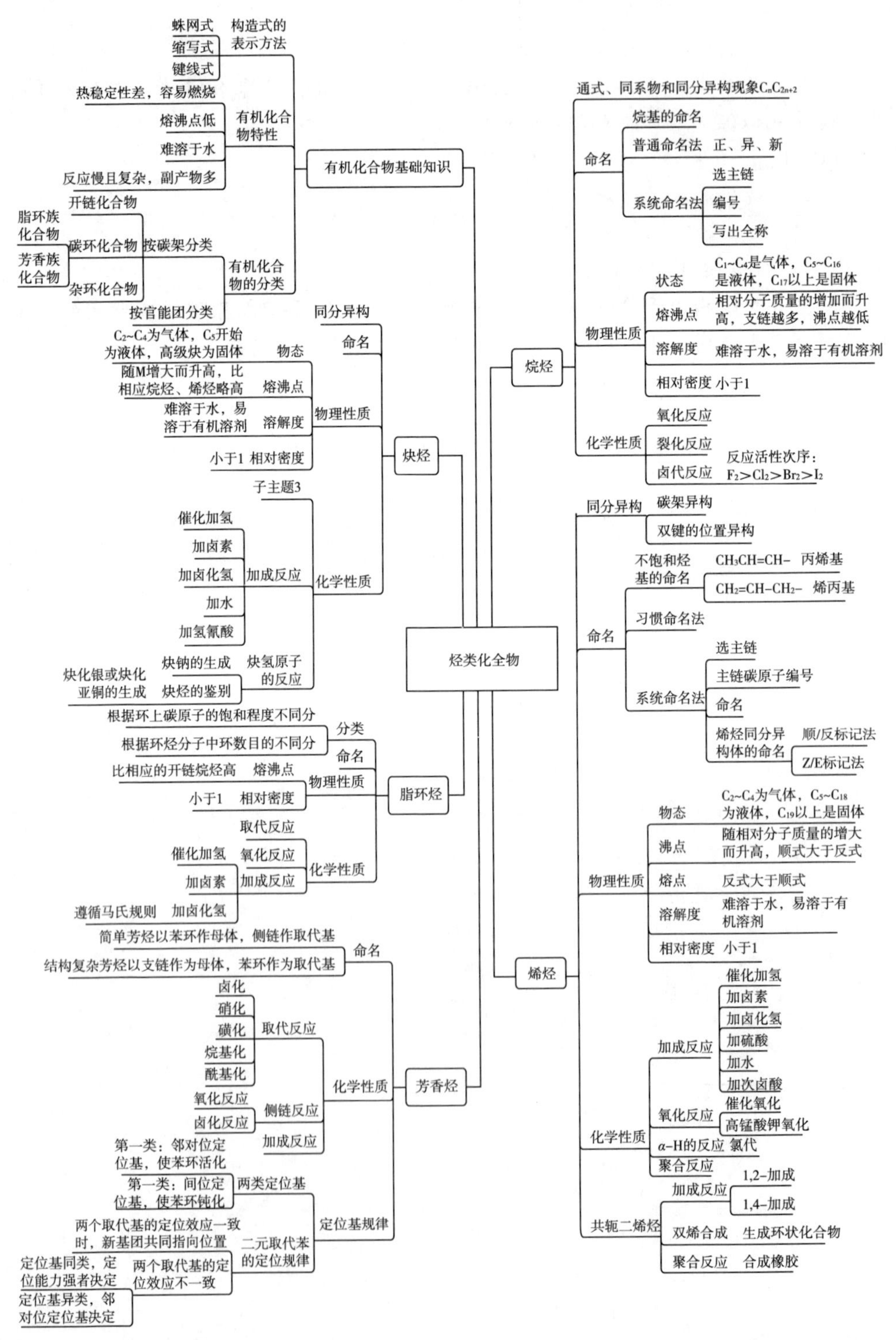

烃类化全物
有机化合物基础知识
构造式的表示方法
蛛网式
缩写式
键线式
有机化合物特性
热稳定性差，容易燃烧
熔沸点低
难溶于水
反应慢且复杂，副产物多
有机化合物的分类
按碳架分类
开链化合物
碳环化合物
脂环族化合物
芳香族化合物
杂环化合物
按官能团分类
炔烃
同分异构
命名
物理性质
物态
C2~C4为气体，C5开始为液体，高级炔为固体
熔沸点
随M增大而升高，比相应烷烃、烯烃略高
溶解度
难溶于水，易溶于有机溶剂
相对密度
小于1
化学性质
子主题3
加成反应
催化加氢
加卤素
加卤化氢
加水
加氢氰酸
炔氢原子的反应
炔钠的生成
炔烃的鉴别
炔化银或炔化亚铜的生成
脂环烃
分类
根据环上碳原子的饱和程度不同分
根据环烃分子中环数目的不同分
命名
物理性质
熔沸点
比相应的开链烷烃高
相对密度
小于1
化学性质
取代反应
氧化反应
加成反应
催化加氢
加卤素
加卤化氢
遵循马氏规则
芳香烃
命名
简单芳烃以苯环作母体，侧链作取代基
结构复杂芳烃以支链作为母体，苯环作为取代基
化学性质
取代反应
卤化
硝化
磺化
烷基化
酰基化
侧链反应
氧化反应
卤化反应
加成反应
定位基规律
两类定位基
第一类：邻对位定位基，使苯环活化
第一类：间位定位基，使苯环钝化
二元取代苯的定位规律
两个取代基的定位效应一致时，新基团共同指向位置
两个取代基的定位效应不一致
定位基同类，定位能力强者决定
定位基异类，邻对位定位基决定
烷烃
通式、同系物和同分异构现象CnC2n+2
命名
烷基的命名
普通命名法
正、异、新
系统命名法
选主链
编号
写出全称
物理性质
状态
C1~C4是气体，C5~C16是液体，C17以上是固体
熔沸点
相对分子质量的增加而升高，支链越多，沸点越低
溶解度
难溶于水，易溶于有机溶剂
相对密度
小于1
化学性质
氧化反应
裂化反应
卤代反应
反应活性次序：F2>Cl2>Br2>I2
烯烃
同分异构
碳架异构
双键的位置异构
命名
不饱和烃基的命名
CH3CH=CH- 丙烯基
CH2=CH-CH2- 烯丙基
习惯命名法
系统命名法
选主链
主链碳原子编号
命名
烯烃同分异构体的命名
顺/反标记法
Z/E标记法
物理性质
物态
C2~C4为气体，C5~C18为液体，C19以上是固体
沸点
随相对分子质量的增大而升高，顺式大于反式
熔点
反式大于顺式
溶解度
难溶于水，易溶于有机溶剂
相对密度
小于1
化学性质
加成反应
催化加氢
加卤素
加卤化氢
加硫酸
加水
加次卤酸
氧化反应
催化氧化
高锰酸钾氧化
α-H的反应
氯代
聚合反应
共轭二烯烃
加成反应
1,2-加成
1,4-加成
双烯合成
生成环状化合物
聚合反应
合成橡胶

习　题

一、选择题

1. 下列哪个性质不是有机化合物的特点（　　）。

A. 易于燃烧　　B. 熔点较低　　C. 难溶于水

D. 反应速度快　　E. 普遍存在同分异构现象

2. 下列化合物中属于不饱和脂环烃的是（　　）。

A.　　B.

C.　　D.

3. 下列给出的结构式中（　　）不属于C_5H_{10}的同分异构体。

A. 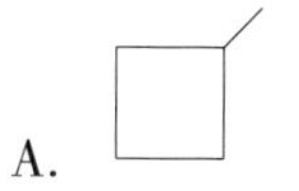

B. 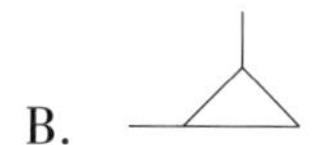

C.　　D.

4. 异戊烷一溴代物可能有（　　）种异构体。

A. 3 种　　B. 4 种

C. 5 种　　D. 6 种

5. 下列化合物（　　）能进行烷基化反应。

A. —CN　　B. —NO_2

C. —CH_3　　D. —SO_3H

6. 下列化合物含有伯、仲、叔氢的是（　　）。

A. 2,2,4,4-四甲基戊烷　　B. 2,3,4-三甲基戊烷

C. 2,2,4-三甲基戊烷　　D. 正庚烷

7. 乙基环丙烷与溴化氢的加成产物是（　　）。

A. $CH_3CH_2CHCH_2CH_3$（Br 连于 C-3）

B. $CH_3CH_2CH_2CH_2CH_2Br$

C. $CH_3CHCH_2CH_2CH_3$（Br 连于 C-2）

D. 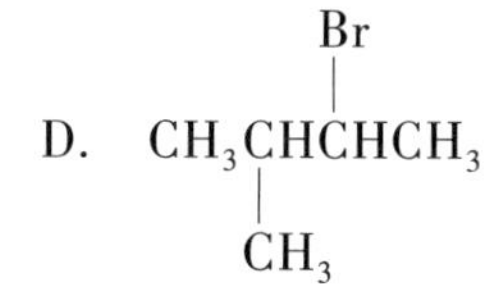

二、命名

1.

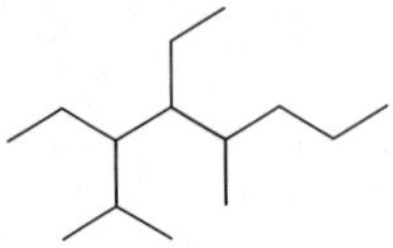

2.

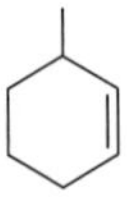

3. 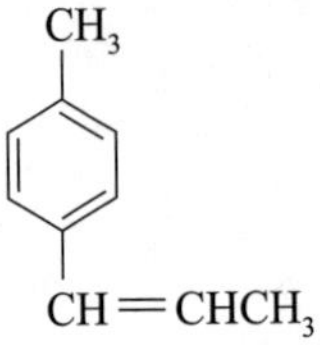 CH_3 / $CH=CHCH_3$

4. 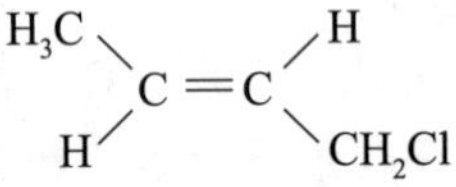 H_3C / H / $C=C$ / H / CH_2Cl

5. 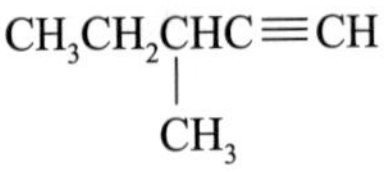 $CH_3CH_2\underset{\substack{|\\CH_3}}{C}HC\equiv CH$

6. 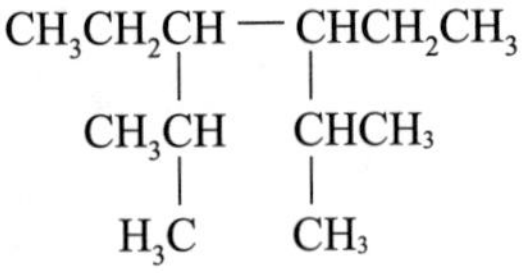 $CH_3CH_2CH-CHCH_2CH_3$ / CH_3CH / $CHCH_3$ / H_3C / CH_3

7. $CH_3(C_2H_5)C=C(CH_3)CH_2CH_2CH_3$

8.

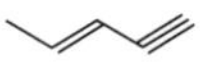

9.

10.  $CH_2CH_2CH_2CH_2$

11. 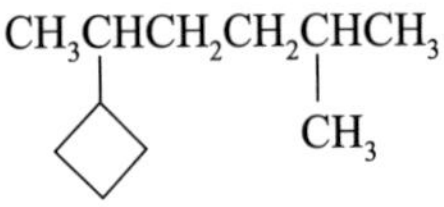 $CH_3CHCH_2CH_2CHCH_3$ / CH_3

12. 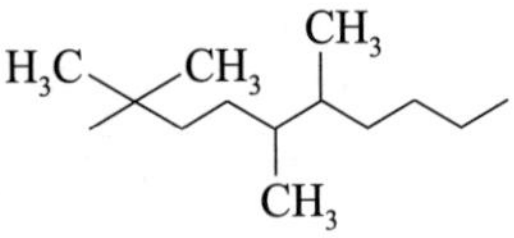 H_3C / CH_3 / CH_3 / CH_3

13. $(CH_3CH_2)_4C$

14. 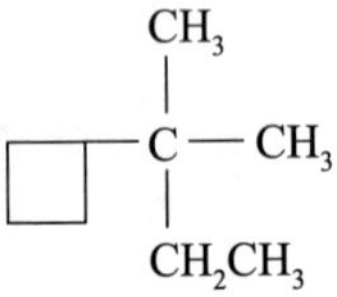 CH_3 / C / CH_3 / CH_2CH_3

15. 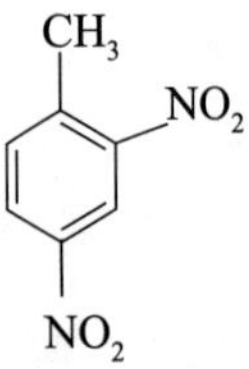 CH_3 / NO_2 / NO_2

16. 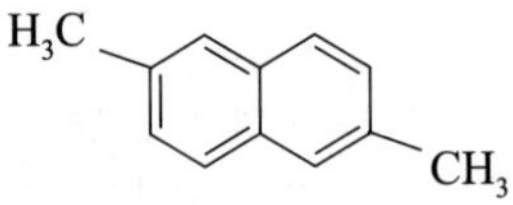 H_3C / CH_3

三、写出下列化合物的构造式

1. 2，6-二甲基-4-仲丁基辛烷

2. 反-2，3-二甲基-2-戊烯

3.（Z）-3-甲基-4-异丙基-3-庚烯

4. 3-环丙基-1-戊烯

5. 甲基异丙基乙炔

6. 3，5-二溴-2-硝基甲苯

7. 2，5-二甲基-3-庚炔

8. 2，6-二硝基-3-甲氧基甲苯

四、完成下列反应

1. $CH_3CH_2CH=CH_2+HBr\longrightarrow$

2. $CH_3-\underset{\displaystyle CH_3}{\underset{|}{C}}HCH=CH_2 \xrightarrow[H^+]{KMnO_4}$

3. $(CH_3)_2C=CHCH_3 + HBr \longrightarrow$

4. 1,1,2-三甲基环丙烷（环丙烷环上一个碳连 CH_3，另一个碳连两个 CH_3）$+HBr \longrightarrow$

5. $CH_3CH_2C\equiv CH + NaNH_2 \xrightarrow[\text{②}\ C_2H_5Br]{\text{①}\ NaNH_2}$

6. $CH_2=CHC\equiv CH \xrightarrow{HCl} \qquad \xrightarrow{HCl}$

7. $CH_3CH=CH_2 \xrightarrow{(\quad)} (\qquad\qquad) \xrightarrow{(\quad)} \underset{\displaystyle Cl}{\underset{|}{C}}H_2\underset{\displaystyle Cl}{\underset{|}{C}}H\underset{\displaystyle Cl}{\underset{|}{C}}H_2$

8. $CH_3CH=CH-CHCH_2 + HBr \longrightarrow$

9. $CH_3\underset{\displaystyle CH_3}{\underset{|}{C}}=CHCH_3 + HOSO_3H \longrightarrow (\qquad) \xrightarrow{H_2O}$

10. $H_3C-C_6H_4-C_2H_5$（对位）$\xrightarrow[\triangle]{KMnO_4}$

11. $H_3C-C_6H_4-Cl$（对位）$\xrightarrow[H_2SO_4]{HNO_3}$

12. $H_3C-C_6H_5 \xrightarrow[Fe]{Br_2}$

13. 萘 $+H_2SO_4 \xrightarrow{60℃}$

14. $C_6H_5-CH_2CH_2CH_3 \xrightarrow[\text{光照}]{Cl_2}$

15. $C_6H_5-CH_3 + CH_2=CH_2 \xrightarrow{\text{无水}\ AlCl_3}$

五、合成题

1. 以甲苯为原料合成：3-硝基-4-溴苯甲酸。

2. 以苯为原料合成下列化合物：

(1) Cl, SO_3H　　(2) COOH, NO_2, NO_2　　(3) Br—CH—CH_3, Br

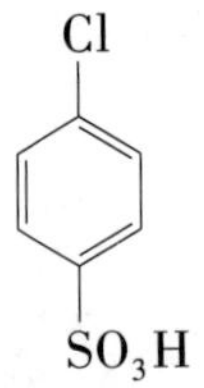

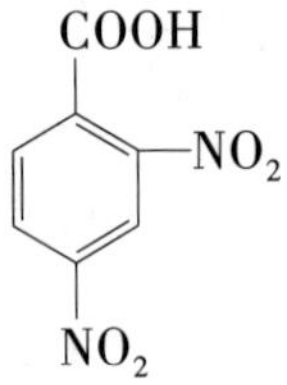

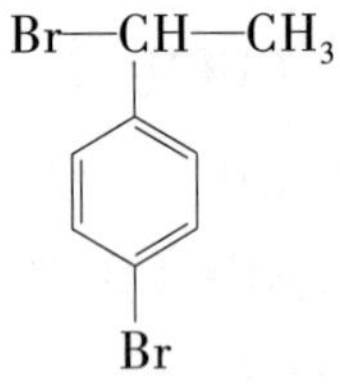

六、简答题

1. 用简单方法区别：乙烷、乙烯、乙炔。

2. 用简便的化学方法鉴别以下化合物：环戊烷、环戊烯、甲基环丁烷。

3. 用简便的化学方法鉴别以下化合物：3-甲基-1-丁烯、3-甲基-1-丁炔、2-甲基丁烷。

4. 某烃的分子式为 C_6H_{12}，能使溴的四氯化碳溶液褪色，也能溶于浓硫酸中，催化氢化后生成正己烷，用酸性的高锰酸钾溶液氧化，得到两种不同的羧酸。写出这个烃的结构式。

5. 化合物 A、B、C 的分子式均为 C_5H_8，它们都能使溴褪色，A 能与硝酸银的氨溶液反应生成沉淀，而 B、C 则不能。A、B 经氢化都生成正戊烷，而 C 吸收 1mol 氢后变为 C_5H_{10}，B 与高锰酸钾作用生成乙酸和丙酸，C 与臭氧作用得到戊二醛（$OHCCH_2CH_2CH_2CHO$）。试推断 A、B、C 的可能结构式。

6. 某烃 A 的实验式为 CH，相对分子质量为 208，用热的高锰酸钾酸性溶液氧化得到苯甲酸，而经臭氧氧化还原水解的产物也只有一种苯乙醛。推断 A 的结构式。

第九章

烃的衍生物

学习目标

知识目标

1. 掌握烃的衍生物的分类方法及命名规律，了解烃的衍生物的同分异构现象；

2. 了解烃的衍生物的物理性质及其递变规律，掌握氢键对醇、酚、羧酸、酰胺物理性质的影响；

3. 掌握烃的衍生物的重要化学反应及简单的鉴别方法；

技能目标

1. 能根据结构式命名烃的衍生物，根据分子式推测出其可能的结构；

2. 能设计烃的衍生物的合成制备和鉴别分离的路线；

3. 能判断给定反应产物的结构。

第一节 卤 代 烃

卤代烃可以看作烃类分子中一个或多个氢原子被卤素原子（X=Cl、Br、I、F）

取代后所生成的化合物。其中，卤原子就是卤代烃的官能团。因此，卤代烃是烃的卤素衍生物。

卤代烃在生活和生产上应用广泛，如二氯甲烷、三氯甲烷、四氯化碳是常用的有机溶剂，三氯乙烯是良好的干洗剂。许多卤代烃是合成农药、麻醉剂、防腐剂等的重要中间体和原料。

一、 卤代烃的分类和命名

1. 卤代烃的分类

根据分子中烃基的不同，卤代烃可分为脂肪族卤代烃、脂环族卤代烃和卤代芳烃；根据分子中是否含有不饱和键可分为饱和卤代烃和不饱和卤代烃；根据和卤原子直接相连的碳原子（即 α-碳原子）类型的不同又可分为伯（一级，1°）卤代烃、仲（二级，2°）卤代烃和叔（三级，3°）卤代烃；根据分子中所含卤原子的数目的不同，分为一卤代烃和多卤代烃；根据分子中卤素原子的不同，分为氟代烃、氯代烃、溴代烃和碘代烃。

2. 卤代烃的命名

卤代烃的命名方法主要有普通命名法、系统命名法，一些卤代烃还有俗名。一般来说，对于结构简单的卤代烃多采用普通命名法，对于结构比较复杂的卤代烃多采用系统命名法。

（1）普通命名法　命名时，根据和卤原子相连的烃基的名称来命名，在烃基的名称后加上卤素的名称，称为“某基卤”或“卤（代）某烃”。例如：

CH_3Cl　　$CH_2{=}CH{-}Cl$　　（环己基）$-Cl$　　（苯基）$-Cl$

甲基氯（氯甲烷）　乙烯基氯（氯乙烯）　环己基氯（氯代环己烷） 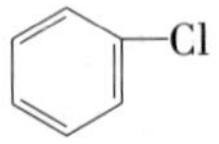　苯基氯（氯苯）

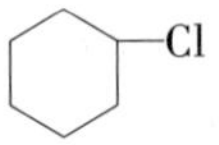

（2）系统命名法　结构复杂的卤代烃要用系统命名法，命名原则与烃类相似。

① 脂肪族卤代烃的命名：以烃为母体，卤原子作为取代基来命名，命名原则与脂肪烃相同。例如：

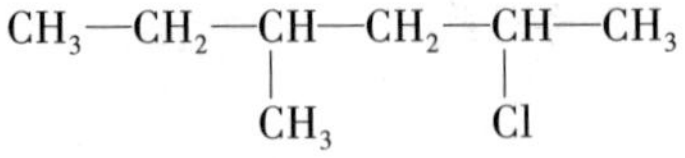

$CH_3{-}CH_2{-}CH(CH_3){-}CH_2{-}CH(Cl){-}CH_3$

4-甲基-2-氯己烷

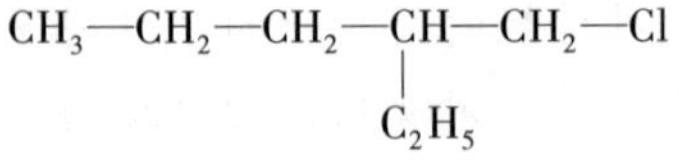

$CH_3{-}CH_2{-}CH_2{-}CH(C_2H_5){-}CH_2{-}Cl$

2-乙基-1-氯戊烷

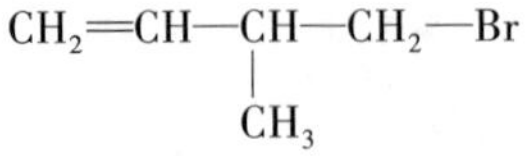

$CH_2{=}CH{-}CH(CH_3){-}CH_2{-}Br$

3-甲基-4-溴-1-丁烯

$CH_3{-}C{\equiv}C{-}C(CH_3)(Br){-}CH_2{-}CH_2{-}CH_3$

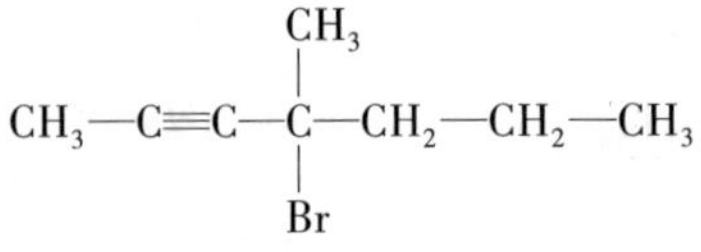

4-甲基-4-溴-2-庚炔

② 卤代芳烃的命名：卤原子直接连接在芳环上时，以芳烃为母体，卤原子作为取代基来命名。例如：

溴苯　　　　2-氯甲苯（邻氯甲苯）

卤原子连接在芳烃侧链上时，常以脂肪烃为母体，将芳环和卤原子作为取代基来命名。

$C_6H_5-CH(CH_3)-CH_2Cl$　　2-苯基-1-氯丙烷

$C_6H_5-CH_2-CH_2Cl$　　1-苯基-2-氯乙烷

$CH_3-CH(C_6H_5)-CH_2-CH(Br)-CH_3$　　2-苯基-4-溴戊烷

练一练

1. 命名下列化合物：

(1) $(CH_3)_3CCH_2Br$　　(2) $CH_3CCl_2CH_2CH_2CH_3$

(3) $CH_3CH_2C(CH_3)_2Cl$　　(4) $BrCH_3CH_2CHClC(CH_3)_3$

(5) $CH_3-C_6H_4-CH_2Cl$（对位）　　(6) Cl—（环己烯环）—Cl

2. 写出下列化合物结构：

(1) 1-苯基-4-溴-1-丁烯　　(2) 1-对甲苯基-2-氯丁烷

二、 卤代烃的性质

1. 物理性质

在常温下，只有少数低级卤代烃是气体，如一氯甲烷、一氯乙烷、一溴甲烷等，其他常见的卤代烃大多是液体或固体。

卤原子相同的卤代烷，其沸点随着碳原子数的增加而升高。烃基相同而卤素原子不同的卤代烃中，碘代烃的沸点最高，溴代烃、氯代烃依次降低。在卤代烷异构体中，直链卤代烃的沸点高于含相同碳原子数的支链卤代烃，即支链越多，沸点越低。此外，氯代烷、溴代烷、碘代烷与相对分子质量相近的烷烃的沸点相近。

卤代烃都不溶于水，但是，它们彼此可以相互混溶，也可溶于醇、醚等大多数有机溶剂中。有些卤代烃本身就是有机溶剂，如氯仿、四氯化碳等。多氯代烷和多氯代烯可用作干洗剂。

一氟代烷和一氯代烷相对密度小于1，比水轻，其余卤代烷相对密度都大于1。

在卤代烷的同系列中，相对密度随着碳原子数的增加反而降低，这是由于卤素在分子中所占比例逐渐减小的缘故。

2. 化学性质

卤代烷分子中，卤原子是它的官能团，其电负性比碳原子大，使得 C—*X* 键有较大极性，容易断裂而发生各种化学反应。同时，受卤原子的影响，β-氢原子比较活泼，在一定条件下也会发生一些反应。因此，卤代烷的化学反应主要发生在官能团卤原子和β-氢原子上。

$$\mathrm{R—\overset{\beta}{C}H_2—\overset{\alpha}{C}H_2—X}$$

C—X键及β位C—H键断裂，消除反应

C—X键断裂，X原子被取代或与金属Mg反应

（1）取代反应　在一定条件下（常为碱性条件），卤代烷分子中的卤原子可以被其他原子或原子团（如：—OH、—OR、—CN、—NH_2、—ONO_2 等）取代，生成烃的其他衍生物。

① 水解反应：卤代烷不溶或微溶于水，水解很慢。但如果将卤代烷与强碱的水溶液（如氢氧化钠、氢氧化钾）共热，则卤原子被羟基（—OH）取代而生成醇。例如：

$$\mathrm{CH_3CH_2CH_2CH_2—Br + NaOH \xrightarrow[\triangle]{H_2O} CH_3CH_2CH_2CH_2—OH + NaBr}$$

② 醇解反应：卤代烷与醇钠在相应的醇中反应，卤原子被烷氧基（—OR）取代而生成醚，此反应称为醇解反应，也称为威廉姆森（Wiliamson）合成法。例如：

$$\mathrm{CH_3CH_2CH_2CH_2Br+CH_3CH_2ONa \xrightarrow[\triangle]{CH_3CH_2OH} CH_3CH_2CH_2CH_2OCH_2CH_3+NaBr}$$

这是制备醚的一种常用方法。反应中通常采用伯卤代烷，因为仲卤代烷的产率较低，而叔卤代烷则发生消除反应得到烯烃。

③ 氰解反应：卤代烷与氰化钠（或氰化钾）在醇溶液中反应，卤原子被氰基（—CN）取代而生成腈。例如：

$$\mathrm{CH_3CH_2CH_2CH_2—Br + NaCN \xrightarrow[回流]{H_2O+C_2H_5OH} \underset{正戊腈}{CH_3CH_2CH_2CH_2—CN} + NaBr}$$

反应的特点是产物比原料增加一个碳原子，故在有机合成中常用于增长碳链。因腈可以进一步水解生成酸，此反应也是用来制备酸的一个重要方法，但因氰化钠（钾）有剧毒，应用受到很大限制。

④ 氨解反应：卤代烷与过量的氨反应，卤原子被氨基（—NH_2）取代而生成胺，此反应称为氨解。如：

$$CH_3CH_2CH_2CH_2—Br + 2NH_3 \longrightarrow \underset{\text{正丁胺}}{CH_3CH_2CH_2CH_2NH_2} + NH_4Br$$

反应中通常也是采用伯卤代烷，工业上常用此反应来制备伯胺。

⑤ 与硝酸银-乙醇溶液反应：卤代烷与硝酸银的乙醇溶液作用，生成硝酸酯和卤化银沉淀。

$$R—X + AgONO_2 \xrightarrow{\text{乙醇}} R—ONO_2 + AgX\downarrow$$

不同结构的卤代烷与硝酸银的乙醇溶液作用，显示出不同的活泼性。烃基相同时，活性次序为：RI>RBr>RCl；卤原子相同时，活性次序为：叔卤代烷>仲卤代烷>伯卤代烷。一般，叔卤代烷与硝酸银的乙醇溶液作用，立即反应生成卤化银沉淀，反应最快；仲卤代烷反应片刻后出现沉淀；伯卤代烷需加热才能使反应进行，反应最慢。该反应常应用于定性分析，鉴别不同类型的卤代烷。

想一想

如何用化学方法鉴别苄氯、1-氯丙烷和2-氯丙烷。

（2）消除反应　卤代烷与氢氧化钾或氢氧化钠的醇溶液共热，卤素与β-碳上的氢原子脱去一分子卤化氢而生成烯烃。这种从分子中脱去简单分子（如水、卤化氢、氨），生成不饱和烃的反应称为消除反应。

$$R—\underset{|\atop H}{CH}—\underset{|\atop X}{CH_2} + KOH \xrightarrow[\triangle]{\text{醇}} R—CH═CH_2 + KX + H_2O$$

卤代烃发生消除反应时，消除的是β-碳原子的氢，因此又称为β-消除。例如：

$$CH_3CH_2CH_2Br \xrightarrow[\triangle]{\text{醇}} CH_3CH═CH_2 + KBr + H_2O$$

仲卤代烷和叔卤代烷在消除卤化氢时，因含有不同的β-H原子，可生成两种不同的产物。例如：

$$CH_3—\underset{|\atop H}{CH}—\underset{|\atop Br}{CH}—\underset{|\atop H}{CH_2} \xrightarrow[\text{乙醇}]{KOH} \underset{81\%}{CH_3CH═CHCH_3} + \underset{19\%}{CH_3CH_2CH═CH_2}$$

$$CH_3—CH_2—\overset{CH_3\atop |}{\underset{|\atop Br}{C}}—CH_3 \xrightarrow[\text{乙醇}]{KOH} \underset{71\%}{CH_3—CH═\overset{CH_3\atop |}{C}—CH_3} + \underset{29\%}{CH_3—CH_2—\overset{CH_3\atop |}{C}═CH_2}$$

实验证明：卤代烷发生消除反应时，主要消除含氢较少的β-碳原子上的氢，同时生成的产物主要是双键碳原子上连有较多烃基的烯烃，这个规则称为查依采夫（Saytzeff）规则。

消除反应的难易与卤代烃的结构有关，各级卤代烃发生消除反应的活性顺序为：叔卤代烷>仲卤代烷>伯卤代烷。

卤代烷的水解和消除反应都是在碱性条件下进行的，实验证明，强极性溶剂有利于取代反应，弱极性溶剂有利于消除反应，所以卤代烷在碱性水溶液中主要是水解反应，在碱性醇溶液中主要是消除反应。

练一练

写出下列卤代烷与浓 KOH 和 C_2H_5OH 加热时生成的主要产物：

$(CH_3)_2CHCH_2CH_2Br$　　　　$CH_3CH_2CHBrCH(CH_3)_2$

（3）与金属镁反应——格氏试剂的生成　在绝对乙醚（又称无水乙醚或干醚，指无水、无醇的乙醚）中，卤代烷与金属镁作用，生成烷基卤化镁，又称格利雅（Grignard）试剂，简称格氏试剂，一般用 RMgX 表示。

$$R—X + Mg \xrightarrow{\text{干醚}} RMgX$$

制备格氏试剂时，烃基相同的各种卤代烷的反应活性次序为：RI>RBr>RCl。由于碘代烷昂贵，氯代烷的反应速度慢，因此实验室中常使用溴代烷制备格氏试剂。

格氏试剂能与水、醇、酸、氨等含活泼氢的化合物作用，生成相应的烷烃。

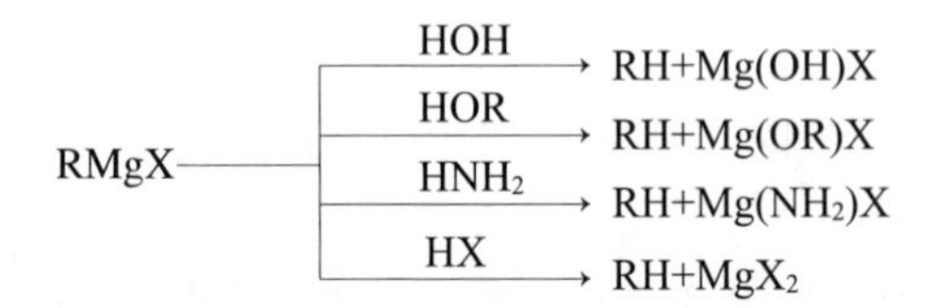

因此，制备格氏试剂时，不能与空气（含有水汽）、水等接触，制备时需在隔绝空气条件下，使用无水无醇的乙醚作溶剂。

三、 卤代烯烃与卤代芳烃

烯烃分子中的氢原子被卤原子取代后生成的产物称为卤代烯烃，芳烃分子中的氢原子被卤原子取代后生成的产物称为卤代芳烃。

1. 卤代烯烃与卤代芳烃的分类

根据卤原子和双键（或芳环）的相对位置，可把卤代烯烃和卤代芳烃分为三类。

（1）乙烯（苯基）型卤代烃　卤原子与双键或芳环上的碳原子直接相连的，称为乙烯基型或苯基型卤代烃。例如：

$CH_2{=}CHCl$　　$CH_3CH{=}CH{-}Cl$　　$CH_3CH{=}C(Br)CH_3$　　（苯环上1位CH_3，3位Cl）

氯乙烯　　丙烯基氯　　2-溴-2-丁烯　　3-氯甲苯

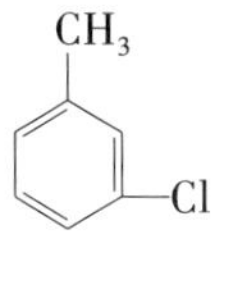

（2）烯丙基（苄基）型卤代烃　卤原子与双键或芳环相隔一个饱和碳原子的，称为烯丙基型或苄基型卤代烃。例如：

$CH_2{=}CH{-}CH_2Cl$　　$CH_3CH{=}CH{-}CH(Br)CH_3$　　$C_6H_5{-}CH_2Br$

3-氯丙烯（烯丙基氯）　　4-溴-2-戊烯　　苄基溴

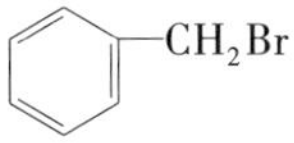

（3）孤立型卤代烃　卤原子与双键（或芳环）上的碳相隔两个或两个以上的饱和碳原子的，称为孤立型卤代烯烃。例如：

$CH_2{=}CH{-}CH_2CH_2Cl$　　$C_6H_5{-}CH_2CH_2Cl$

4-氯-1-丁烯　　β-氯乙苯（苯乙基氯）

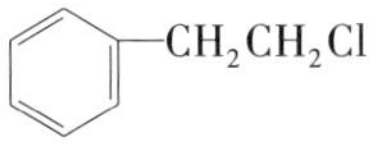

2. 卤代烯烃和卤代芳烃的卤原子的活泼性

不同类型的卤代烯烃和卤代芳烃，由于卤原子和双键（或芳环）的相对位置不同，卤原子的反应活性差别很大。其中，烯丙基型卤代烃最活泼，在室温下，与硝酸银的醇溶液作用时，能迅速生成卤化银沉淀；孤立型卤代烃与仲卤代烷、伯卤代烷反应活性相似，在室温下一般不与硝酸银的醇溶液作用，但加热后可生成卤化银沉淀；而乙烯基型卤代烃最不活泼，与硝酸银的醇溶液作用时，即使加热也不能生成卤化银沉淀。可以利用这个性质来鉴别三种类型的卤代烃，即这三类卤代烃对硝酸银的反应活性次序为：

$CH_2{=}CHCH_2X$　　$CH_2{=}CHCH_2CH_2X$　　$CH_2{=}CHX$

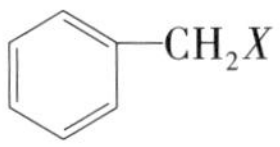

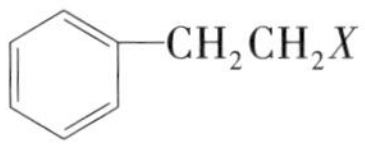

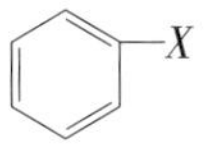

$C_6H_5{-}CH_2X$　>　$C_6H_5{-}CH_2CH_2X$　>　$C_6H_5{-}X$

烯丙基型和苄基型　>　孤立型　>　乙烯基型和苯基型

第二节

醇

醇可看作烃分子中氢原子（芳香烃必须是侧链上的氢原子）被羟基（—OH）取代的衍生物。其中，羟基（—OH）是醇的官能团，醇分子中的羟基也称醇羟基。因此，醇是烃的羟基衍生物，是烃的含氧衍生物。最简单的醇是甲醇。

一、 醇的分类和命名

1. 醇的分类

根据与羟基相连的烃基结构的不同，可分为脂肪醇、脂环醇和芳香醇。如：

$$CH_3{-}OH \qquad \text{(环己基)}{-}OH \qquad \text{(苯基)}{-}CH_2OH$$

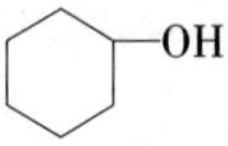

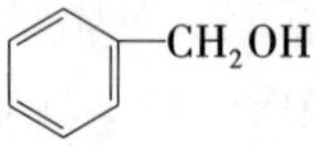

甲醇　　环己醇　　苯甲醇（苄醇）

脂肪醇中，根据烃基中是否含有不饱和键，可分为饱和脂肪醇和不饱和脂肪醇。如：

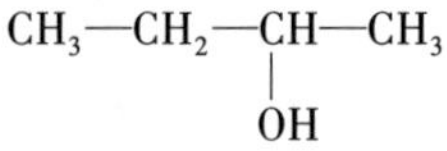

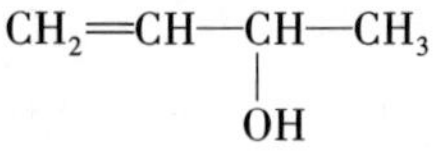

$$\begin{array}{c} CH_3{-}CH_2{-}\underset{\displaystyle \overset{|}{OH}}{CH}{-}CH_3 \end{array} \qquad \begin{array}{c} CH_2{=}CH{-}\underset{\displaystyle \overset{|}{OH}}{CH}{-}CH_3 \end{array}$$

2-丁醇（异丁醇）　　3-丁烯-2-醇

一元醇中，根据与羟基直接相连的 C 原子的类型不同，可分为伯醇、仲醇和叔醇。如：

$$CH_3{-}CH_2{-}CH_2{-}CH_2{-}OH \qquad CH_3{-}CH_2{-}\underset{\displaystyle \overset{|}{OH}}{CH}{-}CH_3 \qquad CH_3{-}\overset{\displaystyle \underset{|}{CH_3}}{\underset{\displaystyle \overset{|}{OH}}{C}}{-}CH_3$$

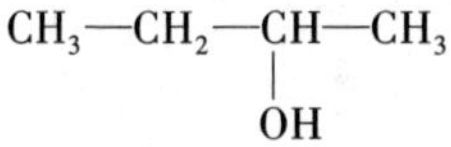

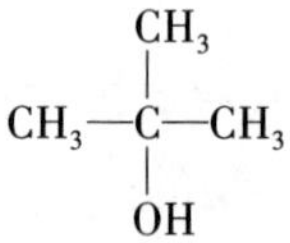

1-丁醇（伯醇）　　2-丁醇（仲醇）　　2-甲基-2-丙醇（叔醇）

根据分子中的羟基的个数，可分为一元醇、二元醇和多元醇。如：

$$CH_3CH_2{-}OH \qquad \underset{\displaystyle \overset{|}{OH}}{CH_2}{-}\underset{\displaystyle \overset{|}{OH}}{CH_2} \qquad \underset{\displaystyle \overset{|}{OH}}{CH_2}{-}\underset{\displaystyle \overset{|}{OH}}{CH}{-}\underset{\displaystyle \overset{|}{OH}}{CH_2}$$

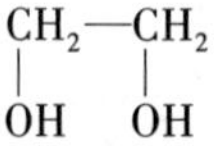

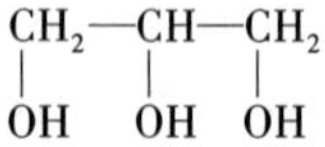

乙醇　　乙二醇（甘醇）　　丙三醇（甘油）

2. 醇的命名

醇的命名方法主要有普通命名法和系统命名法，对于一些常见的醇还有俗名。一般来说，对于结构简单的一元醇多采用普通命名法；结构比较复杂的醇，多采用系统命名法。

（1）俗名

$$CH_3OH \qquad C_2H_5OH \qquad \underset{\displaystyle \overset{|}{OH}}{CH_2}{-}\underset{\displaystyle \overset{|}{OH}}{CH_2} \qquad \underset{\displaystyle \overset{|}{OH}}{CH_2}{-}\underset{\displaystyle \overset{|}{OH}}{CH}{-}\underset{\displaystyle \overset{|}{OH}}{CH_2}$$

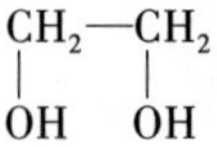

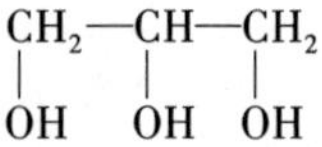

木精（甲醇）　酒精（乙醇）　甘醇（乙二醇）　甘油（丙三醇）

（2）普通命名法　命名时，根据和羟基相连的烃基名称来命名，在“醇”字前面加上烃基的名称，命名为“某醇”。

$$CH_3OH \qquad CH_3CH_2{-}OH \qquad CH_3{-}CH_2{-}CH_2{-}OH \qquad CH_3{-}\underset{\displaystyle \overset{|}{OH}}{CH}{-}CH_3$$

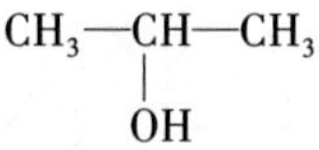

甲醇　　乙醇　　正丙醇　　异丙醇

(3) 系统命名法　对于一些结构比较复杂的醇，可采用系统命名法进行命名。命名时，根据醇的结构不同，其命名原则稍有差异。

① 饱和脂肪醇的命名。其步骤及命名原则为：

a. 选择主链：选择含有羟基的最长碳链作为主链，其余同烷烃；

b. 主链编号：使羟基位次最小，其余同烷烃；

c. 命名：取代基位次-取代基的名称-羟基位次-某醇。

例如：

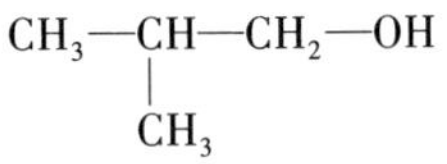

$CH_3—CH(CH_3)—CH_2—OH$　2-甲基-1-丙醇

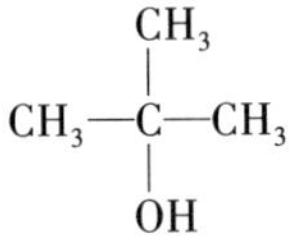

$CH_3—C(CH_3)(OH)—CH_3$　2-甲基-2-丙醇

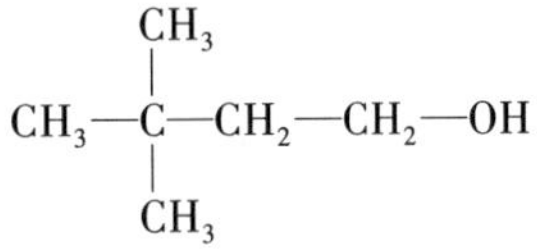

$CH_3—C(CH_3)_2—CH_2—CH_2—OH$　3,3-二甲基-1-丁醇

② 不饱和脂肪醇的命名。其步骤及命名原则为：

a. 选择主链：选择同时含有羟基和不饱和键在内的最长碳链作为主链，根据主链上碳原子的数目称为“某烯醇”或“某炔醇”，把支链看作取代基。

b. 主链的编号：从距羟基最近的一端将主链进行编号。

c. 命名：取代基位次-取代基的名称-不饱和键的位次-某烯（炔）-羟基位次-醇。

例如：

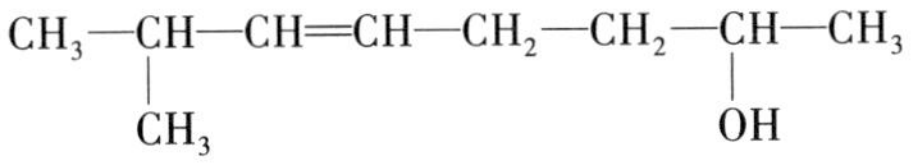

$CH_3—CH(CH_3)—CH=CH—CH_2—CH_2—CH(OH)—CH_3$

7-甲基-5-辛烯-2-醇

③ 脂环醇和芳香醇的命名。脂环醇命名时将与羟基直接相连的环上碳原子作为第 1 位。芳香醇命名时将芳香环作为取代基。例如：

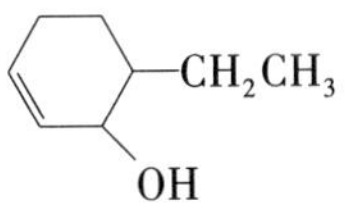

6-乙基-2-环己烯-1-醇（环上取代基：$—CH_2CH_3$，$—OH$）

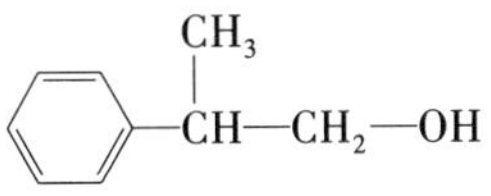

$C_6H_5—CH(CH_3)—CH_2—OH$　2-苯基-1-丙醇

练一练

写出下列醇的结构式：

① 4-甲基-1-己醇　　② 2-丁烯-1-醇

③ 1-苯乙醇　　④ 1，3-环己二醇

⑤ 环己基甲醇　　⑥ 异丁基仲丁基甲醇

二、 醇的性质

1. 醇的物理性质

直链饱和一元醇中，含有4个碳原子以下（$C_1 \sim C_4$）的是低级一元醇，是无色透明有酒精气味的液体，比水轻；含5～11个碳原子（$C_5 \sim C_{11}$）的醇是具有令人不愉快气味的油状液体，含12个碳原子以上的高级一元醇是无色无味的蜡状固体。二元醇和多元醇都具有甜味，故乙二醇有时称为甘醇。

醇的沸点比含同数碳原子的烷烃、卤代烷高，这是因为醇分子中含有极性较大的羟基，和水分子相似，醇分子之间有氢键缔合现象存在，氢键的存在使分子间作用力增大，醇的沸点升高。羟基越多，能形成的氢键越多，沸点也越高。

不仅醇分子间可通过氢键缔合，而且醇分子与水分子之间也可形成氢键，从而使含有三个以下碳原子的一元低级醇可以和水混溶。自丁醇开始，随着组成醇的烃基的增大，羟基在分子中所占的比例减小，形成氢键的能力就越弱，醇在水中的溶解度就越小。高级醇甚至不溶于水，而能溶于有机溶剂。

想一想

1. 下列化合物的沸点相对大小如何？

CH_3CH_2OH　　CH_2OHCH_2OH　　$CH_2OHCHOHCH_2OH$

2. 下列化合物的水溶性相对大小如何？

$CH_3CH_2CH(CH_3)OH$　　$CH_3(CH_2)_3OH$　　$(CH_3)_3COH$

2. 醇的化学性质

醇的化学性质，主要由其官能团羟基（—OH）决定，同时由于受到羟基的影响，与羟基邻近的碳原子上的氢原子（α-H）也具有一定的活性。因此，醇发生化学反应时，反应的部位主要是：C—O键、O—H键和α-H。醇的结构不同、反

$$R-\overset{\alpha}{C}H_2 \,\vdots\, O \,\vdots\, H$$

应条件不同，发生化学反应的部位不同。（1）与活泼金属反应　醇中羟基上的氢较活泼，能被活泼金属所取代生成醇金属和氢气。但醇的酸性很弱，只能与钠、钾、镁、铝等活泼金属反应。

$$2ROH+Na \longrightarrow 2RONa+H_2\uparrow$$

醇与活泼金属的反应比水与活泼金属的反应要温和得多，这说明醇的酸性比水弱，所以当醇钠遇到水时会立即水解再生成醇和氢氧化钠。

不同类型的醇与钠反应生成醇金属的速度不同，醇的反应活性为：伯醇>仲醇>叔醇。

（2）与氢卤酸反应　醇可以与氢卤酸反应，生成卤代烃和水，这是制备卤代烃的一种重要方法。

$$ROH+HX \longrightarrow RX+H_2O$$

此反应的反应速率与氢卤酸的类型和醇的结构有关，醇与氢卤酸反应时氢卤酸（HX）的活性顺序为：HI>HBr>HCl。例如：

伯醇与氢碘酸（47%）一起加热就可生成碘代烃。

$$RCH_2OH+HI \longrightarrow RCH_2I+H_2O$$

伯醇与氢溴酸（48%）作用必须在 H_2SO_4 存在下加热才能生成溴代烃。

$$RCH_2OH+HBr \xrightarrow[\triangle]{H_2SO_4} RCH_2Br+H_2O$$

伯醇与浓盐酸作用必须有无水氯化锌存在并加热才能生成氯代烃。

$$RCH_2OH+HCl \xrightarrow[\triangle]{ZnCl_2} RCH_2Cl+H_2O$$

醇与氢卤酸反应时醇的活性顺序为：叔醇>仲醇>伯醇>甲醇。利用醇和浓盐酸反应的快慢，可以区别伯、仲、叔醇，所用试剂为浓盐酸和无水氯化锌所配成的溶液，称为卢卡斯（Lucas）试剂。即在室温下，将卢卡斯试剂分别与伯、仲、叔醇作用，叔醇与卢卡斯试剂反应，一起振荡后很快会生成氯代烃而出现混浊；仲醇与卢卡斯试剂反应较慢，需静置一段时间后才生成氯代烃而出现混浊；而伯醇与卢卡斯试剂在室温下不发生反应，只有加热才会发生反应。卢卡斯试剂适用于六个碳原子以下的醇，因为大于六个碳原子的醇难溶或不溶于卢卡斯试剂。例如：

$$(CH_3)_3COH+HCl \xrightarrow[20℃,\ 1min]{ZnCl_2} (CH_3)_3C—Cl+H_2O$$

$$\underset{\displaystyle |\atop \displaystyle OH}{CH_3CH_2CHCH_3}+HCl \xrightarrow[20℃,\ 10min]{ZnCl_2} \underset{\displaystyle |\atop \displaystyle Cl}{CH_3CH_2CHCH_3}+H_2O$$

$$CH_3CH_2CH_2CH_2OH + HCl \xrightarrow[\triangle]{ZnCl_2} CH_3CH_2CH_2CH_2Cl+H_2O$$

想一想

下列化合物与卢卡斯试剂反应最快的是哪一个？

（1）正丁醇　（2）仲丁醇　（3）苄醇　（4）环己醇

（3）脱水反应　醇在浓强酸（硫酸、磷酸等）或脱水剂的作用下，受热可以发生脱水反应。较高温度下，主要发生分子内脱水，生成烯烃；在较低温度下，主要发生分子间脱水，生成醚。例如：

$$CH_3CH_2OH \xrightarrow[170℃]{浓\ H_2SO_4} CH_2=CH_2+H_2O$$

$$CH_3CH_2OH+HOCH_2CH_3 \xrightarrow[140℃]{浓\ H_2SO_4} CH_3CH_2OCH_2CH_3+H_2O$$

脱水的方式不仅与反应条件有关，还与醇的结构有关，只有伯醇能与浓硫酸共热成醚，仲醇易发生分子内脱水，叔醇只能分子内脱水。仲醇、叔醇发生分子内脱水时符合查依采夫规则。如：

$$CH_3-CH_2-\underset{OH}{\overset{CH_3}{\underset{|}{\overset{|}{C}}}}-CH_3 \xrightarrow[\triangle]{浓硫酸} \underset{(84\%)}{CH_3-CH=\overset{CH_3}{\overset{|}{C}}-CH_3} + \underset{(16\%)}{CH_3-CH_2-\overset{CH_3}{\overset{|}{C}}=CH_2}$$

练一练

写出2，3-二甲基-2-丁醇发生分子内脱水的方程式。

（4）酯化反应　醇可以与硫酸、硝酸和乙酸等反应生成酯，这种醇和酸脱水生成酯的反应称酯化反应。

醇与硫酸、硝酸、磷酸等无机含氧酸作用，生成无机酸酯。例如，丙三醇（甘油）和 HNO_3 作用生成三硝酸甘油酯，俗称硝化甘油。

$$\begin{array}{l} CH_2-OH \\ | \\ CH\ -OH \\ | \\ CH_2-OH \end{array} +3HNO_3 \longrightarrow \begin{array}{l} CH_2-O-NO_2 \\ | \\ CH\ -O-NO_2 \\ | \\ CH_2-O-NO_2 \end{array} +3H_2O$$

三硝酸甘油酯

硝化甘油能用于血管舒张，治疗心绞痛和胆绞痛。硝酸酯有一个特性，即受热会发生爆炸，因此硝化甘油也可用做炸药。

醇与有机酸作用生成有机酸酯（羧酸酯），酯化反应是可逆的。例如，乙醇和乙酸发生反应生成乙酸乙酯。

$$C_2H_5OH+CH_3COOH \xrightleftharpoons{H^+} CH_3COOC_2H_5+H_2O$$

（5）氧化和脱氢反应

① 氧化反应：由于受羟基的影响，醇分子中 α-氢原子比较活泼，容易被氧化剂氧化。常用的氧化剂有 $KMnO_4$、$K_2Cr_2O_7$、浓 HNO_3 等。伯醇先被氧化成醛，醛很容易进一步氧化成羧酸；仲醇氧化的产物是酮；叔醇因为与羟基相连的叔碳原子上没有氢，所以不容易氧化。

$$RCH_2OH \xrightarrow[H_2SO_4]{K_2Cr_2O_7} RCHO \xrightarrow{[O]} RCOOH$$

$$\underset{\displaystyle OH}{R—\overset{}{CH}—R'} \xrightarrow[H_2SO_4]{K_2Cr_2O_7} \underset{\displaystyle \overset{\|}{O}}{R—C—R'}$$

② 催化脱氢：伯、仲醇的蒸汽在高温下通过活性铜或银等催化剂时可发生脱氢反应，分别生成醛或酮。

$$RCH_2OH \xrightleftharpoons{Cu\ 约\ 300℃} RCHO+H_2$$

$$\underset{\displaystyle OH}{RCHR'} \xrightleftharpoons{Cu\ 约\ 300℃} \underset{\displaystyle \overset{\|}{O}}{R—C—R'} + H_2$$

低级醇催化脱氢已用于工业生产，叔醇分子中没有 α-氢原子，因此不能进行脱氢反应。

练一练

完成下列方程式：

$$CH_3—CH—\underset{\displaystyle OH}{CH}—CH_3 \xrightarrow[H^+]{K_2Cr_2O_7} ?$$

第三节 酚

酚是指羟基直接与苯环相连的化合物，其中羟基（—OH）是酚的官能团，酚分子中的羟基也称酚羟基。最简单的酚是苯酚。

一、 酚的分类和命名

根据分子中的羟基的个数，可分为一元酚、二元酚和多元酚；根据酚分子中芳环不同，可分为苯酚、萘酚、蒽酚等。

酚的命名，一般是在“酚”字前加上芳环的名称作为母体，再加上其他取代基的名称和位次。若苯环上有比—OH 优先的基团，则—OH 作为取代基。如：

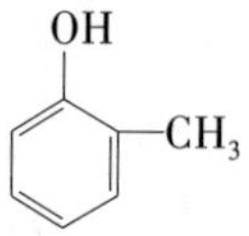

2-甲基苯酚（邻甲苯酚） 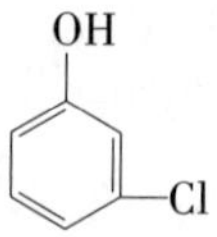　3-氯苯酚（间氯苯酚） 　4-硝基苯酚（对硝基苯酚）

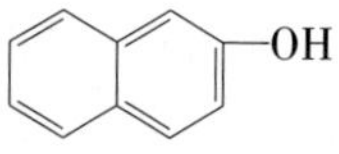

2-萘酚（β-萘酚） 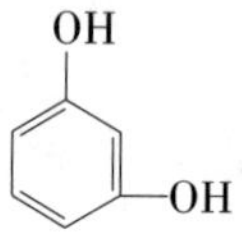　1,3-苯二酚（间苯二酚） 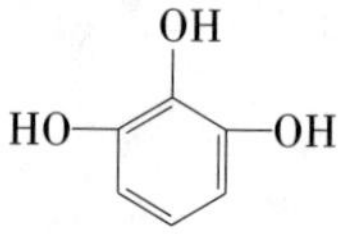　1,2,3-苯三酚（连苯三酚）

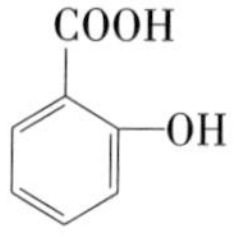

2-羟基苯甲酸（邻羟基苯甲酸） 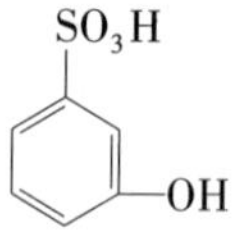　3-羟基苯磺酸（间羟基苯磺酸）

练一练

1. 写出下列醇的结构式：

（1）邻苯二酚（儿茶酚）　（2）对羟基苯甲醇

2. 命名下列化合物：

（1）

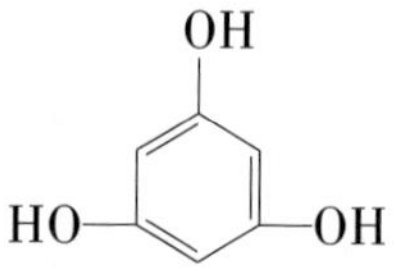

（2）

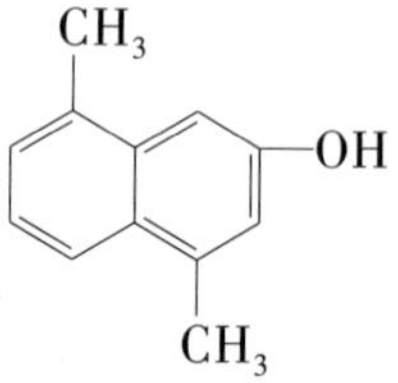

二、 酚的性质

1. 酚的物理性质

常温下，只有少数烷基酚为液体，其他酚都是固体。与醇相似，酚分子间也能形成氢键，能与水分子形成氢键而缔合，所以酚沸点都很高，在水中有一定的溶解度，微溶于水。纯的酚是无色的，由于在空气中易氧化，往往带有红色至褐色。酚常有特殊气味，毒性很大，杀菌和防腐作用是酚类化合物的重要特性之一，消毒用的“来苏水”即甲酚（甲基苯酚各异构物的混合物）与肥皂溶液的混合液。

2. 酚的化学性质

酚与醇的结构中都含有羟基，酚羟基的性质在某些方面与醇羟基相似，但由于酚羟基与苯环直接相连，受苯环的影响，在性质上与醇羟基又有一定的差别。另外，苯环受到羟基的影响，使其邻、对位活泼，比相应的芳烃更容易发生取代反应。

（1）弱酸性　酚呈弱酸性，大多数酚的 $pK_a^{\ominus} \approx 10$，酚的酸性要比醇强（醇的 $pK_a^{\ominus} \approx 18$）。例如，苯酚可与氢氧化钠溶液反应，生成苯酚钠而溶于水。

$$C_6H_5-OH + NaOH \longrightarrow C_6H_5-ONa + H_2O$$

但苯酚的酸性比碳酸（$pK_a^{\ominus}=6.38$）弱，因此苯酚不能溶于 $NaHCO_3$ 溶液中。相反，若是在苯酚钠的水溶液中通入 CO_2，可以使苯酚游离出来。

$$C_6H_5-ONa + CO_2 + H_2O \longrightarrow C_6H_5-OH + NaHCO_3$$

取代酚的酸性强弱与芳环的取代基种类、数目、位置有关。当芳环上连有硝基等吸电子基团时，酚的酸性增强；反之，当芳环上连有烷基等供电子基团时，酚的酸性减弱。例如：

对硝基苯酚（OH，NO_2）　$K_a^{\ominus}=7\times10^{-9}$

苯酚（OH）　$K_a^{\ominus}=1\times10^{-10}$

对甲基苯酚（OH，CH_3）　$K_a^{\ominus}=6.7\times10^{-11}$

练一练

比较下列酚的酸性强弱：

（1）$CH_3O-C_6H_4-OH$　（2）$NO_2-C_6H_4-OH$　（3）C_6H_5-OH

（2）显色反应　大多数的酚能与三氯化铁的水溶液发生显色反应，不同结构的酚显示不同的颜色，常用于酚的鉴别。例如，苯酚与 $FeCl_3$ 反应，可生成紫色的配离子，根据此颜色可用来鉴别苯酚的存在。

注：具有烯醇式结构的脂肪醇（R—CH═CH—OH），因羟基与双键碳直接相连，也有此显色反应。

（3）芳环的取代反应　酚羟基（—OH）是一个定位能力较强的邻对位定位基，因此酚的苯环较苯更易发生取代。

① 卤代：苯酚与溴水在常温下可迅速反应，生成 2,4,6-三溴苯酚的白色沉淀。

$$C_6H_5OH + 3Br_2 \xrightarrow{H_2O} \text{2,4,6-}Br_3C_6H_2OH \downarrow + 3HBr$$

此反应非常灵敏，微量的苯酚溶液也能与溴水生成沉淀，而且反应定量完成，因而此反应常用于苯酚的鉴别和定量测定。

如需制备一溴代苯酚，则反应要在 CS_2、CCl_4 等非极性溶剂中低温条件下进行。

$$C_6H_5OH + Br_2 \xrightarrow[0℃]{CS_2} p\text{-}BrC_6H_4OH\ (67\%) + o\text{-}BrC_6H_4OH\ (33\%)$$

② 硝化：在室温下，苯酚与稀硝酸作用，可生成邻硝基苯酚和间硝基苯酚的混合物。此反应比苯硝化反应容易进行。

$$C_6H_5OH \xrightarrow[25℃]{20\%\ HNO_3} p\text{-}NO_2C_6H_4OH\ (13\%) + o\text{-}NO_2C_6H_4OH\ (40\%)$$

③ 磺化：苯酚与浓硫酸作用，可生成邻羟基苯磺酸和对羟基苯磺酸的混合物。如果反应在常温下进行，生成的邻位和对位产物几乎等量；若反应在高温下进行，则以对位产物为主。

$$C_6H_5OH \underset{20℃}{\overset{98\%\ H_2SO_4}{\rightleftharpoons}} p\text{-}HO_3SC_6H_4OH\ (49\%) + o\text{-}HO_3SC_6H_4OH\ (51\%)$$

$$C_6H_5OH \underset{100℃}{\overset{98\%\ H_2SO_4}{\rightleftharpoons}} p\text{-}HO_3SC_6H_4OH\ (90\%) + o\text{-}HO_3SC_6H_4OH\ (10\%)$$

（4）氧化反应　酚很容易被氧化，空气中的氧就能将酚氧化成粉红色、红色，甚至暗红色。不同结构的酚，采用不同的氧化剂可以得到不同的氧化产物。例如，苯酚采用 CrO_3+CH_3COOH 氧化，可生成黄色的对苯醌。

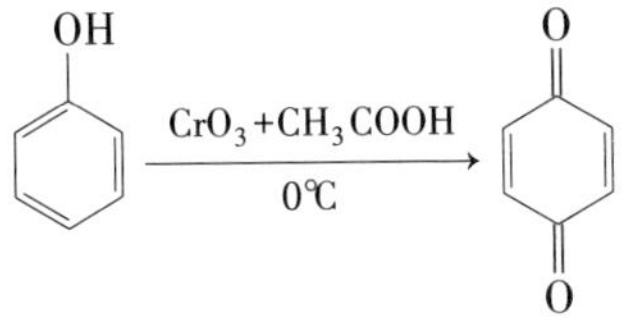

$$C_6H_5OH \xrightarrow[0℃]{CrO_3+CH_3COOH} O=C_6H_4=O$$

练一练

完成下列方程式：

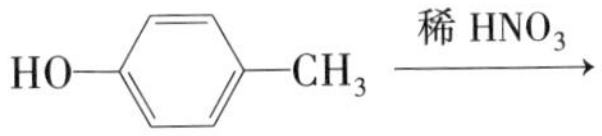

$$HO-C_6H_4-CH_3 \xrightarrow{稀\ HNO_3}$$

第四节
醚

醚是两个烃基通过一个氧原子连接起来的化合物，从结构上可看做水分子中的两个氢原子被烃取代的生成物，其中，醚键（C—O—C）是醚的官能团。

一、 醚的分类和命名

1. 醚的分类

根据与氧相连的两个烃基结构是否相同，可分为简单醚（单醚）、混合醚（混醚）。当与氧相连的两个烃基结构相同时，称为单醚；与氧相连的两个烃基结构不同时，称为混醚。如：

$CH_3—O—CH_3$　　$CH_3—O—CH_2CH_3$

二甲醚（甲醚）　　甲乙醚

根据与氧相连的两个烃基中是否含有不饱和键，可分为饱和醚和不饱和醚。当与氧相连的两个烃基都是饱和烃时，称为饱和醚；当与氧相连的两个烃基中有一个是不饱和烃时，称为不饱和醚。若不饱和烃基为芳基，则称为芳醚；若烃基与氧原子连成环，则称为环醚。如：

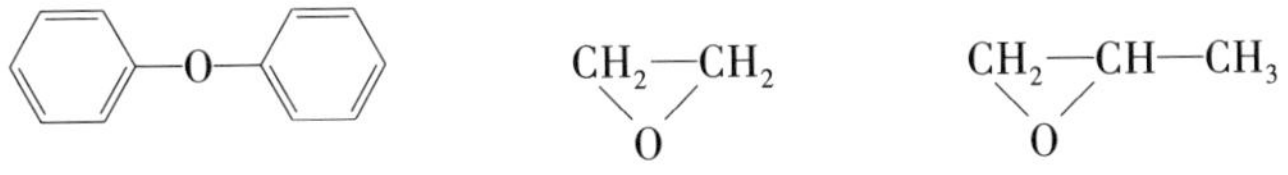

$C_6H_5—O—C_6H_5$　　$CH_2—CH_2$（环氧，O 桥连）　　$CH_2—CH—CH_3$（环氧，O 桥连）

二苯醚　　环氧乙烷　　1，2-环氧丙烷

2. 醚的命名

简单的醚一般采用习惯命名法。通常是先写出与氧相连的两个烃基的名称（“基”字可以省略），再加上“醚”字即可。对于单醚，烃基名称前加“二”字，饱和单醚“二”字可以省略。例如：

$CH_3CH_2—O—CH_2CH_3$

二乙醚（乙醚）

$C_6H_5—O—C_6H_5$

二苯醚

混合醚命名时，将较小的烃基放在前面，芳醚则把芳基放在前面。如：

$C_6H_5—OCH_3$

苯甲醚（茴香醚）

$CH_3—O—C(CH_3)_2—CH_3$

甲基异丁基醚

$CH_3OCH_2CH═CH_2$

甲基烯丙基醚

结构比较复杂的醚可用系统命名法命名。即把与氧原子相连的较大的烃基当作母体，剩下的烃氧基（—OR）看作取代基来进行命名。例如：

$CH_3CH_2CH_2CH(OCH_3)CH_2CH_3$

3-甲氧基己烷

$CH_3O—C_6H_4—CH═CH_2$

对甲氧基苯乙烯

环醚一般称作环氧某烃或按杂环化合物命名的方法命名。例如：

$CH_2—CH_2$（经O成环）

环氧乙烷

$CH_2—CH—CH_3$（CH_2与CH经O成环）

1，2-环氧丙烷

注：分子组成相同的醇、酚、醚互为官能团异构体。例如甲醚（CH_3OCH_3）和乙醇（C_2H_5OH）。

想一想

1. 写出下列化合物的结构式：

（1）4-甲氧基苯甲醇（茴香醇）　（2）1-甲氧基-4-丙烯基苯（茴香脑）

2. 下列各组化合物，互为同分异构体的是哪一组？

（1）丙醇和丙醚　（2）乙醇和乙醚　（3）丙醇和乙醚　（4）丁醇和乙醚

二、 醚的性质

1. 醚的物理性质

在常温下，除甲醚和乙醚为气体外，大多数醚为无色有特殊气味的液体，易燃烧。醚分子中没有活泼氢原子，故醚分子间不能形成氢键，所以醚的沸点比相对分子质量相同的醇和酚要低得多，而与相对分子质量相近的烷烃很接近。醚分子中氧原子能与水分子中的氢形成氢键，因此，醚在水中的溶解度与相同碳原子数的醇相近。

2. 醚的化学性质

醚是一类不活泼的化合物，它的稳定性稍次于烷烃。除某些环醚外，一般情况下，醚遇到大多数试剂如稀酸、碱、氧化剂、还原剂等都十分稳定。但由于醚键的存在，可以发生一些特有的反应。

（1）**𬭩盐的生成**　醚能溶于强酸（如浓硫酸和浓盐酸）中，生成𬭩盐。

$$R-\ddot{\underset{\cdot\cdot}{O}}-R + HCl\ (H_2SO_4) \rightleftharpoons [R-\overset{H}{\underset{\cdot\cdot}{\ddot{O}}}-R]^+ + Cl^-\ (HSO_4^-)$$

𬭩盐是强酸弱碱盐，不稳定，温度稍高或加水稀释会立即分解为原来的醚。利用此性质，可以将醚从烷烃或卤代烃的混合物中分离出来。

（2）醚键断裂　醚与浓的强酸如 HI、HBr 共热能使醚键断裂，最有效和最常用的酸是氢碘酸。反应过程中首先生成碘代烷和醇，一般是较小的烷基生成碘代烷，较大的烷基生成醇。若用过量的氢碘酸，则生成的醇可进一步转化为碘代烷。

$$R-O-R' + HI \longrightarrow RI + R'-OH \xrightarrow{} R'I$$

芳基烷基醚与氢卤酸作用时，烷氧键断裂生成酚和卤代烷，且生成的酚不能继续反应。例如：

$$C_6H_5-OCH_3 \xrightarrow[\triangle]{HI} CH_3I + C_6H_5-OH$$

练一练

写出下列反应的主要产物：

$$C_6H_5-OC_2H_5 + HI \rightarrow$$

（3）过氧化物的生成　醚对氧化剂是比较稳定的，但许多烷基醚在空气中放置，经长时间与空气接触可被缓慢氧化为过氧化物。过氧化物不易挥发，且不稳定，受热时易发生强烈的爆炸。因此，醚类在贮存时，应放在棕色瓶中，避光保存，尽量避免露置在空气中，也可加入微量的抗氧化剂（如对苯二酚）以防止过氧化物生成。

贮存过久的乙醚在使用前，特别是蒸馏前必须检验是否有过氧化物存在，并设法除去。常用的检验方法是：将少量醚与碘化钾淀粉试纸或溶液反应，如有过氧化物存在，碘离子被氧化为碘，则试纸或溶液变蓝。除去过氧化物的方法是：在醚中加入适量的硫酸亚铁或亚硫酸钠等还原剂，振荡，使过氧化物分解除去。

第五节 醛和酮

醛和酮分子结构中都含有羰基（$-\overset{O}{\overset{\|}{C}}-$），分子中含有羰基的有机化合物，统称为羰基化合物。羰基是羰基化合物的官能团。羰基碳原子上至少连有一个氢原子的羰基化合物称为醛，醛基（—CHO）是醛的官能团；羰基碳原子两侧同时连有两个烃基的羰基化合物称为酮，酮基（—COR）是酮的官能团。最简单的醛是甲醛，最简单的酮是丙酮。

一、醛、酮的分类和命名

1. 分类

根据羰基所连的烃基不同，醛、酮可分为脂肪醛或酮、脂环醛或酮和芳香醛或酮。例如：

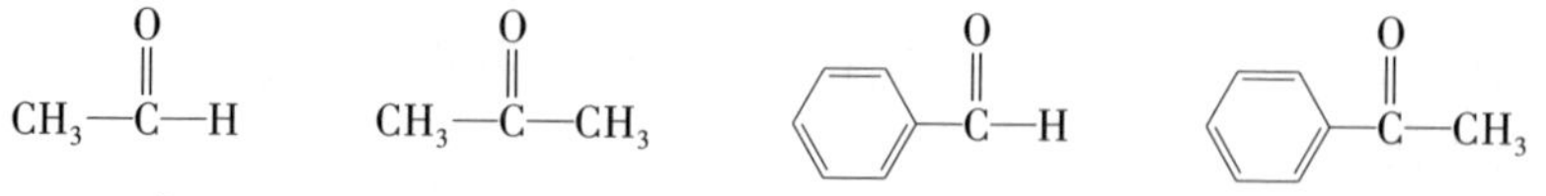

$CH_3-\overset{O}{\overset{\|}{C}}-H$ 乙醛　$CH_3-\overset{O}{\overset{\|}{C}}-CH_3$ 丙酮　$C_6H_5-\overset{O}{\overset{\|}{C}}-H$ 苯甲醛　$C_6H_5-\overset{O}{\overset{\|}{C}}-CH_3$ 苯乙酮

根据烃基是否含有不饱和键，醛、酮可分为饱和醛或酮、不饱和醛或酮。例如：

$CH_3-\overset{O}{\overset{\|}{C}}-H$ 乙醛　$CH_3CH{=}CHCH_2CHO$ 3-戊烯醛　$CH_3\overset{O}{\overset{\|}{C}}CH_3$ 丙酮　$CH_3CH{=}CH\overset{O}{\overset{\|}{C}}CH_2CH_3$ 4-己烯-3-酮

根据分子中含有的羰基的数目，醛、酮可分为一元醛或酮、二元醛或酮、多元醛或酮。例如：

$HCHO$ 甲醛　CH_3COCH_3 丙酮　$OHCCH_2CH_2CHO$ 丁二醛　$CH_3-\overset{O}{\overset{\|}{C}}-CH_2-\overset{O}{\overset{\|}{C}}-CH_3$ 2，4-戊二酮

对酮来说，根据与羰基碳原子两侧相连的烃基结构是否相同，可分为单酮、混酮。例如，丙酮是单酮，而苯甲酮是混酮。

2. 命名

醛和酮的命名方法主要有普通命名法、系统命名法，有些醛、酮还有俗名。

（1）俗名　是由相应的酸的名称来的。

$HCHO$ 蚁醛（甲醛）

$CH_3(CH_2)_{10}CHO$ 月桂醛

$CH_3CH{=}CHCHO$ 巴豆醛

$C_6H_5CH{=}CHCHO$ 肉桂醛

（2）普通命名法　对于结构简单的醛，其普通命名法与醇相似，只需将名称中的“醇”字改为“醛”字即可。例如：

$HCHO$ 甲醛

$CH_3CH_2CH_2CH_2CHO$ 正戊醛

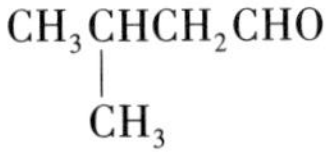

$CH_3CH(CH_3)CH_2CHO$ 异戊醛

酮的普通命名法是把所连的两个烃基的名称后面加上“酮”字，通常是简单在前，复杂在后。但烃基的“基”字常省略。对于单酮，两个烃基合为一起称为“二某酮”。例如：

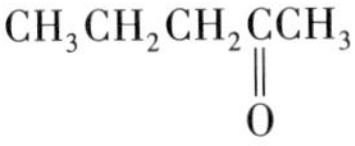

$CH_3CH_2CH_2C(=O)CH_3$ 甲丙酮

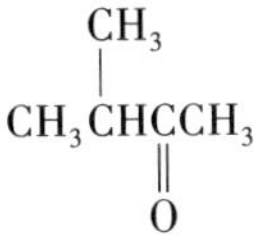

$CH_3CH(CH_3)C(=O)CH_3$ 甲异丙酮

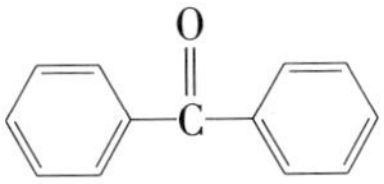

$C_6H_5C(=O)C_6H_5$ 二苯酮

（3）系统命名法　对于一些结构比较复杂的醛、酮，可采用系统命名法进行命名。

① 一元饱和脂肪醛、酮的命名。其步骤及命名原则为：

a. 选择主链：选择连有羰基碳原子在内的最长碳链作为主链，根据主链上的碳原子数以及官能团是醛基还是酮基称为某醛或某酮，作为母体名称，把支链看作取代基。

b. 主链编号：从距羰基最近的一端将主链进行编号。

c. 命名：按“取代基的位次—取代基的名称—官能团的位次—母体名称”写出名称。对于醛来说，醛基总是在碳链一端，所以不需要标注其位次，而酮基需要注明位次（只有少数例外）。例如：

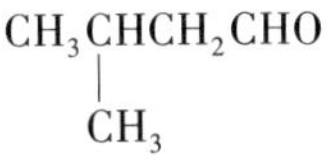

$CH_3CH(CH_3)CH_2CHO$ 3-甲基丁醛（β-甲基丁醛）

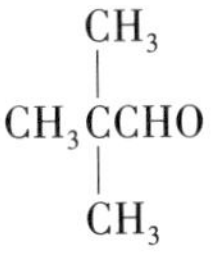

$CH_3C(CH_3)_2CHO$ 2，2-二甲基丙醛

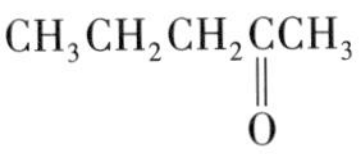

$CH_3CH_2CH_2C(=O)CH_3$ 2-戊酮

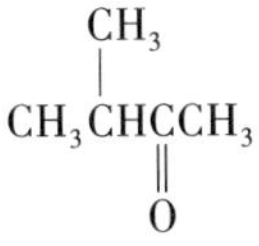

$CH_3CH(CH_3)C(=O)CH_3$ 3-甲基-2-丁酮（α-甲基丁酮）

另外，主链碳原子的编号也可用希腊字母表示。与官能团羰基直接相连的碳原子为α-碳原子，其余依次为β、γ、δ……碳原子，取代基位次可用希腊字母表示。酮分子中有两个α-碳原子，可分别用α、α'表示，其余依次用β、β'等表示。

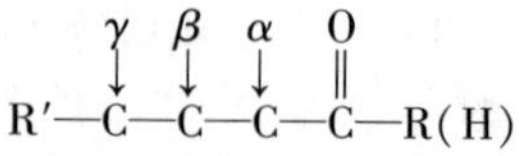

$$\overset{\gamma}{\downarrow}\ \ \overset{\beta}{\downarrow}\ \ \overset{\alpha}{\downarrow}$$
$$R'-C-C-C-\overset{O}{\overset{\|}{C}}-R(H)$$

例如，3-甲基丁醛，也称为β-甲基丁醛；3-甲基-2-丁酮，也称为α-甲基丁酮。

② 不饱和醛、酮的命名。

a. 选择主链：选择同时含有羰基和不饱和键在内的最长碳链作为主链，根据主链上碳原子的数目称为某烯（或炔）醛或酮，把支链看做取代基。

b. 主链的编号：从距羰基最近的一端将主链进行编号。

c. 标注位次：用阿拉伯数字 1、2、3、4 等标注取代基、不饱和键和羰基的位次。

d. 写出全称：按“取代基的位次—取代基的名称—不饱和键的位次—某烯（或炔）—羰基的位次—醛或酮”写出名称。例如：

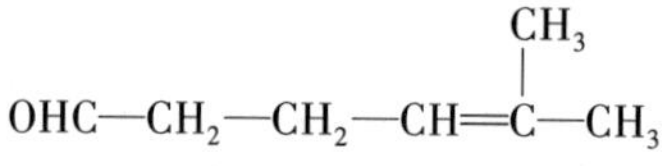

$$OHC-CH_2-CH_2-CH=\overset{CH_3}{\overset{|}{C}}-CH_3$$

5-甲基-4-己烯醛

$$CH_3-\underset{O}{\underset{\|}{C}}-CH_2-CH=\overset{CH_3}{\overset{|}{C}}-CH_3$$

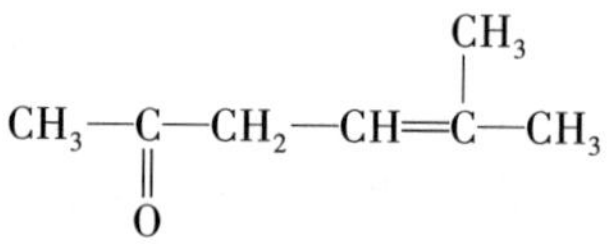

5-甲基-4-己烯-2-酮

③ 芳香醛、酮的命名：以上面命名原则为基础，命名时，把芳环作为取代基。例如：

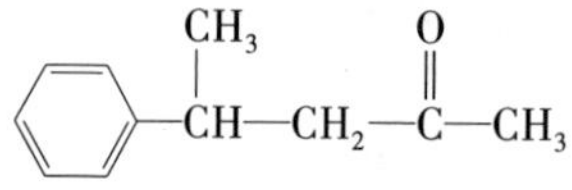

$$C_6H_5-\overset{CH_3}{\overset{|}{C}H}-CH_2-\overset{O}{\overset{\|}{C}}-CH_3$$

4-苯基-2-戊酮

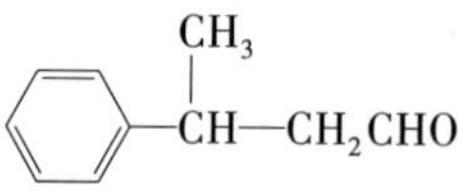

$$C_6H_5-\overset{CH_3}{\overset{|}{C}H}-CH_2CHO$$

3-苯基丁醛（β-苯基丁醛）

$$C_6H_5-CH=CHCHO$$

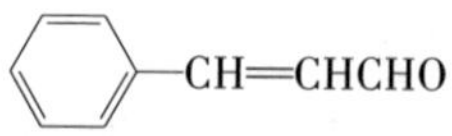

β-苯基丙烯醛（肉桂醛）

④ 脂环醛、酮的命名：以上面命名原则为基础，把脂环作为取代基对待。若脂环上具有取代基，醛分子的编号是将与醛基直接相连的环上碳原子作为第 1 位；酮分子的编号是从羰基碳开始，羰基碳作为第 1 位。例如：

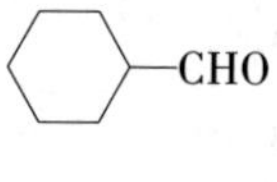

环己基甲醛（环己基—CHO）

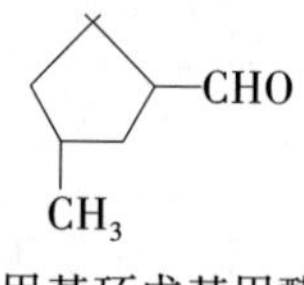

3-甲基环戊基甲醛（环戊基—CHO，环上带 CH_3）

环己酮（环己基=O）

⑤ 多元醛、酮的命名：将所有的羰基都选到主链里，编号时，使多个羰基的位次之和最小。例如：

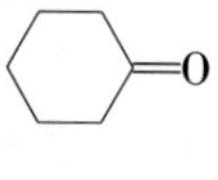

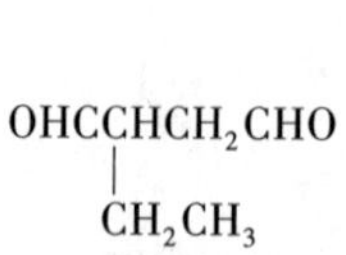

$$OHC\underset{CH_2CH_3}{\underset{|}{C}H}CH_2CHO$$

2-乙基丁二醛

$$CH_3-\overset{O}{\overset{\|}{C}}-CH_2-CH_2-\overset{O}{\overset{\|}{C}}-CH_3$$

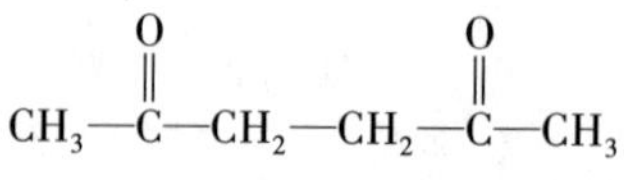

2,5-己二酮

醛、酮也存在同分异构现象，主要有碳干异构、官能团羰基的位置异构以及官能团异构（碳原子相同的醛和酮互为同分异构体）。

练一练

命名或写出下列化合物的结构式：

（1）3-甲基戊醛　（2）3-戊酮　（3）3-戊烯-2-酮　（4）2-丁烯醛

二、醛、酮的性质

1. 醛、酮的物理性质

在常温下，只有甲醛是气体，C_{12}以下的各种醛、酮都是液体，高级醛、酮为固体。低级醛具有强烈的刺激气味，低级酮有特殊气味。而某些中、高级醛酮有花果香味。例如，肉桂醛具有肉桂香。因此，醛、酮常用于香料工业。

羰基是极性基团，故醛、酮分子间的引力大，因此与相对分子质量相近的烷烃和醚相比，醛、酮的沸点较高。但由于醛、酮本身分子间不能形成氢键，因而沸点低于相对分子质量相近的醇。

醛、酮本身分子间虽不能形成氢键，但羰基氧原子却能和水分子形成氢键。所以，相对分子质量低的醛、酮能溶于水，如乙醛和丙酮能与水混溶。醛、酮在水中的溶解度，随着碳原子数的增加而降低，乃至不溶。醛和酮易溶于乙醇、乙醚等有机溶剂，丙酮本身就是常用的优良溶剂。

想一想

下列化合物中，沸点最高的是哪一个？

（1）乙醚　（2）丁醇　（3）戊烷　（4）丁酮

2. 醛、酮的化学性质

醛、酮的化学性质主要表现在羰基及受羰基影响较大的α-碳原子上。

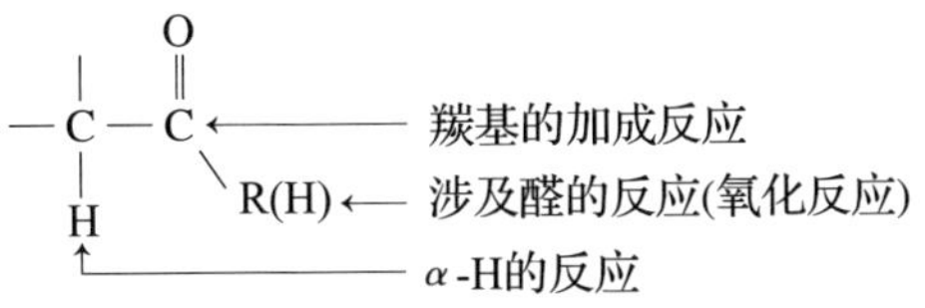

```
        |    O
        |    ‖
      —C — C ←———— 羰基的加成反应
        |     \
        H      R(H) ←—— 涉及醛的反应(氧化反应)
        ↑
        └——————————— α-H的反应
```

醛、酮的化学性质有许多相似之处。但由于酮中的羰基与两个烃基相连，而醛中的羰基与一个烃基及一个氢原子相连，这种结构上的差异，使得它们化学性质也有一定的差异。总的来说，醛比酮活泼，有些醛能进行的反应，酮却不能进行，现分别讨论如下。

（1）羰基的加成反应

① 与氢氰酸反应：所有的醛、大多数甲基酮（$CH_3-\overset{O}{\overset{\|}{C}}-R$）和8个碳原子以下的脂环酮都可以与氢氰酸发生加成反应，生成α-羟基腈（氰醇）。反应通式：

$$R-\underset{\underset{O}{\|}}{C}-H(CH_3)+HCN \rightleftharpoons R-\underset{\underset{OH}{|}}{\overset{\overset{H(CH_3)}{|}}{C}}-CN$$

反应生成的α-羟基腈比原料醛或酮增加了一个碳原子，因此，醛、酮与氢氰酸的加成是使碳链增长一个碳原子的方法之一。许多羟基腈是有机合成的重要中间体，例如有机玻璃的单体α-甲基丙烯酸甲酯，就是以2-甲基-2-羟基丙腈作为中间体的。

② 与饱和亚硫酸氢钠反应：醛、大多数甲基酮和8个碳原子以下的脂环酮都可以与饱和亚硫酸氢钠溶液发生加成反应，生成α-羟基磺酸钠。

$$R-\underset{\underset{O}{\|}}{C}-CH_3(H)+NaHSO_3 \rightleftharpoons R-\underset{\underset{OH}{|}}{\overset{\overset{CH_3(H)}{|}}{C}}-SO_3Na\downarrow$$

反应生成的α-羟基磺酸钠不溶于饱和的亚硫酸氢钠溶液，容易析出结晶而分离出来。α-羟基磺酸钠与酸或碱共热，可得到原来的醛、酮，故此反应可用以分离或提纯醛和甲基酮。例如：

$$R-\underset{\underset{OH}{|}}{\overset{\overset{CH_3(H)}{|}}{C}}-SO_3Na \xrightarrow{\text{稀}HCl} R-\underset{\underset{O}{\|}}{C}-CH_3(H)+SO_2\uparrow+NaCl+H_2O$$

$$R-\underset{\underset{OH}{|}}{\overset{\overset{CH_3(H)}{|}}{C}}-SO_3Na \xrightarrow{\text{稀}Na_2CO_3} R-\underset{\underset{O}{\|}}{C}-CH_3(H)+CO_2\uparrow+Na_2SO_3+H_2O$$

③ 与醇反应：在干燥氯化氢存在下，醛可以与一分子醇发生加成反应，生成半缩醛。半缩醛羟基很活泼，可继续与另一分子醇脱去一分子水，得到稳定的缩醛。

$$R-\underset{\underset{O}{\|}}{C}-R'(H)+R''OH \xrightleftharpoons{\text{无水 }HCl} \underset{\text{半缩醛}}{R-\underset{\underset{OH}{|}}{\overset{\overset{R'(H)}{|}}{C}}-OR''} \xrightleftharpoons[R''OH]{\text{无水 }HCl} \underset{\text{缩醛}}{R-\underset{\underset{OR''}{|}}{\overset{\overset{R'(H)}{|}}{C}}-OR''}$$

缩醛对氧化剂是稳定的，但在稀酸中易水解为原来的醛和醇。利用这一性质，在有机合成中，常用生成缩醛的方法来“保护”较活泼的醛基，待反应完毕后，再用稀酸水解生成原来的醛基。

④ 与格利雅试剂反应：醛、酮与格氏试剂发生加成反应，所得产物不必分离，经水解，可以得到不同种类的醇。

$$\gt C{=}O + RMgX \xrightarrow{\text{无水乙醚}} R{-}\overset{|}{\underset{|}{C}}{-}OMgX \xrightarrow[H_2O]{H^+} R{-}\overset{|}{\underset{|}{C}}{-}OH$$

此反应是制备醇的一个重要方法，经常用于合成结构较复杂的醇。格氏试剂与甲醛反应，经水解后，可得到碳原子数比原料格氏试剂多一个的伯醇。例如：

$$C_6H_5{-}MgBr + HCHO \xrightarrow{\text{干醚}} C_6H_5{-}CH_2OMgBr \xrightarrow{H_3O^+} C_6H_5{-}CH_2OH$$

苯甲醇（90%）

格氏试剂与其他醛反应，经水解后，可得到仲醇。例如：

$$CH_3CH_2MgBr+CH_3CHO \xrightarrow{\text{干醚}} CH_3CH_2\overset{CH_3}{\overset{|}{C}}HOMgBr \xrightarrow{H_3O^+} CH_3CH_2\overset{OH}{\overset{|}{C}}HCH_3$$

2-丁醇（80%）

格氏试剂与酮反应，经水解后，可得到叔醇。例如：

$$CH_3CH_2MgBr+CH_3COCH_3 \xrightarrow{\text{干醚}} CH_3CH_2\overset{CH_3}{\overset{|}{\underset{\underset{CH_3}{|}}{C}}}OMgBr \xrightarrow{H_3O^+} CH_3CH_2\overset{CH_3}{\overset{|}{\underset{\underset{CH_3}{|}}{C}}}OH$$

2-甲基-2-丁醇

此反应是增长碳链的方法，具体增长的碳原子数随格氏试剂中烃基的碳原子数的变化而定。只要选择适当的原料，除甲醇外，几乎其他醇都可以通过格氏试剂来合成。

⑤ 与氨的衍生物反应：氨的衍生物是指氨分子中的氢原子被其他基团取代后的产物，可用通式：NH_2—A 表示（A 代表化合物中除氨基—NH_2 以外的基团）。醛、酮与氨的衍生物，如羟胺、肼、苯肼、2，4-二硝基苯肼等发生加成反应，加成产物会继续发生分子内脱水，生成含有碳氮双键（C═N）的化合物。

$$\gt C{=}O + NH_2{-}A \longrightarrow {-}\overset{|}{\underset{\underset{OH}{|}}{C}}{-}NH{-}A \xrightarrow{-H_2O} \gt C{=}N{-}A$$

醛、酮与不同的氨的衍生物反应，生成的产物也不相同。醛、酮与羟胺反应的产物称为肟，与肼反应的产物称为腙，与苯肼、2，4-二硝基苯肼反应的产物称为苯腙。例如：

$$\gt C{=}O + \underset{\text{羟胺}}{NH_3{-}OH} \longrightarrow \xrightarrow{-H_2O} \underset{\text{肟}}{\gt C{=}N{-}OH}$$

$$\gt C{=}O + \underset{\text{肼}}{NH_2{-}NH_2} \longrightarrow \xrightarrow{-H_2O} \underset{\text{腙}}{\gt C{=}N{-}NH_2}$$

$$\gt C{=}O + NH_2{-}NH{-}C_6H_5 \xrightarrow{-H_2O} \gt C{=}N{-}NH{-}C_6H_5$$

苯肼　　　　　　　　苯腙

$$\gt C{=}O + NH_2{-}NH{-}C_6H_3(NO_2)_2 \xrightarrow{-H_2O} \gt C{=}N{-}NH{-}C_6H_3(NO_2)_2$$

2，4-二硝基苯肼　　　　　　　　2，4-二硝基苯腙

上述反应生成的肟、苯腙等多数是固体，因此可通过醛、酮与氨的衍生物反应来鉴别醛和酮。羟胺、肼、苯肼、2，4-二硝基苯肼等可用于检查羰基的存在，又称为羰基试剂。尤其是2，4-二硝基苯肼，其与醛、酮反应可立即生成2，4-二硝基苯腙黄色沉淀，便于观察，是羰基化合物最常用的鉴定试剂。

上述反应产物在稀酸存在下加热水解，能得到原来的醛、酮，故又可用来分离和提纯醛、酮。

练一练

完成下列反应：

（1）$CH_3CH(OH)CH_2CH_3 \xrightarrow{?} CH_3COCH_2CH_3 \xrightarrow{HCN} ?$

（2）$C_6H_5MgBr + C_6H_5CHO \xrightarrow{干醚} ? \xrightarrow{H_2O^+} ?$

（3）环己酮 $({=}O) + HONH_2 \longrightarrow ?$

（2）α-氢原子的反应　醛、酮分子中与羰基直接相连的碳原子称为α-碳原子。α-碳原子上的氢原子称为α-氢原子。α-氢原子由于受羰基的影响，化学性质比较活泼，会发生一系列反应。

① 卤代反应：在酸、碱的催化作用下，醛、酮的α-H可以被卤素取代生成α-卤代醛、酮。

酸催化时，反应控制在一元卤代产物阶段。碱催化时，卤代反应很快，含有α-甲基的醛酮，3个α-H都可逐步被卤素取代，取代后的产物在碱性条件下生成三卤甲烷（卤仿）和羧酸盐。碱催化时，反应常用的试剂为卤素的碱溶液（$NaOH+X_2$）或次卤酸钠（NaXO）。

$$(H)R{-}\underset{\underset{O}{\|}}{C}{-}CH_3 + X_2 + NaOH \longrightarrow (H)R{-}\underset{\underset{O}{\|}}{C}{-}CX_3 \xrightarrow{NaOH} (H)R{-}COONa + CHX_3$$

含有α-甲基的醛、酮发生卤代时，如用次碘酸钠（$NaOH+I_2$）作试剂，产物

为碘仿，称为碘仿反应。由于碘仿是黄色结晶，易于观察，因此常用此反应鉴别具有 α-甲基结构的醛酮，如乙醛、甲基酮的存在。

次卤酸钠是氧化剂，能将具有 $CH_3—\underset{|}{\overset{OH}{CH}}—R(H)$ 结构的醇氧化成乙醛或甲基酮，因此碘仿反应也可以用来鉴别具有 $CH_3—\overset{OH}{\overset{|}{CH}}—R(H)$ 结构的醇。

② 羟醛缩合反应：稀碱催化下，具有 α-氢原子的醛能和另一分子醛发生加成。一分子醛的 α-氢原子加到另一分子醛的羰基氧原子上，其余部分加到羰基碳原子上，生成β-羟基醛，这个反应称为羟醛缩合反应。例如，乙醛在室温或低于室温时，用 10% NaOH 溶液处理，生成 3-羟基丁醛。

$$CH_3—\overset{O}{\overset{\|}{C}}—H + H—CH_2CHO \xrightarrow{10\%\ NaOH} CH_3\underset{OH}{\underset{|}{CH}}CH_2CHO$$

生成的羟基醛在加热条件下易失水生成 α，β-不饱和醛，在很多情况下甚至得不到羟基醛，直接生成 α，β-不饱和醛。例如：

$$CH_3\underset{OH}{\underset{|}{CH}}CH_2CHO \xrightarrow[\triangle]{-H_2O} CH_3CH{=}CHCHO$$

羟醛缩合反应也是增长碳链的方法之一。

练一练

完成下列反应：

（1）$CH_3COC(CH_3)_3 \xrightarrow{NaOH+I_2}$

（2）$C_6H_5—CHO + H—CH_2CHO \xrightarrow{10\%\ NaOH}$

（3）氧化反应　醛的羰基碳原子上连有一个氢原子，非常容易被氧化，较弱的氧化剂即可使其氧化，生成碳原子数相同的羧酸。酮一般较难发生氧化，只有遇到强氧化剂如高锰酸钾等才能氧化生成复杂的氧化产物。因此可以选择合适的氧化剂，利用氧化法来区别醛、酮。常用来区别醛、酮的弱氧化剂有托伦（Tollens）试剂和费林（Fehling）试剂。

① 托伦试剂氧化：托伦试剂是硝酸银的氨溶液，其中含有银氨配离子。托伦

试剂属于弱氧化剂，它能将醛氧化生成羧酸，自身则被还原为金属银。如果反应容器事先处理洁净，生成的金属银将附着在容器内壁上，形成光亮的银镜，因此这个反应又称为银镜反应。反应通式：

$$RCHO+2[Ag(NH_3)_2]^+ +2OH^- \longrightarrow 2Ag\downarrow +RCOONH_4+NH_3+H_2O$$

脂肪醛和芳香醛都能与托伦试剂作用，而酮不能被托伦试剂氧化，故利用托伦试剂可把醛和酮鉴别开来。

在实际应用上，常利用葡萄糖（多羟基醛）进行银镜反应，在制品上镀银，如制作热水瓶胆等。

② 费林试剂氧化：费林试剂是由硫酸铜溶液和酒石酸钾钠的碱溶液混合得到的混合液。其中，酒石酸钾钠的作用是和 Cu^{2+} 形成配离子，从而避免生成 $Cu(OH)_2$ 沉淀。费林试剂也是一种弱氧化剂，它能将脂肪醛氧化生成羧酸，Cu^{2+} 则还原为砖红色的氧化亚铜 Cu_2O 沉淀。

$$RCHO+2Cu^{2+}+OH^-+H_2O \longrightarrow Cu_2O\downarrow +RCOO^-+4H^+$$

所有脂肪醛都可以被费林试剂氧化为羧酸，而芳香醛和所有的酮都不与费林试剂反应。因此，用费林试剂可区别脂肪醛和芳香醛，也可区别脂肪醛和酮。

注：托伦试剂和费林试剂是弱氧化剂，对分子中的碳碳三键和碳碳双键不起作用，是良好的选择性氧化剂。

（4）还原反应　在一定反应条件下，醛、酮的羰基可发生加氢反应，分别将醛、酮还原为伯醇和仲醇。烯烃的双键加氢可以在低压和室温下进行，而醛、酮的羰基需在加压、加热、金属催化条件下才能进行，常用的催化剂有 Ni、Pt、Pd 等。

$$\underset{\displaystyle \overset{\|}{O}}{R-C-H(R')} + H_2 \xrightarrow[\text{加热加压}]{Ni} \underset{\displaystyle \overset{|}{OH}}{R-CH-H(R')}$$

例如：

$$\text{环己酮}{=}O + H_2 \xrightarrow[\text{加热加压}]{Ni} \text{环己基}{-}OH$$

催化加氢的方法选择性不高，如果醛、酮分子中含有碳碳双键或叁键、硝基、氰基等基团时，这些不饱和基团也能被还原。

$$CH_3CH{=}CHCH_2CHO+H_2 \xrightarrow[\text{加热加压}]{Ni} CH_3CH_2CH_2CH_2CH_2OH$$

如果只还原羰基，而保留不饱和键，则需使用选择性较高的还原剂，如硼氢化钠（$NaBH_4$）、氢化铝锂（$LiAlH_4$）、异丙醇铝等。

想一想

如何鉴别下列两组化合物：

（1）甲醛　乙醛　丙酮　苯乙醛　　（2）1-丁醇　2-丁醇　丁醛　丁酮

第六节
羧　　酸

烃基或氢原子与羧基（—COOH）相连的化合物称为羧酸。从结构上，羧酸（甲酸 HCOOH 除外）可看作烃分子中氢原子被羧基取代的生成物。其中，羧基（—COOH）是羧酸的官能团。羧酸广泛存在于自然界中。例如，花果中含有低级有机酸，如水果中柠檬酸、苹果酸，动、植物油中含有高级脂肪酸酯等。

一、羧酸的分类和命名

1. 羧酸的分类

在羧酸分子中，根据与羧基相连的烃基种类的不同，羧酸可分为脂肪羧酸、脂环羧酸和芳香羧酸；根据烃基的饱和性，羰酸可分为饱和羧酸和不饱和羧酸；根据分子中羧基的数目，羧酸可分为一元羧酸、二元羧酸和多元羧酸。

2. 羧酸的命名

羧酸的命名方法主要是系统命名法，许多羧酸还有俗名。

（1）俗名　往往由来源得名。例如，甲酸最初是由蚂蚁蒸馏得到的，称为蚁酸；乙酸最初是由食用的醋中得到，称为醋酸；还有草酸、琥珀酸、苹果酸、柠檬酸。

$HCOOH$
蚁酸（甲酸）

CH_3COOH
醋酸（乙酸）

$HOOC—COOH$
草酸（乙二酸）

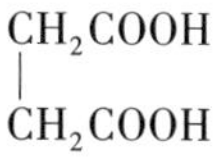

$$\begin{array}{l} CH_2COOH \\ | \\ CH_2COOH \end{array}$$
琥珀酸（丁二酸）

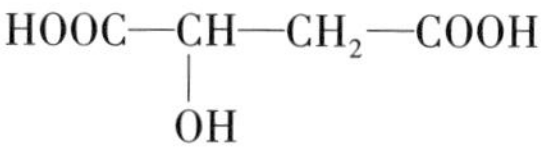

$$\begin{array}{c} HOOC—\underset{\large\substack{|\\OH}}{CH}—CH_2—COOH \end{array}$$
苹果酸

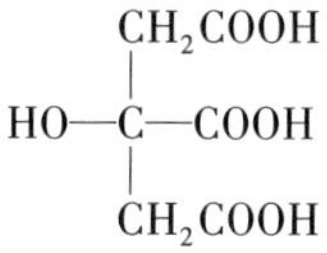

$$\begin{array}{c} CH_2COOH \\ | \\ HO—C—COOH \\ | \\ CH_2COOH \end{array}$$
柠檬酸

（2）系统命名

① 一元饱和脂肪酸的命名：选择含有羧基的最长碳链为主链，从羧基一端开始给主链碳原子编号，取代基的位次可用阿拉伯数字标出，也可以从与羧基相邻的碳原子开始用希腊字母 α、β、γ 来表示，将取代基的位次、数目、名称写在母体羧酸名称之前。例如：

$CH_3CH(CH_3)CH_2COOH$　　　$CH_3CH_2CHCH_2COOH$（C-3 上连 $CH(CH_3)_2$）　　　$CH_3CH(CH_3)—CH(CH_3)CH_2COOH$

3-甲基丁酸（β-甲基丁酸）　　4-甲基-3-乙基戊酸（γ-甲基-β-乙基戊酸）　　3，4-二甲基戊酸（α，β-二甲基戊酸）

② 一元不饱和脂肪酸的命名：不饱和脂肪酸命名时，选择含有羧基和不饱和键的最长碳链为主链。例如：

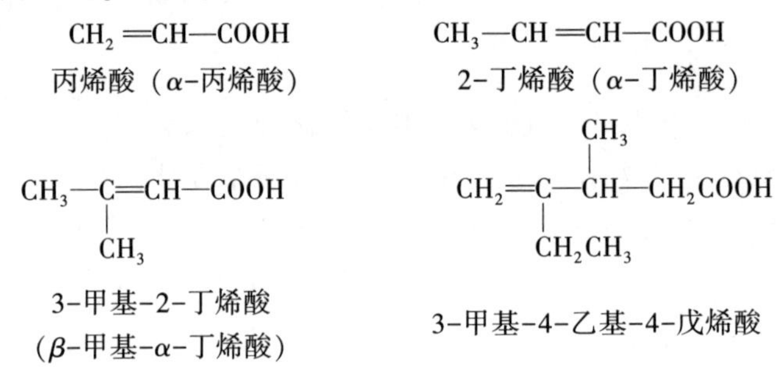

丙烯酸（α-丙烯酸）　　2-丁烯酸（α-丁烯酸）

3-甲基-2-丁烯酸（β-甲基-α-丁烯酸）　　3-甲基-4-乙基-4-戊烯酸

③ 芳香羧酸的命名：芳香酸一般以苯甲酸为母体，结构复杂的芳香酸则把苯环作为取代基来命名。例如：

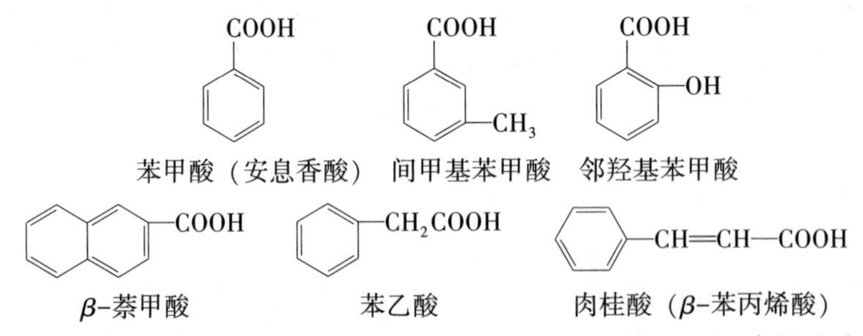

苯甲酸（安息香酸）　间甲基苯甲酸　邻羟基苯甲酸

β-萘甲酸　苯乙酸　肉桂酸（β-苯丙烯酸）

④ 二元羧酸的命名：选择含有两个羧基碳原子在内的最长碳链为主链，根据主链碳原子的个数称为“某二酸”，芳香族二元羧酸须注明两个羧基的位置。例如：

$HOOC—CH(CH_3)—CH_2—COOH$　　　$HOOC(CH_2)_4COOH$

2-甲基丁二酸　　　己二酸

邻苯二甲酸（1，2-苯二甲酸）　　间苯二甲酸（1，3-苯二甲酸）　　对苯二甲酸（1，4-苯二甲酸）

练一练

1. 写出下列酸的结构式：

（1）2，2–二甲基戊酸　（2）顺丁烯二酸（马来酸）　（3）α–萘乙酸

2. 命名下列化合物：

（1）C_6H_5—CH═CH—COOH　　（2）$\underset{\displaystyle Cl}{\underset{|}{C}}H_2CH_2CH_2COOH$

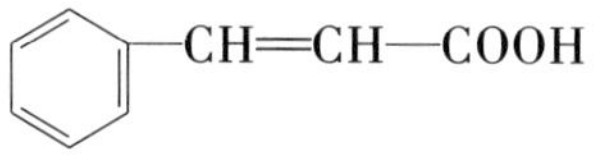

二、 羧酸的性质

1. 羧酸的物理性质

直链饱和脂肪酸中，含 3 个碳原子以下的羧酸为具有刺激性气味的液体，含 4~9 个碳原子的羧酸为有腐败臭味的油状液体，含 10 个碳原子以上的羧酸为蜡状固体。二元羧酸和芳香羧酸常温下都是晶状固体。

饱和一元脂肪羧酸的沸点随相对分子质量的增大而升高，而且沸点要比相对分子质量相近的醇高。这是由于羧酸分子间能形成两个氢键，而且羧酸分子间的这种氢键比醇分子中的氢键更稳定。

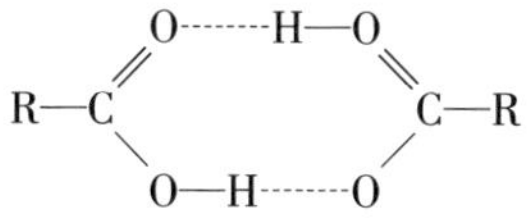

```
       O·······H—O
      //          \\
R—C                C—R
      \           /
       O—H·······O
```

羧基是个亲水基团，可与水分子形成氢键，因此脂肪族低级一元羧酸（C_1 ~ C_4）可与水混溶。但从戊酸开始，随着碳原子数的增加羧酸在水中溶解度迅速降低。芳香酸的水溶性极微。羧酸一般都能溶于乙醇、乙醚、氯仿等有机溶剂中。

想一想

1. 下列有机物在水中溶解度最大的是哪个？为什么？

（1）乙酸　（2）丙酸　（3）丁酸　（4）戊酸

2. 下列化合物中沸点最高的是哪个？为什么？

（1）CH_3CH_2OH　（2）CH_3CHO　（3）CH_3COOH　（4）$CH_3CH_2CH_3$

2. 羧酸的化学性质

羧酸的官能团是羧基，羧酸的化学反应主要发生在羧基上。而羧基是由羟基和羰基组成，因此羧酸在不同程度上反映了羟基和羰基的性质。但羧酸的羰基与羟基形成一个整体后，由于两者相互作用，使羧酸分子具有特有的性质，并不是羰基和羟基性质的简单加合。羧酸分子中易发生化学反应的主要部位如下：

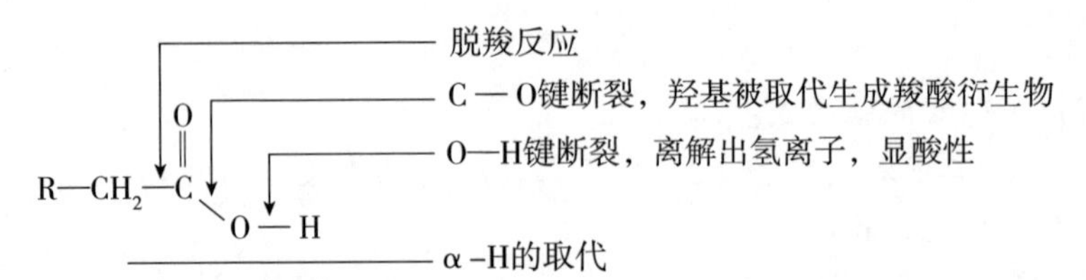

（1）酸性　羧酸在水溶液中可离解出氢离子，因此羧酸有明显的酸性。羧酸在水溶液中存在着如下平衡：

$$RCOOH \rightleftharpoons RCOO^- + H^+$$

一般羧酸的 $pK_a^\ominus$ 在 3.5~5 之间，属于弱酸。羧酸的酸性比强无机酸弱，但比碳酸（$pK_a^\ominus=6.37$）强。因此，羧酸既可以与氢氧化钠反应，也可以与碳酸氢钠反应放出 CO_2 气体。这一性质常用于羧酸与酚、醇的鉴别分离。

羧酸的酸性强弱，受分子中和羧基相连的烃基的结构影响很大。各种羧酸的酸性强弱规律如下：

① 饱和一元羧酸中，当羧基连有吸电子基团（如—*X*，—CN，—NO_2 等）时，酸性增强。而且取代基的电负性越大，取代数目越多，离羧基越近，其酸性越强。

② 饱和一元羧酸中，当羧基连有供电子基团（如烷基）时，酸性减弱。例如：

	HCOOH	CH_3COOH	CH_3CH_2COOH
$pK_a^\ominus$	3.77	4.76	4.88

③ 芳环上的取代基对芳香酸的酸性也有影响。吸电子基团使酸性增强，供电子基团使酸性减弱。例如：

	$CH_3-C_6H_4-COOH$	C_6H_5-COOH	$O_2N-C_6H_4-COOH$
$pK_a^\ominus$	4.38	4.17	3.43

想一想

如何除去苯酚中少量苯甲酸杂质？

（2）羧酸衍生物的生成　羧酸分子中的 C—O 键是极性键，在一定条件下，羧酸中的羟基可被卤素（Cl、Br、I）、酰氧基（RCOO—）、烷氧基（RO—）、氨基（—NH_2）取代，分别生成酰卤、酸酐、酯和酰胺。

R—C(=O)—X	R—C(=O)—O—C(=O)—R	R—C(=O)—OR′	R—C(=O)—NH_2
酰卤	酸酐	酯	酰胺

上述有机物是羧酸分子中的羟基被其他原子或原子团取代后生成的化合物，称作羧酸衍生物。

① 酰卤的生成：酰卤是一种重要的有机试剂，最常见的是酰氯。羧酸与三氯化磷（PCl_3）、五氯化磷（PCl_5）、二氯亚砜（$SOCl_2$）等作用时，分子中的羟基被氯原子取代，生成酰氯。

$$RCOOH+PCl_3 \longrightarrow RCOCl+H_3PO_3$$
$$RCOOH+PCl_5 \longrightarrow RCOCl+POCl_3+HCl$$
$$RCOOH+SOCl_2 \longrightarrow RCOCl+SO_2+HCl$$

三种方法中，二氯亚砜是较好的试剂，因为反应生成的二氧化硫、氯化氢都是气体，容易与酰氯分离，故实用性较强，是一种合成酰氯的好方法。

② 酸酐的生成：羧酸在脱水剂（如五氧化二磷、乙酸酐等）作用下加热，两分子羧酸会脱除一分子水，生成酸酐。

$$RCOOH+RCOOH \xrightarrow[\triangle]{P_2O_5} (RCO)_2O + H_2O$$

例如，两分子丙酸在脱水剂（P_2O_5）作用下加热可以生成丙酸酐。

$$2CH_3CH_2COOH \xrightarrow[\triangle]{P_2O_5} (CH_3CH_2CO)_2O+H_2O$$

两个羧基相隔 2~3 个碳原子的二元酸，不需要任何脱水剂，加热就能脱水生成五元或六元环酐。例如：邻苯二甲酸加热可以脱水生成邻苯二甲酸酐。

$$C_6H_4(COOH)_2 \xrightarrow{230℃} C_6H_4(CO)_2O + H_2O$$

③ 酯的生成：在强酸（如浓硫酸）的催化下，羧酸可与醇反应生成酯。此反应称为酯化反应。

$$R-\overset{O}{\overset{\|}{C}}-OH + H-O-R' \underset{}{\overset{H^+}{\rightleftharpoons}} R-\overset{O}{\overset{\|}{C}}-O-R' + H_2O$$

酯化反应是可逆反应，要提高酯的产率，一种方法是增加反应物的用量，通常使用过量的醇；另一种方法是从反应体系中蒸出沸点较低的生成物，以使平衡向右移动。

④ 酰胺的生成：羧酸与氨或胺反应，先生成铵盐，铵盐受热脱水后形成

酰胺。例如：丙酸与氨反应，先生成丙酸铵，受热后脱去一分子水可生成丙酰胺。

$$CH_3CH_2COOH+NH_3 \longrightarrow CH_3CH_2COONH_4 \xrightarrow[\triangle]{-H_2O} CH_3CH_2CONH_2$$

（3）还原反应　一般条件下羧酸不容易被还原，只有在强还原剂（如$LiAlH_4$、$NaBH_4$）的作用下，羧基可以被还原成羟基，实验室中可用此法制备伯醇。例如：

$$CH_3-\overset{\displaystyle CH_3}{\underset{\displaystyle CH_3}{\overset{|}{\underset{|}{C}}}}-COOH \xrightarrow{LiAlH_4} CH_3-\overset{\displaystyle CH_3}{\underset{\displaystyle CH_3}{\overset{|}{\underset{|}{C}}}}-CH_2-OH$$

（4）α-H的卤代反应　和醛酮相似，羧酸分子中的α-氢原子因受羧基的影响，具有一定的活泼性，在一定条件下可被氯或溴取代生成卤代酸。但是羧基的致活作用比羰基小，对α-氢的致活作用比羰基弱，因此要在红磷、碘或硫等催化剂作用下才能发生卤代反应。

$$R-CH_2-COOH \xrightarrow[P]{X_2} R-\underset{\displaystyle X}{\underset{|}{CH}}-COOH \xrightarrow[P]{X_2} R-\overset{\displaystyle X}{\underset{\displaystyle X}{\overset{|}{\underset{|}{C}}}}-COOH$$

（X=Cl，Br）

例如：

$$CH_3COOH \xrightarrow[P]{Cl_2} \underset{\displaystyle Cl}{\underset{|}{CH_2}}COOH \xrightarrow[P]{Cl_2} \overset{\displaystyle Cl}{\underset{\displaystyle Cl}{\overset{|}{\underset{|}{CH}}}}COOH \xrightarrow[P]{Cl_2} Cl-\overset{\displaystyle Cl}{\underset{\displaystyle Cl}{\overset{|}{\underset{|}{C}}}}-COOH$$

若控制好反应条件，可使反应停留在一元取代阶段，得到较高产量的一氯乙酸。

想一想

既具有羧酸性质又具有醛的性质的化合物是哪个？

（1）甲醛　（2）甲酸甲酯　（3）甲酸　（4）乙酸

第七节

羧酸衍生物

羧酸分子中的羟基被其他原子或原子团取代后生成的化合物称为羧酸衍生物。

通常指的是酰卤、酸酐、酯和酰胺这四类有机化合物。

$$\underset{\text{酰卤}}{R-\overset{O}{\overset{\|}{C}}-X} \qquad \underset{\text{酸酐}}{R-\overset{O}{\overset{\|}{C}}-O-\overset{O}{\overset{\|}{C}}-R'} \qquad \underset{\text{酯}}{R-\overset{O}{\overset{\|}{C}}-OR'} \qquad \underset{\text{酰胺}}{R-\overset{O}{\overset{\|}{C}}-NH_2}$$

羧酸分子中除去羟基后剩余的基团（ $R-\overset{O}{\overset{\|}{C}}-$ ）称为酰基。例如：

$$\underset{\text{乙酰基}}{CH_3\overset{O}{\overset{\|}{C}}-} \qquad \underset{\text{丙酰基}}{CH_3CH_2\overset{O}{\overset{\|}{C}}-} \qquad \underset{\text{苯甲酰基}}{C_6H_5-\overset{O}{\overset{\|}{C}}-}$$

一、羧酸衍生物的命名

1. 酰氯的命名

根据酰基的名称命名，称为“某酰氯”。例如：

$$\underset{\text{乙酰氯}}{CH_3\overset{O}{\overset{\|}{C}}-Cl} \qquad \underset{\text{苯甲酰氯}}{C_6H_5-\overset{O}{\overset{\|}{C}}-Cl} \qquad \underset{\text{对甲基苯甲酰氯}}{CH_3-C_6H_4-\overset{O}{\overset{\|}{C}}-Cl}$$

2. 酰胺的命名

根据酰基的名称命名，称为“某酰胺”。例如：

$$\underset{\text{丙酰胺}}{CH_3CH_2\overset{O}{\overset{\|}{C}}-NH_2} \qquad \underset{\text{苯甲酰胺}}{C_6H_5-\overset{O}{\overset{\|}{C}}-NH_2} \qquad \underset{\text{丙烯酰胺}}{CH_2=CH-\overset{O}{\overset{\|}{C}}-NH_2}$$

3. 酸酐的命名

酸酐是羧酸发生脱水而生成的产物，因此酸酐是根据相应的羧酸来命名的，称为“某酸酐”或“某酐”。例如：

$$\underset{\text{乙酸酐}}{CH_3-\overset{O}{\overset{\|}{C}}-O-\overset{O}{\overset{\|}{C}}-CH_3} \qquad \underset{\text{苯甲酸酐}}{C_6H_5-\overset{O}{\overset{\|}{C}}-O-\overset{O}{\overset{\|}{C}}-C_6H_5} \qquad \underset{\text{邻苯二甲酸酐}}{C_6H_4(CO)_2O}$$

4. 酯的命名

酯是酸和醇发生分子间脱水而生成的产物，因此酯的命名是根据形成它的酸和醇来命名的，称为“某酸某酯”。例如：

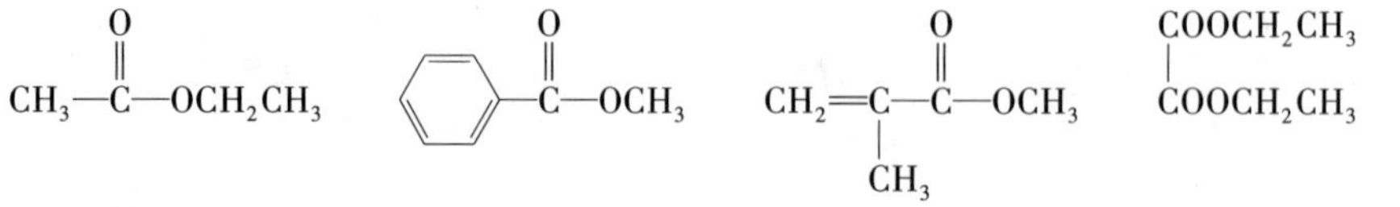

$$CH_3-\overset{\overset{\large O}{\|}}{C}-OCH_2CH_3$$
乙酸乙酯

$$C_6H_5-\overset{\overset{\large O}{\|}}{C}-OCH_3$$
苯甲酸甲酯

$$CH_2=\underset{\underset{\large CH_3}{|}}{C}-\overset{\overset{\large O}{\|}}{C}-OCH_3$$
甲基丙烯酸甲酯

$$\begin{array}{l} COOCH_2CH_3 \\ | \\ COOCH_2CH_3 \end{array}$$
乙二酸二乙酯

练一练

命名或写出下列化合物：

(1) $CH_3CH_2CH_2CH_2COCl$　(2) $(CH_3CH_2CO)_2O$　(3) 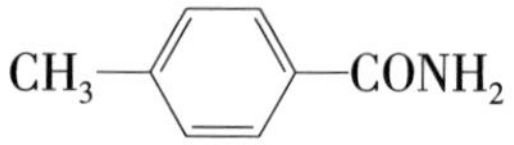 $CH_3-C_6H_4-CONH_2$（对位）

二、 羧酸衍生物的性质

1. 物理性质

室温下，低级酰氯、酸酐、酯大多数是液体，而高级酰氯、酸酐、酯是固体。对酰胺来说，除甲酰胺（熔点 3℃）是液体外，其余酰胺（*N*—烷基取代酰胺除外）都是固体。

低级酰氯有刺激性气味，低级酸酐也具有不愉快气味。低级酯为无色、具有果香味的液体，许多花果的香味就是酯所引起的。例如，乙酸异戊酯有香蕉气味，苯甲酸甲酯有茉莉花香味等。

酰氯、酸酐和酯因为不能通过氢键缔合，它们的沸点比相对分子质量相近的羧酸低得多。酰胺分子间氢键缔合作用比羧酸强，因此沸点比相对分子质量相近的羧酸、醇都高。

酰氯、酸酐不溶于水，低级酰氯遇水容易分解，如乙酰氯在空气中即与空气中的水作用而分解。除低级酯（4 个碳以下）微溶于水外，其他酯都难溶于水。低级酰胺可溶于水，且随着相对分子质量增大，在水中溶解度降低。羧酸衍生物都可溶于有机溶剂，有的本身就是良好的溶剂，如乙酸乙酯。

2. 化学性质

羧酸衍生物分子中都含有羰基，和醛、酮相似，由于羰基的存在，它们也能够与水、醇、氨等发生反应。但由于与羰基相连的基团不同，反应的活性有一定差异。

(1) 水解反应　酰卤、酸酐、酯和酰胺都可以和水反应，生成相应的羧酸。

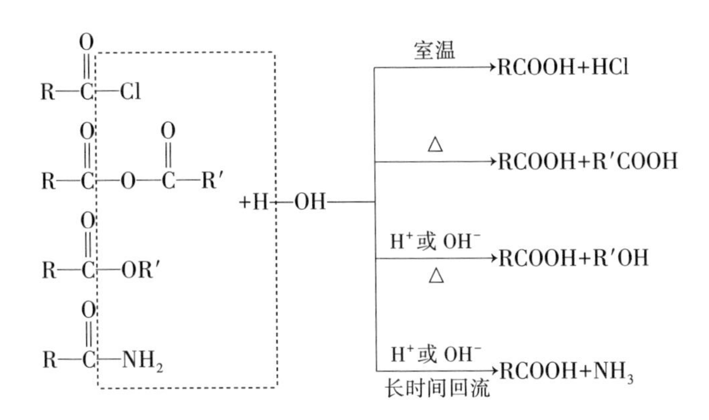

虽然四种羧酸衍生物都能水解生成相应的羧酸，但它们的活性不同。酰氯遇冷水即能迅速水解，酸酐需与热水作用，酯的水解需加热，并使用酸或碱催化剂，而酰胺的水解则在酸或碱的催化下，经长时间的回流才能完成。因此，羧酸衍生物水解反应的活性次序是：酰卤>酸酐>酯>酰胺。

酯在酸催化下的水解是酯化反应的逆反应，水解反应是可逆的，水解不完全。酯在碱作用下的水解是不可逆的，可生成羧酸盐和醇。酯的水解反应在油脂工业上有非常重要的应用。

（2）醇解反应　酰氯、酸酐、酯和酰胺与醇反应，生成相应的酯。

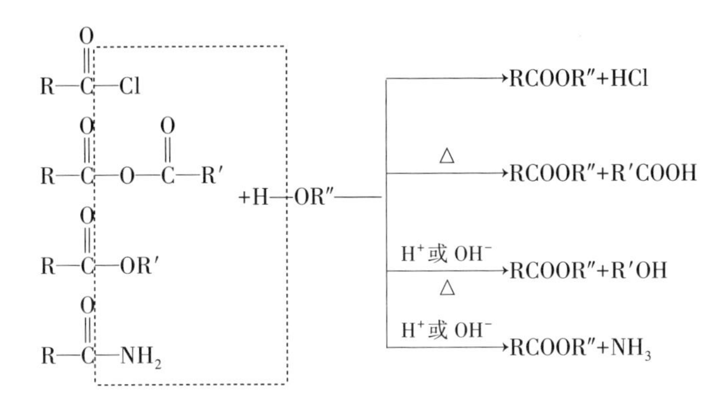

酰卤、酸酐可直接和醇作用生成酯，酯和醇需要在酸或碱催化下发生反应。酰胺的醇解反应难以进行，需用过量的醇才能生成酯并放出氨。

酯的醇解反应也称为酯交换反应，它是由一种酯和一种醇反应生成另一种酯和另一种醇的反应，通常是“以大换小”，生成较高级醇的酯。这个反应常用于工业生产中。

（3）氨解反应　酰氯、酸酐和酯都可以顺利地与氨作用生成相应的酰胺。

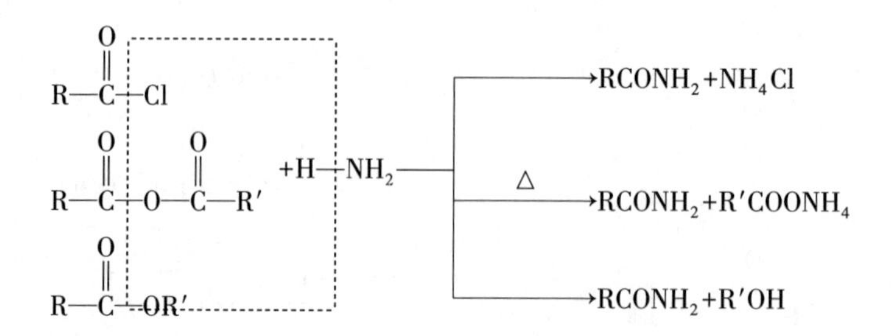

酰氯的氨解过于剧烈，并放出大量的热，操作难以控制，生成的酰胺易含杂质，难于提纯。工业生产中常用酸酐的氨解来制取酰胺。

（4）还原反应　酰卤、酸酐、酯和酰胺都可以发生还原反应，其中以酯的还原最易。酰卤、酸酐在强还原剂（如 $LiAlH_4$）作用下，还原成相应的伯醇，酰胺还原成相应的伯胺，酯还原成两种伯醇。

$$\begin{array}{l} RCOX \\ (RCO)_2O \\ RCOOR' \\ RCONH_2 \end{array} \xrightarrow[(2)\ H_2O,\ H^+]{(1)\ LiAlH_4} \begin{array}{l} RCH_2OH \\ 2RCH_2OH \\ RCH_2OH+R'OH \\ RCH_2NH_2 \end{array}$$

酯在进行还原反应时，常用的还原剂为金属钠+乙醇或氢化铝锂（$LiAlH_4$），这两种还原剂均可不还原分子中的 C═C 双键，这在工业生产中具有实际意义。例如：

$$\underset{\text{油酸丁酯}}{CH_3(CH_2)_7CH{=}CH(CH_2)_7COOC_4H_9} \xrightarrow[C_2H_5OH]{Na} \underset{\text{油醇}}{CH_3(CH_2)_7CH{=}CH(CH_2)_7CH_2OH}$$

此法可得到长碳链的醇。

练一练

完成下列反应：

（1）$CH_3CH_2COCl \xrightarrow{?} CH_3CH_2CONH_2 \xrightarrow{?} CH_3CH_2NH_2$

（2）C_6H_5—CH_2OH + $(CH_3CH_2CO)_2O \longrightarrow ?$

（3）CH_3COCl+ $(CH_3)_2NH_2 \longrightarrow ?$

第八节
胺

分子内含有氮元素的有机化合物成为含氮有机化合物，胺是一种重要的含氮有机物。从结构上说，胺可以看作氨分子中的一个或几个氢原子被烃基取代的衍生物。其通式可表示为：

RNH_2	R—NH—R′	R—N(R″)—R′
伯胺	仲胺	叔胺

一、 胺的分类和命名

1. 胺的分类

根据分子中与氮原子相连的烃基结构的不同，可分为脂肪胺、芳香胺和混合胺。例如：

CH_3NH_2	C_6H_5—NH_2	C_6H_5—$NHCH_3$
甲胺	苯胺	*N*-甲基苯胺

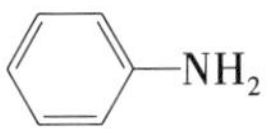

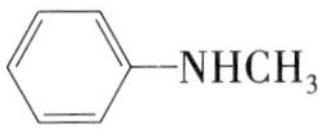

根据分子中氨基的个数，可分为一元胺和多元胺。例如：

CH_3NH_2	$NH_2CH_2CH_2NH_2$
甲胺	乙二胺

根据氨分子中被取代的氢原子数目，可分为伯胺、仲胺、叔胺和季铵化合物。例如：

CH_3NH_2	CH_3NHCH_3	CH_3—N(CH_3)—CH_3	$(CH_3)_4N^+Cl^-$
甲胺	二甲胺	三甲胺	氯化四甲胺
伯胺（一级胺）	仲胺（二级胺）	叔胺（三级胺）	季铵盐

这里需要注意的是，伯胺、仲胺、叔胺中“伯”、“仲”、“叔”的含义与伯醇、仲醇、叔醇中不同。伯醇、仲醇、叔醇是根据醇分子中与羟基相连的碳原子类型（伯、仲、叔碳原子）划分的，而伯胺、仲胺、叔胺是由氨分子中被取代的氢原子个数决定的。氨分子中一个氢原子被取代，称作伯胺；两个氢原子被取代，称作仲胺；三个氢原子被取代，称作叔胺。铵盐分子中的四个氢原子被四个烃基取代后的化合物，称为季铵盐。如：$[N(CH_3)_4]^+I^-$（碘化四甲铵）。

2. 胺的命名

胺的命名方法主要有普通命名法和系统命名法。对于结构简单的胺，多采用普通命名法；结构比较复杂的胺，多采用系统命名法。

（1）普通命名法　对于结构比较简单的伯胺，以胺为母体，烃基作为取代基，根据胺分子中烃基的名称命名为“某胺”。对于芳胺，如果苯环上还连有取代基，则应表示出取代基的相对位置。例如：

$CH_3—CH_2—NH_2$　　$(CH_3)_3C—NH_2$　　$C_6H_{11}—NH_2$

乙胺　　叔丁胺　　环己胺

$CH_3—C_6H_4—NH_2$　　$C_6H_5—CH_2NH_2$　　$C_{10}H_7—NH_2$

对甲基苯胺　　苯甲胺（苄胺）　　α-萘胺

对于简单的仲胺、叔胺，当氮上所连烃基相同时，命名时在烃基前面用数字表示取代基的数目，称作“二某胺”或“三某胺”。当烃基不相同时，则把简单的烃基写在前面，称作“某某胺”或“某某某胺”。例如：

$CH_3—NH—CH_3$　　$(CH_3)_2N—CH_3$　　$C_6H_5—NH—C_6H_5$

二甲胺　　三甲胺　　二苯胺

$CH_3—NH—CH_2CH_3$　　$CH_3—N(CH_2CH_2CH_3)—CH_2CH_3$

甲乙胺　　甲乙丙胺

对于芳香仲胺和叔胺，当氮上同时连有芳基和脂肪基时，命名时以芳香胺为母体，取代基前冠以“*N*”以表示脂肪烃基是连在氨基氮原子上而不是芳环上。例如：

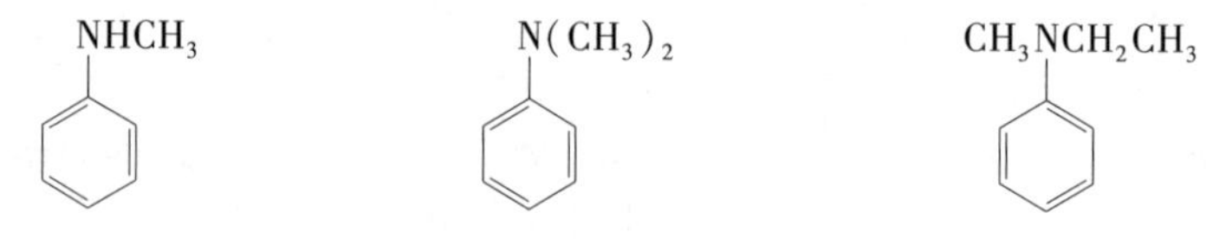

N-甲基苯胺　　*N*，*N*-二甲基苯胺　　*N*-甲基-*N*-乙基苯胺

季铵盐的命名与铵盐（卤化铵）类似，在“卤化”与“铵”之间写上四个烃基的名称即可。例如：

$[(CH_3)_4N]^+I^-$　　$[CH_3(CH_2)_{11}N(CH_3)_3]^+Br^-$

碘化四甲铵　　溴化三甲基十二烷基铵

（2）系统命名法　对于结构比较复杂的胺，以烃为母体，将氨基、烷基和烷胺基作为取代基，按系统命名法命名。例如：

$CH_3CH(CH_3)CH_2CH(NH_2)CH_3$　　$CH_3CH(CH_3)CH(NH_2)CH_2CH(CH_3)CH_3$　　$CH_3CH(NHCH_3)CH_2CH_2CH_3$

2-甲基-4-氨基戊烷　　3-氨基-2，5-二甲基己烷　　2-甲氨基戊烷

氨基连在侧链上的芳胺，一般以脂肪胺为母体来命名。

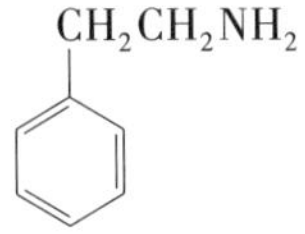

$$C_6H_5CH_2CH_2NH_2$$

2-苯乙胺

练一练

命名下列化合物：

(1) $CH_3CH(CH_2CH_3)CH_2CH(NH_2)CH_3$　　(2) $CH_3CH(NHC_2H_5)CH_2CH_2CH_3$

(3)  $CH_3CH_2-C_6H_4-NHCH_3$　　(4) $H_2N-C_6H_4-N(CH_3)_2$

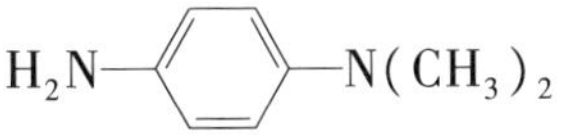

二、 胺的性质

1. 物理性质

常温下低级脂肪中甲胺、二甲胺、三甲胺等是气体，其余低级脂肪胺为液体。低级脂肪胺的气味类似于氨，二甲胺、三甲胺有鱼腥味。高级脂肪胺为固体，一般没有气味。芳香胺有特殊气味，而且毒性很大，与皮肤接触或是吸入其蒸气都会引起中毒。

伯胺和仲胺分子间可形成氢键，所以它的沸点比相对分子质量相近的烷烃高。但是，伯胺和仲胺分子间氢键比醇分子间的氢键要弱，所以相对分子质量与醇相近的伯胺、仲胺的沸点要低于醇。叔胺的氮原子上没有氢，分子间不能形成氢键，它的沸点与相对分子质量相近的烷烃相近。

胺与水能形成氢键，因此低级胺较易溶于水，而且随着碳原子数的增加胺在水中的溶解性逐渐下降。胺也溶于醚、醇、苯等低极性溶剂。

2. 化学性质

胺的官能团是氨基（$-NH_2$），它决定了胺类的化学性质。但是，由于氨基所连烃基不同，其性质又有所差异。

（1）碱性　胺和氨相似，胺分子中氮原子上也有未共用电子对，能接受质子而显碱性。

$$RNH_2+H^+ \rightleftharpoons RNH_3^+$$

一般脂肪胺的 pK_b 在 3~5，芳香胺的 pK_b 在 7~10。

胺属于弱碱，能与强酸作用生成易溶于水的铵盐；再加入强碱，胺又重新游

离出来。

$$RNH_3^+Cl^- + NaOH \longrightarrow RNH_2 + NaCl + H_2O$$

利用这个性质，可以把胺和其他非碱性的有机物分离开来。

各种胺的碱性强弱规律如下：

① 氨分子中的氢原子被不同烃基取代时，碱性强弱顺序：脂肪胺>氨>芳香胺。

$$CH_3NH_2 > NH_3 > C_6H_5NH_2$$

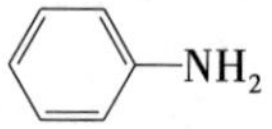

$pK_b^\ominus$　3.38　4.75　9.28

② 在水溶液中，综合溶剂化效应和空间效应，对于脂肪胺，碱性强弱顺序：仲胺>伯胺>叔胺；对于芳香胺，碱性强弱顺序：伯胺>仲胺>叔胺。例如：

$$CH_3NHCH_3 > CH_3NH_2 > (CH_3)_3N > NH_3$$

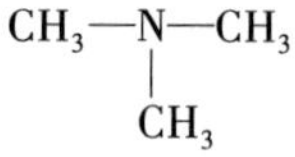

$pK_b^\ominus$　3.27　3.38　4.21　4.76

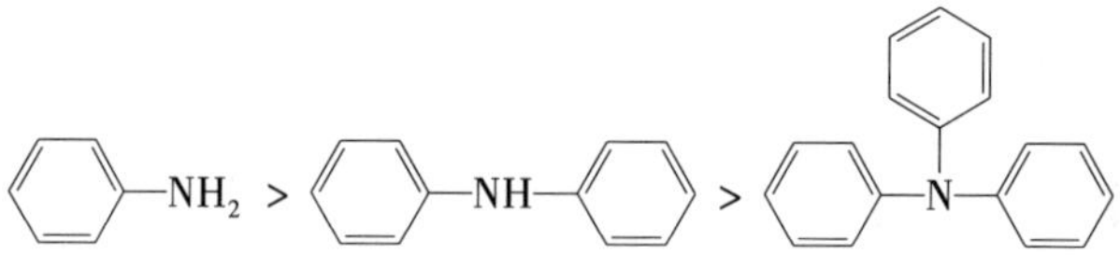

$$C_6H_5NH_2 > C_6H_5NHC_6H_5 > (C_6H_5)_3N$$

$pK_b^\ominus$　9.28　13.0　中性

③ 芳环上的取代基对芳胺的碱性也有影响。供电子基团使碱性增强，吸电子基团使碱性减弱，而且取代基的吸电子能力越强，碱性越弱。例如：

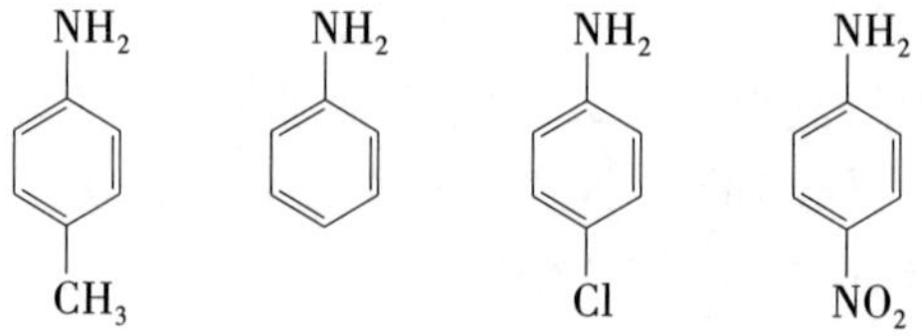

$$p\text{-}CH_3C_6H_4NH_2 \quad C_6H_5NH_2 \quad p\text{-}ClC_6H_4NH_2 \quad p\text{-}NO_2C_6H_4NH_2$$

$pK_b^\ominus$　8.90　9.30　10.02　13.00

想一想

下列各组化合物按照碱性由低到高顺序应如何排列？

（1）氨，甲胺，苯胺，二苯胺，三苯胺

（2）环己胺，苯胺，对氯苯胺，对甲苯胺，对硝基苯胺

（2）烷基化反应　胺与卤代烷反应，氮原子上的氢被烷基取代，这类反应称为胺的烷基化反应。反应用到的卤代烷是提供烷基的试剂，称作烷基

化试剂。

伯胺、仲胺与烷基化试剂卤代烷作用，可分别得到仲胺和叔胺。叔胺进一步与卤代烷作用，可生成季铵盐。

$$RX+NH_3 \longrightarrow RNH_2+HX$$

$$RNH_2 \xrightarrow{RX} R_2NH \xrightarrow{RX} R_3N \xrightarrow{RX} R_4N^+X^-$$

例如：乙胺与碘乙烷作用，可生成仲胺、叔胺和季铵盐的混合物。

$$C_2H_5NH_2 \xrightarrow{C_2H_5I} (C_2H_5)_2NH \xrightarrow{C_2H_5I} (C_2H_5)_3N \xrightarrow{C_2H_5I} \underset{\text{碘化四乙胺}}{(C_2H_5)_4N^+I^-}$$

控制物料配比和反应条件，可得到以某种胺为主的产物，因此，此类反应常用于仲胺、叔胺和季铵盐的制备。

（3）酰基化反应　伯胺、仲胺与酰氯、酸酐、羧酸等反应，氮原子上的氢被酰基取代，生成 *N*—烷基酰胺。这类反应称为胺的酰基化反应，简称酰化。反应用到的酰氯、酸酐、羧酸等是提供酰基的试剂，称作酰基化试剂。

伯胺、仲胺与酰基化试剂反应，生成 *N*-烷基酰胺；叔胺的氮原子上没有氢，不能被酰基化。

$$RNH_2+R'-\overset{O}{\overset{\|}{C}}-L \longrightarrow RNH-\overset{O}{\overset{\|}{C}}-R'+HL$$

$$R_2NH+R'-\overset{O}{\overset{\|}{C}}-L \longrightarrow R_2N-\overset{O}{\overset{\|}{C}}-R'+HL$$

其中：L=—Cl，$-O-\overset{O}{\overset{\|}{C}}-R'$，—OH。例如：

$$CH_3\overset{O}{\overset{\|}{C}}-Cl+H-NH_2 \longrightarrow CH_3\overset{O}{\overset{\|}{C}}-NH_2+HCl$$

$$CH_3\overset{O}{\overset{\|}{C}}-Cl+H-NHCH_3 \longrightarrow CH_3\overset{O}{\overset{\|}{C}}-NHCH_3+HCl$$

$$CH_3\overset{O}{\overset{\|}{C}}-Cl+H-N(CH_3)_2 \longrightarrow CH_3\overset{O}{\overset{\|}{C}}-N(CH_3)_2+HCl$$

不同的胺或酰基化试剂，发生酰化的反应活性不同，伯胺活性大于仲胺，酰氯、酸酐、羧酸的活性依次减弱。

此反应常用于叔胺与伯、仲胺的分离。

（4）与亚硝酸反应　伯、仲、叔胺可以与亚硝酸反应，生成不同的产物。由于亚硝酸（HNO_2）不稳定，反应时由亚硝酸钠与盐酸或硫酸作用而得。

① 伯胺：与亚硝酸反应，放出氮气，生成组成非常复杂的混合物，在合成上没有意义。但放氮反应是定量的，可用于某些脂肪族伯胺的定量分析。

$$RNH_2 \xrightarrow{NaNO_2,\ H^+} RN_2^+ \longrightarrow R^+ + N_2 \uparrow$$

芳香族伯胺与亚硝酸在低温下（<5℃）反应，生成的重氮盐较为稳定，通过它可以合成多种有机化合物。生成的重氮盐如加热，也会放出氮气。

② 仲胺：与亚硝酸反应生成黄色油状或固体的 *N*-亚硝基化合物（亦称亚硝胺）。它是一种很强的致癌物。

$$R_2NH \xrightarrow{NaNO_2,\ H^+} R_2N—N=O$$

③ 叔胺：脂肪族叔胺在强酸性条件下，与亚硝酸不反应。芳香族叔胺与亚硝酸反应，生成氨基对位取代的亚硝基化合物。

$$C_6H_5N(CH_3)_2 \xrightarrow[0\sim10℃]{NaNO_2,\ H^+} p\text{-}ON—C_6H_4—N(CH_3)_2$$

（绿色固体）

根据上述的不同反应，可以用来区别脂肪族及芳香族的伯、仲、叔胺。

想一想

如何鉴别乙胺、二乙胺、三乙胺三种化合物？

本章小结

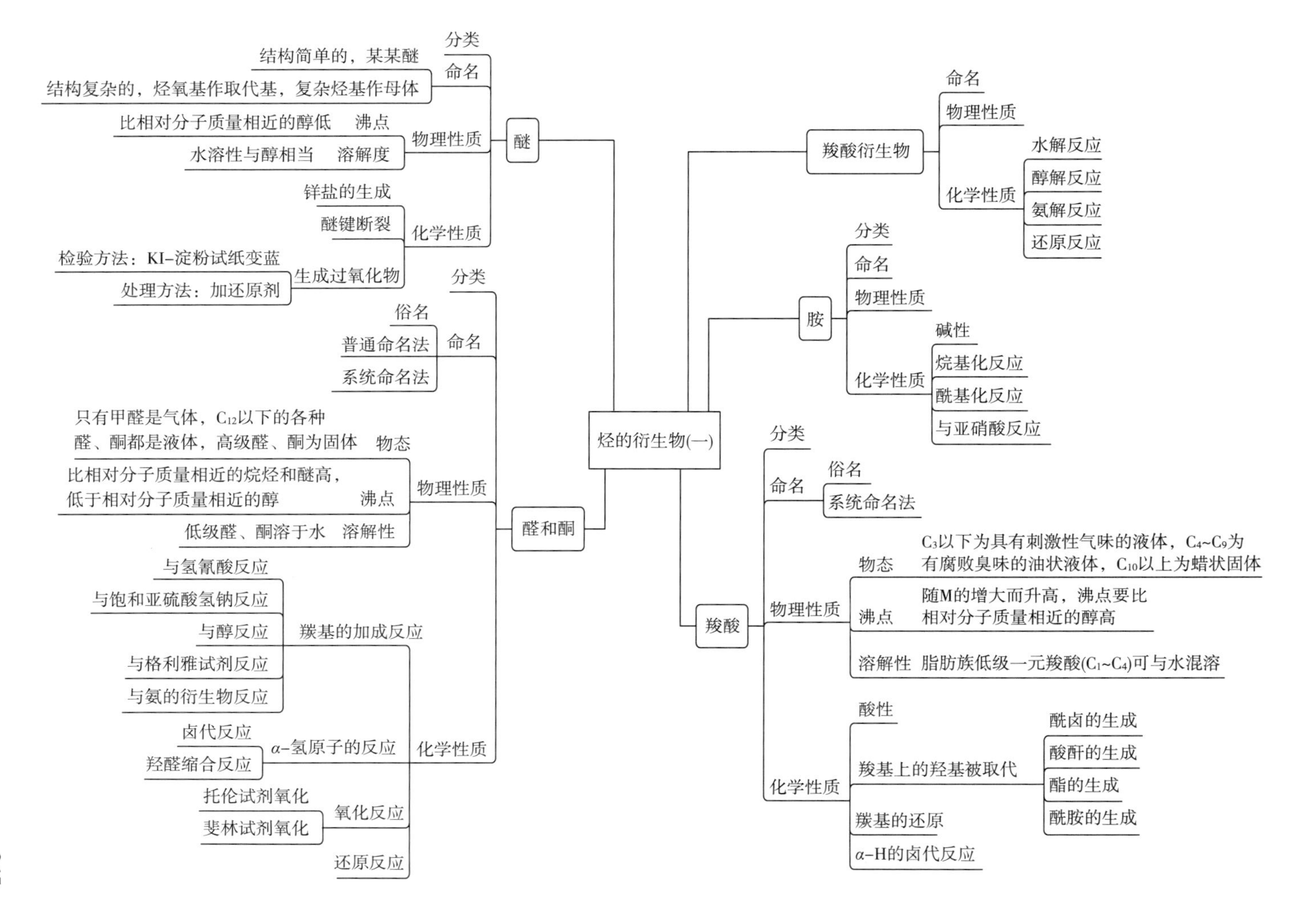
烃的衍生物(一)
醚
分类
命名
结构简单的，某某醚
结构复杂的，烃氧基作取代基，复杂烃基作母体
物理性质
沸点
比相对分子质量相近的醇低
溶解度
水溶性与醇相当
化学性质
𬭸盐的生成
醚键断裂
生成过氧化物
检验方法：KI-淀粉试纸变蓝
处理方法：加还原剂
醛和酮
分类
命名
俗名
普通命名法
系统命名法
物理性质
物态
只有甲醛是气体，C12以下的各种醛、酮都是液体，高级醛、酮为固体
沸点
比相对分子质量相近的烷烃和醚高，低于相对分子质量相近的醇
溶解性
低级醛、酮溶于水
化学性质
羰基的加成反应
与氢氰酸反应
与饱和亚硫酸氢钠反应
与醇反应
与格利雅试剂反应
与氨的衍生物反应
α-氢原子的反应
卤代反应
羟醛缩合反应
氧化反应
托伦试剂氧化
斐林试剂氧化
还原反应
羧酸衍生物
命名
物理性质
化学性质
水解反应
醇解反应
氨解反应
还原反应
胺
分类
命名
物理性质
化学性质
碱性
烷基化反应
酰基化反应
与亚硝酸反应
羧酸
分类
命名
俗名
系统命名法
物理性质
物态
C3以下为具有刺激性气味的液体，C4~C9为有腐败臭味的油状液体，C10以上为蜡状固体
沸点
随M的增大而升高，沸点要比相对分子质量相近的醇高
溶解性
脂肪族低级一元羧酸(C1~C4)可与水混溶
化学性质
酸性
羧基上的羟基被取代
酰卤的生成
酸酐的生成
酯的生成
酰胺的生成
羰基的还原
α-H的卤代反应

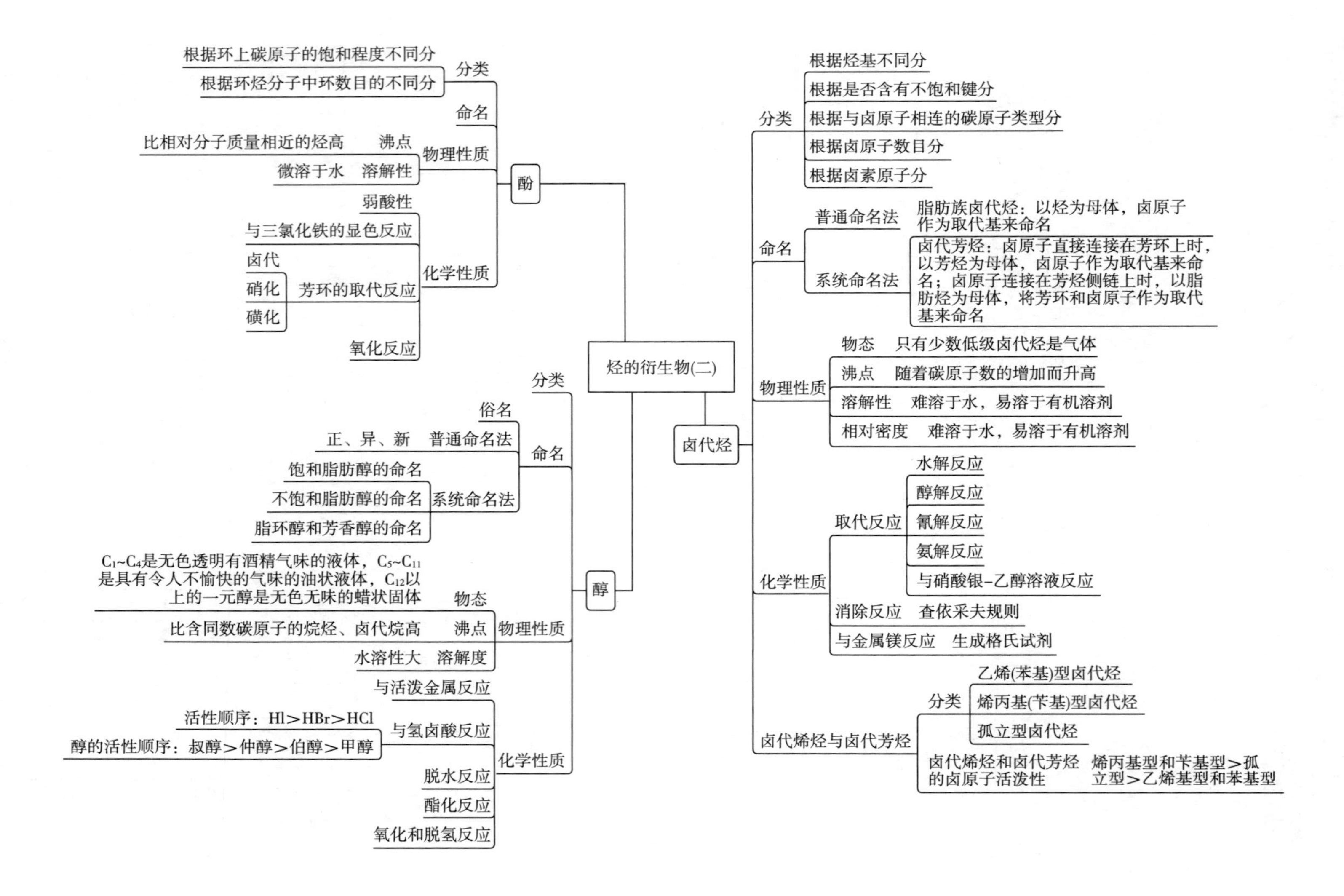

烃的衍生物(二)
卤代烃
分类
根据烃基不同分
根据是否含有不饱和键分
根据与卤原子相连的碳原子类型分
根据卤原子数目分
根据卤素原子分
命名
普通命名法
系统命名法
脂肪族卤代烃：以烃为母体，卤原子作为取代基来命名
卤代芳烃：卤原子直接连接在芳环上时，以芳烃为母体，卤原子作为取代基来命名；卤原子连接在芳烃侧链上时，以脂肪烃为母体，将芳环和卤原子作为取代基来命名
物理性质
物态　只有少数低级卤代烃是气体
沸点　随着碳原子数的增加而升高
溶解性　难溶于水，易溶于有机溶剂
相对密度　难溶于水，易溶于有机溶剂
化学性质
取代反应
水解反应
醇解反应
氰解反应
氨解反应
与硝酸银-乙醇溶液反应
消除反应　查依采夫规则
与金属镁反应　生成格氏试剂
卤代烯烃与卤代芳烃
分类
乙烯(苯基)型卤代烃
烯丙基(苄基)型卤代烃
孤立型卤代烃
卤代烯烃和卤代芳烃的卤原子活泼性　烯丙基型和苄基型>孤立型>乙烯基型和苯基型
酚
分类
根据环上碳原子的饱和程度不同分
根据环烃分子中环数目的不同分
命名
物理性质
沸点　比相对分子质量相近的烃高
溶解性　微溶于水
化学性质
弱酸性
与三氯化铁的显色反应
芳环的取代反应
卤代
硝化
磺化
氧化反应
醇
分类
命名
俗名
普通命名法　正、异、新
系统命名法
饱和脂肪醇的命名
不饱和脂肪醇的命名
脂环醇和芳香醇的命名
物理性质
物态　C_1~C_4是无色透明有酒精气味的液体，C_5~C_{11}是具有令人不愉快的气味的油状液体，C_{12}以上的一元醇是无色无味的蜡状固体
沸点　比含同数碳原子的烷烃、卤代烷高
溶解度　水溶性大
化学性质
与活泼金属反应
与氢卤酸反应　活性顺序：HI>HBr>HCl
醇的活性顺序：叔醇>仲醇>伯醇>甲醇
脱水反应
酯化反应
氧化和脱氢反应

习 题

一、填空题

1. 醇的官能团是________；醚的官能团是________；醛的官能团是________；酮的官能团是________；酯的官能团是________；卤代烃的官能团是________。

2. 乙醇的结构简式是________。乙醇与浓硫酸共热到170℃，发生________反应，生成________。浓硫酸的作用是________。

3. 甲醛、乙醛、丙酮的结构简式分别是________、________和________。

4. 在乙醛与费林试剂的反应中，生成的砖红色沉淀是________；乙醛与银氨溶液反应生成的单质是________。

5. 羧酸的官能团是________。羧酸和醇起作用生成________和水的反应称为________。

6. 酯是________与________起反应生成的一类化合物，其通式为________。酯发生水解反应，生成相应的________和________。水解反应实际上是________________的可逆反应。

二、采用系统命名法给下列化合物命名

(1) $CH_3CHCH_2CHCH_3$（2位上连 CH_3，4位上连 OH）

(2) $CH_3—O—CH(CH_3)_2$

(3) CH_3CHCH_2CHO（2位上连 CH_3）

(4) 苯环上连 —CHO，其邻位连 $—CH_3$

(5) $C_6H_5—CH=CH—CHO$

(6) $CH_3\underset{\|}{C}CH_2\underset{\|}{C}CH_2CH_3$（两个C上各连 =O）

(7) CH_3CHCH_2COOH（2位上连 CH_2CH_3）

(8) $CH_3CH_2—C_6H_4—COOH$（对位）

三、写出下列化合物的结构

(1) 丙三醇　(2) 叔丁醇　(3) 2-甲基环己醇

(4) 间苯二酚　(5) 邻羟基苯乙醚　(6) 间羟基苯甲醛

(7) 2-甲基丁二醛　(8) 邻羟基苯乙酸　(9) 乙酐

(10) 对甲基苯甲酸乙酯　(11) 对氨基苯胺

四、选择题

1. 下列化合物中沸点最高的是（　　）。

A. CH_3CH_2OH　B. CH_3CHO　C. CH_3COOH　D. $CH_3CH_2CH_3$

2. 乙醇的分子内脱水反应属于（　　）。

A. 消除反应　　B. 加成反应　　C. 聚合反应　　D. 取代反应

3. 下列物质中，能跟氢氧化钠溶液反应的是（　　）。

A. 丙烷　　B. 甲烷　　C. 苯酚　　D. 苯

4. 下列物质中，既能使酸性高锰酸钾溶液褪色，又能使溴水褪色的是（　　）。

A. 甲苯　　B. 乙醇　　C. 苯酚　　D. 乙烷

5. 化合物 $N(CH_3)_3$ 属于（　　）。

A. 叔胺　　B. 伯胺　　C. 季铵碱　　D. 仲胺

6. 羰基化合物与苯肼试剂作用后的主要产物是（　　）。

A. 肟　　B. 半缩醛　　C. 苯腙　　D. 腈

7. 下列化合物中，能发生碘仿反应的是（　　）。

A. CH_3COCH_3　　B. $CH_3CH_2OCH_2CH_3$

C. $CH_3CH_2CH_2CH_2OH$　　D. $CH_3CH_2CH_2CH_2CHO$

8. 能发生银镜反应的是（　　）。

A. 丙烷　　B. 丙酮　　C. 丙酸　　D. 丙醛

9. 既具有羧酸性质，又具有醛的性质的化合物是（　　）。

A. 甲醛　　B. 甲酸甲酯　　C. 甲酸　　D. 乙酸

10. 下列有机物在水中溶解度最大的是（　　）。

A. 乙酸　　B. 丙酸　　C. 丁酸　　D. 戊酸

11. 下列化合物与水反应活性最低的是（　　）。

A. 乙酸酐　　B. 乙酰氯　　C. 乙酰胺　　D. 乙酸乙酯

12. 酰胺是由下列哪些基团相结合而成的化合物（　　）。

A. 烃基和氨基　　B. 酰基和氨基或烃胺基

C. 酰基和烃基　　D. 酰基和烃氧基

五、判断题

1. 凡是烃基与羟基相连的化合物都是醇。（　　）

2. 醇与浓 H_2SO_4 共热脱水，总是与含氢较多的相邻碳形成双键。（　　）

3. 能与 $FeCl_3$ 显色的化合物肯定含有酚羟基。（　　）

4. 由于醇与金属钠作用有氢气放出，因此可以用金属钠区别苯甲醇和苯酚。（　　）

5. 醛类化合物均能与费林试剂生成 Cu_2O 沉淀。（　　）

6. 醛酮与苯肼反应生成苯腙，苯腙在酸性条件下水解为原来的醛酮，所以这个反应可用来分离、提纯醛和酮。（　　）

7. 乙醛能和银氨溶液反应生成银镜，又能和新制备的氢氧化铜反应。（　　）

8. 酯类水解的产物都是醇和羧酸。（　　）

六、写出下列反应的化学方程式或完成反应

1. 乙醇与金属钠反应。
2. 乙醇制取乙烯。
3. 苯酚与浓溴水反应。
4. 苯酚和 NaOH 溶液反应。
5. 乙醛和 H_2 的加成反应。
6. 乙酸和乙醇的酯化反应。
7. $CH_3CH(CH_3)—C(CH_3)(Cl)—CH_3$ —— $\xrightarrow{NaOH/H_2O}$?；$\xrightarrow{NaOH/醇}$?
8. $C_6H_5—CH_3 \xrightarrow[光或热]{Cl_2}$? $\xrightarrow{NaOH/醇}$?
9. $CH_3CH=CHCH_3 \xrightarrow{HCl}$? $\xrightarrow{NH_3}$?
10. $CH_3CH(CH_3)CH(OH)CH_3$ —— $\xrightarrow{浓硫酸，170℃}$?；$\xrightarrow{浓硫酸，140℃}$?
11. 邻甲基苯酚（CH_3、—OH 位于苯环邻位）$\xrightarrow{NaOH}$?
12. 环己醇（—OH）$\xrightarrow[H_2SO_4]{K_2Cr_2O_7}$? $\xrightarrow{H_2N—OH}$?
13. $CH_3—CH_2—CHO \xrightarrow{HCN}$? $\xrightarrow{H_2O}$?
14. $C_6H_5—COOH \xrightarrow{PCl_5}$? $\xrightarrow{CH_3NH_2}$
15. $CH_2=CH_2 \xrightarrow[\triangle]{H_2O，H^+}$? $\xrightarrow{?}$ $CH_3CHO \xrightarrow[\triangle]{K_2MnO_4，H^+}$? $\xrightarrow[H^+]{CH_3CH_2CH_2OH}$

七、现有下列物质

① 甲醛 ② 乙醇 ③ 乙醛 ④ 甲酸 ⑤ 苯 ⑥ 苯酚

1. 能与氢氧化钠溶液反应的有________。
2. 常温下能与溴水发生反应的有________。
3. 能与 $FeCl_3$ 溶液反应，并使溶液呈紫色的有________。
4. 在常温常压下是气体的是________。
5. 不溶于水的是________。

6. 能发生银镜反应的是________。

八、用化学方法鉴别下列化合物

1. 1-戊醇、2-戊醇、2-甲基-2-丁醇

2. 苯酚、乙醇

3. 甲醛、苯甲醛、丙酮

4. 乙醇、己烯、甲醛

5. 甲酸、乙酸、丙酮

6. 苯甲醛、丙醛、2-戊酮、3-戊酮、正丙醇、异丙醇、苯酚

九、推断题

1. 有一种化合物A是饱和一元醇，A脱水生成烯烃B，B能和溴水反应；氧化A得产物C，C的分子式为C_3H_6O，能起银镜反应。指出A、B、C的名称，写出各步化学反应方程式。

2. 化合物A的分子式为$C_5H_{12}O$，能与金属钠作用放出氢气，能被酸性高锰酸钾氧化生成B，能与浓硫酸共热生成C，C经过酸性高锰酸钾氧化得到丙酮和乙酸。试写出A、B、C的结构式。

3. 有一化合物的分子式为A，氧化后得到B，B能与苯肼反应，并能与碘和氢氧化钠作用后生成黄色沉淀。A能与浓硫酸共热生成C（C_5H_{10}），C经高锰酸钾氧化得到丙酮和乙酸。试推断出A、B、C的结构式，并写出有关的反应式。

4. 有A、B两种溴代烃，它们分别与NaOH-乙醇溶液反应，A生成1-丁烯，B生成异丁烯。试写出A、B两种溴代烃可能的结构式。

5. 某溴代烃A与KOH-乙醇溶液作用脱去一分子溴化氢生成B，B经$KMnO_4$氧化得到丙酮和CO_2；B与溴化氢作用得到C，C是A的异构体。试推测A、B、C的结构，并写出各步反应方程式。

附　录

附录一　常见弱电解质的解离常数（298.15K）

名称	化学式	$K_{a1}^{\ominus}$	$K_{a2}^{\ominus}$	$K_{a3}^{\ominus}$
砷酸	H_3AsO_4	6.32×10^{-3}	1.05×10^{-7}	3.17×10^{-12}
硼酸	H_3BO_3	5.76×10^{-10}		
碳酸	H_2CO_3	4.30×10^{-7}	5.61×10^{-11}	
草酸	$H_2C_2O_4$	5.90×10^{-2}	6.40×10^{-5}	
氢氰酸	HCN	4.93×10^{-10}		
次氯酸	HClO	3.17×10^{-8}		
铬酸	H_2CrO_4	1.80×10^{-1}	3.20×10^{-7}	
氢氟酸	HF	3.53×10^{-4}		
亚硝酸	HNO_2	4.6×10^{-4}		
磷酸	H_3PO_4	7.5×10^{-3}	6.2×10^{-8}	2.2×10^{-13}
氢硫酸	H_2S	9.1×10^{-8}	1.1×10^{-12}	
醋酸	HAc	1.76×10^{-5}		
甲酸	HCOOH	1.77×10^{-4}		
偏硅酸	H_2SiO_3	1.71×10^{-10}	1.59×10^{-12}	
亚硫酸	H_2SO_3	1.26×10^{-2}	6.36×10^{-8}	
过氧化氢	H_2O_2	2.4×10^{-12}		
铵离子	NH_4^+	5.64×10^{-10}		
一氯乙酸	$CH_2ClCOOH$	1.4×10^{-3}		
二氯乙酸	$CHCl_2COOH$	3.32×10^{-2}		
苯甲酸	C_6H_5COOH	6.45×10^{-5}		
邻苯二甲酸	$C_6H_4(COOH)_2$	1.30×10^{-3}	3.09×10^{-6}	
苯酚	C_6H_5OH	1.1×10^{-10}		
乙二胺	$H_2NCH_2CH_2NH_2$	8.57×10^{-5}	7.12×10^{-8}	
氢氧化银	AgOH	1.0×10^{-2}		
氢氧化铝	$Al(OH)_3$	5.0×10^{-9}	2.0×10^{-10}	
氢氧化铍	$Be(OH)_2$	1.78×10^{-6}	2.5×10^{-9}	
氢氧化锌	$Zn(OH)_2$	8.0×10^{-7}		
氨水	$NH_3\cdot H_2O$	1.77×10^{-5}		

附录二　常见难溶电解质的溶度积（298.15K）

化学式	$K_{SP}^{\ominus}$	$pK_{SP}^{\ominus}$	化学式	$K_{SP}^{\ominus}$	$pK_{SP}^{\ominus}$
AgBr	5.0×10^{-13}	12.30	FeS	6.3×10^{-18}	17.2
Ag_2CO_3	8.1×10^{-12}	11.09	Hg_2Cl_2	1.3×10^{-18}	17.88
AgCl	1.8×10^{-10}	9.74	Hg_2I_2	4.5×10^{-29}	28.35
Ag_2CrO_4	1.12×10^{-12}	11.92	HgS（黑）	1.6×10^{-52}	51.8
AgI	8.3×10^{-17}	16.08	LiF	1.8×10^{-3}	27.4
Ag_3PO_4	2.8×10^{-18}	17.55	$MgCO_3$	3.5×10^{-8}	7.46
Ag_2S	8×10^{-51}	50.1	MgF_2	6.5×10^{-9}	8.19
$Al(OH)_3$	3×10^{-34}	33.5	$Mg(OH)_2$	1.8×10^{-11}	10.74
$BaCO_3$	5.0×10^{-9}	8.30	$MnCO_3$	1.8×10^{-11}	10.74
BaC_2O_4	1×10^{-6}	6.0	$Mn(OH)_2$	1.9×10^{-13}	12.72
$BaCrO_4$	2.1×10^{-10}	9.67	MnS(晶状)	2.5×10^{-13}	12.6
$BaSO_4$	1.1×10^{-10}	9.96	$Ni(OH)_2$（新制备）	2.0×10^{-15}	14.7
$CaCO_3$	2.8×10^{-9}	8.54	NiS(α)	3.2×10^{-19}	18.5
$C_2O_4 \cdot H_2O$	4×10^{-9}	8.4	NiS(β)	1.0×10^{-24}	24.0
CaF_2	3.9×10^{-11}	10.41	$PbCO_3$	7.4×10^{-14}	13.13
$Ca(OH)_2$	6.5×10^{-6}	5.19	PbC_2O_4	4.8×10^{-10}	9.32
$CaSO_4$	2.4×10^{-5}	4.62	$PbCrO_4$	2.8×10^{-13}	12.55
CdS	8.0×10^{-27}	26.1	PbF_2	2.7×10^{-8}	7.57
CoS(α)	4.0×10^{-21}	20.4	PbI_2	7.1×10^{-9}	8.15
CoS(β)	2.0×10^{-25}	24.7	$Pb(OH)_2$	1.2×10^{-15}	14.93
$Cr(OH)_3$	6.3×10^{-31}	30.2	PbS	1.3×10^{-28}	27.9
CuBr	5.3×10^{-9}	8.28	$PbSO_4$	1.6×10^{-8}	7.79
CuCl	1.2×10^{-6}	5.92	$Sn(OH)_2$	1.4×10^{-28}	27.85
CuI	1.1×10^{-12}	11.96	$Sn(OH)_4$	1.0×10^{-56}	56.0
CuS	6.3×10^{-36}	35.2	$SrCO_3$	1.1×10^{-10}	9.96
Cu_2S	2.5×10^{-48}	47.6	$SrSO_4$	3.2×10^{-7}	6.49
CuSCN	4.8×10^{-15}	14.32	$Zn(OH)_2$	1.2×10^{-17}	16.92
$Fe(OH)_2$	8.0×10^{-16}	15.1	ZnS(α)	1.6×10^{-24}	23.8
$Fe(OH)_3$	4×10^{-38}	37.4	ZnS(β)	2.5×10^{-22}	21.6

附录三 常见氧化还原电对的标准电极电势（298.15K）

一、在酸性溶液中

电对	电极反应	$\varphi^{\ominus}$/V
Li^+/Li	$Li^+ + e \rightleftharpoons Li$	-3.045
K^+/K	$K^+ + e \rightleftharpoons K$	-2.925
Cs^+/Cs	$Cs^+ + e \rightleftharpoons Cs$	-2.923
Ba^{2+}/Ba	$Ba^{2+} + 2e \rightleftharpoons Ba$	-2.906
Ca^{2+}/Ca	$Ca^{2+} + 2e \rightleftharpoons Ca$	-2.866
Na^+/Na	$Na^+ + e \rightleftharpoons Na$	-2.714
Mg^{2+}/Mg	$Mg^{2+} + 2e \rightleftharpoons Mg$	-2.363
H_2/H^-	$H_2 + 2e \rightleftharpoons 2H^-$	-2.25
Al^{3+}/Al	$Al^{3+} + 3e \rightleftharpoons Al$	-1.622
Mn^{2+}/Mn	$Mn^{2+} + 2e \rightleftharpoons Mn$	-1.180
Zn^{2+}/Zn	$Zn^{2+} + 2e \rightleftharpoons Zn$	-0.763
Cr^{3+}/Cr	$Cr^{3+} + 3e \rightleftharpoons Cr$	-0.744
TiO_2/Ti^{3+}	$TiO_2 + 4H^+ + e \rightleftharpoons Ti^{3+} + 2H_2O$	-0.666
$CO_2/H_2C_2O_4$	$2CO_2 + 2H^+ + 2e \rightleftharpoons H_2C_2O_4$	-0.49
Fe^{2+}/Fe	$Fe^{2+} + 2e \rightleftharpoons Fe$	-0.440
Cr^{3+}/Cr^{2+}	$Cr^{3+} + e \rightleftharpoons Cr^{2+}$	-0.408
Cd^{2+}/Cd	$Cd^{2+} + 2e \rightleftharpoons Cd$	-0.403
$PbSO_4/Pb$	$PbSO_4 + 2e \rightleftharpoons Pb + SO_4^{2-}$	-0.359
Co^{2+}/Co	$Co^{2+} + 2e \rightleftharpoons Co$	-0.277
$PbCl_2/Pb$	$PbCl_2 + 2e \rightleftharpoons Pb + 2Cl^-$	-0.268
Ni^{2+}/Ni	$Ni^{2+} + 2e \rightleftharpoons Ni$	-0.250
AgI/Ag	$AgI + e \rightleftharpoons Ag + I^-$	-0.152
Sn^{2+}/Sn	$Sn^{2+} + 2e \rightleftharpoons Sn$	-0.136
Pb^{2+}/Pb	$Pb^{2+} + 2e \rightleftharpoons Pb$	-0.126
Fe_2O_3/Fe	$Fe_2O_3 + 6H^+ + 6e \rightleftharpoons 2Fe + 3H_2O$	-0.051
Ti^{4+}/Ti^{3+}	$Ti^{4+} + e \rightleftharpoons Ti^{3+}$	-0.04
H^+/H_2	$2H^+ + 2e \rightleftharpoons H_2$	0.000
$AgBr/Ag$	$AgBr + e \rightleftharpoons Ag + Br^-$	0.071
S/H_2S	$S + 2H^+ + 2e \rightleftharpoons H_2S$ (aq)	0.142
Sn^{4+}/Sn^{2+}	$Sn^{4+} + 2e \rightleftharpoons Sn^{2+}$	0.151

续表

电对	电极反应	$\varphi^{\ominus}$/V
Cu^{2+}/Cu^{+}	$Cu^{2+}+e \rightleftharpoons Cu^{+}$	0.153
$AgCl/Ag$	$AgCl+e \rightleftharpoons Ag+Cl^{-}$	0.222
Hg_2Cl_2/Hg	$Hg_2Cl_2+2e \rightleftharpoons 2Hg+2Cl^{-}$	0.268
Cu^{2+}/Cu	$Cu^{2+}+2e \rightleftharpoons Cu$	0.337
$S_2O_3^{2-}/S$	$S_2O_3^{2-}+6H^{+}+4e \rightleftharpoons 2S+3H_2O$	0.465
Cu^{+}/Cu	$Cu^{+}+e \rightleftharpoons Cu$	0.521
I_2/I^{-}	$I_2+2e \rightleftharpoons 2I^{-}$	0.536
I_3^{-}/I^{-}	$I_3^{-}+2e \rightleftharpoons 3I^{-}$	0.536
MnO_4^{-}/MnO_4^{2-}	$MnO_4^{-}+e \rightleftharpoons MnO_4^{2-}$	0.558
$H_3AsO_4/HAsO_2$	$H_3AsO_4+2H^{+}+2e \rightleftharpoons HAsO_2+2H_2O$	0.560
Ag_2SO_4/Ag	$Ag_2SO_4+2e \rightleftharpoons 2Ag+SO_4^{2-}$	0.654
O_2/H_2O_2	$O_2+2H^{+}+2e \rightleftharpoons H_2O_2$	0.682
Fe^{3+}/Fe^{2+}	$Fe^{3+}+e \rightleftharpoons Fe^{2+}$	0.771
Hg_2^{2+}/Hg	$Hg_2^{2+}+2e \rightleftharpoons 2Hg$	0.788
Ag^{+}/Ag	$Ag^{+}+e \rightleftharpoons Ag$	0.799
NO_3^{-}/NO_2	$NO_3^{-}+2H^{+}+e \rightleftharpoons NO_2+H_2O$	0.80
Hg^{2+}/Hg	$Hg^{2+}+2e \rightleftharpoons Hg$	0.854
Cu^{2+}/CuI	$Cu^{2+}+I^{-}+e \rightleftharpoons CuI$	0.86
Hg^{2+}/Hg_2^{2+}	$2Hg^{2+}+2e \rightleftharpoons Hg_2^{2+}$	0.920
NO_3^{-}/HNO_2	$NO_3^{-}+3H^{+}+2e \rightleftharpoons HNO_2+H_2O$	0.934
NO_3^{-}/NO	$NO_3^{-}+4H^{+}+3e \rightleftharpoons NO+2H_2O$	0.96
HNO_2/NO	$HNO_2+H^{+}+e \rightleftharpoons NO+H_2O$	1.00
$[AuCl_4]^{-}/Au$	$[AuCl_4]^{-}+3e \rightleftharpoons Au+4Cl^{-}$	1.00
Br_2/Br^{-}	$Br_2(l)+2e \rightleftharpoons 2Br^{-}$	1.065
$Cu^{2+}/[Cu(CN)_2]^{-}$	$Cu^{2+}+2CN^{-}+e \rightleftharpoons [Cu(CN)_2]^{-}$	1.103
IO_3^{-}/HIO	$IO_3^{-}+5H^{+}+4e \rightleftharpoons HIO+2H_2O$	1.14
IO_3^{-}/I_2	$2IO_3^{-}+12H^{+}+10e \rightleftharpoons I_2+6H_2O$	1.195
MnO_2/Mn^{2+}	$MnO_2+4H^{+}+2e \rightleftharpoons Mn^{2+}+2H_2O$	1.23
O_2/H_2O	$O_2+4H^{+}+4e \rightleftharpoons 2H_2O$	1.229
$Cr_2O_7^{2-}/Cr^{3+}$	$Cr_2O_7^{2-}+14H^{+}+6e \rightleftharpoons 2Cr^{3+}+7H_2O$	1.33
ClO_4^{-}/Cl_2	$2ClO_4^{-}+16H^{+}+14e \rightleftharpoons Cl_2+8H_2O$	1.34
Cl_2/Cl^{-}	$Cl_2(g)+2e \rightleftharpoons 2Cl^{-}$（气）	1.358
ClO_3^{-}/Cl^{-}	$ClO_3^{-}+6H^{+}+6e \rightleftharpoons Cl^{-}+3H_2O$	1.45
PbO_2/Pb^{2+}	$PbO_2+4H^{+}+2e \rightleftharpoons Pb^{2+}+2H_2O$	1.455
ClO_3^{-}/Cl_2	$ClO_3^{-}+6H^{+}+5e \rightleftharpoons 1/2Cl_2+3H_2O$	1.47

续表

电对	电极反应	$\varphi^{\ominus}$/V
$HClO/Cl^-$	$HClO+H^++2e \rightleftharpoons Cl^-+H_2O$	1.494
Au^{3+}/Au	$Au^{3+}+3e \rightleftharpoons Au$	1.498
MnO_4^-/Mn^{2+}	$MnO_4^-+8H^++5e \rightleftharpoons Mn^{2+}+4H_2O$	1.507
Mn^{3+}/Mn^{2+}	$Mn^{3+}+e \rightleftharpoons Mn^{2+}$	1.51
BrO_3^-/Br_2	$2BrO_3^-+12H^++10e \rightleftharpoons Br_2+6H_2O$	1.52
$HClO/Cl_2$	$2HClO+2H^++2e \rightleftharpoons Cl_2+2H_2O$	1.63
$PbO_2/PbSO_4$	$PbO_2+SO_4^{2-}+4H^++2e \rightleftharpoons PbSO_4+2H_2O$	1.682
MnO_4^-/MnO_2	$MnO_4^-+4H^++3e \rightleftharpoons MnO_2+2H_2O$	1.692
H_2O_2/H_2O	$H_2O_2+2H^++2e \rightleftharpoons 2H_2O$	1.776
Co^{3+}/Co^{2+}	$Co^{3+}+e \rightleftharpoons Co^{2+}$	1.808
$S_2O_8^{2-}/SO_4^{2-}$	$S_2O_8^{2-}+2e \rightleftharpoons 2SO_4^{2-}$	2.01
O_3/O_2	$O_3+2H^++2e \rightleftharpoons O_2+H_2O$	2.07
F_2/HF	$F_2(g)+2H^++2e \rightleftharpoons 2HF$	3.035

二、在碱性溶液中

电对	电极反应	$\varphi^{\ominus}$/V
$Mn(OH)_2/Mn$	$Mn(OH)_2+2e \rightleftharpoons Mn+2OH^-$	-1.56
$[Zn(CN)_4]^{2-}/Zn$	$[Zn(CN)_4]^{2-}+2e \rightleftharpoons Zn+4CN^-$	-1.34
ZnO_2^{2-}/Zn	$ZnO_2^{2-}+2H_2O+2e \rightleftharpoons Zn+4OH^-$	-1.215
$[Sn(OH)_6]^{2-}/HSnO_2^-$	$[Sn(OH)_6]^{2-}+2e \rightleftharpoons HSnO_2^-+3OH^-+H_2O$	-0.93
SO_4^{2-}/SO_3^{2-}	$SO_4^{2-}+H_2O+2e \rightleftharpoons SO_3^{2-}+2OH^-$	-0.93
$HSnO_2^-/Sn$	$HSnO_2^-+H_2O+2e \rightleftharpoons Sn+3OH^-$	-0.909
H_2O/H_2	$2H_2O+2e \rightleftharpoons H_2+2OH^-$	-0.8277
$Ni(OH)_2/Ni$	$Ni(OH)_2+2e \rightleftharpoons Ni+2OH^-$	-0.72
AsO_4^{3-}/AsO_2^-	$AsO_4^{3-}+2H_2O+2e \rightleftharpoons AsO_2^-+4OH^-$	-0.71
SO_3^{2-}/S	$SO_3^{2-}+3H_2O+4e \rightleftharpoons S+6OH^-$	-0.59
$SO_3^{2-}/S_2O_3^{2-}$	$2SO_3^{2-}+3H_2O+4e \rightleftharpoons S_2O_3^{2-}+6OH^-$	-0.571
S/S^{2-}	$S+2e \rightleftharpoons S^{2-}$	-0.47627
$[Ag(CN)_2]^-/Ag$	$[Ag(CN)_2]^-+e \rightleftharpoons Ag+2CN^-$	-0.31
$CrO_4^{2-}/Cr(OH)_3$	$CrO_4^{2-}+4H_2O+3e \rightleftharpoons Cr(OH)_3+5OH^-$	-0.13
O_2/HO_2^-	$O_2+H_2O+2e \rightleftharpoons HO_2^-+OH^-$	-0.076
NO_3^-/NO_2^-	$NO_3^-+H_2O+2e \rightleftharpoons NO_2^-+2OH^-$	0.01
$S_4O_6^{2-}/S_2O_3^{2-}$	$S_4O_6^{2-}+2e \rightleftharpoons 2S_2O_3^{2-}$	0.08
$[Co(NH_3)_6]^{3+}/[Co(NH_3)_6]^{2+}$	$[Co(NH_3)_6]^{3+}+e \rightleftharpoons [Co(NH_3)_6]^{2+}$	0.108

续表

电对	电极反应	$\varphi^{\ominus}$/V
$Mn(OH)_3/Mn(OH)_2$	$Mn(OH)_3+e \rightleftharpoons Mn(OH)_2+OH^-$	0.15
$Co(OH)_3/Co(OH)_2$	$Co(OH)_3+e \rightleftharpoons Co(OH)_2+OH^-$	0.17
Ag_2O/Ag	$Ag_2O+H_2O+2e \rightleftharpoons 2Ag+2OH^-$	0.342
O_2/OH^-	$O_2+2H_2O+4e \rightleftharpoons 4OH^-$	0.401
MnO_4^-/MnO_2	$MnO_4^-+2H_2O+3e \rightleftharpoons MnO_2+4OH^-$	0.595
BrO_3^-/Br^-	$BrO_3^-+3H_2O+6e \rightleftharpoons Br^-+6OH^-$	0.61
BrO^-/Br^-	$BrO^-+H_2O+2e \rightleftharpoons Br^-+2OH^-$	0.761
ClO^-/Cl^-	$ClO^-+H_2O+2e \rightleftharpoons Cl^-+2OH^-$	0.841
H_2O_2/OH^-	$H_2O_2+2e \rightleftharpoons 2OH^-$	0.88
O_3/OH^-	$O_3+H_2O+2e \rightleftharpoons O_2+2OH^-$	1.24

附录四　常见配离子的稳定常数（298.15K）

配离子	$K^{\ominus}_{稳}$	配离子	$K^{\ominus}_{稳}$
$[Cd(NH_3)_4]^{2+}$	$10^{7.12}$	$[Fe(CN)_6]^{3-}$	$10^{43.6}$
$[Co(NH_3)_6]^{2+}$	$10^{5.11}$	$[Hg(CN)_4]^{2-}$	$10^{41.4}$
$[Co(NH_3)_6]^{3+}$	$10^{35.2}$	$[Ni(CN)_4]^{2-}$	$10^{31.3}$
$[Cu(NH_3)_2]^{+}$	$10^{7.61}$	$[Ag(CN)_2]^{-}$	$10^{21.8}$
$[Cu(NH_3)_4]^{2+}$	$10^{12.59}$	$[Zn(CN)_4]^{2-}$	$10^{16.7}$
$[Ni(NH_3)_4]^{2+}$	$10^{7.79}$	$[Cd(OH)_4]^{2-}$	$10^{12.0}$
$[Ni(NH_3)_6]^{2+}$	$10^{8.49}$	$[Cu(OH)_4]^{2-}$	$10^{6.0}$
$[Ag(NH_3)_2]^{+}$	$10^{7.40}$	$[CdI_4]^{2-}$	$10^{5.41}$
$[Zn(NH_3)_4]^{2+}$	$10^{9.06}$	$[HgI_4]^{2-}$	$10^{29.83}$
$[CdCl_4]^{2-}$	$10^{2.80}$	$[Co(NCS)_4]^{2-}$	$10^{3.00}$
$[HgCl_4]^{2-}$	$10^{15.07}$	$[Fe(NCS)]^{2+}$	$10^{2.95}$
$[Cd(CN)_4]^{2-}$	$10^{18.78}$	$[Fe(NCS)_2]^{+}$	$10^{3.36}$
$[Au(CN)_2]^{-}$	$10^{38.3}$	$[Hg(SCN)_4]^{2-}$	$10^{21.23}$
$[Cu(CN)_2]^{-}$	$10^{24.0}$	$[Ag(SCN)_2]^{-}$	$10^{7.57}$
$[Fe(CN)_6]^{4-}$	$10^{35.4}$	$[Ag(S_2O_3)_2]^{3-}$	$10^{13.46}$

附录五　元素周期表

原子序数 — 92 U — 元素符号

元素名称（注*的是人造元素）— 铀

$5f^36d^17s^2$ — 外围电子层排布，括号指可能的电子层排布

238.0 — 相对原子质量

非金属　金属　过渡元素

族/周期	IA	IIA	IIIB	IVB	VB	VIB	VIIB	VIII	VIII	VIII	IB	IIB	IIIA	IVA	VA	VIA	VIIA	0	电子层	0族电子数
1	H 氢 $1s^1$ 1.008																	He 氦 $1s^2$ 4.003	K	2
2	3 Li 锂 $2s^1$ 6.941	4 Be 铍 $2s^2$ 9.012											B 硼 $2s^22p^1$ 10.81	C 碳 $2s^22p^2$ 12.01	N 氮 $2s^22p^3$ 14.01	O 氧 $2s^22p^4$ 16.00	F 氟 $2s^22p^5$ 19.00	Ne 氖 $2s^22p^6$ 20.18	L K	8 2
3	11 Na 钠 $3s^1$ 22.99	12 Mg 镁 $3s^2$ 24.31											13 Al 铝 $3s^23p$ 26.98	Si 硅 $3s^23p^2$ 28.09	P 磷 $3s^23p^3$ 30.97	S 硫 $3s^23p^4$ 32.07	Cl 氯 $3s^23p^5$ 35.45	Ar 氩 $3s^23p^6$ 39.95	M L K	8 8 2
4	19 K 钾 $4s^1$ 39.10	20 Ca 钙 $4s^2$ 40.08	21 Sc 钪 $3d^14s^2$ 44.96	22 Ti 钛 $3d^24s^2$ 47.87	23 V 钒 $3d^34s^2$ 50.94	24 Cr 铬 $3d^54s^1$ 52.00	25 Mn 锰 $3d^54s^2$ 54.94	26 Fe 铁 $3d^64s^2$ 55.85	27 Co 钴 $3d^74s^2$ 58.93	28 Ni 镍 $3d^84s^2$ 58.69	29 Cu 铜 $3d^{10}4s^1$ 63.55	30 Zn 锌 $3d^{10}4s^2$ 65.39	31 Ga 镓 $4s^24p^1$ 69.72	32 Ge 锗 $4s^24p^2$ 72.61	As 砷 $4s^24p^3$ 74.92	Se 硒 $4s^24p^4$ 78.96	Br 溴 $4s^24p^5$ 79.90	Kr 氪 $4s^24p^6$ 83.80	N M L K	8 18 8 2
5	37 Rb 铷 $5s^1$ 85.47	38 Sr 锶 $5s^2$ 87.62	39 Y 钇 $4d^15s^2$ 88.91	40 Zr 锆 $4d^25s^2$ 91.22	41 Nb 铌 $4d\ 5s^1$ 92.91	42 Mo 钼 $4d^55s^1$ 95.94	43 Tc 锝 $4d^55s^2$ [99]	44 Ru 钌 $4d^75s^1$ 101.1	45 Rh 铑 $4d^85s^1$ 102.9	46 Pd 钯 $4d^{10}$ 106.4	47 Ag 银 $4d^{10}5s^1$ 107.9	48 Cd 镉 $4d^{10}5s^2$ 112.4	49 In 铟 $5s^25p^1$ 114.8	50 Sn 锡 $5s^25p^2$ 118.7	51 Sb 锑 $5s^25p^3$ 121.8	Te 碲 $5s^25p^4$ 127.6	I 碘 $5s^25p^5$ 126.9	Xe 氙 $5s^25p^6$ 131.3	O N M L K	8 18 18 8 2
6	55 Cs 铯 $6s^1$ 132.9	56 Ba 钡 $6s^2$ 137.3	57-71 La-Lu 镧系	72 Hf 铪 $5d^26s^2$ 178.5	73 Ta 钽 $5d^36s^2$ 180.9	74 W 钨 $5d^46s^2$ 183.8	75 Re 铼 $5d^56s^2$ 186.2	76 Os 锇 $5d^66s^2$ 190.2	77 Ir 铱 $5d^76s^2$ 192.2	78 Pt 铂 $5d^96s^1$ 195.1	79 Au 金 $5d^{10}6s^1$ 197.0	80 Hg 汞 $5d^{10}6s^2$ 200.6	81 Tl 铊 $6s^26p^1$ 204.4	82 Pb 铅 $6s^26p^2$ 207.2	83 Bi 铋 $6s^26p^3$ 209.0	84 Po 钋 $6s^26p^4$ [209]	At 砹 $6s^26p^5$ [210]	Rn 氡 $6s^26p^6$ [222]	P O N M L K	8 18 32 18 8 2
7	87 Fr 钫 $7s^1$ [223]	88 Ra 镭 $7s^2$ 226.0	89-103 Ac-Lr 锕系	104 Rf 𬬻* $(6d^27s^2)$ [261]	105 Db 𬭊* $(6d^37s^2)$ [262]	106 Sg 𬭳* $(6d^47s^2)$ [263]	107 Bh 𬭛* $(6d^57s^2)$ [262]	108 Hs 𬭶* $(6d^67s^2)$ [265]	109 Mt 鿏* [266]	110 Ds 𫟼* [269]	111 Rg 𬬭* [272]	112 Cn 鿔* [285]	113 Uut * [284]	114 Fl 𫓧* [289]	115 Uup * [288]	116 Lv 𫟷* [293]	117 Uus *	118 Uuo * [294]		

系															
镧系	57 La 镧 $5d^16s^2$ 138.9	58 Ce 铈 $4f^15d^16s^2$ 140.1	59 Pr 镨 $4f^36s^2$ 140.9	60 Nd 钕 $4f^46s^2$ 144.2	61 Pm 钷 $4f^56s^2$ [147]	62 Sm 钐 $4f^66s^2$ 150.4	63 Eu 铕 $4f^76s^2$ 152.0	64 Gd 钆 $4f^75d^16s^2$ 157.3	65 Tb 铽 $4f^96s^2$ 158.9	66 Dy 镝 $4f^{10}6s^2$ 162.5	67 Ho 钬 $4f^{11}6s^2$ 164.9	68 Er 铒 $4f^{12}6s^2$ 167.3	69 Tm 铥 $4f^{13}6s^2$ 168.9	70 Yb 镱 $4f^{14}6s^2$ 173.0	71 Lu 镥 $4f^{14}5d^16s^2$ 175.0
锕系	89 Ac 锕 $6d^17s^2$ 227.0	90 Th 钍 $6d^27s^2$ 232.0	91 Pa 镤 $5f^26d^17s^2$ 231.0	92 U 铀 $5f^36d^17s^2$ 238.0	93 Np 镎 $5f^46d^17s^2$ 237.0	94 Pu 钚 $5f^67s^2$ [244]	95 Am 镅* $5f^77s^2$ [243]	96 Cm 锔* $5f^76s^17s^2$ [247]	97 Bk 锫* $5f^97s^2$ [247]	98 Cf 锎* $5f^{10}7s^2$ [251]	99 Es 锿* $5f^{11}7s^2$ [252]	100 Fm 镄* $5f^{12}7s^2$ [257]	101 Md 钔* $(5f^{13}7s^2)$ [258]	102 No 锘* $(5f^{14}7s^2)$ [259]	103 Lr 铹* $(5f^{14}6d^17s^2)$ [260]

注：

1. 相对原子质量录自1995年国际原子量表，并全部取4位有效数字。

2. 相对原子质量加括号的是放射性元素的半衰期最长的同位素的质量数。

参考文献

[1]倪静安,商少明,翟滨主编.无机及分析化学.第2版.北京:化学工业出版社,2005.
[2]叶芬霞主编.无机及分析化学.北京:高等教育出版社,2004.
[3]高琳主编.基础化学.北京:高等教育出版社,2006.
[4]吴英绵主编.基础化学.北京:高等教育出版社,2006.
[5]徐英岚主编.农业基础化学.北京:中国农业大学出版社,1999.
[6]高职高专化学教材编写组编.分析化学.第2版.北京:高等教育出版社,2000.
[7]谢天俊主编.简明定量分析化学.广州:华南理工大学出版社,2003.
[8]杨宏孝编.无机化学习题解析.北京:高等教育出版社,2000.
[9]张祖德等编.无机化学——要点·例题·习题.第3版.合肥:中国科技大学出版社,2005.
[10]徐家宁等编.无机化学例题与习题.第2版.北京:高等教育出版社,2007.
[11]李树生主编.有机化学.北京:中国环境科学出版社,2008.
[12]张坐省主编.有机化学.北京:中国农业出版社,2001.
[13]张丽娟主编.有机化学.长沙:国防科技大学出版社,2008.
[14]李莉主编.有机化学.大连:大连理工大学出版社,2006.
[15]华东理工大学有机化学教研室编.有机化学.北京:高等教育出版社,2006.
[16]谷文祥主编.有机化学.第2版.北京:科学出版社,2007.
[17]薛红艳,尹彦冰,安红主编.有机化学简明教程.第2版.北京:化学工业出版社,2006.
[18]徐寿昌主编.有机化学.第2版.北京:高等教育出版社,1993.